美英早期解析几何教科书研究

汪晓勤 等 著

华东师范大学出版社

·上海·

图书在版编目(CIP)数据

美英早期解析几何教科书研究/汪晓勤等著.
上海:华东师范大学出版社,2025. —ISBN 978 - 7
- 5760 - 5947 - 2

Ⅰ. O182

中国国家版本馆 CIP 数据核字第 20253WB926 号

美英早期解析几何教科书研究
MEIYING ZAOQI JIEXIJIHE JIAOKESHU YANJIU

著　　者　汪晓勤　等
责任编辑　平　萍
责任校对　宋红广　　时东明
装帧设计　刘怡霖

出版发行　华东师范大学出版社
社　　址　上海市中山北路 3663 号　邮编 200062
网　　址　www.ecnupress.com.cn
电　　话　021 - 60821666　行政传真 021 - 62572105
客服电话　021 - 62865537　门市(邮购)电话 021 - 62869887
地　　址　上海市中山北路 3663 号华东师范大学校内先锋路口
网　　店　http://hdsdcbs.tmall.com

印 刷 者　上海中华商务联合印刷有限公司
开　　本　787 毫米×1092 毫米　1/16
印　　张　25.75
字　　数　436 千字
版　　次　2025 年 8 月第 1 版
印　　次　2025 年 8 月第 1 次
书　　号　ISBN 978 - 7 - 5760 - 5947 - 2
定　　价　108.00 元

出 版 人　王　焰

(如发现本版图书有印订质量问题,请寄回本社客服中心调换或电话 021 - 62865537 联系)

序　言

近年来，HPM 视角[①]下的数学教学因其在落实立德树人方面的有效性而受到人们的普遍关注。HPM 教学理念逐渐深入人心，HPM 专业学习共同体悄然诞生，越来越多的教师开始尝试将数学史融入数学教学设计之中。就像具有特定风味的一道好菜离不开优质的食材一样，HPM 视角下的一节好课离不开恰当的数学史材料，因而数学史素材的缺失是开展 HPM 课例研究的主要障碍。

在某一个数学主题上，要获得足够的数学史素材，就需要开展教育取向的历史研究，而教育取向的历史研究往往有两条路径，其一是一般发展史，其二是教育史。以三角形内角和定理为例，从泰勒斯的发现，到毕达哥拉斯学派和欧几里得的证明，再到普罗克拉斯避开平行线的尝试，又到克莱罗的发生式设计，最终到提波特避开平行线的证明，构成了定理的一般发展历史，而该定理在 18—20 世纪几何教科书中的呈现，则属于它的教育史。当然，在很多情况下，一般发展史和教育史也并非泾渭分明，而是多有重叠和交叉。本套书采取后一条路径，对 20 世纪中叶以前出版的美英教科书（本套书称之为"美英早期教科书"）进行系统的研究。

本套书的研究对象并非某一年出版的某一种或几种教科书，而是一个世纪、一个半世纪，甚至两个世纪间出版的几十种、上百种，甚至两百余种教科书。研究者并不关心教科书的外在形式（如栏目、插图、篇幅等），而是聚焦于教科书中的数学内容，具体从两个方向展开研究：一是对概念的不同定义、定理和公式的不同证明或推导方法、法则的不同解释、定理的不同应用以及数学史料的呈现方式、教育价值观等进行分类统计；二是在研究对象所在的整个时间段内，分析不同定义、方法、应用等的演变规律。

对于我的研究生来说，研究早期教科书时会遇到三点困难。

一是文献数量庞大。尚未接受过文献研究系统训练的研究生，初次面对数以百计的文献，对其分析、总结、提炼能力提出很大的挑战。实际上，教科书研究还不能仅仅局限于教科书，正如读者将要看到的那样，某些主题还涉及出版时间更早的拉丁文和

[①] HPM 原指"数学史与数学教学关系国际研究小组"（The International Study Group on the Relations between the History and Pedagogy of Mathematics），现也泛指"数学史与数学教学之关系"这一研究领域。所谓"HPM 视角"，是指融入数学史以优化教学目标、促进数学学习、改善教学效果的视角。

法文文献。

二是书籍版本复杂。同一作者的同一本书,其中部分内容往往随着时间的推移而有变化,如勒让德的《几何基础》先后有 28 个版本,后来的版本往往会对某些主题进行修订,比如,关于命题"在同圆或等圆中,相等的圆心角所对的弧相等"的证明,1861 年及以前诸版本采用了叠合法,1863 年及以后诸版本则抛弃了叠合法而采用弧弦关系(等弦对等弧)法。又如,关于线面垂直判定定理,普莱费尔《几何基础》的第 1 版(1795)完全沿用了欧几里得的证明,而 1814 年、1819 年和 1822 年诸版本则改用勒让德的证明,1829 年的美国版本又采用了新的等腰三角形证法。

三是历史知识缺失。教科书中所呈现的概念定义、定理证明、公式推导,有些属于编者的首创,有些却只是复制了更早时期数学家的定义、证明或推导方法。如果研究者对于一个主题的宏观历史缺乏了解,就会陷入"只见树木,不见森林"的境地,从而难以对教科书作出客观的评价。

尽管如此,早期教科书研究对于促进作为研究者的职前教师的专业发展却具有十分重要的意义。

首先,聚焦某个主题、带着特定问题去研究早期系列教科书,研究者需要祛除心中的浮气,练好坐冷板凳的功夫。忽略一种教科书,或浮光掠影、一目十行,都可能意味着与一种独特的定义、巧妙的方法或精彩的问题失之交臂,唯有潜下心来一本一本地细读,才能获得客观全面的结果。

其次,文献研究是任何一项学术研究的第一步,早期教科书研究为文献研究提供了良好的机会,可以提升研究者的文献驾驭能力和分析、总结、归纳、提炼能力,为未来的数学教育研究打下坚实的基础。

再次,尽管研究者受过大学数学教育,但由于大学和中学数学教育的脱节,他们对中学数学的认识往往停留在中学时代用过的数学教科书中,而中学时代以应试为目标的数学教学往往重程序性理解而轻关系性理解。超越刷题应试这个目标来研究一系列教科书,走进另一个时代、另一种文化中的编者的心灵之中,研究者必将能够跨越大学和中学数学知识之间的鸿沟,更加深刻地理解有关知识。

最后,只有走进历史的长河中,教师才能感悟自己所熟悉的某种数学教科书,和历史上任何一种教科书一样,都不可能是教科书的顶点和终点,都只不过是匆匆过客,随着时间的推移,旧教科书会被新教科书取代,而新教科书很快又会成为被取代的旧教科书。对早期教科书的系统研究,将增强研究者的历史感,开阔他们的视野,培育他们的远见卓识。

早期教科书研究,让未来教师更优秀!

本套书所呈现的研究结果,对数学教学有着丰富的参考价值。

其一,从一个世纪或两个世纪的漫长时间里,我们可以很清晰地看到教科书所呈现的数学概念从不完善到完善的演进过程。例如,无理数概念从"开不尽的根"到"无限不循环小数",再到戴德金分割的发展;函数概念从"解析式"到"变量依赖关系",到"变量对应关系",再到"集合对应法则"的进化;棱柱概念从欧氏定义到改进的欧氏定义、从基于棱柱面的定义到基于棱柱空间的定义的演变;圆锥曲线从截线定义到几何性质定义、从焦半径定义到焦点-准线定义的更替;三角函数概念从锐角到钝角,再到任意角的扩充,这些正是人们认识概念的曲折漫长过程的缩影,这种过程为今日教师预测学生认知、设计探究活动提供了重要参照。

其二,对于一个公式、定理或法则,不同时间出版的不同教科书往往给出不同的推导或证明,如几何中的圆面积和球体积公式的证明、代数中的一元二次方程和等差或等比数列前 n 项和的求解、解析几何中的点到直线的距离公式和椭圆标准方程的推导、平面三角中的正弦和余弦定理的证明等,通过对早期教科书的考察,可以对不同方法进行归类,并对方法的演变规律加以分析,为公式或命题的探究式教学提供参照,也为"古今对照"的评价方式提供依据。

其三,不同的教科书都有自己的逻辑体系,从整体上对其加以了解,可以帮助教师理解古今教科书的差异,从而更好地分析和把握现行教科书,进而提升教学水平。例如,关于"等腰三角形底角相等"这一定理,不同教科书的证明方法互有不同,有的采用作顶角平分线的方法,有的采用作底边上的高线的方法,有的则采用作底边上的中线的方法,不同方法的背后是不同的逻辑体系。

其四,对于早期教科书的研究,有助于教师建立不同知识点之间的联系,如几何中的三角形中位线定理与平行线分线段成比例定理、平行线等分线段定理、三角形一边平行线定理及其逆定理之间的联系,解析几何中的三种圆锥曲线的统一性,平面三角中的正弦定理、余弦定理、和角公式和射影公式之间的联系,等等。

其五,早期教科书(特别是 20 世纪 10 年代之后出版的教科书)留下了丰富多彩的数学文化素材,如数学价值观、数学的应用、数学的历史等,这些素材是今日教学的有益资源,也有助于教师树立正确的数学观。

华东师范大学出版社的副总编辑李文革先生对本套书的出版给予了鼎力支持和

重要指导，平萍、宋红广、时东明等多位编辑就本书中的有关行文、图片、数据等问题提出了宝贵的意见或建议，美编刘怡霖为本书的版式和封面作了精心设计。在此一并致谢。

汪晓勤

2021 年 12 月 1 日

目　录

概　念　篇

1 什么是解析几何

朱轶萱[*]　刘梦哲[**]

1.1 引　言

　　17 世纪，由于科学研究的需要和对方法论的兴趣，法国数学家笛卡儿（R. Descartes，1596—1650）和费马（P. de Fermat，1601—1665）创立了解析几何（莫里斯·克莱因，2002a，p.1）。起初，解析几何被视为用代数工具解决几何作图问题的一种数理方法。笛卡儿不仅解决了古典几何的作图问题，还研究了方程和曲线的对应关系（Descartes，1954，pp.1-37）。随着数学的发展，人们对于这一学科的认识也发生了变化。《普通高中数学课程标准（2017 年版 2020 年修订）》中将解析几何定位于运用代数方法，研究直线、圆、椭圆、抛物线、双曲线等曲线的图形、性质及其位置关系（中华人民共和国教育部，2020）。可见，虽然解析几何的本质仍是运用代数方法解决几何问题，但今天解析几何的内涵已与它初露头角时不尽相同。

　　同时，解析几何在中学数学教学中占据重要地位，其在发展核心素养、彰显知识联系、培养数学思想等方面均发挥着不可替代的作用。然而，2004 年上海高考数学卷填空题"教材中'坐标平面上的直线'与'圆锥曲线'两章内容体现出解析几何的本质是_____。"的得分情况以及近年来的有关实证研究结果都表明，在"重技能而轻一般观念"的教学背景下，学生对解析几何学科价值与基本思想缺乏正确的认识（陆旌霞，2017；李昌官，2019）。

　　近年来，已有教师从 HPM 的视角开展了解析几何序言课的教学（如韩粟等，2022），但有关课例并未涉及解析几何内涵的历史演变过程。历史是最好的教科书，唯

＊　华东师范大学数学科学学院博士研究生。
＊＊　华东师范大学数学科学学院博士研究生。

有走进历史,探寻解析几何之源流,经历其研究内容和研究目的的演变过程,才能为这门学科的教学提供更多的思想启迪。鉴于此,本章聚焦解析几何的定义,对 1804—1963 年间在美、英、法三国出版的 100 种解析几何教科书进行考察,试图回答以下问题:早期教科书给出了解析几何的哪些定义? 这些定义是如何演变的? 不同定义体现了解析几何与其他数学分支之间怎样的联系?

1.2 教科书的选取

本章选取 1804—1963 年间在美国、英国和法国出版的 100 种解析几何教科书作为研究对象,以 20 年为一个时间段进行统计,这些教科书的出版时间分布情况如图 1-1 所示。其中,对于同一作者再版的教科书,若内容无显著变化,则选取最早的版本;若内容有显著变化,则将其视为不同的教科书。[①]

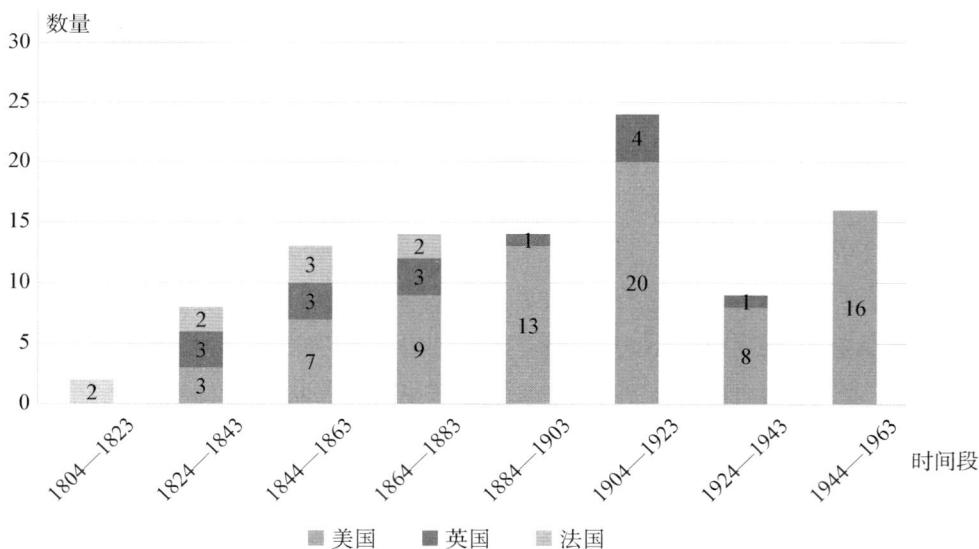

图 1-1　100 种早期解析几何教科书的出版时间分布

这 100 种教科书中,有 63 种明确给出了解析几何的定义。为此,按年份依次检索这 63 种教科书,从前言、扉页等内容中分别摘录出与解析几何定义相关的表述,并对

---

① 以后各章对再版教科书的处理与此相同,不再赘述。

其进行分类,回答问题 1;通过对这 100 种教科书的内容分析,将其归于解析几何定义的不同阶段,并分析其演变,回答问题 2;从定义中考察解析几何与其他数学分支的关系,回答问题 3。

1.3　解析几何的定义

17 世纪,笛卡儿既批评希腊人的几何过于抽象且过多地依赖图形,以至于"只能使人在想象力大大疲乏的情况下,去练习理解力";又对当时代数完全受法则和公式的控制,以至于"成为一种充满混杂与晦暗、故意用来阻碍思想的艺术"的现状深感不满。但他窥见了两者结合的巨大潜力,解析几何这样一门"将代数运用于几何"的学科由此诞生。(Descartes,1954,pp. 1 - 37)

解析几何在早期还有许多别称,Fine & Thompson(1914)归纳道:"这门学科被称为坐标几何,因为一个点是由它的坐标决定的,反之亦然;被称为代数几何或解析几何,因为它用方程表示几何关系;被称为笛卡儿几何,因为该方法是由笛卡儿在 1637 年出版的《几何学》中首次提出的;被称为圆锥曲线分析,因为这些曲线是用该方法研究的。"值得注意的是,在 18 世纪著名的《百科全书》中,法国数学家达朗贝尔(J. d'Alembert,1717—1783)把"代数"和"解析"当作同义词使用,"解析几何"之名应运而生,并作为标准名词沿用至今。(D'Alembert & Diderot,1778,pp. 92,489,604)

对于解析几何的定义,早期教科书对其表述随着学科研究内容的演变,可划分为两个阶段。

1.3.1　第一阶段:适定几何与不定几何并存

表 1 - 1 给出了第一阶段的典型定义,其突出特点是使用符号来表示几何量,并通过代数方法分析符号间的关系,以实现对量的性质的研究。

表 1 - 1　第一阶段的典型定义

年份	作者	定义叙述
1831	D. Lardner	代数几何是利用代数符号和运算来研究和分析几何量的图形和性质。
1836	C. Davies	几何量有三种,即线、面、体。在几何学中,这些量的性质是通过推理过程来确定的,在推理过程中,量本身不断地呈现在头脑中。然而,如

年份	作者	定义叙述
		果我们愿意,可以用代数符号来表示它们,而不是直接根据量来进行推理。这样一来,我们就可以用已知的代数方法来对这些符号进行运算,而且所得的所有结果对于几何量和表示几何量的代数符号都是正确的,这种处理问题的方法叫做解析几何。
1851	A. E. Church	解析几何可以定义为数学的一个分支,其中所考虑的量是用字母来表示的,而这些量的性质和关系是用代数的推理规则来呈现的。
1857	J. M. Peirce	解析几何是关于空间的科学,在代数的形式和运算下展开。

同时,教科书编写者还表示,解析几何的内容分为"适定几何"与"不定几何"两部分。Church(1851)指出:"适定几何的目的在于解决确定的问题,即在这些问题中,已知条件限制了所需部分的数量,并提供了推断其值的手段。"他还归纳了解决确定问题的一般步骤:

第一步:从几何角度设想要解决的问题,并绘制包含给定和要求的图形,以及为说明它们之间的关系而可能需要的其他线段。

第二步:用字母表的第一个字母表示已知线段,最后一个字母表示未知线段。考虑这些线段之间的几何关系,并用等式表示出来。

第三步:求解这些等式,并在图形中构造出由此得出的值。

Howison(1869)称:"解决这类问题本质上依赖两种操作:求解和作图。"即代数方程的求解和几何作图。下面以作给定线段的黄金分割点为例:

如图 1-2,给定线段 $AB=a$,令黄金分割后较长和较短的线段长分别为 x 和 $a-x$,则由黄金分割定义可列出方程 $\dfrac{x}{a}=\dfrac{a-x}{x}$,即 $x^2+ax=a^2$,解得

$$x_1=-\frac{a}{2}+\sqrt{a^2+\frac{a^2}{4}} \text{ 或 } x_2=-\frac{a}{2}-\sqrt{a^2+\frac{a^2}{4}}。$$

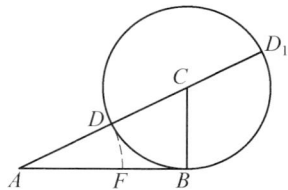

图 1-2　作线段的黄金分割点

作 Rt△ABC,其中 $BC=\dfrac{a}{2}$,以点 C 为圆心、$\dfrac{a}{2}$ 为半径作圆,与直线 AC 交于点 D 和点 D_1,则有 $AD=x_1$,$AD_1=-x_2$。再以点 A 为圆心、AD 为半径作圆弧交 AB 于点 F,即 $AF=AD=x_1$,则点 F 即为所求作的黄金分割点,其中 AF 为黄金分割后较

长的一段。

事实上,在 16—17 世纪,韦达(F. Viète,1540—1603)等数学家已经系统研究过这类用代数方法解决适定几何的问题。"几何问题的代数解法"是几何与代数结合的早期产物,这种依赖代数方法来研究几何问题的思维为解析几何的产生奠定了基础。自称"从韦达结束的地方开始"的笛卡儿在其《几何学》中首先模仿韦达的方式,展示了一般一元二次方程正根的几何作图,接着他开创性地考虑了一类崭新的问题——不定几何。

"解析几何的第二个分支,其主要目的是研究线和面的一般性质,它的应用范围比刚刚研究过的适定几何要广泛得多,其结果也有趣得多。它之所以称为不定几何,是因为在所使用的方程中,未知量可以有无数个值,或者说是不定的,因此称为变量。而从适定几何所讨论问题的性质来看,它们的未知量只能为有限个值,而且必须是确定的。"正是因为不定几何问题的产生,数学研究开始进入变量时代。Smyth(1855)直言:"解析几何作为一门科学,正是源于这一类不定问题。"

1.3.2　第二阶段:仅不定几何

如 Howison(1869)所言:"适定几何的方法与其说是代数的方法,不如说是普通几何的方法。它的推理主要依靠图解,代数符号的唯一用途是简化术语。"因而随着时间的推移,适定几何逐渐脱离解析几何,被纳入纯几何学的范畴。因此,有教科书编写者认为,解析几何是仅研究不定几何的学科。而在"解析几何是将代数运用于几何"的共识之余,还有教科书进一步给出了更具体的定义,它们可被归纳为四种角度,即分别关注解析几何的研究工具、研究过程、研究对象和学科性质。从不同视角出发的阐释或许能够帮助我们更加深刻地认识解析几何这门学科。

1.3.2.1　基于研究工具的定义

(一)　坐标定义

Maltbie(1906)分析了建立数形关系的困难之处:"我们试图建立几何与代数之间的联系,但一开始就遇到了一个难题:几何几乎只涉及固定的对象,如确定的点、线和面,而代数主要涉及变量。但我们可以从现在起把所有曲线看作是由一个可变点描画出来的,从而解决这个困难,我们将试图把这个点位置的变化与代数变量值的变化联系起来。"坐标法是实现这一联系的根本工具。在承认这一核心方法的基础上,O'Brien(1844)给出如下定义:"坐标几何是指笛卡儿发明的一种方法或体系,在这种方法或体系中,点的位置是用所谓的坐标来确定的,曲线和曲面的形式是用所谓的坐标来定义和分类的。"

（二） 有序数对定义

Taylor & Wade(1962)称:"用平面上的点来表示实数的有序对,以及用两个变量的关系来确定这些点的集合的研究,称为平面解析几何。"这一定义具有承上启下的作用,上承坐标定义,阐释了坐标法的原理,即利用坐标系将点表示为有序数组,建立起平面内点与有序数组之间的一一对应;下接不定方程定义,通过求得有序数组满足曲线方程。自此,几何问题转化为代数问题。

（三） 不定方程定义

Docharty(1865)将解析几何定义为:"用不定方程对几何量的一般性质的分析研究。"这不仅说明了不定方程是研究解析几何的代数工具,将其与适定几何明确剥离开来,还蕴含了曲线与方程这一核心概念。德国科学史家金特(S. Gunther,1848—1923)曾将解析几何的历史分为三个阶段:第一阶段是两条坐标轴的引入;第二阶段是基于横、纵坐标的曲线作图;第三阶段是关于横、纵坐标的方程的建立。(汪晓勤,2017,p.151)在关键的第三阶段,正是借助方程这一重要工具,代数与几何之间才得以建立真正联系。

1.3.2.2　基于研究过程的定义

Sonnet & Frontera(1863)从解释研究过程的角度给出了如下定义:"二维解析几何是将对平面内直线的研究简化为对确定其不同点位置的方程的研究。"Peirce(1857)补充道:"以'确定一条包含所有圆心的线,这些圆可以与给定的圆相切'为例,由于所求直线无法直接用一个未知量表示,所以用代数方法求解该问题在第一步便遇到了障碍。为了用代数方法解决上述问题,我们在不改变其意义的前提下,将问题改述为'求与两个给定圆相切的圆的圆心',现在迫切需要的不是直线,而是一个点的位置,这个点必须位于原来要找的直线上,于是,我们可以通过这个点来确定直线。因此,在解析几何中,所有与线的形式有关的问题都被转化为与点的位置有关的问题。"这个定义既内蕴轨迹的定义,即符合一定条件的点的全体所组成的集合,又从侧面反映了坐标法的可行性。

1.3.2.3　基于研究对象的定义

（一） 轨迹定义

Candy(1904)称:"解析几何本质上是研究轨迹和轨迹的性质的一种方法。"

Phillips(1942)进一步阐释了轨迹与方程的对应关系:"轨迹是方程的图形表征,而方程是轨迹的代数表示,方程的解析性质对应于所表示的轨迹的几何性质。利用相应的解析特征来推导几何性质,构成了一门叫做解析几何的学科。"由此可见,此类定义与不定方程定义遥相呼应,各有侧重,恰对应了笛卡儿"从轨迹出发寻找方程"和费马"从方程出发研究轨迹"的观点,揭示了解析几何基本原理的两个相反的方面。

（二）　线面性质定义

Peck(1873)认为:"解析几何是数学的一个分支,它用代数方法研究线与面的性质和关系。其中平面解析几何研究的是完全在同一个平面上的线;空间解析几何研究的是在空间中以任何方式存在的线和面。"线、面是初等几何中静态的原始概念,在解析几何中被赋予了新的认识,即动态的轨迹,因而此类定义和轨迹定义异曲同工。Nowlan(1946)指出了解析几何研究的两类问题:"解析几何是代数在几何研究中的应用,它包括用方程来表示与点、线、面有关的关系,反之,也包括通过解释方程来推导点、线、面关系的性质。"

1.3.2.4　基于学科性质的定义

笛卡儿创立解析几何的原动力是他对普适性方法的追求,恰如 Borger(1928)所言:"解析几何通过引入代数分析作为研究几何的工具,向学生展示了一种新的数学思想形式,其目的是发展一种新的方法,即解析方法。本书的目的是提供材料,使学生能够养成从几何和代数两方面考虑每个问题的习惯,并认识到每一个问题都能启发另一个问题。"

Gibson & Pinkerton(1919)认为:"对直线和圆的解析处理在初学时是必要的,与其说是为了得到几何结果,不如说是为了便于公式的使用和解释。只有通过这样的练习,初学者才能看到分析背后的几何学。"类似地,Schmall(1921)指出:"深入了解这种方法的学生所取得的成就,远比熟记所有已知性质的学生所取得的成就大得多。"由此可见,解析几何作为一种方法论的重要性远大于其作为几何分支的重要性。

1.4　解析几何定义的演变

以 20 年为一个时间段进行统计,图 1-3 给出了早期教科书中解析几何定义的演变情况。其中,对于 37 种未明确给出解析几何定义的教科书,通过对教科书内容进行分析,我们同样可以将其归于上述两个阶段。

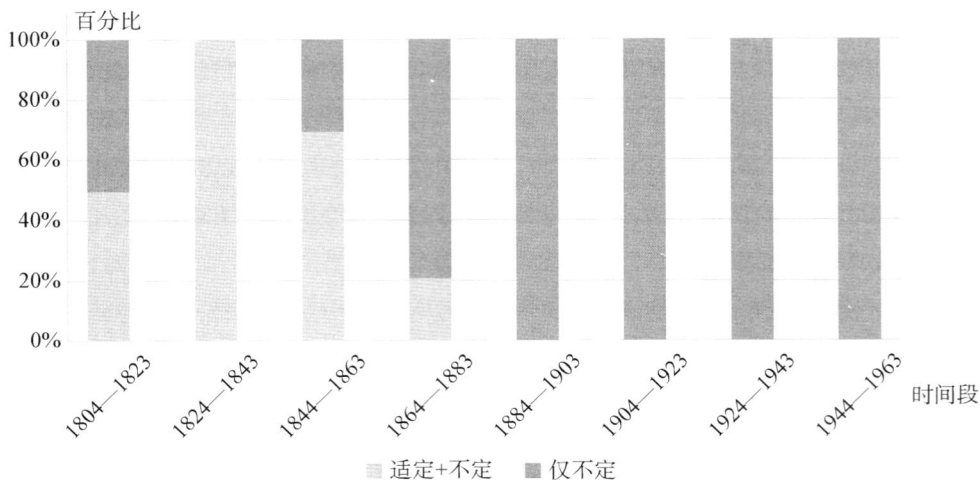

图 1 - 3　早期教科书中解析几何定义的演变情况

　　由图 1 - 3 可知,19 世纪 90 年代以前的早期教科书受笛卡儿《几何学》的影响,将适定几何和不定几何均归为解析几何的研究范畴。但值得注意的是,对笛卡儿而言,研究这两类几何的最终目的均是解决方程根的作图问题,而随着作图问题重要性的日渐减弱和解决物理世界运动变化问题的需求日益增加,早期教科书中对不定几何的研究重点已经变为用代数方程研究曲线本身。19 世纪 90 年代之后,适定几何由于其仅仅是用代数符号简化几何作图问题而被排除在解析几何之外,归于纯几何研究,至此解析几何已演变为一门较为成熟的学科。

1.5　解析几何与其他数学分支的关系

　　多种教科书中对比了解析几何法与纯几何法的优劣,并强调了它们的互补性。此外,从 Nathan(1949)的表述中可以看出,解析几何与其他数学分支也存在密切联系,其表述是:"解析几何不仅通过照亮代数领域的一些黑暗区域,回报了它的'恩人'——代数;还几乎在数学的每一个分支中都得到了广泛的应用,并因此成为所有科学的有力工具。"
　　本节将梳理解析几何与不同数学分支之间的关系。

1.5.1　与纯几何学的关系

解析几何的诞生很大程度上弥补了原先几何学的不足,许多教科书中说明了这一点。例如,Davies(1836)强调了解析几何具有通性通法:"由于这一令人愉悦的发明,原先困难而互不相关的各种研究方式,在每一具体情况下能否成功,都取决于调查者的技巧和聪明才智,而且往往是偶然的,现在都简化为一个简单而统一的过程。"而Docharty(1865)强调了解析几何的简明性:"用欧几里得的方法来解决几何学中的问题,需要进行漫长而费力的推理,需要不断地参照先前所建立的命题,但这些问题可以用简明的分析方法,从最基本的原理出发加以解决。"

然而,事物总有其两面性,部分几何学家认为,解析几何的高效性是在牺牲几何推理的优雅性的基础上达成的。德国数学家爱德华(S. Eduard,1862—1930)称坐标几何学的机器似的过程为"坐标磨坊的嘎嘎声"(莫里斯·克莱因,2002b,p. 245),Murnaghan(1946)也承认"它带走了几何学的一些魅力"。

相比之下,Coffin(1848)采取了更加辩证的视角,客观地分析了两者各自的优势:"它们各有其独特的优点,我们可以像研究初等几何一样,直接从图形本身来研究它们。这种方法被称为几何方法,它的优点是对所考虑的性质提供更清晰的概念。或者我们可以按照笛卡儿发明的方法,先用一个方程来表示图形的几个部分,然后用纯代数来进行研究。这种方法的优点是使我们能够将研究范围扩展到远远超出其他方法所能做的范围。"进一步,他强调:"分析方法之于几何,就像代数之于普通算术一样——作为辅助工具是有价值的,但作为替代品则是荒谬的。要学好数学,掌握这两方面的知识是必不可少的。"

1.5.2　与微积分的关系

一方面,Borger(1928)称:"这门学科成为后来课程的重要基础,特别是微积分。"解析几何的方法论为微积分的创立铺平了道路。另一方面,如 Riggs(1911)所言,"微积分的方法和符号已经被应用于求平面上的切线、法线、最值,以及空间上的切面和直线等",可见,微积分又反过来成为了解析几何的补充,以帮助解决后者研究中萌生出的涉及极限的问题,这种"反哺"使解析几何的研究更加入微。因此,部分教科书将两者结合起来研究,如 Holmes(1950)所言:"在解析几何中,算术和代数支持几何,而在我们的微积分方法中,几何是为分析服务的,因此,将这两门学科结合起来研究是合理的。"

1.5.3　与三角学的关系

多种教科书在预备知识部分特别回顾了三角学基础知识,Ford(1924)认为:"三角学要先于分析学,因此分析学,尤其在其早期阶段,应该被呈现出来,以形成三角学的自然延续。"事实上,解析几何中极坐标方程的定义与转换、斜率的定义与计算、坐标轴的旋转、向量夹角的计算等内容均离不开三角学。特别地,Peirce(1857)说明了用三角函数定义极坐标的合理性:"三角函数的科学价值在于,它能用符号表示线段和角这两类简单但本质上不同的量,这些符号可以代入同一个公式,可以用于研究这两类量的相互对应的基本性质。因此,三角学是解析几何的入门。"

1.6 结论与启示

综上,西方早期教科书中解析几何的定义包括"适定几何与不定几何并存"和"仅不定几何"两类,且呈现出从前者向后者演变的趋势。同时,早期教科书中多样化定义的呈现和对学科关系的剖析,使我们对解析几何有了更加立体和深刻的认识,从中可获得如下教学启示。

其一,寻找认知起点,构建知识之谐。笛卡儿作为解析几何创始人之一,以适定方程的几何作图作为出发点。今天,适定几何也是学生学习解析几何的认知起点。因此,在设计解析几何序言课时,不妨设计以下问题链,让学生经历从适定几何到不定几何的过程。

问题 1:在 $\triangle ABC$ 中,$AB = 5$,若 $\triangle ABC$ 的面积为 5,$AC = 2BC$,求 AC 和 BC 的长。

问题 2:在 $\triangle ABC$ 中,$AB = 5$,$AC = 2BC$,求顶点 C 的轨迹。

问题 3:在 $\triangle ABC$ 中,$AB = 5$,若 $\triangle ABC$ 的面积为 5,求顶点 C 的轨迹。

通过问题链的求解,学生可以初步体验用代数方法解决适定几何和不定几何问题,感悟这两类问题的联系:问题 2 和问题 3 中顶点满足的条件皆比问题 1 少一个,问题 1 中的点 C 实际上是问题 2 和问题 3 中所求轨迹的交点,由此揭示解析几何的自然发生过程。

其二,渗透知识关联,促进正向迁移。解析几何与各数学分支的密切联系可以作为教师开展新授课的有益素材。就几何体系内部而言,高中解析几何内容既含有初中平面几何中已探究过的直线与圆,又包括源起于纯几何研究的圆锥曲线,教师不妨引导学生探究这两种方法的异同,发现它们的互补性。而在几何体系之外,解析几何也可以成为承前启后的桥梁,一方面巩固三角函数、向量等旧知,促进正向知识迁移;另一方面适当拓展,引导学生思考椭圆面积、曲线长度等问题,为将来高等数学的学习留白。

其三,追溯历史渊源,认清学科本质。首先,教师自己应明确"解析几何是一种方法论"的学科定位,注重坐标法思想内涵的理解和数形结合思维的培养,让学生在相应历史背景下感悟用坐标工具研究几何图形性质的程序性和普适性,避免一味将精力浪费在机械而复杂的计算上。其次,在单元复习课教学中,早期教科书中多样定义提炼出的关系图可以成为有力工具(图1-4),帮助学生梳理研究解析几何的基本工具、过程和方法,加深对解析几何这门学科的理解。

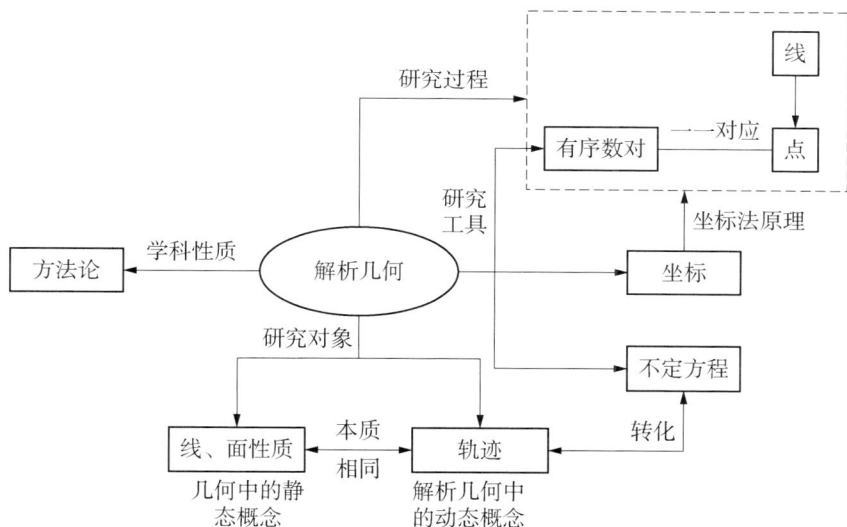

图1-4 解析几何本质剖析

参考文献

韩粟,王巳震,汪晓勤(2022).HPM视角下平面解析几何序言课的教学实践与思考.数学通报,61(08):23-29,40.

李昌官(2019).为发展学科一般观念而教——兼谈解析几何复习起始课教学.数学通报,58(09):11-15.

陆旌霞(2017).高二学生解析几何学习障碍及对策研究.江苏:南京师范大学.

莫里斯·克莱因(2002a).古今数学思想(第二册).朱学贤,等,译.上海:上海科学技术出版社.

莫里斯·克莱因(2002b).古今数学思想(第三册).万伟勋,等,译.上海:上海科学技术出版社.

汪晓勤(2017).HPM:数学史与数学教育.北京:科学出版社.

中华人民共和国教育部(2020).普通高中数学课程标准(2017年版2020年修订).北京:人民教育出版社.

Borger, R. L. (1928). *Analytic Geometry*. New York: McGraw-Hill Book Company.

Candy, A. L. (1904). *The Elements of Plane and Solid Analytic Geometry*. Boston: D. C. Heath & Company.

Church, A. E. (1851). *Elements of Analytical Geometry*. New York: A.S. Barnes.

Coffin, J. H. (1848). *Elements of Conic Sections and Analytical Geometry*. New York: Collins & Brother.

Davies, C. (1836). *Elements of Analytical Geometry*. New York: Wiley & Long, Collins, Keys & Company.

Descartes, R. (1954). *Geometry*. New York: Dover Publications.

Docharty, G. B. (1865). *Elements of Analytical Geometry and of the Differential and Integral Calculus*. New York: Harper & Brothers.

D'Alembert, J. & Diderot, D. (1778). *Encyclopédie, ou, Dictionnaire Raisonné des Sciences, des Arts et des Métiers. 3. éd* (Vol. 2). Genève: J. L. Pellet.

Fine, H. B. & Thompson, H. D. (1914). *Coordinate Geometry*. New York: The Macmillan Company.

Ford, W. B. (1924). *A Brief Course in Analytic Geometry and The Elements of Curve-Fitting*. New York: Henry Holt & Company.

Gibson, G. A. & Pinkerton, P. (1919). *Elements of Analytical Geometry*. London: Macmillan & Company.

Holmes, C. T. (1950). *Calculus and Analytic Geometry*. New York: McGraw-Hill Book Company.

Howison, G. H. (1869). *A Treatise on Analytic Geometry*. Cincinnati: Wilson, Hinkle & Company.

Lardner, D. (1831). *A Treatise on Algebraic Geometry*. London: Whittaker, Treacher & Arnot.

Maltbie, W. H. (1906). *Analytic Geometry*. Baltimore: The Sun Job Printing Office.

Murnaghan, F. D. (1946). *Analytic Geometry*. New York: Prentice-Hall.

Nathan, D. S. (1949). *Analytic Geometry*. New York: Ronald Press Company.

Nowlan, F. S. (1946). *Analytic Geometry*. New York: The McGraw-Hill Book Company.

O'Brien, M. (1844). *A Treatise on Plane Coordinate Geometry*. Cambridge: Deightons.

Peck, W. G. (1873). *A Treatise on Analytical Geometry*. New York: A. S. Barnes &

Company.

Peirce, J. M. (1857). *A Text-book of Analytic Geometry*. Cambridge: J. Bartlett.

Phillips, H. B. (1942). *Analytic Geometry and Calculus*. Mass: Addison-Wesley Press.

Riggs, N. C. (1911). *Analytic Geometry*. New York: The Macmillan Company.

Schmall, C. N. (1921). *A First Course in Analytic Geometry, Plane and Solid*. New York: D. van Nostrand Company.

Smyth, W. (1855). *Elements of Analytical Geometry*. Boston: Sanborn, Carter & Bazin.

Sonnet, H. & Frontera. G. (1863). *Éléments de Géométrie Analytique*. París: L. Hachette et Cie.

Taylor, H. E. & Wade, T. L. (1962). *Plane Analytic Geometry*. New York: John Wiley & Sons.

2 坐标系的产生和发展

秦语真[*]

2.1 引　言

　　平面直角坐标系沟通了几何和代数,借助平面直角坐标系,可以将几何问题转化为代数问题,用代数学的方法进行计算、证明,从而揭示几何图形的特征。这种思想也即今日"解析几何"的基本思想。同时,平面直角坐标系也联系了初中和高中的内容,从初中的正、反比例函数到高中的解析几何,都离不开平面直角坐标系。《义务教育数学课程标准(2011 年版)》要求学生理解平面直角坐标系的有关概念,能画出直角坐标系;在给定的直角坐标系中,能根据坐标描出点的位置,由点的位置写出它的坐标。

　　关于该知识点,我国现行五种初中数学教材(人教版、北师大版、沪教版、浙教版以及苏科版)在内容编排上大同小异,均是由生活中的实际问题来引入,其中浙教版在章末还补充介绍了笛卡儿建立坐标系的过程与思想。在已有的教学设计中,教师大多从课本出发,让学生通过位置确定的现实问题来感受平面直角坐标系,也有教师从 HPM 视角来开展教学,揭示了历史上平面直角坐标系的形成过程。

　　今日教科书和课堂教学主要强调坐标与点的一一对应关系,但追溯历史,我们发现坐标系的形成并不是一蹴而就的,坐标轴的发展也反映了解析几何的发展。鉴于此,本章聚焦平面直角坐标系,对历史上的相关文献进行考察,以期获得有益的教学素材和思想启迪。

---

[*] 华东师范大学数学科学学院博士研究生。

2.2　坐标轴的引入与定义

早在 1631 年,笛卡儿就开始关注帕普斯的三线和四线问题,在对其进行讨论时展现了严格意义上的解析几何思想(汪晓勤,2008)。如图 2-1 所示,在研究帕普斯四线轨迹问题时,笛卡儿选择 AB 作为参照线,线段 AB 和 BC 确定点 C 的位置。同时,笛卡儿也给出了相关运算法则,即根据古希腊数学家提出的齐性(homogeneity)原则,面积和面积相加,线段和线段相加。

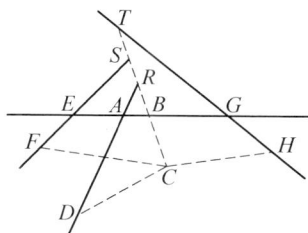

图 2-1　帕普斯四线问题

笛卡儿在欧几里得公设的基础上增加了一个公设:"移动两条或两条以上相交曲线,其交点确定了一条新的曲线。"如图 2-2 所示,笛卡儿以 AB 为参照线,避免了负数的使用。同时,笛卡儿在探究一元二次方程的根时,认为负数是"假数",由此可知,笛卡儿所建立的参照线只涉及正坐标。

笛卡儿之后,德国数学家莱布尼茨(G. W. Leibniz, 1646—1716)使用了"横坐标"和"纵坐标"等名词,从而完善了坐标的定义(Marcello,2018,pp. 907-920)。

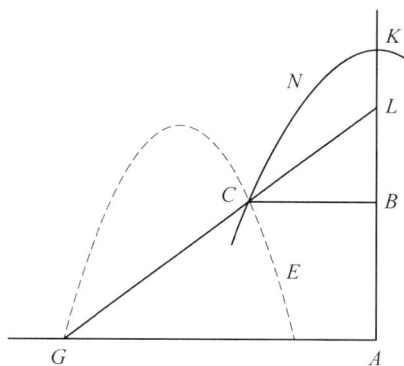

图 2-2　曲线轨迹问题

早期教科书中所涉及的坐标系引入方式分为三种,分别是数学情境引入、现实情境引入和直接引入,具体情况如表 2-1 所示。

表 2-1　早期教科书中坐标系的引入方式

引入方式	具体表述	教科书种数
数学情境	E1:直线上点的确定需借助一条数轴,平面上一点的确定则需借助两条数轴(Roberts & Colpitts, 1918, p. 2)。 E2:确定点的位置,建立点与坐标之间的对应关系(Wilson & Tracey, 1915, p. 7)。	37

续 表

引入方式	具体表述	教科书种数
	E3:给出曲线的方程,说明坐标系的必要性(Phillips,1942,pp. 4-5)。	
现实情境	E4:确定地球表面一点的位置需要知道经度和纬度(Hardy,1889,p. 1)。 E5:确定屋内一点的位置需要知道该点与地面及墙面的距离。	8
直接引入	E6:直接介绍坐标轴、原点等数学术语。	42

在 20 世纪之前的早期教科书中,如图 2-3 所示,受笛卡儿等数学家的影响,x 轴和 y 轴的夹角并不限定为直角,选择的角度取决于要解决的几何问题,同时这些角把平面分成了四个部分,但并未给出明确的象限定义。而坐标的确定则是由点 M 向直线 XX' 和 YY' 作平行线,分别交 XX' 和 YY' 于点 P' 和 P,$|OP'|=a$,$|OP|=b$,(a,b) 即为点 M 的坐标(Davies,1836,pp. 46-48)。

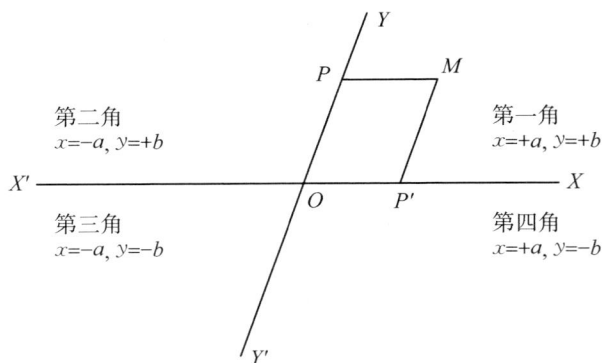

图 2-3 早期教科书中的坐标系

20 世纪之后,坐标系逐步演变为今日的平面直角坐标系,并给出了象限的明确定义。同时也对曲线方程和曲线上点的完备性和纯粹性进行了说明(参阅第 6 章)。

在 87 种早期解析几何教科书中,对于坐标系的定义情况如图 2-4 所示。从图中可见,早期教科书中的坐标系概念呈现如下演进过程:从仅用斜坐标系(阶段 1),到直角坐标系和斜坐标系并用(阶段 2),最后到仅用直角坐标系(阶段 3)。在阶段 2 中,教科书普遍认为直角坐标系是斜坐标系的特殊情况,且直角坐标系具有简单、方便、对称等优点(Tanner & Allen,1911,pp. 21 - 22)。此外,在计算两点之间距离之类的量时,平面直角坐标系会更为简便(Ashton,1900,p. 13)。

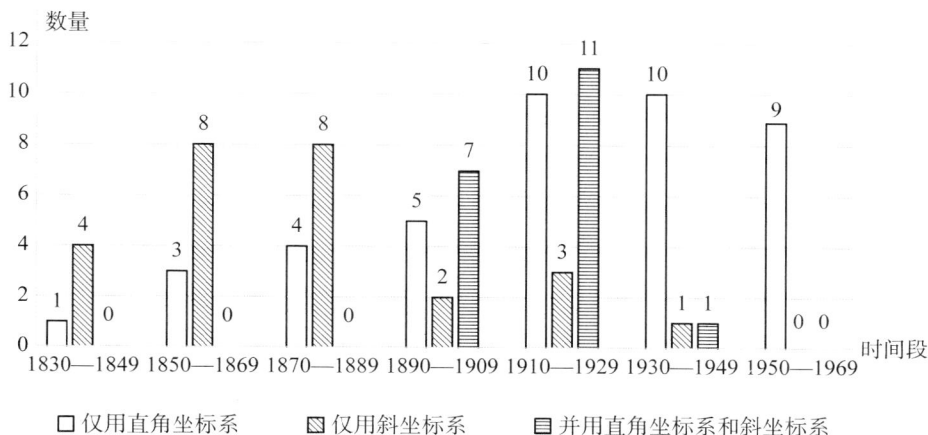

图 2 - 4 早期教科书中的坐标系表示情况

2.3 坐标的表示

历史上坐标的表示方法多种多样,18 世纪到 19 世纪中叶,数学家对坐标的表示并未统一。如图 2 - 5 所示,瑞士数学家欧拉(L. Euler,1707—1783)在绘制 $\frac{y}{a}=\arcsin\frac{x}{c}$ 的图像时采用了如下方式:将 CAB 看成 x 轴,以 A 为原点,则 $AA^1=\pi a$,$AA^2=2\pi a$,在另一侧也有 $AA^{-1}=\pi a$,$AA^{-2}=2\pi a$,据此可以推测,欧拉将字母右上方的指数看成一个对应单元,在点与变化的数字之间建立了对应关系(Euler,1797,Planche 12)。

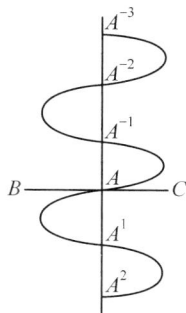

图 2 - 5 欧拉的坐标表示

法国数学家裴蜀(É. Bézout,1730—1783)给出了如图 2 - 6 所示的坐标系,从中可以看到今日坐标系的雏形。Ap 和 mp 的长度分别表示圆上点的横坐标和纵坐标,点 A 为坐标原点,横轴 AB 被无数个点 p 等分,类似于今日数轴上等距的数字。(Bézout,1773,pp. 364 - 365)

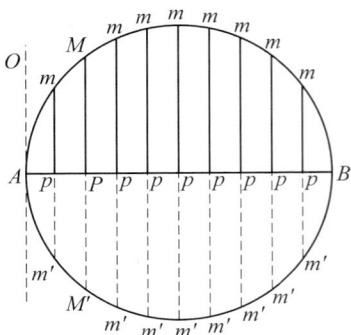

图 2－6　裴蜀的坐标表示

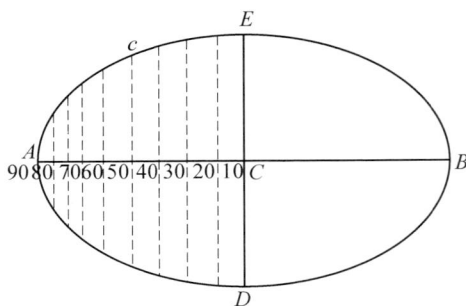

图 2－7　**Chambers** 的坐标表示

Chambers(1728)将数和坐标轴结合在一起(图 2－7)，但横轴 AC 上的数字并不是等距的，这些数字实则指的是点 E、C 和弧 c 上的对应点所形成的角度。

Francoeur(1838)将数和坐标轴结合在一起，利用表格法确定每一个 x 所对应的 y 值，并将其表示在平面直角坐标系中，与今日平面直角坐标系的坐标表示相同。

18 世纪到 19 世纪中叶，教科书中常见的坐标系如图 2－8 或 2－9 所示，其中图 2－8 为双曲线，图 2－9 为叶形线(Reyneau，1708，Planche 4－5)。早期教科书对于位置相似的点通常采用上标(P'，P''，…)或者小写的形式来表示。19 世纪中叶之后的教科书基本和现今的表示方式相同，即位置相似的点利用下标来进行区分(如 F_1，F_2，…)，线段一般用小写字母来表示。

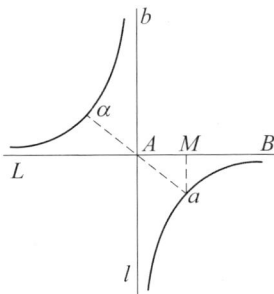

图 2－8　双曲线

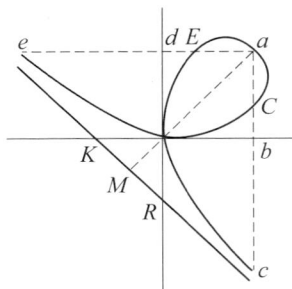

图 2－9　叶形线

在 19 世纪中叶之前，坐标的字母表示并不统一，并且具体的数字和坐标轴并未完全结合在一起。而 19 世纪中叶之后，坐标的字母表示渐趋统一，与今日教科书中的表示方法基本一致。

2.4 坐标轴上的正负数

首先，正如上文提到的，作为坐标系的创用者，笛卡儿并未接受负数的存在，因此，笛卡儿的坐标系中并不存在负半轴。17 世纪，英国数学家沃利斯(J. Wallis，1616—1703)首次引入负坐标。

法国数学家达朗贝尔(J. d'Alembert，1717—1783)在描述曲线时使用了负数，如图 2 - 10 所示，令 $pM = x$，则 $pm = -x$，然而在实际计算中，他将点 p 移至点 P 处，使得 Pm 和 PM 位于同一侧，具有相同的符号，从而避免负数的使用。

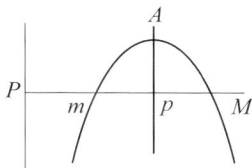

图 2 - 10

在 17 世纪，一些数学家对于坐标系中的计算进行了探索，Reyneau(1708)认为，若长方形的一条边 AB 是正的，另一条边 AD 是负的，则其面积为一个负数；若二者同号，则其面积为正值。

在 18 世纪之后的早期教科书中，数学家对于负数有了统一的认识，在建坐标系时更倾向于将 y 轴放置于曲线对称轴处，此时 x 轴上的点就形成了一正一负的对称点，随后借助所设的点进行计算，而不会去特意回避负数的使用。

2.5 结论与启示

历史上平面直角坐标系的演进，可以为今日教学提供如下启示。

其一，构建知识之谐。通过历史的梳理，我们可以发现坐标系一开始并不是直角坐标系，数学家是由要解决的几何问题入手去设置坐标系，而不局限于特定的角度。而在之后的发展中，数学家意识到平面直角坐标系在计算中的简洁性，平面直角坐标系取代了斜坐标系，在教科书中占据了重要地位。通过介绍坐标系的发展历程，可以让学生认识到为什么今日教科书中选择平面直角坐标系。

其二，彰显数学之美。17 世纪时，数学家对坐标的表示方法缺乏统一的认识，其间各种表示方法层出不穷；而在 19 世纪中叶之后，教科书中的坐标表示逐步统一化。通过向学生揭示坐标表示的变化，可以让学生认识到数学的统一美。

其三,达成德育之效。在笛卡儿创造了坐标系之后,许多数学家不断对坐标系进行探索,从而为解析几何的发展奠定了坚实的基础。教师可以向学生展现坐标系的发展史,让他们感受到数学不断演进和完善的过程,形成动态的数学观。

参考文献

汪晓勤(2008).平面解析几何的产生(三)——笛卡儿与解析几何.中学数学教学参考,(09):61-62.

中华人民共和国教育部(2011).义务教育数学课程标准(2011年版).北京:北京师范大学出版社,2011.

Ashton, C. H. (1900). *Plane and Solid Analytic Geometry: an Elementary Textbook*. New York: Charles Scribner's Sons.

Bézout, E. (1773). *Cours de Mathématiques (Troisieme Partie)*. Paris: J. B. G. Musier Fils, Libraire.

Biot, J. B. & Smith, F. H. (1840). *An Elementary Treatise on Analytical Geometry*. New York: Wiley & Putnam.

Chambers, E. (1728). *Cyclopaedia*. London: James & John Knapton.

Davies, C. (1836). *Elements of Analytical Geometry*. New York: Wiley & Long, Collins, Keys & Company.

Euler, L. (1797). *Introductio in Analysin Infinitorum* (Vol. 1-2). Lugduni: Bernuset, Delamolliere & Soc.

Francoeur, L. B. (1838). *Géométrie Analytique*. Bruxelles: Meline, Cans et Compagnie.

Hardy, A. S. (1889). *Elements of Analytic Geometry*. Boston: Ginn & Company.

Marcello A. (2018). Textbooks revealing the development of a concept—the case of the number line in the analytic geometry (1708—1829). *ZDM*, (50):907-920.

Phillips, H. B. (1942). *Analytic Geometry and Calculus*. Cambridge: Addison-Wesley Press.

Reyneau, C. R. (1708). *Usage de l'Analyse* (Tome II). Paris: Jacque Quillau.

Roberts, M. M. & Colpitts, J. T. (1918). *Analytic Geometry*. New York: John Wiley & Sons.

Tanner, J. H. & Allen, J. (1911). *Brief Course in Analytic Geometry*. New York: American Book Company.

Wilson, W. A. & Tracey, J. I. (1915). *Analytic Geometry*. Boston: D. C. Heath & Company.

3 直线的倾斜角和斜率

刘梦哲[*]

3.1 引 言

我国数学教育家傅种孙(1898—1962)曾提出理解数学知识的三重境界:知其然,知其所以然,何由以知其所以然(傅种孙,1933,p. iv)。直线的倾斜角和斜率作为初中一次函数、高中直线方程的重要概念,首先应该让学生"知其然",即掌握直线的倾斜角和斜率的概念;其次要让学生"知其所以然",即了解课本上对这两个概念如此定义的缘由;最后还要让学生清楚"何由以知其所以然",即寻找这两个概念漫漫的发展长路。

《义务教育数学课程标准(2022 年版)》要求学生能画出一次函数的图像,根据一次函数的图像和表达式 $y=kx+b(k\neq0)$ 探索并理解当 $k>0$ 和 $k<0$ 时,图像的变化情况。现行沪教版数学教科书八年级下册在一次函数图像部分已经给出斜率这一名词,但并未明确给出其定义和几何意义,而将这一部分内容放在高中数学中讨论。《普通高中数学课程标准(2017 年版 2020 年修订)》要求学生能理解直线的倾斜角和斜率的概念,经历用代数方法刻画直线斜率的过程,掌握过两点的直线斜率的计算公式,能根据斜率判定两条直线平行或垂直。现行沪教版高中数学教科书将直线的倾斜角 α 定义为 x 轴绕直线 l 与 x 轴的交点逆时针旋转至与直线 l 重合时所成的最小正角,其范围界定为 $[0,\pi)$。当 $\alpha\neq\frac{\pi}{2}$ 时,倾斜角的正切值被定义为直线的斜率;当 $\alpha=\frac{\pi}{2}$ 时,直线的斜率不存在(趋于无穷大)。

HPM 视角下的数学教学将数学史引入教学,让学生从历史的角度看待数学主题

---

[*] 华东师范大学数学科学学院博士研究生。

的发生、发展过程。在新课程背景下,渗透数学文化是在数学教学中落实学科德育的良好途径。因此,教师不仅要充分挖掘数学史中的数学文化,还应以数学史为载体,充分发挥数学文化的德育功能。

数学史告诉我们,任何数学概念、公式、定理、思想都不是从天上掉下来的,都有其自然发生、发展的过程,而我们对此知之甚少(汪晓勤,沈中宇,2020,p. 20)。鉴于此,本章对 19—20 世纪美英解析几何教科书中的直线倾斜角和斜率的相关内容进行考察,试图回答:直线倾斜角和斜率的概念有哪些不同的定义?这两个概念出现的先后顺序是什么?直线斜率的概念是如何产生的?

3.2 教科书的选取

本章选取 1826—1965 年间出版的 73 种美英解析几何教科书作为研究对象,以 20 年为一个时间段进行统计,这些教科书的出版时间分布情况如图 3 - 1 所示。

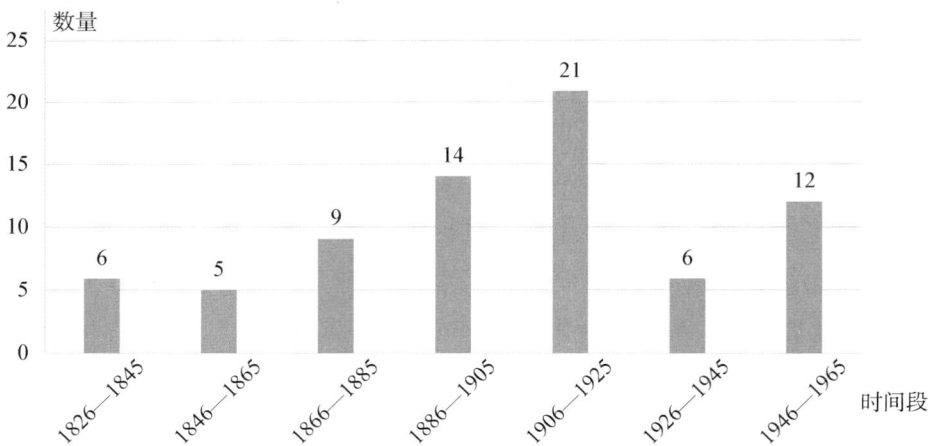

图 3 - 1 73 种美英早期解析几何教科书的出版时间分布

在 73 种解析几何教科书中,直线倾斜角和斜率的相关内容主要位于"直线""笛卡儿坐标""平面上的点和直线""直角坐标系""一次方程"等章。20 世纪以前,直线倾斜角和斜率概念与直线方程的推导多在同一章中,其大多归于"直线"一章。此后,两者被编排在不同的章中,即倾斜角和斜率的概念被向前移入"坐标系"一章。

3.3 倾斜角的定义

19—20 世纪,从斜坐标系到直角坐标系,为了求出不同坐标系下的直线方程,教科书编者首先引入了直线的倾斜角这一概念。随着时间的不断推移,对于直线倾斜角定义的表述方式也有所变化。表 3-1 给出了直线倾斜角的定义。

表 3-1 直线倾斜角的定义

定义方式	具体描述	教科书
夹角定义	直线与 x 轴的夹角。	Hamilton(1826)
	x 轴上方的直线与 x 轴正半轴的夹角。	Todhunter(1862)
旋转定义	x 轴正半轴通过逆时针旋转与直线重合所经过的角。	Ashton(1900)
	x 轴的正半轴绕原点(或直线与 x 轴的交点)逆时针旋转,使其与直线平行的最小角度。	Ziwet & Hopkins (1913)
	从 x 轴的正方向(或 x 轴的平行线)逆时针旋转到直线正方向所经过的角。	Dowling & Turneaure (1914)
位置定义	一条直线与 x 轴相交会形成四个角,从 x 轴正方向及 x 轴上方出发,依次将这些角命名为 1、2、3、4,于是直线的倾斜角是直线与 x 轴相交形成的第一个角。	Hardy(1897)
	一条直线与 x 轴相交形成几个角,将直线右侧及 x 轴上方的角叫做直线的倾斜角。	Siceloff, Wentworth & Smith(1922)

不同教科书对于直线倾斜角的不同定义方式,将会影响教科书编者对于倾斜角范围的界定。最常见的范围界定在 0 到 π 之间,但此时并没有明确端点处的取值情况。例如 Smith & Gale(1912)指出,当直线平行于 x 轴时,其倾斜角为 0 或 π,显然编者将倾斜角的范围界定为 $[0,π]$。Cell(1951)和现行教科书保持一致,将倾斜角的范围界定为 $[0,π)$,并提出这样的界定方式与物理和工程中的标准用法一致。

Nelson,Folley & Borgman(1949)将倾斜角的范围界定为 $\left(-\dfrac{π}{2},\dfrac{π}{2}\right]$,因为直线的斜率 m 等于直线倾斜角 $θ$ 的正切值,因此,在已知直线斜率的情况下,由反函数即可得到 $θ=\arctan m$,此时算出的 $θ$ 的范围可以保证与倾斜角的范围一致。当然,也有教科书将倾斜角的范围直接界定在 $-\dfrac{\pi}{2}$ 到 $\dfrac{\pi}{2}$ 之间，而不明确端点处的取值。

若将直线的倾斜角定义为一条有向线段逆时针旋转到另一条有向线段所经过的角，此时教科书编者往往会将倾斜角的范围界定在 0 至 2π 之间，例如，Young, Fort & Morgan(1936)将倾斜角的范围界定为 $[0, 2\pi)$。当 P_1P_2 与 x 轴相交且方向向上时，正半轴 Ox 逆时针转过的角度即直线的倾斜角 θ，此时 $\theta < \pi$（图 3-2(a)）；当 P_1P_2 与 x 轴相交且方向向下时，直线的倾斜角为 $\theta+\pi$（图 3-2(b)）；当 P_1P_2 与 x 轴平行时，直线的倾斜角为 0 或 π。

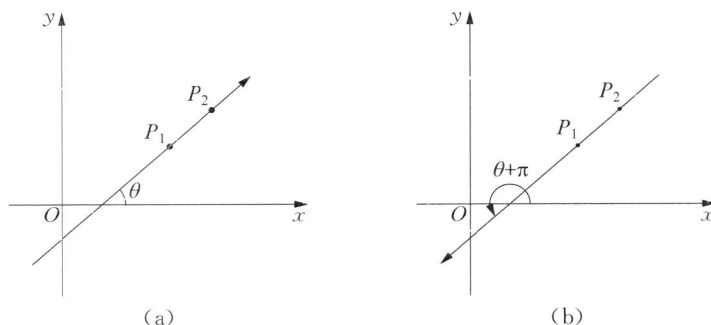

图 3-2　Young, Fort & Morgan(1936)对倾斜角的界定

图 3-3 给出了直线倾斜角的定义及其范围界定的时间分布情况。从折线图中可以看出，19 世纪，夹角定义是教科书中的主流定义方法，但这样的定义方式对于任意

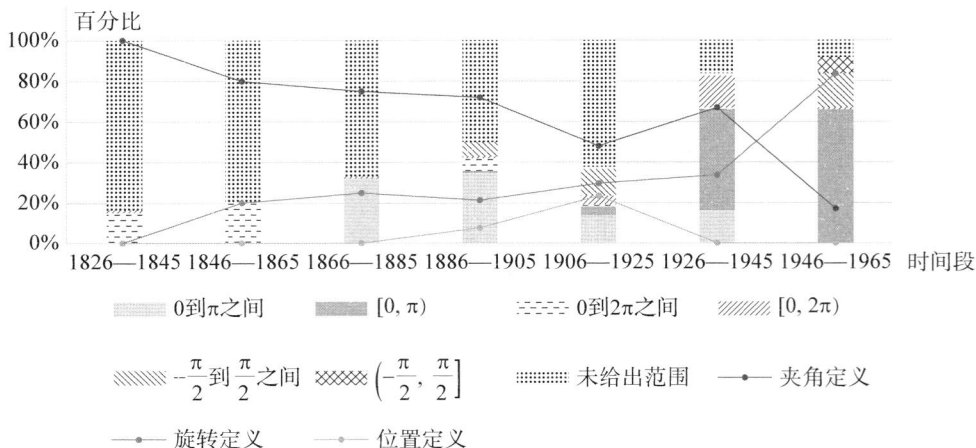

图 3-3　直线倾斜角的定义及其范围界定的时间分布

角的产生及位置的表述并不明确。因而,旋转定义在 20 世纪越来越受到教科书编者的青睐,此时对倾斜角的定义方式也契合三角学中所提出的"任意角是旋转出来的"。

从柱状图中可以看出,20 世纪以前,超过半数的教科书只给出了倾斜角的定义而没有界定其范围,但此后给出范围的教科书逐渐增多。从总体上看,将直线倾斜角界定在 0 到 π 之间的教科书依然占据绝大多数。随着倾斜角的定义不断转向旋转定义,对直线倾斜角的范围也会给出明确的区间界定,于是越来越多的教科书将倾斜角的范围界定为[0,π)。

3.4 斜率的历史发展

斜率概念的历史发展总共经历了三个阶段,即从几何比到直线方程、从三角比到直线方程、最后出现斜率的概念(杨懿荔,汪晓勤,2016)。

3.4.1 从几何比到直线方程

19 世纪上半叶,美英解析几何教科书中还没有出现斜率的概念,同时,教科书编者大多是在斜坐标系下给出直线方程。

Hamilton(1826)运用几何方法,证明坐标满足 $Ay + Bx + C = 0$ 的点的轨迹是一条直线。令 $a = -\dfrac{B}{A}$, $b = -\dfrac{C}{A}$,此时方程可以转变为 $y = ax + b$ 的形式。在斜坐标系 YAX 中,在 AY 上取 $AB = b$,在 XA 的延长线上取 $AC = \dfrac{b}{a}$,连结 CB,此时直线 CBZ 即为所求轨迹(图 3-4)。

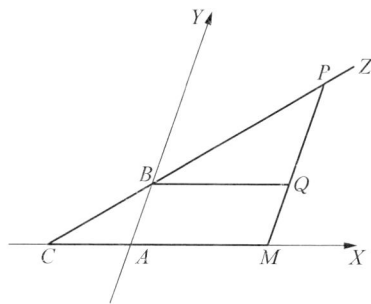

图 3-4 Hamilton(1826)关于直线方程的推导

在 BZ 上任取一点 P,作 $PM \parallel AY$,过点 B 作 $BQ \parallel AX$,交 PM 于点 Q。令 $AM = x$ 及 $MP = y$,此时 x 和 y 分别是点 P 的横、纵坐标,于是 $y = MP = PQ + QM = PQ + b$。因为 $\triangle PBQ \backsim \triangle BCA$,所以 $\dfrac{PQ}{BQ} = \dfrac{AB}{CA}$,于是 $PQ = ax$,将 PQ 的值代入上式,可得 $y = ax + b$。由点 P 的任意性,可知在直线上任何其他假定点的坐标之间也满足同样的关系,故 CZ 为所求直线。

作者对于直线方程中的 a 作了进一步的讨论。令直线与 x 轴的夹角为 α，x 轴与 y 轴的夹角为 β，由正弦定理可知，

$$a = \frac{AB}{AC} = \frac{\sin\angle BCA}{\sin\angle ABC} = \frac{\sin\alpha}{\sin(\beta - \alpha)},$$

此时直线方程为

$$y = \frac{\sin\alpha}{\sin(\beta - \alpha)}x + b。$$

在平面直角坐标系下，即 $\beta = \frac{\pi}{2}$，于是 $a = \tan\alpha$。作者还假设倾斜角 α 的范围从 0 到 π，讨论了 x 的系数的变化情况。不仅如此，作者基于 a、b 的符号，给出了斜截式的四种情况以及点斜式和两点式。

Young(1830)在斜坐标系的基础上，推导一条过原点的直线的方程。在直线 MN 上任取两点 D、B，作 $DC \parallel AY$ 及 $BE \parallel AY$（图 3-5），易知 $\dfrac{CD}{AC} = \dfrac{EB}{AE}$。显然，直线上任何一点的纵坐标与横坐标之比为一个定值 a。作者还说明了不同坐标系下的情况，在直角坐标系中，a 表示直线与 x 轴夹角的正切值，当夹角是锐角或钝角时，对应的正切值为正或负；在斜坐标系中，a 表示直线与 x 轴和 y 轴夹角的正弦之比，并讨论 a 的正负情况。随后，作者推导出不过原点的直线方程 $y = ax + b$，并根据 a、b 的不同符号，对四种不同情形的直线方程的性质及其图像进行了详细的讨论。作者还考虑了与坐标轴平行的直线方程。

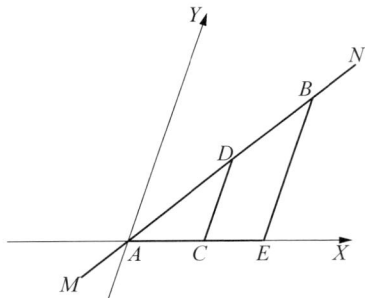

图 3-5　Young(1830)关于直线方程的推导

循着这一思路，Lardner(1831)依然利用几何比，证明满足方程 $Ax + By + C = 0$ 的点的轨迹是一条直线。当 $A = 0$ 或 $B = 0$ 时，所得到的直线分别平行于 x 轴和 y 轴。与此同时，对于具有相同 $-\dfrac{A}{B}$ 的直线，它们之间的位置关系则是平行的。

Davies(1836)依然在斜坐标系中，利用正弦定理得到了一般直线的方程。而在直角坐标系中，作者讨论了当直线与 x 轴的夹角 α 从 0 变化到 2π 时，$a = \tan\alpha$ 的符号变

化情况。可以说,这一时间段的教科书编者在推导直线方程时有两个最为显著的特点,一是基于斜坐标系,二是利用几何比得到等量关系,随后得到直角坐标系下的一次项系数 a 等于直线倾斜角的正切值,但此时斜率的概念并没有出现。

3.4.2 从三角比到直线方程

19 世纪中叶以来,不断有教科书编者只推导直角坐标系下的直线方程,并以三角比为出发点进行讨论。O'Brien(1844)首先说明方程 $Ax + By = C$ 表示一条直线。任取直线上两点 $P_1(x', y')$ 和 $P_2(x'', y'')$,代入可得

$$\begin{cases} Ax' + By' = C, \\ Ax'' + By'' = C, \end{cases}$$

两式相减,得到

$$\frac{A}{B} + \frac{y'' - y'}{x'' - x'} = 0。$$

设过这两点的直线 l 与 x 轴的夹角为 θ,则

$$\tan\theta = \frac{y'' - y'}{x'' - x'},$$

即

$$\tan\theta = -\frac{A}{B}。$$

由此可知,直线与 x 轴夹角的正切值为 $-\dfrac{A}{B}$。过直线上任意一点 $P(x, y)$,作 $PM \perp$ x 轴,垂足为点 M(图 3-6)。因为 $\tan\theta = -\dfrac{A}{B}$,点 A 的坐标为 $(a, 0)$,所以

$$\frac{MP}{MA} = -\frac{A}{B} = \frac{y}{x - a},$$

故得直线的一般方程

$$Ax + By = Aa = C。$$

作者还从这个一般方程出发讨论其与坐标轴的交点,并给出直线的截距式和斜截式方程。

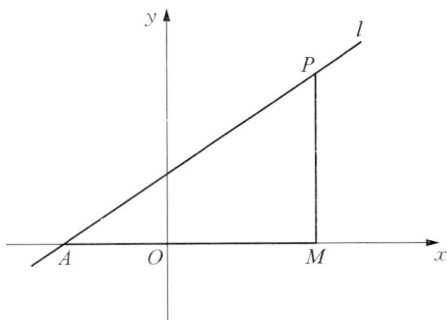

图 3-6　O'Brien(1844)关于直线方程的推导

Loomis(1851)过原点作直线 l 的平行线 OM，取直线上任意一点 P 作 x 轴的垂线，垂足为点 N，交 OM 于点 M（图 3-7）。设 $ON=x$，$PN=y$，$BO=b$ 及 $a=\tan\angle PAN=\tan\angle MON$，所以 $y=PN=PM+MN=b+ON\cdot\tan\angle MON=ax+b$。Bowser(1880)则是过直线与 y 轴的交点作 x 轴的平行线，并利用三角比推导出直线的斜截式方程。

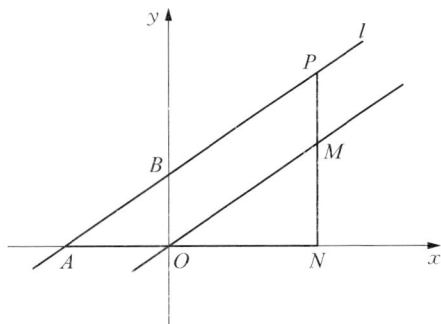

图 3-7　Loomis(1851)关于直线方程的推导

综上所述，以上展示了历史上利用三角比推导直线方程的三种主流方法，在1844—1881 年的近四十年间，绝大多数教科书还没有涉及斜率的概念，但是这一概念已呼之欲出。

3.4.3　斜率概念的出现

在所考察的美英早期解析几何教科书中，Peck(1873)最早给出了斜率(slope)的概念。Peck(1873)先将直线的倾斜角 θ 定义为直线与 x 轴的夹角,角的大小是从 x 轴正方向到直线转过的角度,角的范围可以是 0 到 π 之间的任意值。任取直线上两点 $P_1(x', y')$ 和 $P_2(x'', y'')$,则

$$\tan\theta = \frac{y'' - y'}{x'' - x'}。$$

于是,作者将直线倾斜角的正切值定义为直线的斜率 k,并指出:这里使用的"斜率"一词几乎等同于工程学中的"等级"(grade)一词。此时,直线的倾斜角和斜率之间建立起了联系,即 $k = \tan\alpha$,且当 $k > 0$ 时,有 $0 < \alpha < \frac{\pi}{2}$;当 $k < 0$ 时,有 $\frac{\pi}{2} < \alpha < \pi$,但没有讨论直线斜率为 0 或不存在的情况。

Hardy(1889)依然将直线的斜率定义为直线倾斜角的正切值,并对直线斜率进行了完整的讨论。从直线的一般方程 $Ax + By + C = 0$ 出发,即可推导出直线的斜截式方程为 $y = mx + b$,其中 $m = -\frac{A}{B}$,$b = -\frac{C}{B}$。随后,作者讨论了 m 的取值情况:当 $m > 0$ 时,直线与 x 轴成锐角;当 $m < 0$ 时,直线与 x 轴成钝角;当 $m = 0$ 时,直线平行于 x 轴,且直线方程为 $y = b$;当 $m = \infty$ 时,直线平行于 y 轴,此时直线的倾斜角为 $\frac{\pi}{2}$,且直线方程为 $x = a$。

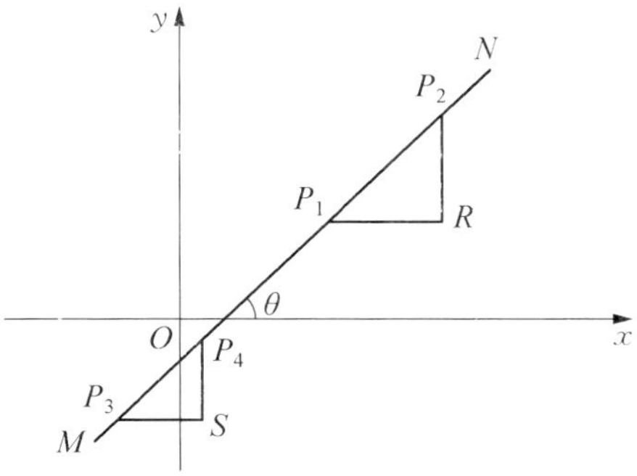

Phillips(1915)首次改用比值,而不用三角比来定义直线的斜率。在给定直线 MN 上取四个点 $P_1(x_1, y_1)$、$P_2(x_2, y_2)$、$P_3(x_3, y_3)$ 和 $P_4(x_4, y_4)$(图 3-8),因为 $\triangle P_1P_2R \backsim \triangle P_3P_4S$,所以 $\frac{RP_2}{P_1R} = \frac{SP_4}{P_3S}$,即

图 3-8 **Phillips(1915)关于斜率的定义**

$$\frac{y_2 - y_1}{x_2 - x_1} = \frac{y_4 - y_3}{x_4 - x_3}。$$

由此可知,若在直线上任取两点,则这两点的纵坐标之差与横坐标之差的比值是一个定值,于是称比值 $m = \frac{y_2 - y_1}{x_2 - x_1}$ 为直线的斜率。又因为 $\tan\theta = \frac{RP_2}{P_1R}$,所以直线的倾斜角和斜率之间的关系为 $m = \tan\alpha$。

Harding & Mullins(1926)从动态角度给出了直线斜率的概念。任取直线上两点 $P_1(x_1,y_1)$ 和 $P_2(x_2,y_2)$，当直线上一点从点 P_2 运动到点 P_1 时，上升的距离 QP_1 与水平移动的距离 P_2Q 的比值被称为直线的斜率 m（图3-9）。记 $\Delta y=y_1-y_2$，$\Delta x=x_1-x_2$，则直线斜率可以简记为

$$m=\frac{QP_1}{P_2Q}=\frac{\Delta y}{\Delta x}。$$

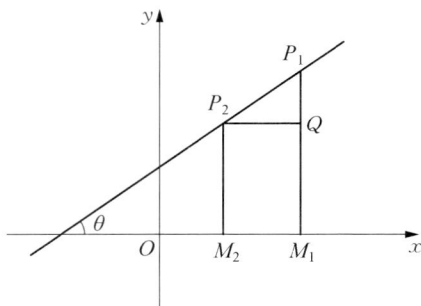

图3-9　Harding & Mullins(1926)关于斜率的定义

与此同时，作者进一步指出，直线斜率刻画了直线的陡度，即直线上升或下降的速率。斜率概念引入教科书后，渐渐成为解析几何的重要概念之一，为后世解析几何教科书所普遍采用，直线方程也因此建立在斜率概念的基础之上（杨懿荔，汪晓勤，2016）。

3.5　斜率的概念

在51种给出直线斜率概念的教科书中，对于斜率的定义方式可以分为三角定义、比值定义和动态定义三类。表3-2给出了直线斜率的定义情况。

表3-2　直线斜率的定义

定义方式	具体描述	教科书	数量
三角定义	直线倾斜角的正切值称为直线的斜率。	Peck(1873)	41
比值定义	在直线上任取两点 $P_1(x_1,y_1)$、$P_2(x_2,y_2)$，则这两点的纵坐标之差与横坐标之差的比值，即 $\frac{y_2-y_1}{x_2-x_1}$，称为直线的斜率。	Phillips(1915)	3

定义方式	具体描述	教科书	数量
动态定义	在直线上任取两点 P_1、P_2，当直线上一动点从点 P_2 运动到点 P_1 时，纵坐标的变化量与相应横坐标的变化量的比值称为直线的斜率。	Harding & Mullins (1926)	7

图 3-10 给出了直线斜率定义的时间分布情况。由图可见，直线斜率的出现经历了漫长的岁月，19 世纪下半叶以前，没有给出斜率定义的教科书占据主流，此后，直线斜率逐渐成为推导直线方程的重要工具，因而斜率的概念也出现在越来越多的教科书中。斜率作为初中学习一次函数的重要概念，其重要性及意义主要体现在几个方面：首先，初中阶段学生需要学习一次函数，而一次函数在平面直角坐标系上的图形是一条直线，于是，直线斜率概念的出现将一次项系数与直线的倾斜角建立起了联系，但当直线与 x 轴垂直时，斜率没有定义。其次，可以将直线的斜率理解为道路的坡度，用坡度则可以清楚地刻画道路的倾斜程度，而用直线的斜率则可以清楚地刻画直线的陡度。最后，在导数中，直线的斜率实际上就是直线的瞬时变化率。

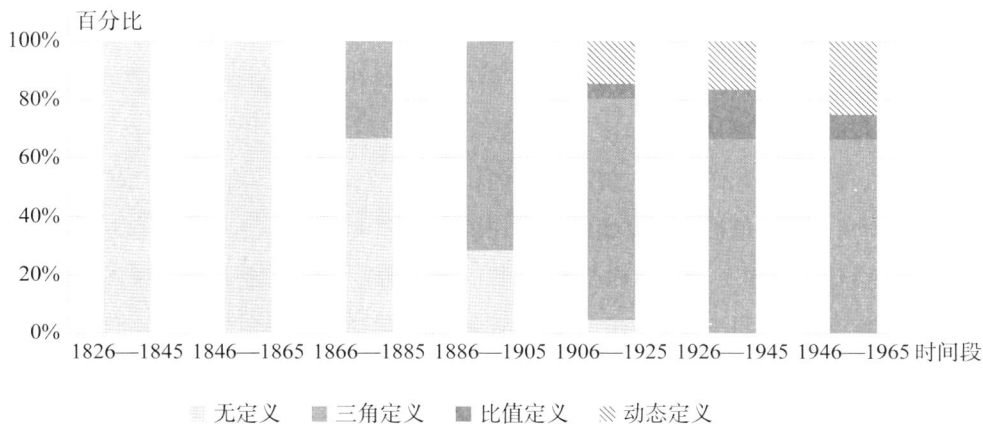

图 3-10　直线斜率的定义的时间分布

自斜率的概念出现在教科书中以来，用倾斜角的正切值来定义直线斜率的这一方式始终占据教科书的主流，这来源于教科书编者对于直线方程的不同推导方法。多数教科书依然是以三角比为基础，进而推导出直线的斜截式方程。同时，三角定义可以建立起倾斜角与斜率之间的关系，容易让学生发现不同直线倾斜角下斜率的情况，因此在教科书中使用三角定义是顺理成章的。这一定义方式也符合现行教科书中对直线斜率的定义方式。

3.6 结论与启示

综上所述,历史上对于直线倾斜角及斜率的不同定义方式、斜率概念的历史发展阶段,为今日直线倾斜角和斜率的教学提供了诸多启示。

其一,追溯知识本源,关注课堂生长。直线斜率的产生经历了漫长的岁月,因而,教师在教学过程中,可以斜率的历史发展阶段为突破口,通过微视频的方式让学生了解斜率概念产生的漫漫长路和演化历程,这会对学生理解斜率概念起到至关重要的作用。与此同时,建构主义强调,应该把学生已有的知识经验作为新知识的生长点,引导学生从原有的知识经验中"生长"出新的知识。直线倾斜角和斜率概念的学习也应如此,学生在初中阶段就已经学习过一次函数,知道一次函数的图像是一条直线及直线方程 $y = kx + b (k \neq 0)$ 中的 k 代表斜率,到高中再次学习直线时,教师应该以学生原有的知识为基础,带领学生回忆 k 的不同取值对直线的影响,并给出直线斜率的确切概念和几何意义。

其二,架起知识桥梁,通向成功彼岸。解析几何将代数与几何建立起了联系,在学习直线方程时,不仅要从数的角度理解系数,还应从形的角度理解不同系数给直线带来的影响。首先,架起倾斜角与斜率概念的桥梁,在直角坐标系被教科书编者广泛使用后,倾斜角的正切值被称为直线的斜率;其次,架起倾斜角的概念与其范围的桥梁,夹角定义会让直线和 x 轴产生四个夹角,此时对夹角范围的界定并不明晰,但当我们使用旋转定义后,教科书普遍选择 $[0, \pi)$;最后,架起斜率、倾斜角与图像之间的桥梁,当倾斜角 $\alpha \to \left(\dfrac{\pi}{2}\right)^+$ 时,直线斜率 $k \to +\infty$,而从图像上看,直线将越来越陡峭并趋于一条垂直于 x 轴的直线。加强知识内部及新旧知识的联系,让学生螺旋上升式地学习知识,可加深知识的理解与记忆。

其三,领会数学思想,发展核心素养。以学生熟悉的一次函数作为出发点,让学生在描点作图的过程中找到刻画直线方向的角,于是引出倾斜角的概念及其取值范围。然后,让学生尝试定量刻画直线倾斜角与斜率之间的关系,在小组讨论中各抒己见,在初步给出三角定义后,带领学生对不同情况的直线斜率进行讨论,并将其坐标化。在师生的一问一答中,斜率的概念逐步明晰,培养了学生动态的数学观。当然,教师还应继续讨论"直线斜率的计算与直线上取点的关系""在画直线的过程中,如何实现几何直观与代数量化的顺利转换"等问题,这一过程有助于渗透数形结合思想、化归思想等,也将对学生的数学抽象、逻辑推理、直观想象等素养的提升起到举足轻重的作用。

参考文献

傅种孙(1933). 高中平面几何教科书. 北京:美学丛刻社.

汪晓勤,沈中宇(2020). 数学史与高中数学教学:理论、实践与案例. 上海:华东师范大学出版社.

杨懿荔,汪晓勤(2016). 20 世纪中叶以前西方解析几何教科书中的斜率概念. 数学通报,(09):10－13＋18.

中华人民共和国教育部(2022). 义务教育数学课程标准(2022 年版). 北京:北京师范大学出版社,2022:57.

中华人民共和国教育部(2020). 普通高中数学课程标准(2017 年版 2020 年修订). 北京:人民教育出版社,2020:43.

Ashton, C. H. (1900). *Plane and Solid Analytic Geometry: an Elementary Textbook*. New York: Charles Scribner's Sons.

Bowser, E. A. (1880). *An Elementary Treatise on Analytic Geometry*. New York: D. van Nostrand.

Cell, J. W. (1951). *Analytic Geometry*. New York: John Wiley & Sons.

Davies, C. (1836). *Elements of Analytical Geometry*. New York: Wiley & Long, Collins, Keys & Company.

Dowling, L. W. & Turneaure, F. E. (1914). *Analytic Geometry*. New York: Henry Holt & Company.

Hamilton, H. P. (1826). *The Principles of Analytical Geometry*. Cambridge: J. Deighton & Sons.

Harding, A. M. & Mullins, G. W. (1926). *Analytic Geometry*. New York: The Macmillan Company.

Hardy, A. S. (1889). *Elements of Analytic Geometry*. Boston: Ginn & Company.

Hardy, J. J. (1897). *Elements of Analytic Geometry*. Easton: Chemical Publishing Company.

Lardner, D. A. (1831). *Treatise on Algebraic Geometry*. London: Whittaker, Treacher & Arnot.

Loomis, E. (1851). *Elements of Analytical Geometry and of the Differential and Integral*

Calculus. New York: Harper & Brothers.

Nelson, A. L. , Folley, K. W. & Borgman, W. M. (1949). *Analytic Geometry*. New York: The Ronald Press Company.

O'Brien, M. (1844). *A Treatise on Plane Co-ordinate Geometry*. Cambridge: Deightons.

Peck, W. G. (1873). *A Treatise on Analytical Geometry*. New York: A. S. Barnes & Company.

Phillips, H. B. (1915). *Analytic Geometry*. New York: John Wiley & Sons.

Siceloff, L. P. , Wentworth, G. & Smith, D. E. (1922). *Analytic Geometry: Brief Course*. Boston: Ginn & Company.

Smith, P. F. & Gale, A. S. (1912). *New Analytic Geometry*. Boston: Ginn & Company.

Todhunter, I. (1862). *A Treatise on Plane Co-ordinate Geometry as Applied to the Straight Line and the Conic Sections*. London: Macmillan & Company.

Young, J. R. (1830). *The Elements of Analytical Geometry*. London: John Souter.

Young, J. W. , Fort, T. & Morgan, F. M. (1936). *Analytic Geometry*. Boston: Houghton Mifflin Company.

Ziwet, A. & Hopkins, L. A. (1913). *Analytic Geometry and Principles of Algebra*. New York: The Macmillan Company.

4 向量的投影

陈雨晴[*]　　汪晓勤[**]

4.1 引　言

"投影"概念具有丰富的内涵。在几何学中,"投影"多指"将图形的形状投射到一个面或一条线上"(中国社会科学院语言研究所词典编辑室,2016,p. 1322),它能精确地表示物体在平面上的几何量(Hayward,1829,p. 121),投影的结果仍为几何图形。在高等几何中,"投影"被赋予了"变换"的含义,体现了图形与图形之间的一种对应关系,投影将保持"同素性"(周兴和、杨明升,2015,p. 115),即点的投影是点,直线的投影是直线。而在代数学中,投影变换更是一种特殊的线性变换,如:设 M 和 N 为线性空间 V 的子空间,$V = M \oplus N$,又设 $\alpha \in V$,$\alpha = \alpha_M + \alpha_N$,$\alpha_M \in M$,$\alpha_N \in N$,则 V 对子空间 M 的投影变换 $\pi (\pi \alpha = \alpha_M)$ 为 V 上的线性变换。(俞正光等,2008,p. 226)

向量兼具几何与代数二重属性,是沟通几何与代数的桥梁,在向量的多重意义下,其投影的内涵是人们争论的焦点。《普通高中数学课程标准(2017 年版 2020 年修订)》(以下简称《课标》)指出,在空间向量中,向量的投影是高维空间到低维子空间的一种线性变换,得到的是低维空间向量,即投影向量(中华人民共和国教育部,2020,p. 121)。而在《数学辞海》中,向量在轴(有向直线)上的投影被定义为数量,即"给定某轴 u,设与其同方向的单位向量为 $\vec{u}$,过任一向量 $\overrightarrow{AB}$ 的始点 A 和终点 B 分别作垂直于轴 u 的平面,设垂足分别为 A_u 和 B_u,则有向线段 $\overline{A_u B_u}$ 的数量 $A_u B_u$[①] 称为向量 $\overrightarrow{AB}$ 在轴 u 上的投影,$A_u B_u = \overrightarrow{AB} \cdot \vec{u}$。"(《数学辞海》编辑委员会,2002,p. 335)现行高中数学教科书对向量的投影也给出了不同的定义,大致可分为两类:一是"形"的视

＊　重庆一中寄宿学校教师。

＊＊　华东师范大学数学科学学院教授、博士生导师。

① "有向线段的数量"指的是有向线段的模连同其表示方向的正负号。

角,即向量投影的结果为向量,意在突出向量投影的本质实则为高维空间到低维子空间的变换;二是"数"的视角,即向量投影的结果可由数量积来表示,由此深化向量投影与数量积的几何意义之间的联系。此外,还有教科书区分了向量投影和数量投影。可见,教科书编者对向量投影的定义莫衷一是,而在教学实践中,学生容易忽视向量投影的本质,更遑论体会其重要作用。

翻开历史的画卷,向量概念直至近现代才有较大的发展和突破,而向量投影的概念更是富有争议。梳理和分析向量投影概念的源与流,有助于我们更深刻地理解该概念。鉴于此,本章聚焦于向量投影的概念(下文中的"投影"均为"正交投影"),对 19—20 世纪的数学教科书进行考察,试图勾勒出其演变的过程,以期为今日教科书编写和课堂教学提供参考。

4.2　教科书的选取

从有关数据库中选取 1820—1963 年间出版的 155 种美英数学教科书作为研究对象,包括 56 种几何学教科书(包含平面几何与立体几何)、51 种解析几何教科书、19 种三角学教科书和 29 种向量分析教科书。以 20 年为一个时间段统计,这些教科书的出版时间分布情况如图 4-1 所示。

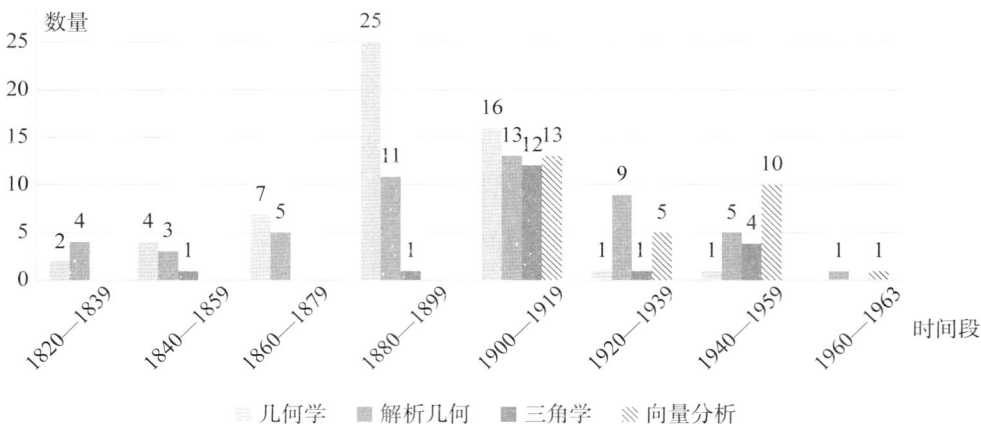

图 4-1　155 种美英早期数学教科书的出版时间分布

明确出现向量投影概念的主要为向量分析教科书,且其出版时间集中在 19 世纪末至 20 世纪初,但由于部分教科书以"有向线段"来定义向量,故本文考察了几何学教科书、解析几何教科书和三角学教科书,以期更完善地梳理向量投影概念的发展过程。

4.3 向量投影概念的发展

在早期数学教科书中,向量往往被视为有向线段,而有向线段是在线段基础上考虑了方向,诚如 Woods & Bailey(1917)所言,对于以点 A 和 B 为端点的线段,若只考虑位置和长度,则称该线段为 AB 或 BA 均可,但若同时考虑线段的方向,则线段 AB 和线段 BA 就有区别了。因此,本文将对向量投影概念溯源至线段投影,从线段的投影、有向线段的投影、向量的投影三个阶段来揭示向量投影的发展过程。

4.3.1 追本溯源:线段的投影

Davies(1859)认为,一个几何量在平面上的表示叫做投影,Smyth(1855)则指出,投影具有确定空间中直线位置的作用。98 种教科书讨论了线段的投影,涉及线段在直线和平面上的投影。

(一) 线段在直线上的投影

线段在直线上的投影结果主要有"形"和"数"两类。41 种教科书持有"形"的观点,认为线段在直线上的投影是"线段";32 种教科书持有"数"的观点,认为线段在直线上的投影是"距离"。此外,8 种教科书持有"形数不分"的观点,认为线段在直线上的投影既是一个几何对象,也是一个数量。

"形"的观点不考虑线段的方向,认为线段在直线上的投影为直线上的一条线段,其端点为原线段端点在直线上的投影①。Bush & Clarke(1905)指出:"线段在直线上的投影是该直线的一部分,该部分处于给定线段的端点在直线上的投影之间。"Ashton(1900)则认为,线段在直线上的投影是该线段上所有点在直线上投影的轨迹。

"数"的观点认为线段在直线上的投影为"距离",其中 6 种教科书考虑了距离的方向②,9 种教科书未考虑距离的方向,其余教科书则未明确讨论方向问题。Newcomb(1884)指出:"线段在直线上的投影是该线段端点在直线上投影之间的距离。"有教科书进一步指出,线段在直线上的投影等于该线段的长度乘以线段与直线所成锐角的余

---

① "点在直线上的投影"指的是过该点作直线的垂线,垂足为该点在直线上的投影(正交投影)。
② 一般认为距离是非负数,但部分早期数学教科书中,距离可能为负数,其中正负号表示其方向。

弦值。如图 4-2，设线段 CD 和直线 OL 共面，点 A、B 分别为点 C、D 向直线 OL 上作垂线的垂足，令 α 为 CD 和 OL 所成的锐角，$CH \parallel OL$，则线段 CD 在直线 OL 上的投影为 $AB = CD \cdot \cos\alpha$。 此时，线段在直线上的投影便是直线上某一线段的长度，与方向无关。

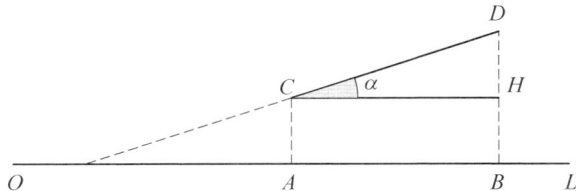

图 4-2　线段在直线上的投影为线段的长度

也有教科书考虑了距离的方向，如 Johnson(1869)认为，当规定直线的某一方向为正方向时，线段 AB 在直线上的投影是从点 A 的投影到点 B 的投影的距离，而此距离应同时具有大小和方向，当线段 AB 方向与直线正方向成锐角时，线段 AB 的投影为正，当线段 AB 方向与直线正方向成钝角时，线段 AB 的投影为负。虽然编者并未明确提出有向线段的概念，但其对线段投影的定义已经考虑到了方向，体现了从线段投影到有向线段投影的历史过渡。

此外，还出现了形数不分的情形，如 Perkins(1856)将直角三角形两直角边在斜边上的投影定义为线段，但又将任意线段在直线上的投影定义为线段两端点在直线上投影的距离。

（二） 线段在平面上的投影

线段在平面上的投影结果主要为"形"，有 66 种教科书采用了这种观点。投影的定义主要分为三类，其中，36 种教科书采用"轨迹定义"，即：线段在平面上的投影为线段上每个点在平面上的投影的轨迹[①]；6 种教科书采用"端点投影定义"，即：对于线段 AB，其端点 A、B 在平面上的投影为点 C、D，则线段 CD 为线段 AB 在平面上的投影；4 种教科书采用"交线定义"，即：对于任一线段 AB，过 AB 作平面的垂面，则 AB 在平面上的投影为垂面与平面交线上的线段 CD，其中点 C、D 为点 A、B 在平面上的投影。其余教科书虽指出线段在平面上的投影为"线段"，但并未对其进行解释。

---

① "点在平面上的投影"指的是过该点作平面的垂线，垂足为该点在平面上的投影（正交投影）。

4.3.2　承上启下：有向线段的投影

Kells & Stotz(1949)曾言："在解析几何中，方向和长度是基本概念，有向线段或向量则包含了这两者，向量即为有向线段。"可见，有向线段的投影是线段投影与向量投影之间的关键纽带。21 种教科书讨论了有向线段的投影，且主要集中于其在直线上的投影。

有向线段在直线上的投影结果主要有"形"和"数"两类。14 种教科书持有"形"的观点，认为有向线段在直线上的投影是"有向线段"；12 种教科书持有"数"的观点，认为有向线段在直线上的投影是"距离"。此外，8 种教科书持有"形数不分"的观点，认为有向线段在直线上的投影既是有向线段，又是一个数量。

持"形"观点的教科书中，有一部分并未指定直线的方向，如 Fine & Thompson(1914)认为，点 A 在直线 l 上的投影为 A_0，点 B 在直线 l 上的投影为 B_0，则有向线段 A_0B_0 是有向线段 AB 在直线 l 上的投影，可用符号 $\text{Proj}_l AB = A_0B_0$ 表示。但大部分教科书考虑了直线的方向（即有向直线①，或称为轴），如 Young & Morgan(1919)认为，在图 4-3 和图 4-4 中，平面中直线 p、q 为有向直线，规定直线某一方向为正方向，设 A、B 为 p 上任意两点，A'、B' 是过 A、B 作 q 的垂线的垂足，则有向线段 $A'B'$ 是有向线段 AB 在有向直线 q 上的投影，可用符号 $A'B' = \text{Proj}_q AB$ 表示，图 4-3 中的 $A'B'$ 处于正方向，而图 4-4 中的 $A'B'$ 则处于负方向。

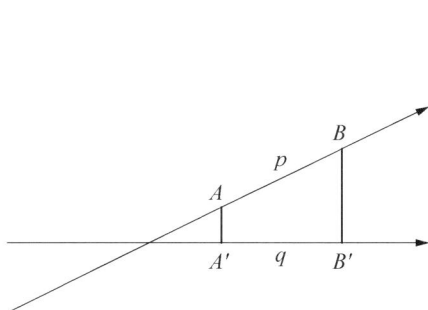

图 4-3　有向线段在有向直线上的投影为正　　图 4-4　有向线段在有向直线上的投影为负

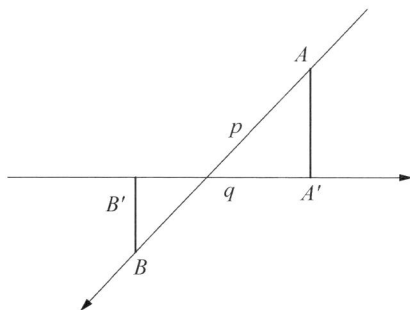

持"数"观点的教科书中，大部分以"距离"来定义有向线段在有向直线上的投影，

---

① 在早期数学教科书中，英文"directed line"表示有向直线。

此时代数符号"＋"和"－"表示方向,有向线段与有向直线之间的夹角决定了"距离"的正负。Osgood & Graustein(1921)指出,图 4－5 中有向线段 PQ 的长度是 $|PQ|$,其与有向直线 L 的夹角为 θ,则有向线段 PQ 在有向直线 L 上的投影为 $\mathrm{Proj}_L PQ = MN = |PQ|\cos\theta$,$\theta$ 的大小决定了投影的正负。

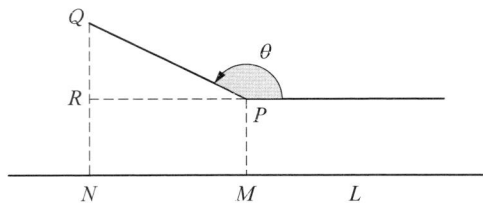

图 4－5　有向线段在有向直线上的投影

同样地,教科书中也出现了形数不分的情形,但相较于线段在直线上的投影而言,此阶段,更多教科书注重阐释赋予投影"形"和"数"双重含义的理由。正如 Osgood & Graustein(1921)所言,将代数方法用于几何时,如何在几何中使用正数和负数是需要回答的问题之一,应建立有向线段的代数表示:当有向线段 AB(简写为 $\overline{AB}$)位于已指定正负方向的直线 L 上时,线段 AB 的长度为 l。若 $\overline{AB}$ 与 L 的正方向同向,则可用 l 来表示 $\overline{AB}$,即 $\overline{AB} = l$;若 $\overline{AB}$ 与 L 的正方向反向,则可用 $-l$ 来表示 $\overline{AB}$,即 $\overline{AB} = -l$。[①] 在建立有向线段与实数之间的一一对应关系之后,赋予其投影"形"和"数"双重意义便顺理成章。若设 L 为任意直线,点 P_1、P_2 在 L 上的投影分别为点 Q_1、Q_2,则有向线段 P_1P_2 在 L 上的投影为有向线段 Q_1Q_2,或代表有向线段 Q_1Q_2 的正负数,即 $\mathrm{Proj}_L P_1P_2 = Q_1Q_2 = -Q_2Q_1 = -\mathrm{Proj}_L P_2P_1$。

虽然教科书主要关注有向线段在直线上的投影,但其中也孕育了有向线段在有向线段上投影的思想萌芽。通过分析,极少数编者已经意识到将原问题转化为有向线段在有向线段所在直线上的投影(直线为有向直线),而投影的结果则出现"有向线段"和"距离"两种倾向,这无疑为后面向量投影的发展奠定了基础。

---

① $\overline{AB}$ 本指有向线段,但在其代数表示中,$\overline{AB}$ 等价于数值 l 或 $-l$,所以符号"$\overline{AB}$"包含有向线段和数值双重意义。

4.3.3 应运而生:向量的投影

向量的发展与数学和物理息息相关,数学上关于有向线段、复数、四元数的研究(崔旺,保继光,2020)以及物理上关于力学、电磁学的研究促进了向量投影概念的建构和深化。因此,相较于有向线段的投影而言,向量投影超越了纯粹的数学背景,而被赋予实际的物理内涵。36 种教科书讨论了向量的投影,且主要集中于向量在有向直线及向量上的投影。

(一) 向量在有向直线上的投影

向量在有向直线上的投影结果主要有"形"和"数"两类。11 种教科书持有"形"的观点,认为向量在有向直线上的投影是"向量";15 种教科书持有"数"的观点,认为向量在有向直线上的投影是"向量模长与夹角余弦的乘积"。

持"形"观点的教科书中,向量在有向直线上的投影为向量。Dadourian(1931)认为,图 4-6 中的 $\vec{a}$ 在 X 轴和 Y 轴上的投影分别为 $\vec{a_x}$ 和 $\vec{a_y}$;Christie(1952)则进一步对向量投影的过程进行解释:如图 4-7 所示,$\vec{a}$ 的起点和终点分别为点 P、点 Q,过点 P、点 Q 作有向直线 l 的垂线,垂足分别为点 P' 和 Q',则 $\overrightarrow{P'Q'}$ 为 $\vec{a}$ 在有向直线 l 上的投影。

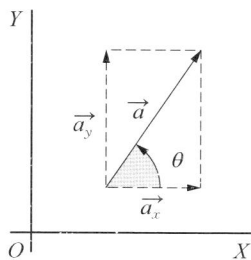

图 4-6 向量在坐标轴上的投影为向量

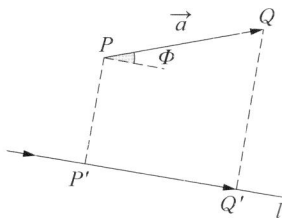

图 4-7 向量在有向直线上的投影为向量

"数"的观点承袭了有向线段在有向直线上的投影为"距离"的思想,大部分教科书认为向量在有向直线上的投影为"向量模长与夹角余弦的乘积"。Ziwet & Hopkins(1913)指出,图 4-8 中的 $\overrightarrow{AB}$ 在有向直线 l 上的投影为 $A'B'=|AB|\cos\alpha$。 在平面直角坐标系中,向量可与平面上的点建立一一对应关系,因此,向量在坐标轴上的投影便可以表示为向量终点和起点的横、纵坐标之差,此结论对空间向量同样适用。

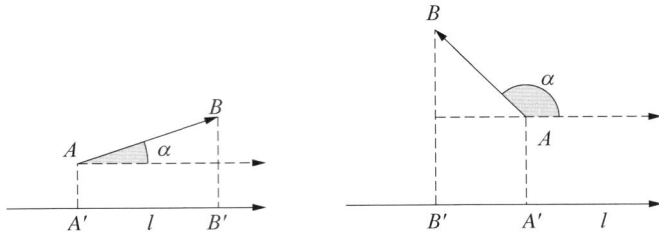

图 4-8　向量在有向直线上的投影为数量

　　而在形数不分的观点中,编者认为投影的结果既为向量又为数量,但意识到了投影的结果(向量)可用正负数来表示,此时正负号表示投影结果中向量的方向。值得一提的是,由于向量具有力、速度等物理背景,因此,部分教科书讨论了向量在有向直线上的投影与向量分量的关系。5 种教科书认为,向量沿着有向直线分解时,其在有向直线上的分量为向量,因为力、速度、加速度等物理量可由向量(物理上也称为矢量)表示,假设一个物体以速度 V 沿着 AB 方向运动,则速度 V 在 OX 轴上的水平分量为速度 V_x,在 OY 轴上的竖直分量为速度 V_y,而 V_x、V_y 也为 V 在 OX 轴和 OY 轴上的投影。(Rothrock,1911,p. 18)

　　7 种教科书则认为,向量沿着有向直线分解时,其在有向直线上的分量为数量,如 Kenyon & Ingold(1921)表示,力 F 在 OX 轴和 OY 轴上的分量为 $F_x = \mathrm{Proj}_x F = F\cos\alpha$,$F_y = \mathrm{Proj}_y F = F\sin\alpha$,其中 α 为力 F 与 OX 轴正方向所成的夹角,此时,力 F 在有向直线上的投影为数量。Christie(1952)甚至进一步讨论了向量在有向直线上的标量分量与矢量分量,其中标量分量为向量的模乘以向量与有向直线正方向夹角的余弦值,矢量分量则为图 4-7 中的 $\overrightarrow{P'Q'}$。

（二）　向量在向量上的投影

　　一个向量在另一向量上的投影结果主要也分"形"和"数"两类。6 种教科书持有"形"的观点,认为向量在向量上的投影是"向量";11 种教科书持有"数"的观点,认为向量在向量上的投影是"向量模长与夹角余弦的乘积"。

　　持"形"观点的教科书中,有一部分给出了投影结果的表达式,如 Coe(1938)提出,$\vec{a}$ 在 $\vec{b}$($\vec{b}$ 为非零向量)上的投影为

$$\mathrm{Proj}_{\vec{b}}(\vec{a}) = \frac{(\vec{a} \cdot \vec{b})\vec{b}}{\vec{b}^2},$$

用单位向量 $\overrightarrow{b_0}$ 表示,即为

$$\frac{|\vec{a}| \cdot |\vec{b}| \cdot \cos(\widehat{\vec{a},\vec{b}})}{|\vec{b}|^2}\vec{b} = |\vec{a}| \cdot \cos(\widehat{\vec{a},\vec{b}})\vec{b_0}.$$

持"数"观点的教科书中,大部分利用向量的数量积来表示投影,如 Silberstein (1919)指出,$\vec{a} \cdot \vec{b}$ 为 $\vec{a}$ 在 $\vec{b}$ 上的投影乘以 $|\vec{b}|$,此时 $\vec{a}$ 在 $\vec{b}$ 上的投影为 $|\vec{a}|\cos(\widehat{\vec{a},\vec{b}})$;或 $\vec{b}$ 在 $\vec{a}$ 上的投影乘以 $|\vec{a}|$,此时 $\vec{b}$ 在 $\vec{a}$ 上的投影为 $|\vec{b}|\cos(\widehat{\vec{a},\vec{b}})$。进一步地,因为 $|\vec{a}| \cdot |\vec{b}| = |\vec{b}| \cdot |\vec{a}|$,所以 $\vec{a} \cdot \vec{b} = \vec{b} \cdot \vec{a}$,即向量的数量积满足交换律。

此外,还有教科书持有形数不分观点,将向量在向量上的投影既定义为"向量",又定义为"向量模长与夹角余弦的乘积"。(Wilson & Gibbs,1902,pp.57-58)

4.4　向量投影的历史演变

4.4.1　投影结果的演变趋势

从线段的投影,到有向线段的投影,再到向量的投影,能够发现教科书编者主要从"形"的视角、"数"的视角和"形数不分"的视角来认识投影的结果,可见,历史上数学家对投影的理解也不尽相同,这恰与今日关于向量投影结果的争议性遥相呼应,展现了历史的相似性。图 4-9 呈现了早期数学教科书中线段投影、有向线段投影和向量投影的演变趋势。

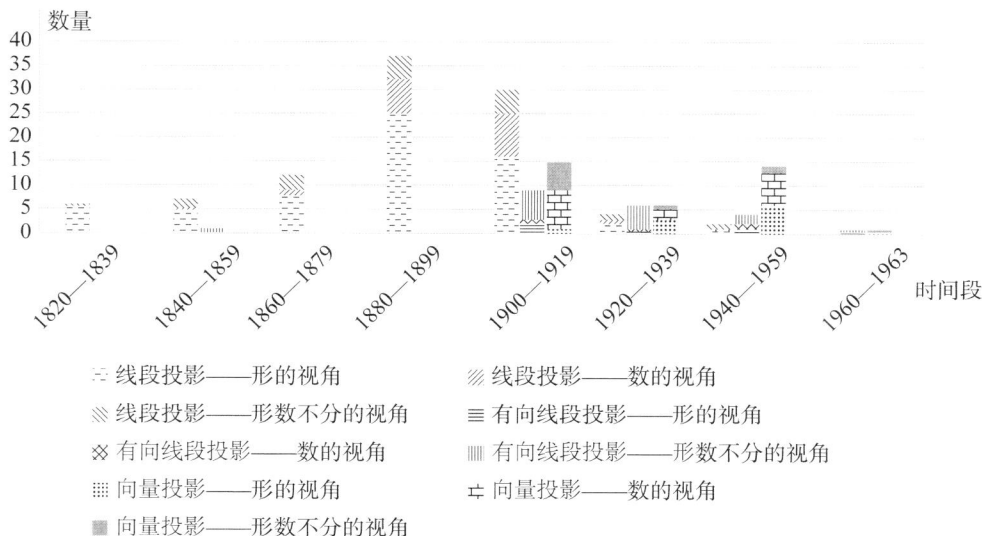

图 4-9　线段投影、有向线段投影和向量投影的演变趋势

由图 4 - 9 可知,早期数学教科书主要从"形"的视角来认识线段的投影,随着时间的推移,19 世纪中期开始,部分教科书从"数"的视角或"形数不分"的视角来认识线段的投影。同时,在 19 世纪中期,教科书开始关注有向线段的投影,但直至 20 世纪初,有向线段与向量的投影才受到更为广泛的讨论。其中,关于有向线段的投影,教科书主要持"形数不分"观点,这是由于编者认识到了有向线段与实数之间的一一对应关系,并为有向线段建立了代数表示。关于向量的投影,教科书主要持"数"观点,多数教科书用数量积来定义向量投影,但随着时间的推移,持"形"观点的教科书数量占比呈上升趋势,这与向量在力学、电磁学等领域的应用密不可分。

4.4.2 投影结果演变的动因

(一) 内部动因

投影的对象影响了投影结果。线段的投影主要是线段,此时,教科书关注线段这一"形"在某一直线或平面上的"影",而"影"实际为线段上每个点被投影后的点集。也有部分教科书认为线段的投影为"距离",且进一步关注了"距离"与直线正方向的关系,正如 Johnson(1869)所言,当规定直线某一方向为正方向时,线段在直线上的投影结果"距离"应同时考虑大小和方向;有向线段的投影则呈现出形、数两重性。Ashton(1900)认为,同时赋予线段大小和方向来证明图形问题乃是更通用的方法,三角学是联系几何与代数的纽带,有向线段则从逻辑上发展了该学科。形、数两重性使有向线段的投影结果多表现为"形数不分";向量的投影结果主要为"数量",但随着数学与物理等学科联系的加强,投影结果为"向量"的占比不断上升,至 20 世纪中叶,"数量"与"向量"这两种结果呈现出平分秋色的局面。

对"数形结合"认识的深化推进了投影概念的发展。在线段投影中,虽也有教科书以带正负号的"距离"来定义线段的投影,但绝大部分教科书并未阐明包含代数符号的"距离"与实数之间的关系。而在有向线段的投影中,大部分教科书首先建立了实数与有向线段的一一对应关系,这实现了对有向线段的代数表示,投影的结果便可由有向线段或代表有向线段的实数来表达,因而,有向线段的投影结果多表现为"形数不分",有向线段融形与数于一体的价值得以彰显。

(二) 外部动因

投影的作用影响了投影结果。在数学上,投影更多地用于确定物体在平面上的几何表示、确定空间某一直线的位置等,而随着数学的应用性越来越受到重视,投影在其他学科领域也发挥了重要作用,这影响了投影结果的变化。在力学中,力、速度等物理量可用向量或有向线段表示,此时,作为数学对象的"向量"便有了实际的物理背景,而力、速度等物理量在某一方向上的分力、分速度等可由向量的投影来表示,因而,向量投影的结果应为向量,即分力、分速度等兼具大小和方向的量。

4.5 结　语

从线段的投影到有向线段的投影,再到向量的投影,投影的内涵不断丰富和完善,而三角学、几何学、解析几何和向量分析发展的需要,数学与物理等学科不断深化的联系,以及数学在实际生活中的应用构成了推动向量投影概念演变的内、外动因。这表明,数学概念并不一定以线性方式发展,数学在实际生活中的应用、数学与其他学科之间的联系均会影响数学对象的内涵。从向量投影概念的历史中,可以获得以下思想启迪和教学启示。

其一,注重社会角色,展现应用价值。数学在实际生活中具有广泛的应用性,从向量投影的历史发展中,能够窥见投影所具应用价值的变化。最初,投影常用于平面作图,即形象地表示物体在平面上的几何量,这对建筑绘图、机械绘图等具有深刻的现实意义,此时,线段的投影多为"线段"这一几何量。随着有向线段、向量的发展,人们开始关注向量投影与速度、位移等物理量在某一方向分量之间的关系。向量投影能够简化物理、工程等领域中相关问题的研究,因此,向量投影为"向量"的观点越来越得到人们的支持。教师在教学中,可以"形影不离"来刻画投影,带领学生回顾初中学习的中心投影、平行投影等概念,以皮影、路灯下的人影让学生直观感受投影现象中物体这一"形"与其投影后的"影"之间的关系,而"形""影"之间的关系恰是数学研究的对象,对规范建筑绘图等具有深刻意义。聚焦于向量投影时,教师可让学生猜想向量这一"形"在投影后的"影"是什么,"形影同质"应为理解的关键。随后,教师可展示向量投影的应用价值,如表示物体发生位移后的水平位移等。

其二,建立学科联系,揭示内、外动因。抽象的数学概念并非从天而降,教师应深入挖掘概念产生和发展的动因,从而帮助学生深化对概念的理解。从数学内部看,数学学科的发展促进了投影内涵的演变,由"确定某个物体在平面上的几何表示"到高观点下"图形到图形的变换""高维空间到低维子空间的线性变换",体现了数学学科的动态发展。引导学生从"变换"的观点看向量投影,将有助于学生理解向量投影实现"降维"的本质,从而深化对向量投影概念的认知;从数学外部看,数学与物理等学科的交流,影响了向量投影的结果。速度分量、位移分量等物理模型为"向量投影是'向量'"这一观点提供了现实依据。数学内部与外部发展的平衡影响了数学对象的内涵,教师可引导学生辩证地看待数学概念的发展过程,由此培养其理性思维,实施学科德育。

其三,尊重历史相似,关注认知困难。从历史上向量投影定义的"形""数"倾向争鸣,到今日课程标准和教科书对向量投影"形""数"倾向定义的争议,体现了人们对数学概念认识的历史相似性。从古人对向量投影概念的认知差异中,可以窥探学生在学习该概念时的认知障碍。教师应该尊重学生认知的历史相似性,让其了解以"形"或"数"的视角来定义向量投影的合理性,并运用古今对照等策略,引导学生体会在不同的立场下数学概念可能拥有不同的内涵,从而培养学生倾听历史的意识。

参考文献

崔旺,保继光(2020).也谈空间向量的投影.数学通报,59(10):31-35.

《数学辞海》编辑委员会(2002).数学辞海.山西教育出版社,中国科学技术出版社,东南大学出版社.

俞正光,鲁自群,林润亮(2008).线性代数与几何(上).北京:清华大学出版社.

中国社会科学院语言研究所词典编辑室(2016).现代汉语词典.北京:商务印书馆.

中华人民共和国教育部(2020).普通高中数学课程标准(2017年版2020年修订).北京:人民教育出版社.

周兴和,杨明升(2015).高等几何.北京:科学出版社.

Ashton, C. H. (1900). *Plane and Spherical Trigonometry: an Elementary Text-Book*. New York: Charles Scribner's Sons.

Bush, W. N. & Clarke, J. B. (1905). *The Elements of Geometry*. New York: Silver, Burdett & Company.

Christie, D. E. (1952). *Intermediate College Mechanics: a Vectorial Treatment*. New York: McGraw-Hill Book Company.

Coe, C. J. (1938). *Theoretical Mechanics: a Vectorial Treatment*. New York: The Macmillan Company.

Dadourian, H. M. (1931). *Analytical Mechanics for Students of Physics and Engineering*. New York: D. van Nostrand Company.

Davies, C. (1859). *Elements of Descriptive Geometry*. New York: A.S. Barnes & Burr.

Fine, H. B. & Thompson, H. D. (1914). *Coordinate Geometry*. New York: The Macmillan

Company.

Hart, W. W. & Hart, W. R. (1942). *Plane Trigonometry, Solid Geometry and Spherical Trigonometry*. Boston: D. C. Heath & Company.

Hayward, J. (1829). *Elements of Geometry upon the Inductive Method*. Cambridge: Hilliard & Brown.

Johnson, W. W. (1869). *An Elementary Treatise on Analytical Geometry*. Philadelphia: J. B. Lippincott & Company.

Kells, L. M. & Stotz, H. C. (1949) *Analytic Geometry*. New York: Prentice-Hall.

Kenyon, A. M. & Ingold, L. (1921). *Elements of Plane Trigonometry*. New York: The Macmillan Company.

Newcomb, S. (1884). *Elements of Geometry*. New York: Henry Holt & Company.

Osgood, W. F. & Graustein, W. C. (1921). *Plane and Solid Analytic Geometry*. New York: The Macmillan Company.

Perkins, G. R. (1856). *Plane and Solid Geometry*. New York: D. Appleton & Company.

Rothrock, D. A. (1911). *Elements of Plane and Spherical Trigonometry*. New York: The Macmillan Company.

Silberstein, L. (1919). *Elements of Vector Algebra*. London: Longmans, Green & Company.

Smyth, W. (1855). *Elements of Analytical Geometry*. Boston: Sanborn, Carter & Bazin.

Wilson, E. B. & Gibbs, J. W. (1902). *Vector Analysis*. New York: Charles Scribner's Sons.

Woods, F. S. & Bailey, F. H. (1917). *Analytic Geometry and Calculus*. Boston: Ginn & Company.

Young, J. W. & Morgan, F. M. (1919). *Plane Trigonometry and Numerical Computation*. New York: The Macmillan Company.

Young, J. W., Fort, T. & Morgan, F. M. (1936). *Analytic Geometry*. Boston: Houghton Mifflin Company.

Ziwet, A. & Hopkins, L. A. (1913). *Analytic Geometry and Principles of Algebra*. New York: The Macmillan Company.

5　圆与椭圆之间的关系

秦语真[*]

5.1　引　言

　　数学教材是关于一系列数学内容的说明、期望、展示和组织的综合体(Valverde，2002，pp. 1 - 3)，是教师进行教学设计的主要材料。随着课改的深化，各版本教材的内容都发生了很大的变化。上海高中数学教材将圆作为椭圆的特殊形式，归入"圆锥曲线"章，引发人们的激烈讨论。讨论的焦点是：圆究竟是否属于圆锥曲线？

　　从历史上看，古希腊数学家梅奈克缪斯(Menaechmus，公元前 4 世纪)利用垂直于母线的平面去截具有不同顶角的正圆锥(汪晓勤，2017)，相应得到锐角圆锥曲线、钝角圆锥曲线和直角圆锥曲线，分别就是我们今天所说的椭圆、双曲线和抛物线。从圆锥曲线的上述起源来看，圆并不属于圆锥曲线，因为用垂直于母线的平面截正圆锥，不可能得到圆。后来，阿波罗尼奥斯(Apollonius，约公元前 262—公元前 190 年)著《圆锥曲线论》，通过用平面以不同方式截同一个正圆锥或斜圆锥得到三类曲线(汪晓勤，2013)，通过任一点纵坐标的平方和横坐标与通径乘积的比较，将这三类曲线命名为亏曲线、超曲线和齐曲线(参阅第 27 章)，对应今天的椭圆、双曲线和抛物线。尽管用新的方法可以截得圆，但阿波罗尼奥斯并未将圆视为圆锥曲线。事实上，古希腊数学家将圆归于平面轨迹，将三种圆锥曲线归于立体轨迹，其他曲线则归于线轨迹(Boyer，1956，pp. 90 - 117)。可见，在他们眼里，圆与圆锥曲线是截然不同的曲线。

　　那么，近代解析几何教科书又是如何看待和处理圆与圆锥曲线之间关系的？本章通过对 18—19 世纪美英解析几何教科书的深入考察来回答上述问题，以期为今日教材编写和课堂教学提供参考。

5.2 教科书的选取

本章选取 1830—1969 年间出版的 50 种美英解析几何教科书作为研究对象,其中 45 种出版于美国,5 种出版于英国,图 5-1 给出了这些教科书的出版时间分布情况。

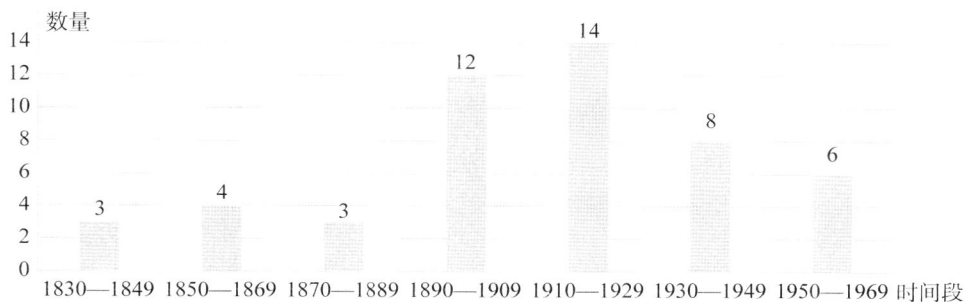

图 5-1 50 种美英早期解析几何教科书的出版时间分布

本章分别从形式和内容两个方面来考察美英早期解析几何教科书对圆与椭圆关系的处理方式。形式上,考察教科书关于圆和圆锥曲线的编排方式,从中分析教科书是否将圆视为圆锥曲线;内容上,考察椭圆的定义与椭圆的相关概念(离心率、准线等)、方程、切线、面积等,从中分析教科书对圆与椭圆关系的认识。

5.3 圆与椭圆的内容编排

50 种教科书中,11 种将"圆"编入"圆锥曲线"章,占比 22%。图 5-2 给出了圆与椭圆编排方式的教科书时间分布情况。

从图 5-2 可见,各时间段都只有少数教科书将圆和椭圆编排在同一章。将圆与椭圆编排在同一章的依据有两个,分别是:

- 圆和椭圆一样,也是平面截圆锥所得到的曲线,符合圆锥曲线的原始定义(截线定义);
- 圆和圆锥曲线的方程都是二次方程。

多数教科书并未对圆和椭圆其他定义的一致性作出讨论。

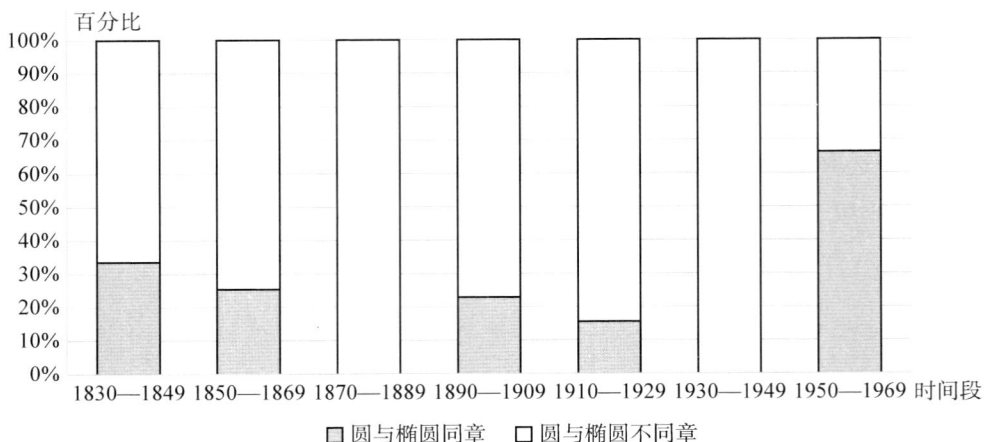

图 5‐2　圆与椭圆编排方式的教科书时间分布

尽管只有 11 种教科书将圆与椭圆编排于同一章,但共有 33 种教科书(占比 66%)明确指出圆是椭圆的特殊情形。具体的表述是:

- 圆是椭圆的极限情形(Nichols,1892,pp. 106‐134);
- 圆和椭圆均是平面截圆锥所得到的截线(Davies,1845,pp. 95‐138);
- 椭圆是由圆经过压缩变换得到的(Newcomb,1884,pp. 145‐147)。

图 5‐3 给出了持有上述观点的教科书时间分布情况。

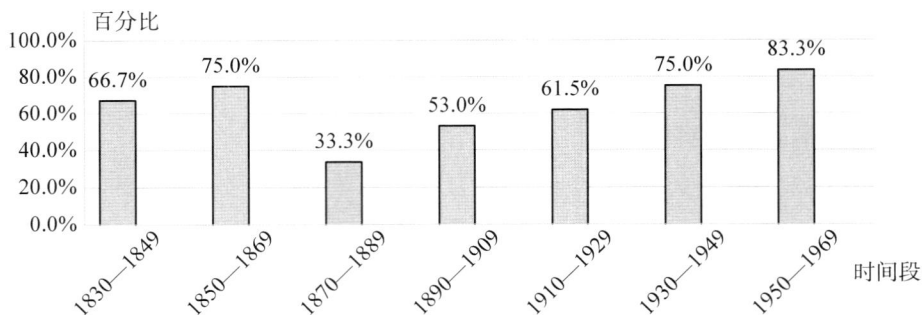

图 5‐3　明确提出圆是特殊椭圆的教科书时间分布

从图 5‐3 可见,1870 年以后,随着时间的推移,认为圆是椭圆特殊情形的教科书占比逐年递增,且在每个时间段中均有教科书明确提到圆是椭圆的特殊情形。而在 1870—1889 年前后,教科书大多采用第二定义,因此,很少有教科书去专门讨论圆和椭圆之间的关系。

5.4 从椭圆的定义与方程看圆与椭圆之间的关系

5.4.1 椭圆的定义

在 50 种教科书中,共出现了椭圆的三类定义:原始定义、第一定义和第二定义。

有 34 种教科书采用了第一定义,其中有 7 种明确提出:当两个定点重合时,长、短轴相等(Kells & Stotz,1949,pp. 179 - 189),椭圆将变成一个圆。Hardy(1897)直接将圆称为横、纵轴相等的椭圆或"等边椭圆"。

有 16 种教科书采用了第二定义。在第二定义中,定点为焦点,定直线为准线。圆的准线位于无穷远处,但准线位于无穷远处的封闭曲线并不一定是圆,事实上,平面上任何一条封闭曲线上的点到某个定点的距离与到"无穷远处的直线"的距离之比都是0。因此,根据第二定义,圆不是椭圆的特殊情形。事实上,Murnaghan(1946)明确指出:"圆和椭圆在第二定义上存在分歧,圆不符合平面内到定点的距离与定直线的距离的比是定值。"

一些教科书通过压缩变换建立圆和椭圆之间的关系:在平面直角坐标系中,给定半径为 a 的圆,对于圆上任意一点,保持横坐标不变,纵坐标变为原来的 $\frac{b}{a}$($a>0$, $b>0$),则圆的方程 $x^2 + y^2 = a^2$ 就变成了椭圆的标准方程 $\frac{x^2}{a^2} + \frac{y^2}{b^2} = 1$。根据该定义,圆是椭圆在 $a = b$ 时的特殊情形。

5.4.2 椭圆方程

二次曲线的一般方程为 $Ax^2 + Bxy + Cy^2 + Dx + Ey + F = 0$,当 $A = C$, $B = 0$时,上述方程就变成了圆的方程(Ziwet & Hopkins,1913,pp. 198 - 222),34 种教科书持有此观点。只有 5 种教科书依据此观点将圆编入"圆锥曲线"章,但这只能说明圆和椭圆方程的统一性,并不能说明圆是特殊的圆锥曲线。

有 19 种教科书讨论了圆锥曲线的极坐标方程 $\rho = \frac{ep}{1 - e\cos\theta}$。Tanner & Allen(1898)指出,当 $0 < e < 1$ 时,方程表示椭圆;当 $e > 1$ 时,方程表示双曲线;当 $e = 1$ 时,方程表示抛物线。由于上述极坐标方程是根据圆锥曲线第二定义得到的,故无法涵盖圆的情形,从这个角度来说,圆并非椭圆的特殊情形。

圆的参数方程为

$$\begin{cases} x = r\cos\theta, \\ y = r\sin\theta \end{cases} (\theta \text{ 为参数});$$

椭圆的参数方程为

$$\begin{cases} x = a\cos\theta, \\ y = b\sin\theta \end{cases} (\theta \text{ 为参数})。$$

教科书中通常采用两种方法由圆的参数方程推导椭圆的参数方程,第一种方法是通过压缩变换定义,第二种方法则是利用辅圆(Young, Fort & Morgan, 1936, pp. 240 - 242),如图 5-4 所示,分别以椭圆的长轴和短轴为半径作圆,并由椭圆上的一点 M 分别向 x 轴和 y 轴引垂线,分别交两个辅圆于 A、B 两点,设 $\angle AON = \theta$(偏心角),则椭圆上任意一点 M 的横坐标为 $x = a\cos\theta$,纵坐标为 $y = b\sin\theta$。

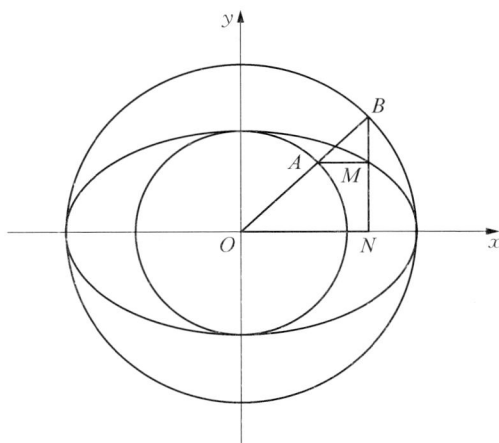

图 5-4　椭圆参数方程的辅圆推导法

从参数方程来看,圆是椭圆在 $a = b$ 时的特殊情形。有 20 种教科书持有此观点。

5.4.3　离心率

离心率 $\dfrac{c}{a}$ 是反映椭圆扁平程度的量,其标准定义是椭圆上任意一点到焦点距离与到准线距离的比值,也即椭圆焦距与长轴的比值。e 越小,椭圆越圆,当 $e=0$ 时,两个焦点重合,椭圆变成了圆。椭圆的长轴和短轴相等,因此,圆是"焦点位于中心的椭圆"(Peirce,1857,pp. 102 - 103)或"离心率为 0 的椭圆"(Borger,1928,p. 203)。

5.5　从切线和弦看圆与椭圆之间的关系

5.5.1　利用辅圆切线作椭圆切线

求椭圆切线时,可以借助圆的切线来完成。如图 5 - 5 所示,若要在椭圆上一点 P 处作椭圆的切线,以原点为圆心、长轴为直径作圆,过点 P 作 x 轴的垂线交圆于点 Q,作 OQ 的垂线得到圆的切线,交 x 轴于点 H,连结 HP,即得椭圆的切线。

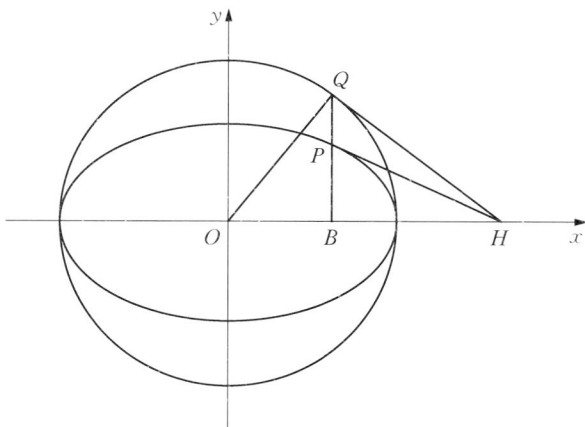

图 5 - 5　点 P 在椭圆上时的切线画法

事实上,设椭圆方程为

$$\frac{x^2}{a^2}+\frac{y^2}{b^2}=1,$$

通过压缩变换

$$\begin{cases} x'=x, \\ y'=\dfrac{a}{b}y, \end{cases}$$

得到圆的方程

$$x'^2 + y'^2 = a^2 \text{。}$$

设椭圆上一点 $P(x_0, y_0)$，则圆上的相应点为 $Q\left(x_0, \dfrac{ay_0}{b}\right)$，圆在点 Q 处的切线方程为

$$x_0 x' + \frac{ay_0}{b} y' = a^2 \text{，}$$

利用压缩变换得椭圆的切线方程为

$$\frac{x_0 x}{a^2} + \frac{y_0 y}{b^2} = 1 \text{。}$$

因此，从切线的角度看，圆是椭圆的特殊情形。

5.5.2　次切线

如图 5-6 所示，$P(x_0, y_0)$ 是椭圆上任意一点，PT 所在的直线为椭圆的切线，其方程为

$$\frac{x_0 x}{a^2} + \frac{y_0 y}{b^2} = 1 \text{。}$$

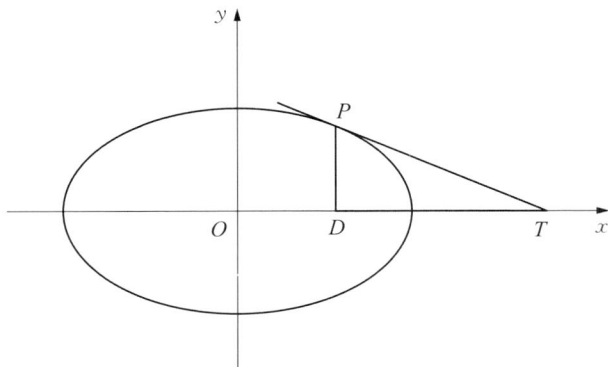

图 5-6　椭圆的次切线长

过点 P 向 x 轴作垂线，垂足为点 D，则 DT 为次切线。易得 $DT = \dfrac{a^2 - x_0^2}{|x_0|}$。当 $a = b$ 时即得圆的次切线长为 $\dfrac{y_0^2}{|x_0|}$。此时圆是椭圆的特殊情形。

5.5.3　补弦斜率的乘积

设 P 是椭圆上任意一点，PA 和 PB 称为椭圆的一对补弦，如图 5-7 所示。设直线 PA 和 PB 的斜率分别为 s 和 s'，其方程分别为

$$y = s(x + a),$$

$$y = s'(x - a),$$

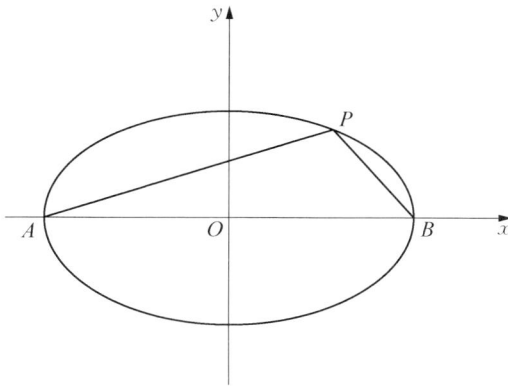

图 5-7　补弦斜率的乘积

联立可得

$$y^2 = ss'(x^2 - a^2),$$

两直线与椭圆相交，必须满足椭圆方程

$$y^2 = \frac{b^2}{a^2}(a^2 - x^2),$$

通过比较得到

$$ss' = -\frac{b^2}{a^2}。$$

圆的补弦斜率的乘积则是椭圆补弦斜率乘积当 $a = b$ 时的特殊情况，其 $ss' = -1$，也即直径所对的圆周角是直角。由此可见，圆是椭圆的特殊情形。

5.6　从面积看圆与椭圆之间的关系

椭圆的面积可用积分方法获得,但也可以通过类比圆的面积公式得到。定义压缩变换 τ:在平面直角坐标系中,保持横坐标不变,纵坐标变为原来的 $\dfrac{b}{a}$,则圆的方程就由 $x^2+y^2=a^2$ 变为 $\dfrac{x^2}{a^2}+\dfrac{y^2}{b^2}=1$。于是,圆的面积就由 πa^2 变为 $\pi a^2 \cdot \dfrac{b}{a}=\pi ab$。故从圆面积的角度看,圆是椭圆的特殊情形。

但是,由于椭圆的周长并不存在初等公式,因而从中不能简单地看出圆与椭圆之间的关系。

5.7　结论与启示

从以上考察可见,多数美英早期解析几何教科书都明确提出"圆是椭圆的特殊情形",且根据椭圆的第一定义、压缩变换定义和截线定义、标准方程、参数方程、离心率、切线、弦和面积等,可以进一步印证上述结论。然而,只有少数教科书用一般二次方程或椭圆的截线定义将圆和椭圆统一起来,并将圆与圆锥曲线编排在同一章。绝大多数教科书将"直线与圆"放在"圆锥曲线"章的前面,这样的编排既符合历史序(从平面轨迹到立体轨迹),也符合学生的心理序(研究表明,圆是椭圆的认知基础)。

根据椭圆的第二定义以及椭圆的极坐标方程,无法得出"圆是椭圆的特殊情形"的结论,个别教科书明确提出圆不符合椭圆的第二定义,但绝大多数教科书并未就此作出讨论。

因此,圆与椭圆之间存在"若即若离"的关系:在古希腊数学家看来,圆与椭圆"形同陌路";17 世纪以后,随着解析几何的诞生以及椭圆第一定义的采用,人们从椭圆的标准方程和二次曲线的一般方程中看到了圆与椭圆"亲如一家";随着椭圆第二定义的登场和极坐标方程的建立,圆与椭圆又"分道扬镳"了;最后,人们在研究椭圆的切线、弦和面积时,再次发现圆与椭圆之间惊人的统一性。美英早期解析几何教科书中呈现了这种矛盾、复杂的关系。

今日高中数学教科书并不讨论一般二次方程,也不涉及圆锥曲线的截线定义,因此,似乎并不存在将圆编入"圆锥曲线"章的理由。另一方面,虽然早期教科书从椭圆第一定义、标准方程以及相关概念中看到圆是椭圆的特殊情形,但由于椭圆第二定义以及极坐标方程与圆的矛盾性,极少有教科书将圆编入"圆锥曲线"章。

参考文献

汪晓勤(2013). 椭圆方程之旅. 数学通报,52(04):52-56.

汪晓勤(2017). 椭圆第一定义是如何诞生的. 中学数学月刊,(06):28-31.

Borger, R. L. (1928). *Analytic Geometry*. New York: McGraw-Hill Book Company.

Boyer C. B. (1956). *History of Analytic Geometry*. New York: Scripta Mathematica.

Davies, C. (1845). *Elements of Analytical Geometry*. New York: A.S. Barnes & Company.

Hardy, J. J. (1897). *Elements of Analytic Geometry*. Easton: Chemical Publishing Company.

Kells, L. M. & Stotz, H. C. (1949). *Analytic Geometry*. New York: Prentice-Hall.

Murnaghan, F. D. (1946). *Analytic Geometry*. New York: Prentice-Hall.

Newcomb, S. (1884). *Elements of Analytic Geometry*. New York: Henry Holt & Company.

Nichols, E. W. (1892). *Analytic Geometry for Colleges, Universities, and Technical Schools*. Boston: Leach, Shewell & Sanborn.

Peirce, J. M. A (1857). *A Text-book of Analytic Geometry*. Cambridge: John Bartlett.

Tanner, J. H. & Allen, J. (1898). *An Elementary Course in Analytic Geometry*. New York: American Book Company.

Valverde, G. A. (2002). *According to the Book: Using TIMSS to investigate the Translation of Policy into Practice in the World of Textbooks*. Dordrecht: Kluwer.

Young, J. W., Fort, T. & Morgan, F. M. (1936). *Analytic Geometry*. Boston: Houghton Mifflin Company.

Ziwet, A. & Hopkins, L. A. (1913). *Analytic Geometry and Principles of Algebra*. New York: The Macmillan Company.

6 曲线与方程

朱轶萱[*]

6.1 引 言

任何学科的形成都不是一蹴而就的。解析几何诞生以前,古希腊数学家阿波罗尼奥斯与中世纪法国数学家奥雷姆(N. Oresme,1323—1382)相继借助坐标轴来研究曲线,而 16 世纪法国数学家韦达已用代数方法研究过几何问题,直至 17 世纪,笛卡儿与费马集二者之大成,在坐标系下研究曲线与方程的联系(卡茨,2004,pp. 338—346),这一漫长艰辛的历程预示着学生在学习曲线与方程时不可避免会遇到困难。调查表明,曲线与方程是高中"十大难点概念"之一:定义的文字表述冗长抽象,像绕口令;教科书从纯粹性与完备性两方面给出定义,但后期求出曲线方程后又注明无须证明,以致该定义在学生心中成为累赘;极坐标系下的曲线与方程定义与笛卡儿坐标系下有所不同,造成理解的负迁移。此外,相关高考试题不容乐观的作答情况与对学生认知困难的实证研究亦反映出学生长期囿于技巧性训练,缺乏对曲线与方程概念本质理解的现状(阮晓明,王琴,2012)。

《普通高中数学课程标准(2017 年版 2020 年修订)》(以下简称《课标 2017》)删去了曲线与方程概念以求降低抽象程度,认为应当将曲线与方程的一一对应思想潜移默化地渗透于具体知识点中(中华人民共和国教育部,2020)。不同版本教科书的处理不尽相同:沪教版在"圆锥曲线"章设立"曲线与方程"选学小节;人教 A 版在"圆锥曲线"章末小结部分叙述了曲线与方程的概念;苏教版则在"直线方程"章以旁白形式呈现。可见在各版本教科书中,曲线与方程的关系均不再作为定理出现,然而,将这一基础概念一笔带过是否会陷入舍本逐末的误区? 历史是教学的指南,针对以上问题,我们期

---

* 华东师范大学数学科学学院博士研究生。

待从数学史中寻找答案。

鉴于此,本章聚焦曲线与方程的定义,对 1826—1963 年间在美、英两国出版的 84 种解析几何教科书进行考察,试图回答以下问题:早期教科书是如何定义曲线与方程概念的? 这些定义位于哪些章,又是如何演变的? 极坐标系和笛卡儿坐标系下的曲线与方程定义有何区别?

6.2　教科书的选取

本章选取 1826—1963 年间在美国和英国出版的 84 种解析几何教科书作为研究对象,以 20 年为一个时间段进行统计,这些教科书的出版时间分布情况如图 6-1 所示。

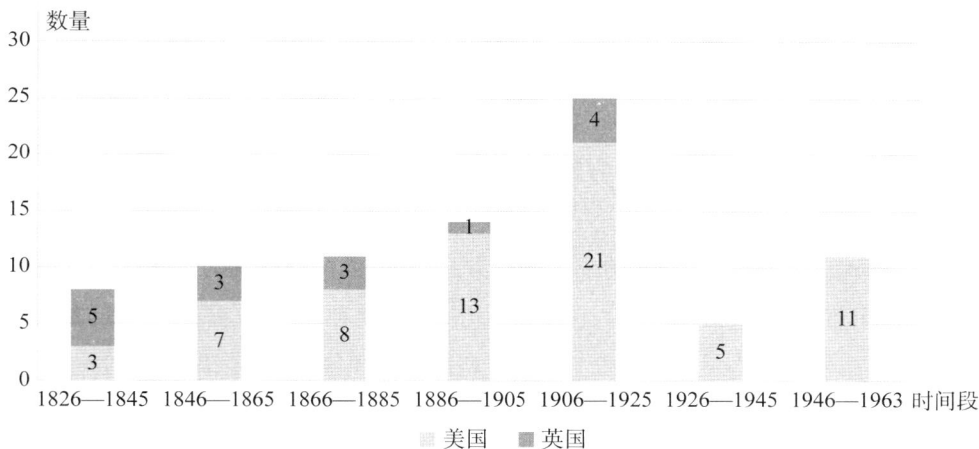

图 6-1　84 种美英早期解析几何教科书的出版时间分布

早期教科书对曲线与方程概念的编排可分为三类:第一类是作为学习解析几何的"预备知识"提前学习;第二类是在"直线方程""圆方程"等具体知识章中提及;第三类是作为独立章的核心知识点,常见章名包括"曲线的方程""方程的曲线""曲线与方程""坐标与方程""方程的图像"等。图 6-2 给出了曲线与方程概念所在章的时间分布情况,可见 19 世纪中叶以前的教科书多倾向于在"直线方程"或"预备知识"章中呈现这一概念;自 19 世纪下半叶开始,越来越多的教科书开始设立独立章讨论曲线与方程的关系,尽管这种趋势在 20 世纪中叶有所下降,但毋庸置疑的是,后期的教科书编者均转而倾向于将这一概念独立于直线、圆等具体知识点进行讨论。

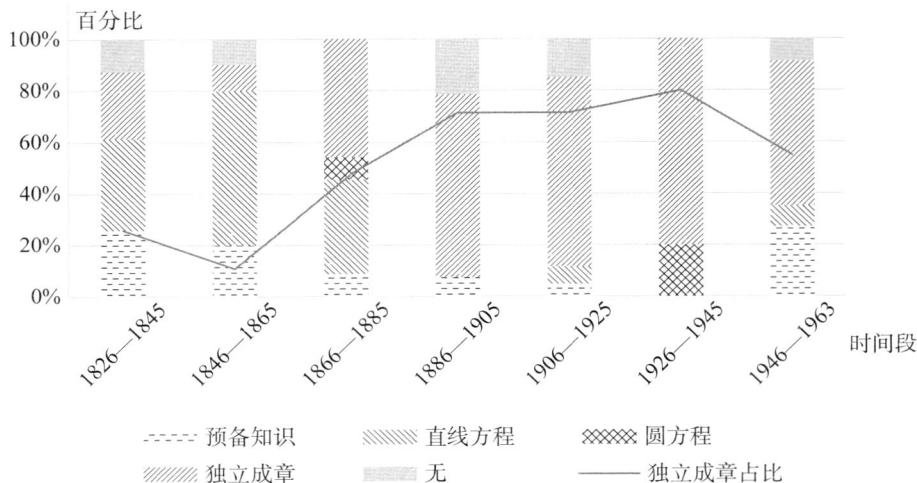

图 6 - 2　曲线与方程概念所在章的时间分布

6.3　直角坐标系下的曲线与方程概念

Lacroix(1837)揭示了曲线的三种表示方式,其中前两种分别为运动过程导向的动态表示和性质导向的静态表示,它们最终均指向第三种,即用方程表示曲线,其表述为:"为了描述曲线,必须知道曲线上不同点所满足的规律,这个规律可以通过三种方式给出:一是叙述运动过程,曲线可以用一个连续的运动来描述,以圆为例,它是通过使一条给定的线段在平面上围绕一个给定的点旋转来描述的;二是寻找曲线性质,即曲线上每一点所满足的一些性质;三是用方程表示曲线,我们通常认为曲线就是这样表示的,因为前两种方法都有助于找到表达这个规律的方程。"

Briggs(1881)强调:"曲线和方程之间的这种密切关系,是我们这门学科的基础,研究得再仔细也不为过。掌握这一思想之后,这门学科的学习将是自然而容易的;而对于一个忽视它或对它的概念不甚了了的人而言,解析几何一定是难以理解的。"尽管曲线与方程的思想已随着笛卡儿、费马的著作萌生,但当时的坐标仍仅限于正数,直至沃利斯首次有意识地引入负坐标,平面曲线与二元方程更加完备的一一对应才得以呈现于世人眼前。此后人们经历了很长一段时间才建立起对曲线与方程概念的严谨认识,这一艰苦卓绝的历程在早期教科书中得以印证,其中曲线与方程的定义经历了从不严谨到严谨的过渡。

6.3.1 不严谨定义

部分早期教科书中给出了曲线与方程的不严谨定义,包括模糊定义、单向定义与函数定义三类,其中模糊定义仅意识到曲线与方程之间具备某种联系,但未表达出严格对应的本质;单向定义尽管有意强调"每一点均需满足",但仅关注了纯粹性与完备性之一;函数定义则混淆了"曲线与方程"和"函数与图像"两组概念。

(一) 模糊定义

15 种教科书采取了模糊定义,如 Biot & Smith(1840)叙述了曲线与不定方程之间的相互表示:"我们可以认为每一条曲线都可以用两个不定变量之间的方程来表示;反之,两个不定量之间的每一个方程,都可以用几何方法来解释,认为它表示一条曲线。正是代数在几何中的这种更广泛的应用,构成了解析几何学。"Nichols(1906)从运动观点阐释了这种关系:"当点按照轨迹方程所表达的规律运动时,轨迹方程就是该轨迹上的点所遵循规律的代数表达式。"Lardner(1831)指出,曲线与方程的思想源于对适定几何的恰当类比:"通过一个惊人的类比,给出了用方程表示曲线图形的一种方法,这种方法介于不定几何问题和有两个未知量的方程之间。"

(二) 单向定义

14 种教科书陷入单向定义的误区,如 Hardy(1897)在定义轨迹的方程时忽视了完备性:"轨迹的方程是关于轨迹上每个点的坐标的方程,且轨迹上所有点的坐标都必须满足该方程。"相反地,Young(1830)在叙述方程的轨迹时忽视了纯粹性:"若任何满足方程的点(x,y)都在一曲线上,则该曲线称为该方程的轨迹。"这类作者实际上都陷入了将"方程的曲线"与"曲线的方程"两概念孤立开来的误区,而两者实则为"曲线与方程"概念不可分割的两方面,任缺其一都会扩大概念的外延。

(三) 函数定义

Riggs(1911)将"方程"与"函数"概念相混淆:"我们将考虑一些点的简单轨迹,并推导出表示轨迹上任何一点的纵坐标对该点横坐标依赖关系的方程,这个方程被称为轨迹方程。"无独有偶,Dowling & Turneaure(1914)也犯了同样的错误:"轨迹方程将y定义为x的函数,而轨迹本身就是这个函数的图像。"试于滥觞处究其原因,我们发现:源于约翰·伯努利(J. Bernoulli,1667—1748)和欧拉的函数表达式定义与 19 世纪代数教科书中最为风靡的方程表达式定义在形式上极为相似,之后选择函数变量依赖关系定义的早期代数教科书也多从方程出发给出函数定义,而德国数学家 F·克莱因(F. Klein,1849—1925)在 20 世纪初提出以函数概念统一数学教育内容的思想,又导致早期教科书反过来利用函数来定义方程(汪晓勤等,2022)。可见,"方程"与"函数"两者的纠葛是有迹可循的。

再观"曲线与方程"和"函数与图像"的关系,从历史上看,前者为后者铺平了道路。早在函数概念尚未被充分认识的 17 世纪,绝大部分函数,如指数函数、对数函数、正弦函数等,均是被当作曲线来研究的(M·克莱因,2002,pp. 1 - 26)。函数概念产生之后,曲线与方程思想也为直观研究函数提供了可能性,19 世纪法国数学家库尔诺(A. A. Cournot,1801—1877)曾在其《函数论与微积分》中梳理了曲线与方程思想对研究函数的贡献:"众所周知,笛卡儿的出发点是将代数应用于几何,并为此通过每个点的坐标之间的方程来表示曲线。反之,该想法也为将几何应用于代数奠定了基础,在这种意义上,曲线只不过是代数定律的图形和约定符号,它把变量联系在一起。值得注意的是,这个约定符号完美地刻画了所指事物的本质,它把那些令人苦恼的抽象关系带回纯粹直觉的事实,从而为函数提供图像感知。"(Cournot,1841)可见,有别于曲线与方程相辅相成的平等关系,图像不过是作为研究函数的一种直观载体。

6.3.2 严谨定义

随着时间的推移,越来越多的教科书能够严谨、正确地陈述曲线与方程的对应关系,根据叙述方式的不同,可分为描述性定义、集合定义和充要条件定义。

(一) 描述性定义

早期教科书中出现了三类实则等价的描述性定义,典型叙述见表 6 - 1,可根据情况不同选择适当的判定方式。

表 6 - 1 三类描述性定义的典型叙述

年份	作者	定义叙述	抽象语言
1876	Peck	满足给定条件的点的轨迹方程是一个用变量 x 和 y 表示坐标的方程,使得轨迹上每一点的坐标都满足这个方程;反之,每一个坐标满足方程的点,都在轨迹上。	若 A 则 B,若 B 则 A。

年份	作者	定义叙述	抽象语言
1888	Runkle	如果我们可以用代数表示出运动点的坐标在其任意位置上的相互关系，则由此得到的方程就是轨迹方程。该方程对轨迹上的所有点都成立，但对其他点不成立。	若 A 则 B，若非 A 则非 B。
1900	Ashton	曲线包含了满足方程的所有点，而不包含其他点，我们称之为方程的轨迹。	若 B 则 A，若非 B 则非 A。

（二）集合定义

有 6 种教科书利用集合定义曲线与方程的关系，Hamilton（1826）最早指出："设 $f(x,y)=0$ 为 x 与 y 之间的任意不定方程，由此，点 (x,y) 的集合将形成一条曲线，这条曲线称为方程 $f(x,y)=0$ 的轨迹。"

值得注意的是，尽管 Hamilton（1826）给出了严谨定义，但在证明一次方程的轨迹是直线时，却假定了一条直线 BC，并论证了其方程为一次式，可见作者误将纯粹性与完备性混为一谈。究其原因，或与集合这一数学概念彼时仍未成熟有关。

随着康托尔集合论被广泛传播和接受，早期教科书中开始出现一些集合符号表述，如 Taylor & Wade（1962）用集合的交与并表示两曲线的交与并。然而遗憾的是，在所考察的教科书中并未出现曲线与方程定义的集合符号语言叙述。

（三）充要条件定义

部分教科书借助逻辑用语提供了更简洁的定义表述，如 Taylor（1959）在给出曲线与方程的描述性定义后指出："也就是说，对特定的点 (x,y) 而言，有序数对 (x,y) 满足方程是点 (x,y) 在曲线上的充分必要条件。"

6.4　直角坐标系下曲线与方程概念的演变

以上分析所呈现的不严谨定义暴露出早期人们对于曲线与方程概念认知的多重误区，严谨定义则指向同一内涵的多样表述方式。图 6-3 以 20 年为一个时间段进行统计，展示了早期教科书中曲线与方程定义的演变情况。

从图中可知，在 20 世纪前，超过半数的教科书给出的定义缺乏严谨性且模糊定义居多，这反映出部分教科书编者对曲线与方程关系的认知局限于感性层面。步入 20 世纪后，给出严谨定义的教科书比例日渐上升，其中描述性定义始终占据主流。值得

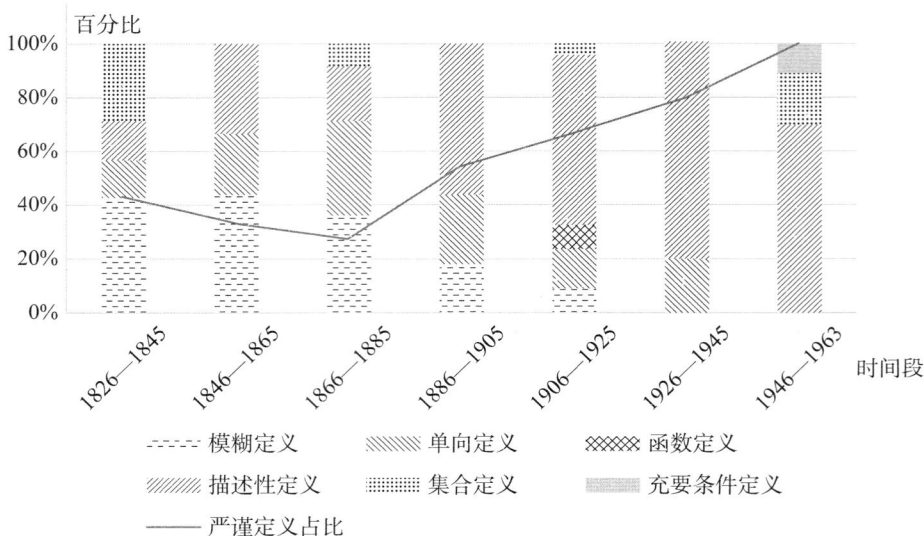

图 6‑3　早期教科书中曲线与方程定义的演变情况

注意的是,虽然越来越多的教科书编者试图从"量"的角度建立起对曲线与方程关系的理性认识,但他们时常陷入仅关注纯粹性与完备性之一的误区,这种错误认知甚至在20世纪中期仍未消除。

6.5　完备性的验证

Peck(1873)在给出曲线与方程的描述性定义后强调:"该定义表明,轨迹方程在推导出来之后,必须经过检验。"早期教科书验证完备性的方式可大致归纳为反证法、回溯法和代入法。

6.5.1　反证法

Tanner & Allen(1898)在得到过 $P_1(3, 2)$ 与 $P_2(12, 5)$ 两点的直线上的点都满足方程 $3y - x - 3 = 0$ 后,提供了两类反证法说明"任何不在曲线上的点都不满足该方程"。

方法一:在推导方程的过程中采用了相似三角形对应边成比例的法则,若某点不在直线上,就无法构成相似三角形,从而比例式 $\dfrac{y-2}{5-2} = \dfrac{x-3}{12-3}$ 无法成立。

方法二:设 $P_3(x_3,y_3)$ 不在过点 P_1、P_2 的直线上,过 P_3 作 x 轴的垂线与直线 P_1P_2 交于 $P_4(x_4,y_4)$,则 $x_3=x_4$,$y_3\neq y_4$,且 $3y_4-x_4-3=0$,因此 $3y_3-x_3-3\neq 0$,由 P_3 的任意性可知不在直线上的任意点皆不满足方程 $3y-x-3=0$。

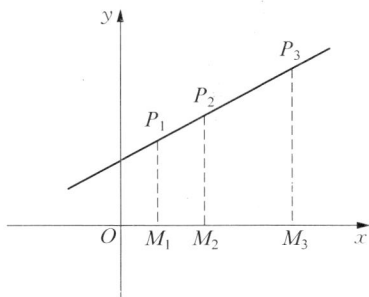

图 6－4　方程 $3y-x-3=0$ 所表示的直线

6.5.2　回溯法

Young,Fort & Morgan(1936)在利用

$$PF_1+PF_2=2a \tag{1}$$

推导出椭圆的标准方程

$$\frac{x^2}{a^2}+\frac{y^2}{b^2}=1 \tag{2}$$

后,验证了满足方程(2)的点必然符合条件(1);通过由(2)回溯推导步骤,发现开方后得出的

$$\pm\sqrt{(x-c)^2+y^2}\pm\sqrt{(x+c)^2+y^2}=2a\,(a^2-c^2=b^2)$$

共有四种情形,分别为:(a)＋＋;(b)－＋;(c)＋－;(d)－－。接着只需证明仅情形(a)满足即可。情形(b)和(c)的几何意义均为 PF_1 与 PF_2 之差等于 $2a$,由此 $\triangle PF_1F_2$ 的两边之差大于第三边 $2c$,得出矛盾;情形(d)等式左侧恒为负而右侧恒为正,亦矛盾。综上可得,只有情形(a)符合要求,即方程(2)必然推出条件(1)。

特别地,Cell(1951)指出:"由于第二部分的证明可以通过仅仅颠倒代数化简的步骤来完成,我们通常将省略这部分的推导(若在推导过程中已经适当注意了每一步的等价性）。"

6.5.3　代入法

Smith，Salkover & Justice(1954)在推导出方程 $2x-y-1=0$ 是满足与 $P_1(3,0)$ 和 $P_2(-1,2)$ 距离相等的点的轨迹方程后，设点 $P_0(x_0,2x_0-1)$ 满足方程，将其代入算出 P_0P_1 和 P_0P_2 的距离公式，验证得两者相等，从而完备性得以检验。

以上三类方法均具普适性，可根据具体情形合理选择。尽管 Roberts & Colpitts (1918)在其 20 世纪出版的教科书中认为，完备性的检验可适当省略，但强调这是曲线与方程概念不可或缺的一方面："这一步在所有例子中都是如此相似，除非要求，否则学生不需要给出它，但永远不应该忽视这样一个事实，即这是确定轨迹方程的基本条件之一。"

6.6　极坐标系下的曲线与方程概念

早期教科书中的多样化定义揭示了直角坐标系下点与坐标、曲线与方程的对应关系，那么这种关系能否类比至极坐标系？Purcell(1958)给出了答案："不同于笛卡儿坐标系，极坐标系无法建立平面点与有序实数对之间的一一对应关系，这种失败导致了一些在笛卡儿坐标系中不会遇到的困难。例如点 $P(-2,270°)$ 不满足方程 $\rho=\dfrac{2}{1-\cos\theta}$，但点 P 在该方程表示的曲线上，这是因为点 P 对应的另一组极坐标(2, 90°)满足该方程，因此我们得出这样的结论：在极坐标系中，某点对应的一组坐标不能满足给定的方程，并不能保证该点不在该方程的轨迹上。我们定义：当且仅当某点的至少一组极坐标满足给定方程时，该点位于极坐标方程的位置上。"

因此，Nelson，Folley & Borgman(1949)指出，在确定两个极坐标方程交点时须辅以草图："两条极坐标曲线可能有公共点，然而其极坐标并不相同。例如 $\left(-1,\dfrac{\pi}{2}\right)$ 满足方程 $r=-1$ 但不满足方程 $r=1-\cos\theta$，而坐标 $\left(1,\dfrac{3\pi}{2}\right)$ 满足后者但不满足前者，事实上这两个坐标表示同一点，即它是两条曲线的交点。这些例子表明，在通常的求解过程中，还应结合方程的作图。"

6.7 结论与启示

综上所述,曲线与方程概念经历了从模糊到清晰、从不严谨到严谨的过程,不严谨定义包括模糊定义、单向定义和函数定义,严谨定义则分为描述性定义、集合定义和充要条件定义。在对曲线与方程概念建立正确认识的基础上,教科书又给出了反证法、回溯法和代入法三种验证完备性的方法,并对直角坐标和极坐标下的曲线与方程概念进行了辨析。以上种种可为今日教学提供诸多启示。

其一,倾听古人。"课本中斟字酌句的叙述,未能表现出创造过程中的斗争、挫折,以及数学家在建立正确概念前所经历的艰苦漫长的道路。"(M·克莱因,2002,pp. 1 -26)数学史家 M·克莱因(M. Kline,1908—1992)的真知灼见告诉我们,古人的错误亦能转化为一种教学指南。数百年前教科书编者在定义曲线与方程时犯下的共性错误,也定会成为今日学生迈向严谨认识的绊脚石(陈雨晴等,2022)。直观的模糊定义是学生的认知起点,教师可借助实例将学生对曲线与方程关系的认知从感性提升至理性,在此过程中极易陷入单向定义的误区,教师不妨鼓励学生举出反例,使其理解纯粹性与完备性是相辅相成、缺一不可的两方面。此外,早期不严谨的函数定义说明教师应适时组织学生辨析"曲线与方程"和"函数与图像"的区别与联系,而抛物线既是学生初中学习过的二次曲线,又是高中所学的一类重要的圆锥曲线,或可成为引发这一讨论的契机。

其二,善用留白。"思维与表达"是《课标 2017》中体现数学核心素养的重要维度之一,不同早期教科书给出三种等价的描述性定义,以及集合、逻辑用语的出现带来的更加简洁的定义叙述,均说明了曲线与方程定义可以作为培养学生数学表达能力的有益载体。教师可为学生留下陈述之白,引导其用规范、简洁的语言叙述曲线与方程定义,体会数学的严谨性与优美性。同时在完成具体曲线方程的推导之后留下论证之白与方法之白,鼓励学生通过多种方法进行完备性的验证,并讨论不同方法之优劣。

其三,解答疑惑。早期教科书已为我们厘清了笛卡儿坐标系与极坐标系下曲线与方程关系产生区别的本质缘由:极坐标系无法建立平面点与有序实数对之间的一一对应。由此不妨启发学生讨论两种坐标系下曲线与方程关系的异同,并尝试解决:能否通过添加限制条件,使得极坐标系下的一一对应关系成立? 如何类比笛卡儿坐标系,确定两极坐标曲线交点坐标? 从而抽丝剥茧地厘清知识脉络,解决认知障碍。

参考文献

陈雨晴,韩粟,汪晓勤(2022).略论数学教学中的"倾听历史".教育研究与评论,(12):41‐47.

卡茨著,李文林等译(2004).数学史通论(第 2 版).北京:高等教育出版社.

M·克莱因(2002).古今数学思想(第二册).朱学贤,等,译.上海:上海科学技术出版社.

阮晓明,王琴(2012).高中数学十大难点概念的调查研究.数学教育学报,21(05):29‐33.

汪晓勤,等(2022).美英早期代数教科书研究.上海:华东师范大学出版社.

中华人民共和国教育部(2020).普通高中数学课程标准(2017 年版 2020 年修订).北京:人民教育出版社.

Ashton, C. H. (1900). *Plane and Solid Analytic Geometry*. New York: Charles Scribner's Sons.

Biot, J. B. & Smith, F. H. (1840). *An Elementary Treatise on Analytical Geometry*. New York: Wiley & Putnam.

Briggs, G. R. (1881). *The Elements of Plane Analytic Geometry*. New York: John Wiley & Sons.

Cell, J. W. (1951). *Analytic Geometry*. New York: John Wiley & Sons.

Cournot, A. A. (1841). *Traité Élémentaire de la Théorie des Fonctions et du Calcul Infinitésimal* (Tome 1). Paris: Chez L. Hachette.

Dowling, L. W. & Turneaure, F. E. (1914). *Analytic Geometry*. New York: Henry Holt & Company.

Hamilton, H. P. (1826). *The Principles of Analytical Geometry*. Cambridge: J. Deighton & Sons.

Hardy, J. J. (1897). *The Elements of Analytic Geometry*. Easton: Chemical Publishing Company.

Lacroix, S. F. (1837). *An Elementary Treatise on Plane and Spherical Trigonometry and on the Application of Algebra to Geometry*. Boston: Hilliard, Gray & Company.

Lardner, D. (1831). *A Treatise on Algebraic Geometry*. London: Whittaker, Treacher & Arnot.

Nelson, A. L., Folley, K. W. & Borgman, W. M. (1949). *Analytic Geometry*. New York: The Ronald Press Company.

Nichols, E. W. (1906). *Analytic Geometry*. New York: D. C. Heath & Company.

Peck, W. G. (1873). *A Treatise on Analytical Geometry*. New York: A. S. Barnes & Company.

Purcell, E. J. (1958). *Analytic Geometry*. New York: Appleton-Century-Crofts.

Riggs, N. C. (1911). *Analytic Geometry*. New York: The Macmillan Company.

Roberts, M. M. & Colpitts, J. T. (1918). *Analytic Geometry*. New York: John Wiley & Sons.

Runkle, J. D. (1888). *Elements of Plane Analytic Geometry*. Boston: Ginn & Company.

Smith, E. S., Salkover, M. & Justice, H. K. (1954). *Analytic Geometry*. New York: John Wiley & Sons.

Tanner, J. H. & Allen, J. (1898). *An Elementary Course in Analytic Geometry*. New York: American Book Company.

Taylor, A. E. (1959). *Calculus with Analytic Geometry*. Englewood Cliffs, N. J.: Prentice-Hall.

Taylor, H. E. & Wade, T. L. (1962). *Plane Analytic Geometry*. New York: John Wiley & Sons.

Young, J. R. (1830). *The Elements of Analytical Geometry*. London: John Souter.

Young, J. W., Fort, T. & Morgan, F. M. (1936). *Analytic Geometry*. Boston: Houghton Mifflin Company.

方程篇

7 直线的方程

秦语真[*]

7.1 引　言

直线方程是高中解析几何的起始内容,也是学生学习解析几何后续内容的基础。《普通高中数学课程标准(2017 年版 2020 年修订)》要求学生在平面直角坐标系中,结合具体图形,探索确定直线位置的几何要素;根据确定直线位置的几何要素,探索并掌握直线方程的几种形式(点斜式、两点式和一般式)。

关于该知识点,我国现行三种高中数学教科书(人教版、北师大版、沪教版)在内容编排上略有不同。人教版教科书首先采用点斜式方程来引入,根据点斜式方程得到斜截式方程和两点式方程。北师大版教科书也是由点斜式方程引入,根据点斜式方程推出斜截式方程,并根据斜率定义推出两点式方程,接着由两点式方程得到截距式方程,同时给出点法式方程。沪教版教科书则是根据向量定义得到点向式方程和点法式方程,由点向式方程推得点斜式方程。同时,三种教科书均直接给出了直线的一般式方程,并证明了直线方程是一次方程以及一次方程的图像为一条直线。

可见,今日教科书采用不同方法将直线方程的不同形式串联起来。在已有的教学设计中,有教师融入了数学史的相关内容(杨懿荔,2017),也有教师认为,要跳出教科书给定的推导顺序,根据学生的认知序重新加以组织(陶兆龙,2013)。人们想知道,历史上的教科书中是如何呈现不同形式直线方程的?本章聚焦直线方程,对历史上的相关教科书进行考察,以期获得有益的教学素材和思想启迪。

---

[*] 华东师范大学数学科学学院博士研究生。

7.2 教科书的选取

从有关数据库中选取 1830—1969 年间出版的 87 种美英早期解析几何教科书,其中 79 种出版于美国,8 种出版于英国。以 20 年为一个时间段进行统计,这些教科书的出版时间分布情况如图 7 - 1 所示。

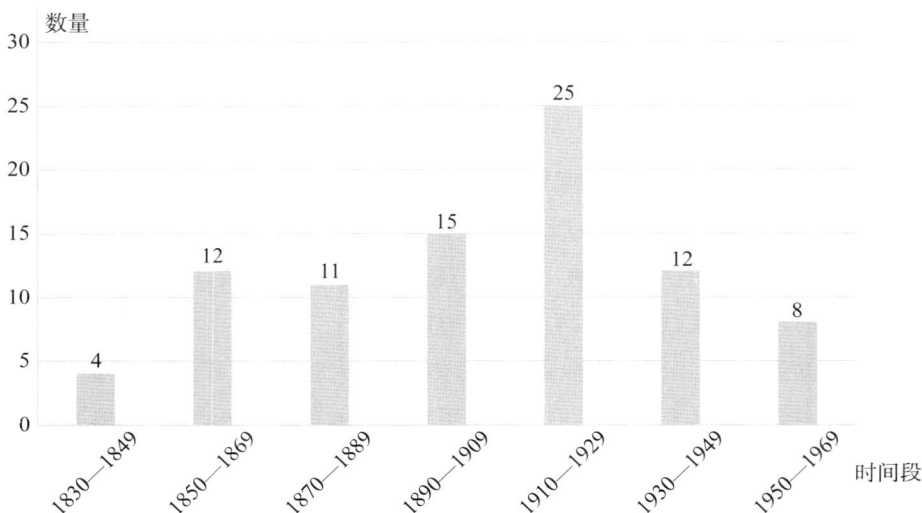

图 7 - 1　87 种美英早期解析几何教科书的出版时间分布

7.3 直线方程的定义

根据定义中的关键词,将教科书中出现的直线方程定义分为图像定义、解析式定义、位置定义和几何定义四类。其中,仅 49 种教科书明确了直线方程定义的内涵,各类定义方式如表 7 - 1 所示。

表 7 - 1　直线方程的定义方式

类别	定义叙述	教科书
图像定义	一次方程的图像是一条直线。	Taylor(1962)

类别	定义叙述	教科书
解析式定义	直线方程是关于变量 x、y 的一次方程。直线上的每个点都满足关于 x、y 的一次解析式,并且所有满足该解析式的点都在直线上。	Nelson, Folley & Borgman (1949)
位置定义	直线方程取决于直线在坐标系中的位置,由两个独立条件(两点坐标或一点坐标和一个给定方向)决定。	Nowlan(1946)
几何定义	根据初等几何知识,两点可以确定一条直线。已知两点坐标可以求得直线方程。	Crawley & Evans(1918)

19 世纪,直线方程的定义多为图像定义和几何定义。20 世纪,直线方程的定义多为解析式定义和位置定义。在引入方式上,20 世纪的教科书多从曲线与方程的角度引入,认为直线方程是最简单的曲线表示形式,也有教科书采用生活情境引入。

7.4 直线方程的推导

在 87 种早期教科书中,直线方程有如下 8 种形式:

① 一般式:$Ax + By + C = 0(A$、B 不同时为 0);

② 点斜式:$y - y_0 = k(x - x_0)$;

③ 斜截式:$y = kx + b$;

④ 两点式:$y - y_1 = \dfrac{y_2 - y_1}{x_2 - x_1}(x - x_1)$;

⑤ 截距式:$\dfrac{x}{a} + \dfrac{y}{b} = 1(ab \neq 0)$;

⑥ 法线式:$x\cos\alpha + y\sin\alpha = p$;

⑦ 点向式:$\dfrac{x - x_0}{\cos\alpha} = \dfrac{y - y_0}{\sin\alpha}$;

⑧ 点法式:$a(x - x_0) + b(y - y_0) = 0$。

各形式的时间分布情况如图 7-2 所示。

由图可知,早期教科书中最常出现的直线方程形式为一般式、点斜式和斜截式,截距式自 19 世纪中叶开始在教科书中占比逐渐增加,而法线式和两点式占比自 20 世纪开始逐步下降,只有少数教科书涉及点向式和点法式。

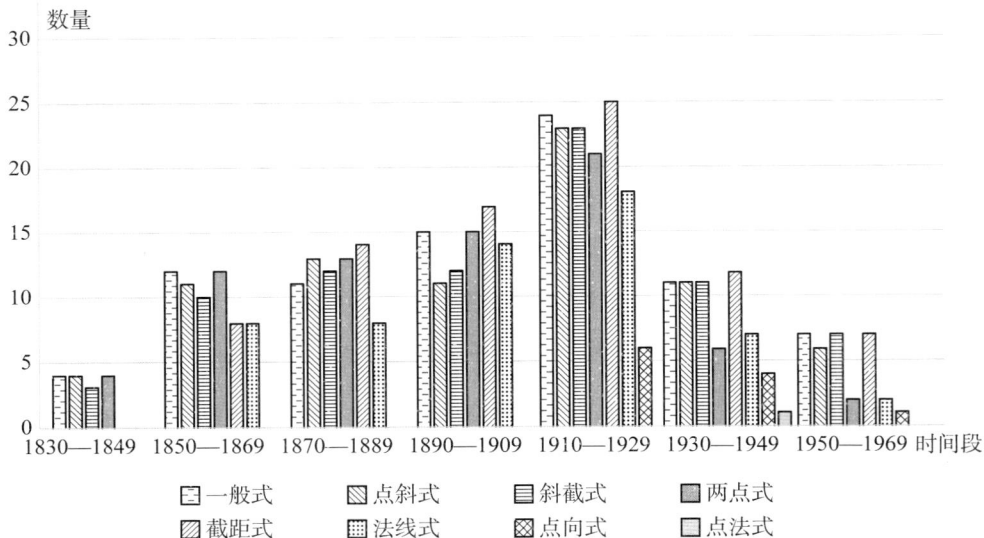

图 7‐2　直线方程不同形式的时间分布

7.4.1　一般式方程

在 87 种教科书中,仅有 3 种教科书未给出直线的一般式方程。在早期教科书中,一般式方程的给出往往伴随着两个定理的证明。

定理 1　一次方程的图像为一条直线。

证法 1(Howison,1869):

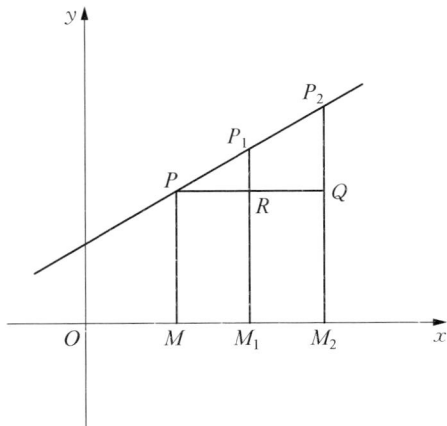

图 7‐3　定理 1 的证明

如图 7‐3 所示,在直线 $Ax + By + C = 0$ 上有三个点 $P(x, y)$、$P_1(x_1, y_1)$ 和 $P_2(x_2, y_2)$,由这三点分别向 x 轴作垂线,垂足分别为点 M、M_1 和 M_2,过点 P 作 x 轴的平行线,分别交直线 P_1M_1、P_2M_2 于点 R 和 Q。将 P、P_1 和 P_2 三点的坐标代入直线方程中,可得

$$Ax + By + C = 0, \tag{1}$$

$$Ax_1 + By_1 + C = 0, \tag{2}$$

$$Ax_2 + By_2 + C = 0。 \tag{3}$$

由（2）−（1），得

$$A(x_1 - x) + B(y_1 - y) = 0。$$

由（3）−（1），得

$$A(x_2 - x) + B(y_2 - y) = 0。$$

于是，得

$$\frac{y_2 - y}{x_2 - x} = \frac{y_1 - y}{x_1 - x},$$

即

$$\frac{P_2 Q}{PQ} = \frac{P_1 R}{PR}。$$

因此 $\triangle P_2 QP \backsim \triangle P_1 RP$，可知点 P_1 位于直线 PP_2 上，该方程的图像为一条直线。

证法 2（Newcomb，1884）：

在方程 $Ax + By + C = 0$ 中，当 $B \neq 0$ 时，方程可化为

$$y = -\frac{A}{B}x - \frac{C}{B},$$

即斜截式方程。当 $B = 0$ 时，方程可化为

$$x = -\frac{C}{A},$$

为一条平行于 y 轴的直线。因此，一次方程的图像为一条直线。

定理 2　直线方程均为一次方程。

证明：当直线平行于 y 轴时，直线方程可以表示为：$x = a$。 当直线与 y 轴相交时，直线方程可表示为：$y = kx + b$。 这些形式均为一次方程。

除此之外，早期教科书也指出，直线方程的其他形式均可化为一般式。

7.4.2　点斜式方程

在 87 种教科书中，有 79 种给出了点斜式方程，其中 76 种给出了详细的推导。

（一）根据斜截式

Poor（1934）根据斜截式方程推导点斜式方程。已知点 $(x_0，y_0)$ 位于直线 $y = kx + b$

上,则有 $y_0 = kx_0 + b$,将两式作差,可得

$$y - y_0 = k(x - x_0)。$$

(二) 根据两点式

Puckle(1856)采用了以下方法进行推导,即:在两点式方程

$$y - y_1 = \frac{y_2 - y_1}{x_2 - x_1}(x - x_1)$$

中,$\frac{y_2 - y_1}{x_2 - x_1}$ 表示直线的斜率,是一个定值,可以用 k 来表示,从而得到点斜式方程。

(三) 根据斜率定义

Loomis(1877)根据斜率的定义 $k = \frac{y - y_0}{x - x_0}$,化简得到点斜式方程。

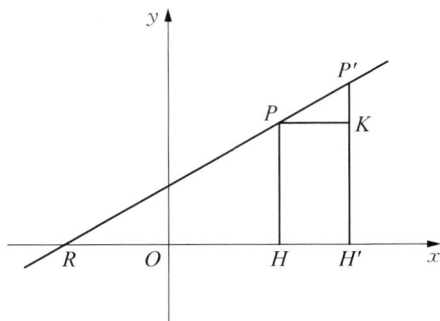

图 7-4 利用三角比推导点斜式方程

(四) 根据三角比

Hardy(1897)利用三角比得到点斜式方程。如图 7-4 所示,已知定点 $P'(x_0, y_0)$,设点 P 的坐标为 (x, y),由点 P、P' 分别向 x 轴作垂线交 x 轴于点 H、H'。过点 P 作 $PK \perp P'H'$ 交 $P'H'$ 于点 K,则 $\tan\angle P'RH' = \tan\angle P'PK = \frac{P'K}{PK} = k$,又因为 $P'K = y_0 - y$,$PK = x_0 - x$,化简即得点斜式方程。

(五) 根据一般式

Nowlan(1946)根据一般式进行推导:已知直线方程 $Ax + By + C = 0$,点 (x_0, y_0) 在直线上,可得 $Ax_0 + By_0 + C = 0$。 两式作差,可得

$$A(x_0 - x) + B(y_0 - y) = 0,$$

即

$$y_0 - y = -\frac{A}{B}(x_0 - x),$$

令 $k = -\frac{A}{B}$,可得点斜式方程。

（六） 小结

以上 5 种方法在早期教科书中的时间分布情况如图 7 - 5 所示,其中有 2 种教科书给出了 3 种方法。从图中可见,基于斜截式和斜率定义的方法占据较大比重,19 世纪教科书以基于斜截式方法为主,20 世纪则以基于斜率定义方法为主,这是由于 19 世纪后期斜率概念的引入,大大简化了点斜式方程的推导。

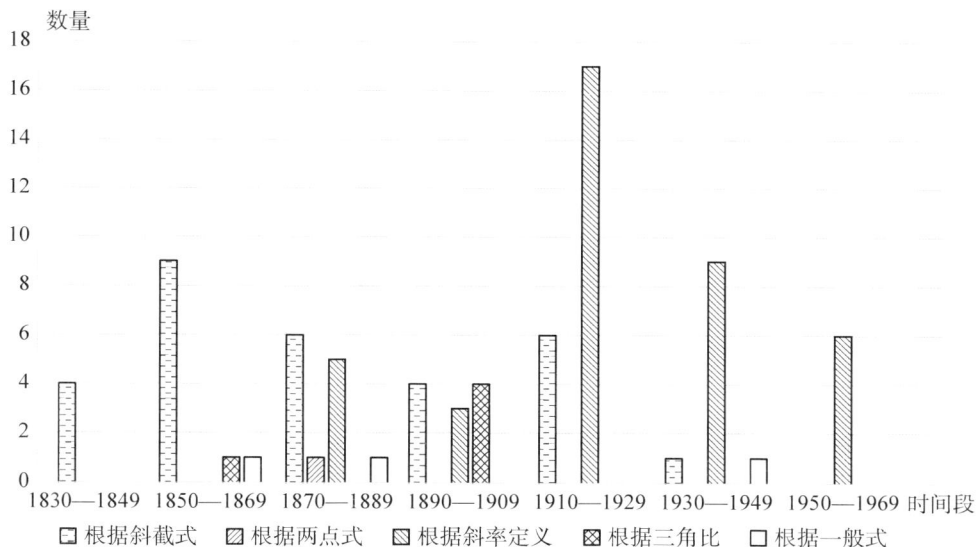

图 7 - 5 点斜式方程推导方法的时间分布

7.4.3 斜截式方程

在 87 种教科书中,有 83 种提及斜截式方程,其中 76 种给出了详细的推导。

（一） 根据正弦定理

在 19 世纪早期的教科书中,坐标系多以斜坐标系出现。在倾角为 β 的斜坐标系中,Wood (1879)采用了如下方法进行推导:如图 7 - 6 所示,点 F 的坐标为 $(0, b)$,设点 P 的坐标为 (x, y),过点 P 作 y 轴的平行线交 x 轴于点 D,过点 F 作 x 轴的平行线交直线 PD 于点 G,直线 PB 和 x 轴的夹角为 α。根据正弦定理,可知

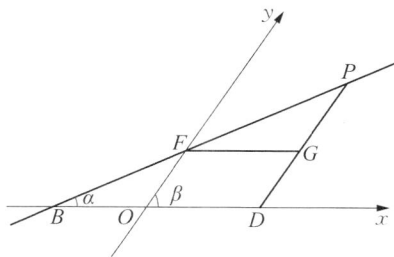

图 7 - 6 根据正弦定理推导斜截式方程

$$\frac{PG}{FG} = \frac{y-b}{x} = \frac{\sin\alpha}{\sin(\beta-\alpha)},$$

令 $\dfrac{\sin\alpha}{\sin(\beta-\alpha)} = m$，可得斜截式方程。同时，教科书也指出，当 $\beta = 90°$ 时，$m = \tan\alpha$。

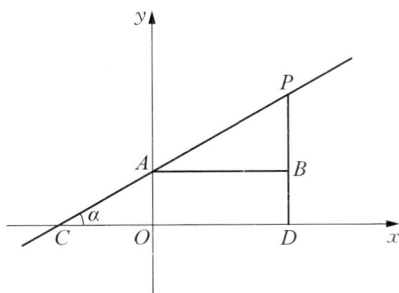

图 7-7　利用三角比推导斜截式方程

（二）　根据三角比

如图 7-7 所示，点 A 的坐标为 $(0,b)$，设点 P 的坐标为 (x,y)，过点 P 作 $PD \perp x$ 轴，过点 A 作 $AB \perp PD$，则有 $PD = y = PB + BD = OA + AB\tan\angle PAB = b + x\tan\angle PAB$，设 $\tan\angle PAB = k$，可得直线的斜截式方程。

（三）　根据斜率

如图 7-7 所示，由斜率定义，可知 $k = \dfrac{PB}{AB} = \dfrac{y-b}{x}$，化简可得斜截式方程。

（四）　根据点斜式

已知点斜式方程为 $y - y_0 = k(x - x_0)$，且直线经过点 $(0,b)$，代入得 $y - b = k(x-0)$，整理即得直线的斜截式方程。

（五）　根据截距式

已知截距式方程为 $\dfrac{x}{a} + \dfrac{y}{b} = 1$，由图 7-7 可知，点 C 的坐标为 $(a,0)$，点 A 的坐标为 $(0,b)$，直线 PC 和 x 轴的夹角为 α，易得 $a = \dfrac{-b}{\tan\alpha}$，代入化简，可得 $y = \tan\alpha \cdot x + b$，即 $y = kx + b$。

（六）　小结

在 87 种教科书中，5 种方法的时间分布如图 7-8 所示。由图可见，斜截式方程的推导分为较为明确的三个阶段。阶段 1：根据正弦定理进行推导；阶段 2：根据三角比进行推导；阶段 3：借助斜率或点斜式进行推导，此顺序与斜率概念的演进顺序一致，斜率概念的出现简化了斜截式方程的推导。

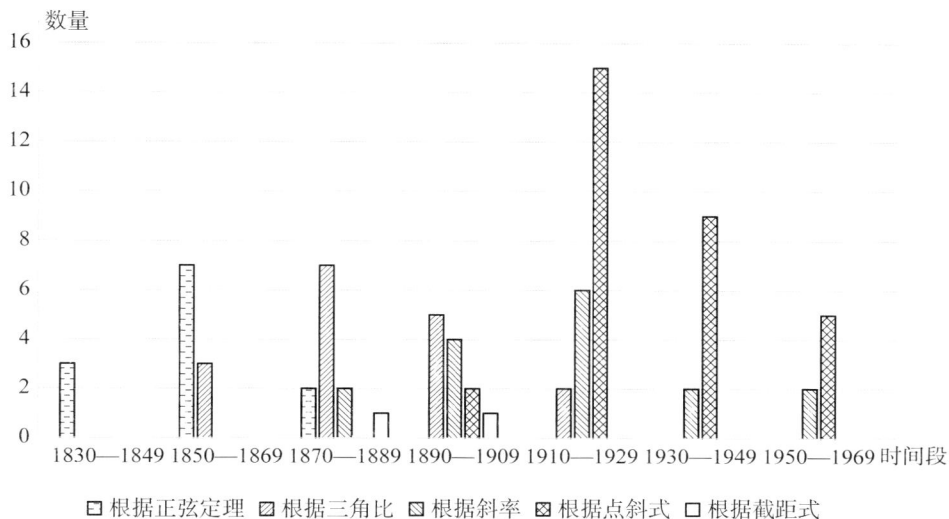

图 7‑8　斜截式方程推导方法的时间分布

7.4.4　两点式方程

在 87 种教科书中,有 67 种给出了两点式方程,其中 66 种给出了详细的推导。

（一）根据点斜式

方法 1(Davies,1836):

已知点(x_1,y_1)和(x_2,y_2)在直线 $y=kx+b$ 上,可得

$$y_1=kx_1+b,$$

$$y_2=kx_2+b。$$

将两式作差,得

$$k=\frac{y_2-y_1}{x_2-x_1},$$

将 k 值代入点斜式可得两点式方程。也可直接根据斜率定义得到上式,将其代入点斜式即得。

方法 2(Smith,1886):

将点(x_1,y_1)和(x_2,y_2)代入点斜式方程,可得

$$y - y_1 = k(x - x_1),$$

$$y - y_2 = k(x - x_2)。$$

将两式作商,得

$$\frac{y - y_1}{y - y_2} = \frac{x - x_1}{x - x_2}。$$

整理可得两点式方程。

（二） 利用相似三角形

如图 7 - 3 所示,因 $\triangle P_2 QP \backsim \triangle P_1 RP$, 故

$$\frac{P_2 Q}{PQ} = \frac{P_1 R}{PR}。$$

因此有

$$\frac{y_2 - y}{x_2 - x} = \frac{y_1 - y}{x_1 - x}。$$

整理可得两点式方程。

（三） 根据斜率

根据直线斜率,由图 7 - 3,可得 $k_{P_1 P} = k_{P_2 P_1}$, 即 $\dfrac{y_1 - y}{x_1 - x} = \dfrac{y_2 - y_1}{x_2 - x_1}$。

（四） 面积法

Askwith(1908)采用了面积法推导两点式:

设直线上三点的坐标分别为 $P(x, y)$、$P_1(x_1, y_1)$ 和 $P_2(x_2, y_2)$,则

$$S_{\triangle PP_1 P_2} = (x - x_1)(y_2 - y_1) - (x_2 - x_1)(y - y_1) = 0。$$

所以可得

$$\frac{x - x_1}{y - y_1} = \frac{x_2 - x_1}{y_2 - y_1}。$$

此外,还有 8 种教科书给出了两点式的行列式形式:

$$\begin{vmatrix} x & y & 1 \\ x_1 & y_1 & 1 \\ x_2 & y_2 & 1 \end{vmatrix} = 0,$$

即三点所围成的图形面积为 0。

（五）根据一般式

已知直线方程 $Ax+By+C=0$，点 $P_1(x_1,y_1)$ 和 $P_2(x_2,y_2)$ 均在直线上，则有 $Ax_1+By_1+C=0$，$Ax_2+By_2+C=0$ 成立。将三式作差并化简，可得两点式方程。

（六）小结

以上 5 种方法在教科书中的时间分布如图 7-9 所示。从图中可见，绝大多数教科书根据点斜式来推导两点式方程，但其他方法依旧活跃于各个时期，呈现出方法的多样性。而在 20 世纪中叶前后，两点式方程则出现较少。

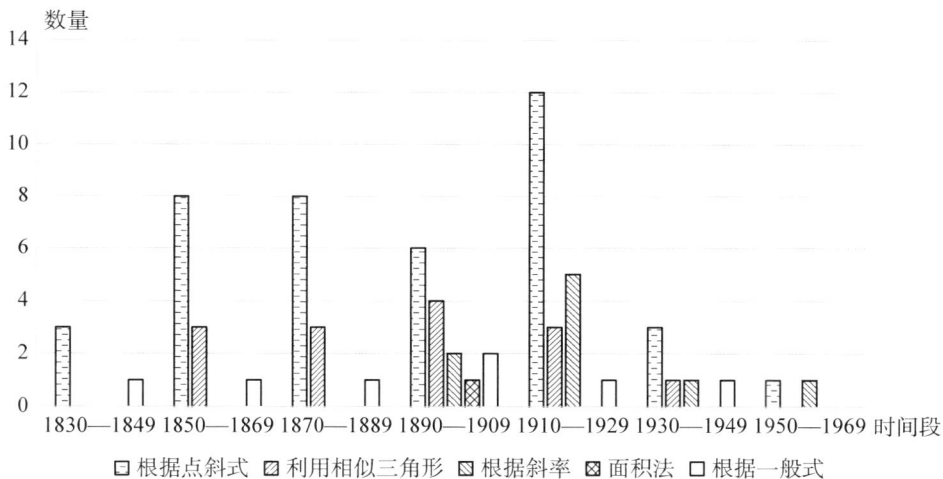

图 7-9　两点式方程推导方法的时间分布

7.4.5　截距式方程

在 87 种教科书中，有 68 种提及截距式方程，其中 66 种给出了详细的推导。

（一）根据一般式

Smith & Gale(1904)利用一般式方程 $Ax+By+C=0$ 来推导截距式方程。由于点 $(a,0)$ 和 $(0,b)$ 均在直线上，代入可得 $A=-\dfrac{C}{a}$，$B=-\dfrac{C}{b}$，将其代入一般式方程，化简可得截距式方程。

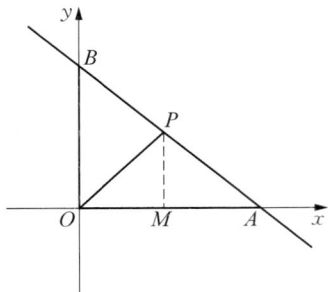

图 7 - 10 相似三角形法和平行线的性质法推导截距式方程

（二） 相似三角形法

Todhunter(1862)利用相似三角形来进行推导：如图 7 - 10 所示，点 A 和点 B 的坐标分别为 $(a, 0)$ 和 $(0, b)$，P 为直线上任意一点，坐标为 (x, y)，作 $PM \perp OA$，则有 $\triangle OAB \backsim \triangle MAP$，故得 $\dfrac{MP}{OB} = \dfrac{MA}{OA} = \dfrac{OA - OM}{OA}$，即 $\dfrac{y}{b} = \dfrac{a - x}{a}$，化简可得截距式方程。

（三） 平行线的性质法

如图 7 - 10 所示，Wentworth(1886)直接根据平行线分线段成比例定理得到 $\dfrac{MP}{OB} = \dfrac{MA}{OA} = \dfrac{OA - OM}{OA}$，通过化简，即可得截距式方程。

（四） 面积法

方法 1：Askwith(1908)的作法如图 7 - 11 所示，$P(x, y)$、$A(a, 0)$、$B(0, b)$ 三点在矩形 $PFAD$ 的对角线上，过点 B 作 x 轴的平行线分别交直线 AF、DP 于点 G 和点 C，则 $S_{\triangle PFA} = S_{\triangle PDA}$，$S_{\square ODCB} = S_{\square BGFE}$，因此可得

$$x(b - 0) = -a(y - b),$$

化简可得截距式方程。

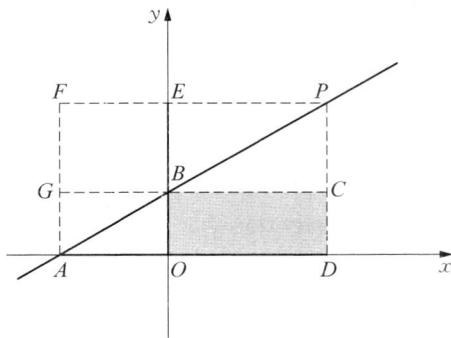

图 7 - 11 利用面积法推导截距式方程

方法 2：Johnston(1893)的作法如图 7 - 10 所示，因为 $S_{\triangle OAB} = S_{\triangle OAP} + S_{\triangle OBP}$，所以

$$ay + bx = ab,$$

将等式两边同时除以 ab，即可得截距式方程。

方法 3：如图 7 - 10 所示，有教科书根据 P、A、B 三点所围成的面积为 0 给出了行列式形式，即

$$\begin{vmatrix} x & y & 1 \\ a & 0 & 1 \\ 0 & b & 1 \end{vmatrix} = 0,$$

通过化简,可得截距式方程。

（五）　根据两点式

将点$(a,0)$和$(0,b)$代入两点式方程中,可得

$$y - 0 = \frac{b-0}{0-a}(x-a),$$

化简可得截距式方程。

（六）　根据斜截式

根据直线过$(a,0)$和$(0,b)$两点可求得直线的斜率$k = -\dfrac{b}{a}$,代入斜截式方程 $y = kx + b$ 中,可得截距式方程。

（七）　根据点斜式

将（六）中求得的斜率以及已知点$(0,b)$代入点斜式方程,可得

$$y - b = -\frac{b}{a}(x-0),$$

化简即得截距式方程。

（八）　根据斜率

如图 7-11 所示,根据斜率定义,可得 $k = \dfrac{OB}{OA} = \dfrac{PD}{AD}$,将坐标代入可得截距式方程。

（九）　小结

在 87 种教科书中,8 种方法的时间分布如图 7-12 所示。从图中可见,截距式方程的推导方法呈现多样性。在 19 世纪中叶以前截距式方程并未在教科书中出现。20 世纪之前教科书中的推导方法以一般式和利用相似三角形为主,20 世纪之后的教科书在推导截距式方程时则更多地利用了不同直线方程形式之间的转化。

7.4.6　法线式方程

在 87 种教科书中,有 60 种涉及法线式方程,其中 59 种给出了详细的推导。

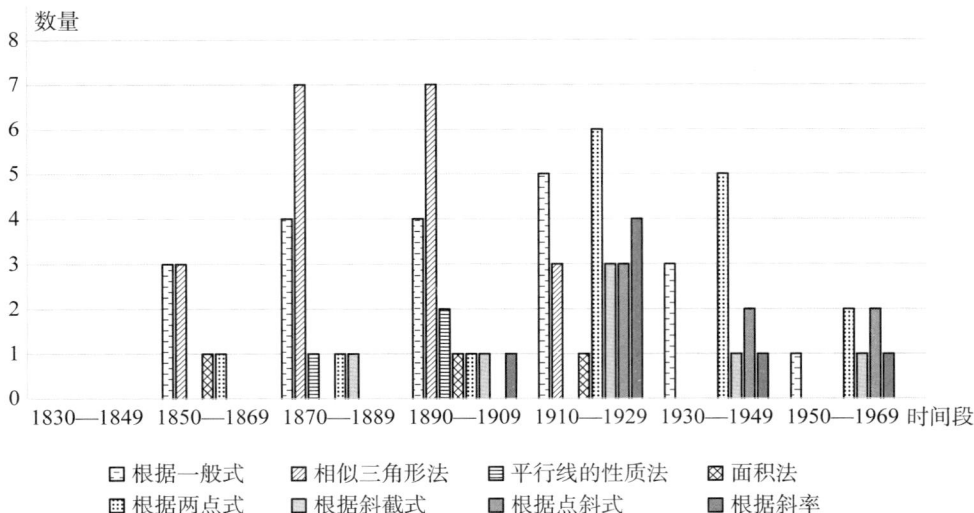

图 7‑12　截距式方程推导方法的时间分布

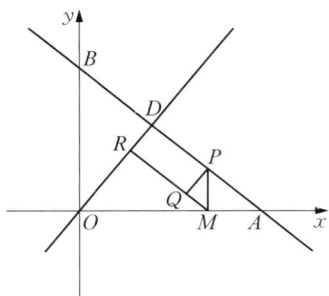

图 7‑13　法线式方程的推导

（一）　根据截距式

Johnson(1869)利用截距式方程 $\dfrac{x}{a}+\dfrac{y}{b}=1$ 推导法线式方程：如图 7‑13 所示，$OD\perp AB$，设 $|OD|=p$，$\angle DOA=\alpha$，则 $OB=b=\dfrac{p}{\sin\alpha}$，$OA=a=\dfrac{p}{\cos\alpha}$，将其代入截距式方程，化简即得

$$x\cos\alpha+y\sin\alpha=p。$$

（二）　划分线段法

Briggs(1881)给出了如下推导：如图 7‑13 所示，设点 P 的坐标为$(x，y)$，其中 $PM\perp OA$，$MR\ /\!/\ AB$，$PQ\perp RM$，$|OD|=p$，则 $OD=OR+RD$，其中 $OR=OM\cos\alpha$，$RD=PQ=PM\sin\alpha$，即得法线式方程。

（三）　投影法

Smith & Gale(1906)利用投影法来推导法线式方程：如图 7‑13 所示，已知 $|OD|=p$，设点 P 的坐标为$(x，y)$，$\mathrm{Proj}_{OD}\overrightarrow{OP}$ 表示向量OP 在直线 OD 上的投影，则有

$$\mathrm{Proj}_{OD}\overrightarrow{OP}=\mathrm{Proj}_{OD}\overrightarrow{MP}+\mathrm{Proj}_{OD}\overrightarrow{OM}，$$

代入即得

$$x\cos\alpha + y\sin\alpha = p。$$

（四）　根据点斜式

Crawley & Evans(1918)采用了如下方法：如图 7-13 所示，已知 $|OD| = p$，$\angle DOA = \alpha$，则点 D 的坐标为（$p\cos\alpha$，$p\sin\alpha$），直线的斜率 $k = -\dfrac{1}{\tan\alpha} = -\dfrac{\cos\alpha}{\sin\alpha}$，代入点斜式方程可得

$$y - p\sin\alpha = -\frac{\cos\alpha}{\sin\alpha}(x - p\cos\alpha)，$$

化简即得法线式方程。

（五）　极坐标法

Boyd，Davis & Rees(1922)将极坐标方程展开，利用直角坐标和极坐标之间的转换可直接得到法线式方程。

（六）　相似三角形法

Hardy(1897)利用相似三角形来推导法线式方程：如图 7-14 所示，设直线分别与 x、y 轴交于点 A 和点 B，过点 P 作 $PM \perp OA$，$PN \perp OB$，过原点 O 作直线的垂线，垂足为 D。 设 $|OD| = p$，$\angle DOA = \alpha$，直线上任一点 P 的坐标为（x，y），易知 $\triangle PNB \backsim \triangle ODB$，故 $OD : OB = PN : PB$，其中 $PB = \dfrac{BN}{\cos\alpha}$，$OB = BN + y$，$PN = x = BN\tan\alpha$。 代入比例式，消去 BN，即得法线式方程。

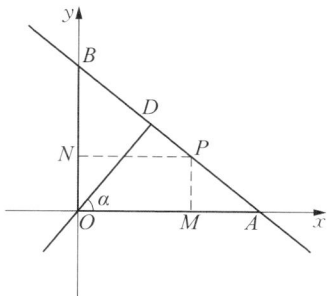

图 7-14　利用相似三角形推导法线式方程

（七）　小结

在 87 种教科书中，6 种方法的时间分布如图 7-15 所示。19 世纪中叶以前法线

式方程并未在教科书中出现,20 世纪之前教科书中的推导方法以根据截距式、划分线段法以及投影法为主,20 世纪初法线式方程的推导方法更加多样,然而到 20 世纪中叶,教科书则较少涉及法线式方程。

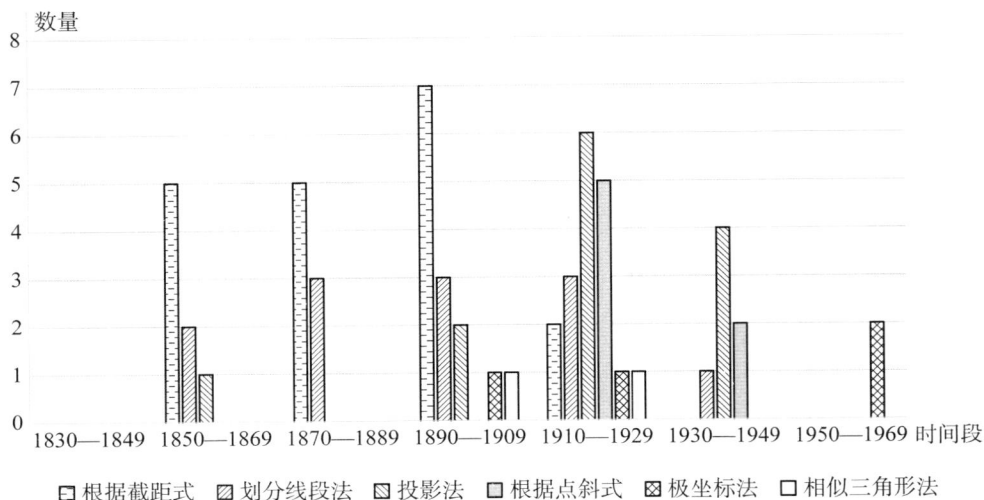

图 7‐15   法线式方程推导方法的时间分布

7.4.7   其他形式方程的推导

早期教科书中共有 14 种教科书提及点向式方程。其方法如下:如图 7‐16 所示,点 P_1 的坐标为 (x_1, y_1),设点 P 为直线上任意一点,坐标为 (x, y),令 $|PP_1|=r$,则根据三角比可得

$$\frac{x-x_1}{\cos\alpha}=\frac{y-y_1}{\sin\alpha}=r。$$

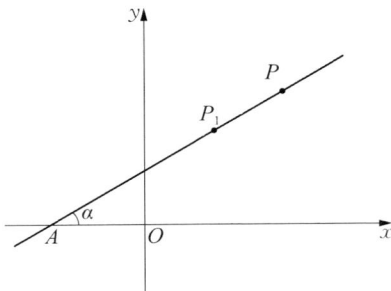

图 7‐16   点向式方程的推导

仅有 1 种教科书提及点法式方程,但并未给出推导。

7.5 结论与启示

美英早期教科书中所呈现的直线方程内容可以为今日教学提供如下启示。

其一,根据早期教科书可知,一种形式的直线方程的推导往往有多种方法。教师可以编制问题串,让学生分组用不同方法进行探究,还原数学家的做法。比如利用斜率的知识将不同形式的直线方程进行串联,或利用点斜式方程对不同形式的直线方程进行探究等。在探究过程中体会各个方程之间的联系,与数学家进行对话,树立学习数学的自信心,体会知识之谐和探究之乐。

其二,早期教科书中方程推导的方法具有多样性,其中有教科书中涉及不止一种方法。教师在课堂上可以向学生展示历史上丰富多彩的方法,感受数学家的智慧,体会方法之美。

其三,早期教科书中的方程推导借助了相似三角形、投影、平行线的性质、行列式等知识,教师可以编制问题串,让学生通过探究感受直线方程的推导并不仅仅是教科书中所给出的不同形式直线方程之间的转换,也可以借助其他知识来进行推导,从而建立知识间的普遍联系。

参考文献

陶兆龙(2013).直线方程教学的新思路.数学通报,52(10):33-34+41.

杨懿荔(2017).HPM 视角下解析几何的教学.上海:华东师范大学.

Askwith, E. H. (1908). *The Analytical Geometry of the Conic Sections*. London: A. &. C. Black.

Boyd, P. P., Davis J. M. &. Rees, E. L. (1922). *A Course in Analytic Geometry*. New York: D. van Nostrand Company.

Briggs, G. R. (1881). *The Elements of Plane Analytic Geometry*. New York: John Wiley &. Sons.

Crawley, E. S. &. Evans, H. B. (1918). *Analytic Geometry*. Philadelphia: University of Pennsylvania.

Davies, C. (1836). *Elements of Analytical Geometry*. New York: Wiley &. Long, Collins, Keys &. Company.

Hardy, J. J. (1897). *The Elements of Analytic Geometry*. Easton: Chemical Publishing Company.

Howison, G. H. (1869). *A Treatise on Analytic Geometry*. Cincinnati: Wilson, Hinkle & Company.

Johnson, W. W. (1869). *An Elementary Treatise on Analytical Geometry*. Philadelphia: J. B. Lippincott & Company.

Johnston, W. J. (1893). *An Elementary Treatise on Analytical Geometry*. Oxford: The Clarendon Press.

Loomis, E. (1877). *The Elements of Analytical Geometry*. New York: Harper & Brothers.

Nelson, A. L., Folley, K. W. & Borgman, W. M. (1949). *Analytic Geometry*. New York: The Ronald Press Company.

Newcomb, S. (1884). *The Elements of Analytic Geometry*. New York: Henry Holt & Company.

Nowlan, F. S. (1946). *Analytic Geometry*. New York: The McGraw-Hill Book Company.

Poor, V. C. (1934). *Analytical Geometry*. New York: John Wiley & Sons.

Puckle, G. H. (1856). *An Elementary Treatise on Conic Sections and Algebraic Geometry*. Cambridge: Macmillan & Company.

Smith, P. F. & Gale, A. S. (1906). *Introduction to Analytic Geometry*. Boston: Ginn & Company.

Smith, W. B. (1886). *Elementary Co-ordinate Geometry*. Boston: Ginn & Company.

Taylor, A. E. (1959). *Calculus, with Analytic Geometry*. Englewood Cliffs, N. J: Prentice-Hall.

Todhunter, I. (1862). *A Treatise on Plane Co-ordinate Geometry*. London: Macmillan & Company.

Wentworth, G. A. (1886). *Elements of Analytic Geometry*. Boston: Ginn & Company.

Wood, D. V. (1879). *The Elements of Coördinate Geometry*. New York: John Wiley & Sons.

8 圆的定义和标准方程

韦润蓉　　汪晓勤

8.1 引　言

众所周知,圆作为最重要的几何图形,其历史十分悠久,在四大文明古国的数学文献中均有记载,圆周率的近似值是衡量古代几何学发展水平的标尺。化圆为方是古希腊三大几何难题之一;古希腊数学家欧几里得在《几何原本》中用一整卷的篇幅来研究圆的各种性质;阿波罗尼奥斯在《平面轨迹》一书中研究了很多轨迹为圆的问题,在《圆锥曲线论》中研究了圆、椭圆和双曲线的很多共同性质;阿基米德(Archimedes,公元前287—公元前212)专门著有《论圆的度量》一书。17 世纪,解析几何的发明者费马和笛卡儿都研究过圆的方程,自此,圆和圆锥曲线一样,披上了解析几何的外衣,成了解析几何思想的重要载体。

《普通高中数学课程标准(2017 年版 2020 年修订)》指出,通过回顾圆的几何要素,在平面直角坐标系中,引导学生探索并掌握圆的标准方程与一般方程,并让学生利用圆的方程解决一些简单的数学问题和实际问题。现行人教版高中数学教科书将圆定义为到定点的距离为定长的点的集合,而沪教版教科书则将圆定义为到定点的距离等于定长的动点的轨迹。

圆在平面几何和解析几何中都扮演着重要的角色,关于作为平面几何研究对象的圆及其度量,目前已有相应的 HPM 课例问世,而关于作为解析几何研究对象的圆,迄今尚未见 HPM 课例的诞生。究其原因,一是教师对解析几何背景下的圆的历史缺乏深入了解,二是教师认为学生学习圆的定义与方程并不存在困难,没有融入数学史的

＊　上海市徐汇区上汇实验学校教师。
＊＊　华东师范大学数学科学学院教授、博士生导师。

必要性。

然而,在提倡单元教学研究和挖掘学科育人价值的今天,照本宣科、碎片化知识传授已经不能满足教育的需求,从这个意义上说,探讨 HPM 视角下的圆的教学具有重要的现实意义。鉴于此,本章聚焦圆的定义与方程,对美英早期解析几何教科书进行考察,为 HPM 视角下的课堂教学提供教学素材和思想启迪。

8.2 教科书的选取

从有关数据库中选取 1820—1969 年间出版的 95 种美英解析几何教科书作为研究对象,以 25 年为一个时间段进行统计,这些教科书的出版时间分布情况如图 8‐1 所示。

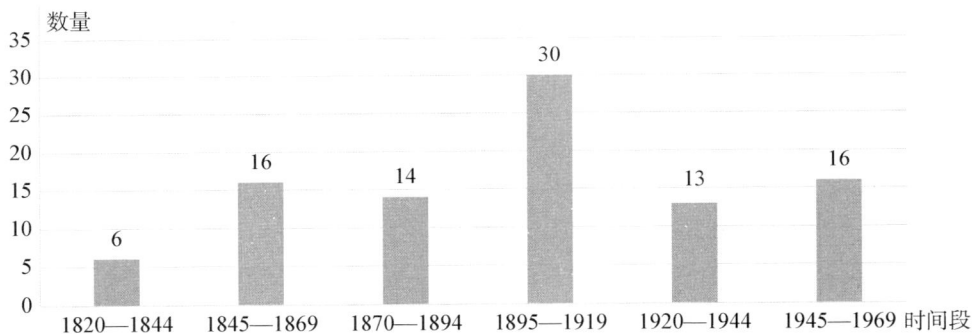

图 8‐1 95 种美英早期解析几何教科书的出版时间分布

在 95 种解析几何教科书中,圆的定义与方程所在章大致相同,主要出现在"圆""圆与直线"或"圆的方程"章中,也有少数教科书将圆编排在"二次曲线"或"圆锥曲线"章中。图 8‐2 给出了圆所在章的占比情况,可见,早期教科书在有关圆的内容编排上存在一定的差异,但绝大多数教科书都将其视为独立的知识单元。

8.3 圆的定义

有 95 种教科书给出了圆的定义,但定义方式互有不同,可分成基于圆锥的定义、直角三角形定义、"一中同长"定义和三线轨迹定义。

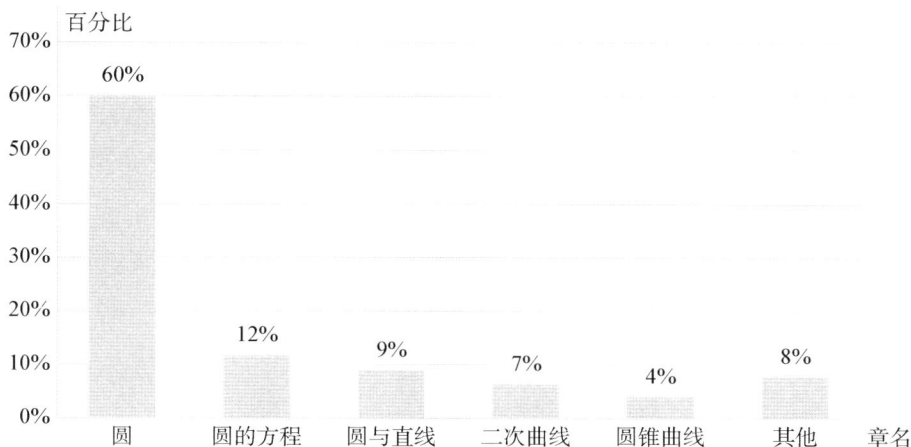

图 8-2 圆所在章的占比情况

8.3.1 基于圆锥的定义

有 9 种教科书用圆锥来定义圆,与三种圆锥曲线统一起来,其中 Candy(1904)还将圆定义为特殊的椭圆。从数学史上看,公元前 4 世纪古希腊数学家梅奈克缪斯用垂直于母线的平面去截顶角分别为直角、钝角和锐角的圆锥,得到三种不同的圆锥曲线,但这种截法并不会出现圆。公元前 3 世纪,古希腊数学家阿波罗尼奥斯在《圆锥曲线论》卷Ⅰ命题 5 中用平面以不同方式去截同一个斜圆锥,得到圆的情形(但阿波罗尼奥斯并未将圆视为特殊的椭圆)。美英早期解析几何教科书大多使用了正圆锥(Young,Fort & Morgan,1936)。如图 8-3 所示,以平行于正圆锥底面且不经过圆锥顶点的平面去截该圆锥,所得截线称为圆。圆的这一定义可谓返璞归真。

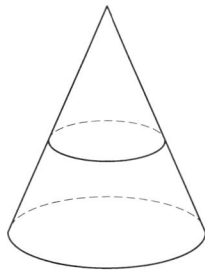

图 8-3 基于圆锥的定义

8.3.2 直角三角形定义

95 种教科书中,只有 Hymers(1845)和 Askwith(1908)提到,可以用散焦性顶点轨迹来描述圆,即以给定线段为斜边作直角三角形,所有直角三角形的直角顶点所构成的平面图形为圆。如图 8-4 所示,C、D 是以 AB 为斜边的任意两个直角三角形的直角顶点,将所有符合条件的点连起来,即为圆 O。在中国古代天文学著作《周髀算经》

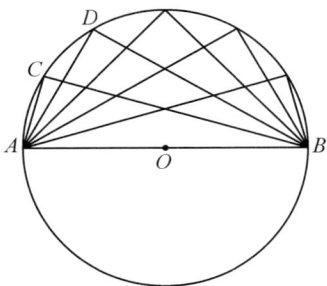

图 8 - 4　圆的直角三角形定义

中,商高提出了以矩为工具的测量方法——"环矩以为圆",著名数学史家李俨(1892—1963)将其解释为"直角三角形固定弦,其直角顶点的轨迹便是圆"(李俨,1963,p.1)。可见,斜边固定的直角三角形的顶点轨迹早已为中国古代数学家所知。

但基于直角三角形的定义并不严谨,因为固定斜边的直角三角形的顶点轨迹并不包含斜边的两个端点。

8.3.3　"一中同长"定义

有 92 种教科书采用了"一中同长"定义,但这些定义在表述上互有不同,大致可分为三类。

欧氏定义:圆是由一条曲线围成的平面图形,曲线上的每个点到一个固定点的距离都相等(Nelson, Folley & Borgman, 1949, p.90);

轨迹定义:平面上以定点为中心且与该点的距离保持不变的点的运动轨迹叫做圆,这个恒定的距离称为半径(Crawley & Evans, 1918, p.65; Bailey & Woods, 1899, p.97);

集合定义:平面上到定点的距离等于定长的点的集合叫做圆,其中,该定点称为圆心,定长称为半径(Borger, 1928, p.66)。

Schmall(1921)强调,圆指的是圆周曲线,而不是以该曲线为边界的平面。

8.3.4　三线轨迹定义

古希腊数学家已经发现,若给定平面上的三条直线,则到其中一条直线的距离的平方与到另两条直线距离乘积之比为常数的动点轨迹为圆或圆锥曲线。考虑特殊的情形,如图 8 - 5 所示,直线 AC 和 BD 都垂直于直线 AB。动点 P 到 AB 的距离的平方与到 AC 和 BD 的距离的乘积之比等于 1,则点 P 的轨迹为圆(不含 AB 的端点)。事实上,由直角三角形射影定理的逆定理即可得到上述结论。

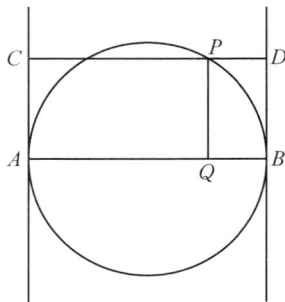

图 8 - 5　特殊的三线轨迹

利用三线轨迹,Sommerville(1924)给出了
圆和圆锥曲线的新定义:A 和 B 是平面上的两
个固定点,P 为动点,从点 P 向 AB 引垂线,垂
足为 Q,若 $PQ^2 = kAQ \cdot QB$,则点 P 的轨迹为
圆锥曲线。如图 8-6 所示,所得轨迹方程可表
示为

$$y^2 = k(a - x)(a + x),$$

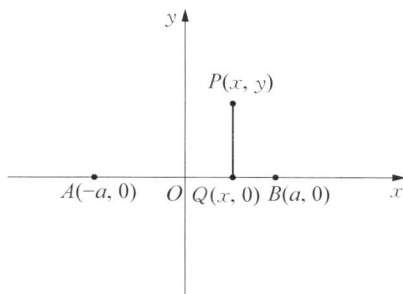

图 8-6　三线轨迹定义

化简得

$$kx^2 + y^2 = ka^2 。$$

当 $k > 0$ 且 $k \neq 1$ 时,点 P 的轨迹为椭圆;当 $k = 1$ 时,点 P 的轨迹为圆;当 $k < 0$ 时,
点 P 的轨迹为双曲线。当 $k = 1$ 时,即可得圆的另一种定义。

8.4　圆的定义的演变

以 25 年为一个时间段进行统计,对上述圆的六类定义:基于圆锥的定义、直角三
角形定义、欧氏定义、轨迹定义、集合定义和三线轨迹定义进行统计,得到 1820—1969
年间圆的定义的时间分布情况,如图 8-7 所示。

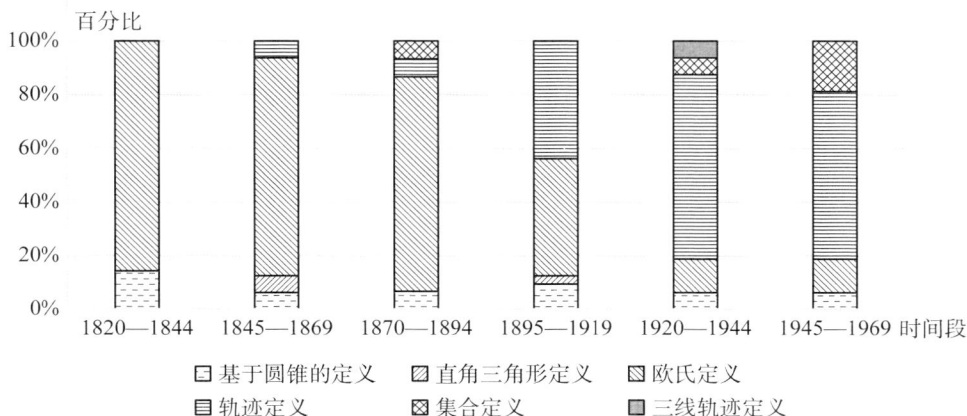

图 8-7　圆的定义的时间分布

从图 8-7 中可见,受《几何原本》的影响,欧氏定义在 20 世纪以前一直占据着主要地位,19 世纪后期才开始逐渐减少,到 20 世纪之后的占比已远低于轨迹定义。基于圆锥的定义虽数量不多,但一直存在于各个时期的教科书中。直角三角形定义与三线轨迹定义则昙花一现,仅在某个时期出现后就销声匿迹。轨迹定义自 19 世纪中期初露头角后,其占比不断增大,到 20 世纪初已经取代了欧氏定义,在早期解析几何教科书中占据主要地位。而集合定义则在 19 世纪 80 年代德国数学家康托尔(G. Cantor,1845—1918)引入集合论后才首次诞生,随着集合论的完善与发展,集合定义也开始在早期解析几何教科书中占据一席之地。从整个时间分布来看,圆的定义主要有两种形式:前期为欧氏定义,后期则是轨迹定义,其余的定义只占据了其中的一小部分。

8.5　圆的标准方程

早期教科书中,圆的标准方程也有不同的推导方法,主要包括两大类,即从圆的定义出发和从圆的性质出发进行推导。

8.5.1　基于"一中同长"定义的推导

有 84 种教科书采用这一推导方法,在直角坐标系中根据圆上任意一点到圆心的距离为定值(Smith & Gale,1912),如图 8-8 所示,不妨设圆上任意一点 P 的坐标为 (x, y),定点 C 的坐标为 (a, b),定长为 r,根据两点间的距离公式,即可得圆的标准方程

$$(x - a)^2 + (y - b)^2 = r^2 。$$

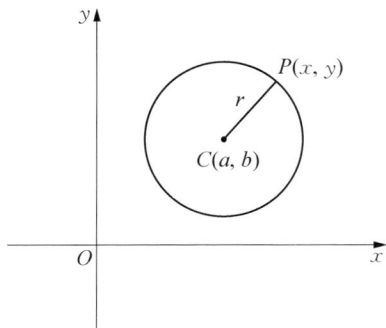

图 8-8　直角坐标系下圆的标准方程的推导

此外,各类教科书还给出了圆心在不同位置,如在原点处、x 轴上、y 轴上的标准方程。

8.5.2　基于圆锥定义的推导

Biot & Smith(1840)利用圆锥定义来推导圆的标准方程。如图 8-9 所示,以圆锥截圆的圆心为原点、截圆所在平面为 xOy 平面建立空间直角坐标系,设圆锥顶点 C 的坐标为$(0,0,c)$,圆锥上任意一条母线与平面 xOy 所成的角都相等,记为 α,设点 $P(x,y,0)$ 为圆周上任意一点,则有

$$\tan^2\alpha = \frac{c^2}{x^2+y^2}。$$

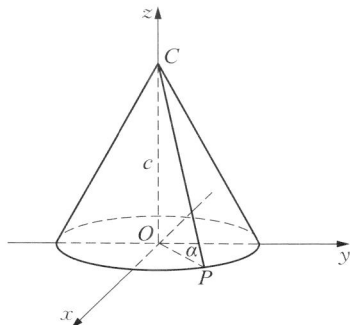

图 8-9　利用圆锥定义的推导

当圆锥一定时,$\tan\alpha$ 与 c 都为常数,因此不妨将 $\dfrac{c^2}{\tan^2\alpha}$ 记为 r^2,即得

$$x^2+y^2=r^2。$$

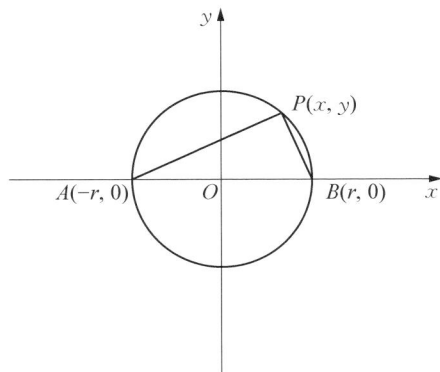

图 8-10　基于补弦性质的推导

8.5.3　基于补弦性质的推导

以上两种方法都是从圆的定义出发进行推导,与此不同,还有 5 种教科书利用圆的性质推导圆的标准方程。Docharty(1865)利用了补弦相互垂直这一性质进行证明,其中补弦的定义为:从曲线任意直径的端点作出的两条线与曲线相交于同一点,称为补弦。如图 8-10 所示,以圆心为原点,建立直角坐标系,设两端点 A、B 的坐标分别为$(-r,0)$和$(r,0)$,$P(x,y)$为圆上任意一点,AP 所在直线的方程为

$$y=k_1(x+r)。$$

同理，BP 所在直线的方程为

$$y = k_2(x - r)。$$

易知 $k_2 k_1 = -1$，两式相乘，即得圆心在原点处的标准方程。

8.6 圆的标准方程推导方式的演变

与圆的定义相同，以 25 年为一个时间段，对圆的标准方程的推导方式进行统计，得到 1820—1969 年间各类推导方式的时间分布情况，如图 8-11 所示。

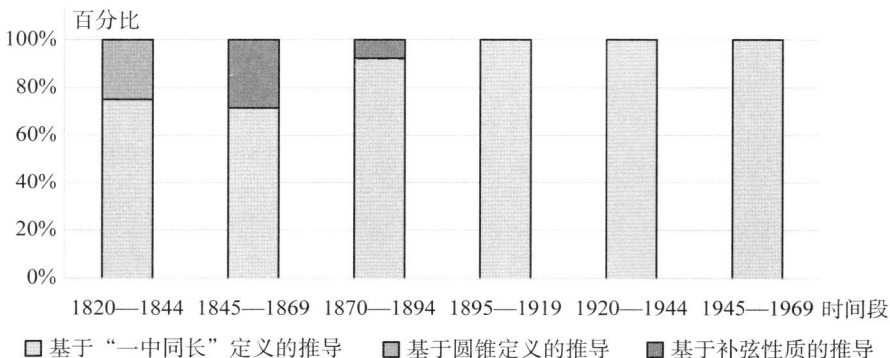

图 8-11 圆的标准方程推导方式的时间分布

从图 8-11 中易知，基于"一中同长"定义的推导是教科书中最常用的方法，甚至在 20 世纪后，教科书都选择了只保留这种推导方式。基于补弦性质的推导基本只出现在 19 世纪中后期，对应上述利用直角三角形定义圆的时期，当这一定义不再出现在教科书中时，该推导方式也随之销声匿迹。利用圆锥定义进行推导也仅仅只出现在 19 世纪初的一种教科书中，昙花一现。越来越多的教科书倾向于选择更为简单直观的推导方式，因此，只有单一的推导方式被保留了下来，并沿用至今。

8.7 圆的轨迹应用问题

除了圆的定义与标准方程外，不少教科书在习题部分还给出了有关圆的轨迹问题，包括到定直线和到定点两大类问题，探究在何种情况下，动点的轨迹为圆。

8.7.1　与定点有关的轨迹

Borger(1928)提出与定点有关的轨迹问题:已知平面上有两个固定点 A、B 以及任意一点 P,当点 P 在平面上运动,且 $\dfrac{|PA|}{|PB|}$ 为常数 k 时,P 的轨迹为圆,其中 $k \neq 1$。阿波罗尼奥斯在《平面轨迹》中最早对该轨迹做过研究,故今人将满足条件的动点轨迹称为阿波罗尼奥斯圆。

如图 8 - 12 所示,不妨以点 A 为圆心,AB 为 x 轴上的线段,设点 P 的坐标为 (x, y),点 B 的坐标为 $(a, 0)$,由已知条件,可得

$$\frac{\sqrt{(x-a)^2+y^2}}{\sqrt{x^2+y^2}}=k。$$

化简,得

$$\left(x+\frac{a}{k^2-1}\right)^2+y^2=\left(\frac{ak}{k^2-1}\right)^2。$$

根据圆的"一中同长"定义,当 $k \neq 1$ 时,可知点 P 的轨迹为圆。

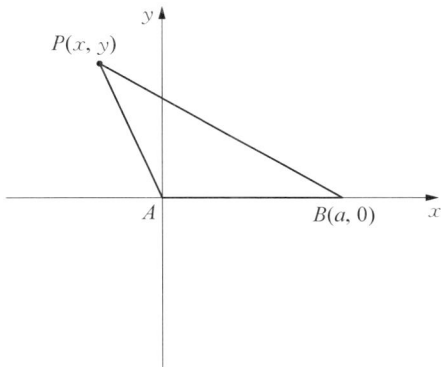

图 8 - 12　阿波罗尼奥斯圆的方程

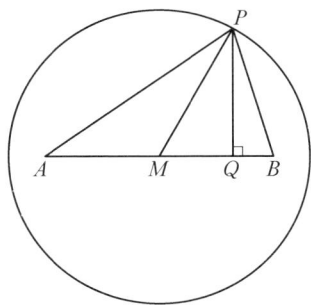

Sommerville(1924)提出:一个点到若干定点的距离的平方和为常数,其轨迹是一个以定点系的质心为中心的圆。以两点为例,如图 8 - 13 所示,设 A、B 为两个定点,M 为线段 AB 的中点,动点 P 满足 $PA^2+PB^2=k^2$,过点 P 作 $PQ \perp AB$,垂足为 Q,易知 $AQ=\dfrac{1}{2}AB+MQ$,

$BQ=\dfrac{1}{2}AB-MQ$,故得

图 8 - 13　点 P 的轨迹图

$$\begin{aligned}PA^2+PB^2&=AQ^2+BQ^2+2PQ^2\\&=AQ^2+BQ^2+2PM^2-2MQ^2\\&=\frac{1}{2}AB^2+2PM^2=k^2,\end{aligned}$$

解得

$$PM = \frac{1}{2}\sqrt{2k^2 - AB^2}。$$

当 $2k^2 - AB^2 > 0$ 时,点 P 的轨迹是以点 M 为圆心、PM 为半径的圆。多个不动点以此方式类推即可。

8.7.2　与定直线有关的轨迹

Sommerville(1924)在习题中还提出定点到定直线的轨迹问题:一个点到一个正方形(边长为 a)四条边的距离的平方和是常数 k^2,证明其轨迹为圆。以正方形两邻边分别为 x 轴、y 轴建立坐标系,设动点 P 的坐标为 (x,y),则有

$$x^2 + y^2 + (a-y)^2 + (a-x)^2 = k^2。$$

化简后易知,当 $k^2 - \frac{a^2}{2} > 0$ 时,该轨迹为圆。

Schmall(1921)则将上述问题中的正方形改为边长为 $2a$ 的等边三角形。以三角形底边的中点为原点建立坐标系,可得点 P 的轨迹方程为

$$6(x^2 + y^2) + 6a^2 - 4(k^2 + ay\sqrt{3}) = 0。$$

同理,在满足一定条件时,该方程也表示圆。

8.8　若干启示

圆的定义与标准方程的早期历史为该主题的教学提供了许多启示。

其一,构建多元定义,深化知识理解。历史上圆的定义与标准方程的推导方式丰富多彩,教师可以打破"一中同长"的单一定义和推导方式,借鉴历史设计探究活动,让学生用不同的方式给圆下定义,并根据不同的定义推导圆的标准方程;又回顾平面几何中学过的圆的性质,利用这些性质来推导圆的标准方程,从而更深刻地理解解析几何中由曲线性质推求其代数方程的思想。通过与早期教科书中的定义与推导方法的比较,实现古今对话。

其二,挖掘方程内涵,建立新、旧联系。在建立圆的标准方程后,可以反过来再对标准方程中蕴含的几何性质作出进一步的探讨。例如,将方程 $x^2 + y^2 = a^2$ 进行变形,可得

$$y^2 = (a+x)(a-x),\tag{1}$$

$$\frac{y}{x+a} \cdot \frac{y}{x-a} = -1。\tag{2}$$

据此,教师可以让学生思考(1)和(2)所对应的圆的几何性质。

若圆 $O:x^2+y^2=a^2$ 上有三点 $A(x_1, y_1)$、$B(x_2, y_2)$ 和 $C(x_0, y_0)$,已知 $OC \perp AB$,教师可以让学生证明平面几何中的垂径定理。事实上,由圆的方程可得直线 AB 的斜率为

$$k_{AB} = -\frac{x_1+x_2}{y_1+y_2}。\tag{3}$$

又由 $OC \perp AB$,可得

$$k_{AB} = -\frac{x_0}{y_0}。\tag{4}$$

由(3)和(4)可得线段 AB 的中点 $\left(\dfrac{x_1+x_2}{2}, \dfrac{y_1+y_2}{2}\right)$ 在 OC 上,故 OC 平分 AB。

这样,可以让学生更深刻地理解解析几何中由曲线方程推求曲线几何性质的思想。

其三,寻求统一定义,促进单元学习。在教科书中,从表面上看,圆除了与椭圆有密切关联之外,与其他圆锥曲线似乎风马牛不相及。三线轨迹定义揭示了圆、椭圆、双曲线和抛物线之间的内在逻辑联系,可以贯穿解析几何的教学,从而适用于单元教学。

其四,融入数学文化,落实学科德育。中国古代数学是世界数学之树不可分割的一枝,中算家很早就对圆进行了定义,"一中同长""环矩以为圆",这些定义与西方数学家的定义交相辉映。因此,圆的定义揭示了数学文化的多元性,可以让学生在树立国际意识的同时,增强文化自信。

我们有理由相信,数学史在解析几何的教学中必将大有可为。

参考文献

李俨(1963).中国古代数学史料.上海:上海科学技术出版社.

中华人民共和国教育部(2020).普通高中数学课程标准(2017 年版 2020 年修订).北京:人民教育出版社,2020.

Askwith, E. H. (1908). *The Analytical Geometry of the Conic Sections*. London: A. & C. Black.

Bailey, F. H. & Woods, F. S. (1899). *Plane and Solid Analytic Geometry*. Boston: Ginn & Company.

Biot, J. B. & Smith, F. H. (1840). *An Elementary Treatise on Analytical Geometry*. New York & London: Wiley & Putnam.

Borger, R. L. (1928). *Analytic Geometry*. New York: McGraw-Hill Book Company.

Candy, A. L. (1904). *The Elements of Plane and Solid Analytic Geometry*. Boston: D. C. Heath & Company.

Crawley, E. S. & Evans, H. B. (1918). *Analytic Geometry*. Philadelphia: University of Pennsylvania.

Docharty, G. B. (1865). *Elements of Analytical Geometry and of the Differential and Integral Calculus*. New York: Harper & Brothers.

Hymers, J. (1845). *A Treatise on Conic Sections and the Application of Algebra to Geometry*. Cambridge: The University Press.

Nelson, A. L., Folley, K. W. & Borgman, W. M. (1949). Analytic Geometry. New York: The Ronald Press Company.

Schmall, C. N. (1921). *A First Course in Analytic Geometry, Plane and Solid*. New York: D. van Nostrand Company.

Smith, P. F. & Gale, A. S. (1912). *New Analytic Geometry*. Boston: Ginn & Company.

Sommerville, D. M. Y. (1924). *Analytical Conics*. London: G. Bell & Sons.

Young, J. W., Fort, T. & Morgan, F. M. (1936). *Analytic Geometry*. Boston: Houghton Mifflin Company.

9 椭圆的定义和标准方程

孔雯晴[*]

9.1 引 言

在古希腊时期,圆锥曲线起源于平面截圆锥产生的"截线",阿波罗尼奥斯在《圆锥曲线论》中定义了圆锥曲线,自此,"椭圆"一词出现在大众视野中。1609 年,著名天文学家开普勒发现行星绕太阳运行的轨道是椭圆并提出了开普勒定律,椭圆的应用价值才得以彰显。在椭圆历史发展的初期,数学家基于截线定义(即原始定义)对椭圆的研究都是纯几何的,随着解析几何的创立和发展,他们逐渐抛弃圆锥,椭圆的原始定义也逐渐被第一定义和第二定义替代。

椭圆是圆锥曲线教学的开端,为后续抛物线和双曲线的教学奠定基础。在不同版本的现行教科书中,人教 A 版、沪教版、北师大版都是通过"两钉一线"的作法引出椭圆的第一定义,且推导椭圆标准方程的方法单一,均使用两次平方法。关于椭圆的来源,沪教版在课后阅读材料中介绍了椭圆是通过平面截圆锥得到的,类似地,人教 A 版和北师大版在章首页给出椭圆的截线定义。这三种教科书都没有详述椭圆的第一定义是如何产生的,在实际教学中,学生往往知其然而不知其所以然,难以深入理解和掌握椭圆的定义,更谈不上对圆锥曲线有整体的认识。

为此,本章聚焦椭圆的定义和标准方程,从相关数据库中选取并梳理 86 种于1830—1963 年间出版的美英解析几何教科书,试图回答以下问题:美英早期解析几何教科书中含有哪些椭圆定义和标准方程? 推导方法有哪些?

---

[*] 苏州市振华中学校教师。

9.2 椭圆的定义

9.2.1 椭圆定义的分类

经考察发现,在 86 种美英早期解析几何教科书中共出现了 4 类定义,分别为第一定义、第二定义、原始定义和压缩变换定义,包含各类定义的教科书数量情况如表 9 - 1 所示。原始定义是指用平面截圆锥的"截线"定义,大部分教科书将原始定义作为圆锥曲线知识的导入或补充。第二定义往往以圆锥曲线统一定义的形式出现,其中 $e < 1$ 的情况表示椭圆。少数教科书是在第一定义的基础上,利用焦半径公式推出第二定义。

表 9 - 1 椭圆的定义

类别	定义	代表教科书	数量	
第一定义	平面内与两个定点距离之和等于常数的点的轨迹叫做椭圆。	Ziwet & Hopkins (1913)	64	70
	平面曲线上任意一点到两个定点距离之和等于一条给定线段,这样的平面曲线叫做椭圆。	Loomis(1851)	5	
	两条半径分别绕两个定点转动,且满足半径之和为定值,这两条半径的交点构成的平面曲线是椭圆。	Whitlock(1848)	1	
第二定义	平面内到定点 F 的距离与到定直线的距离之比为常数 $e(e < 1)$ 的点的轨迹叫做椭圆。	Wilson & Tracey (1915)	59	59
原始定义	如图,OAB 是圆锥的轴截面,一个平面截正圆锥体,若夹角满足下列条件之一,则截线为椭圆:①$\alpha < \beta$;②$\varphi < \mu$;③$\gamma > 2\theta$。 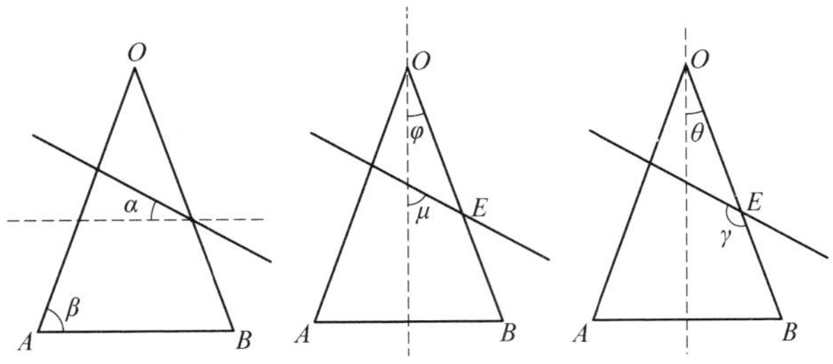 	Phillips(1942); Smith, Salkover & Justice(1954); Ziwet & Hopkins (1913)	12	31
	平面截圆锥的所有母线形成的封闭曲线叫做椭圆。	Kaltenborn(1951)	13	
	用不平行于圆锥任何一条母线的平面截圆锥,所形成的封闭曲线叫做椭圆。	Hart(1957)	6	

类别	定义	代表教科书	数量	
压缩变换定义	如果一个圆上的点到一条选定直径的距离都以相同的比率改变,由此变形得到的曲线称为椭圆。	Phillips(1915)	1	1

续　表

仅有 1 种教科书采用压缩变换定义。86 种教科书中,出现 3 类定义的教科书有 12 种,出现 2 类定义的教科书有 32 种,只出现 1 类定义的教科书有 42 种。图 9-2 是四类定义在不同时间段的分布情况。第一定义和第二定义均是早期教科书中椭圆的主流定义,1890 年之前的教科书编者更青睐使用第一定义,但 1890—1929 年的教科书编者使用第二定义的频率更高,1930 年之后第一定义出现的次数又超过了第二定义。

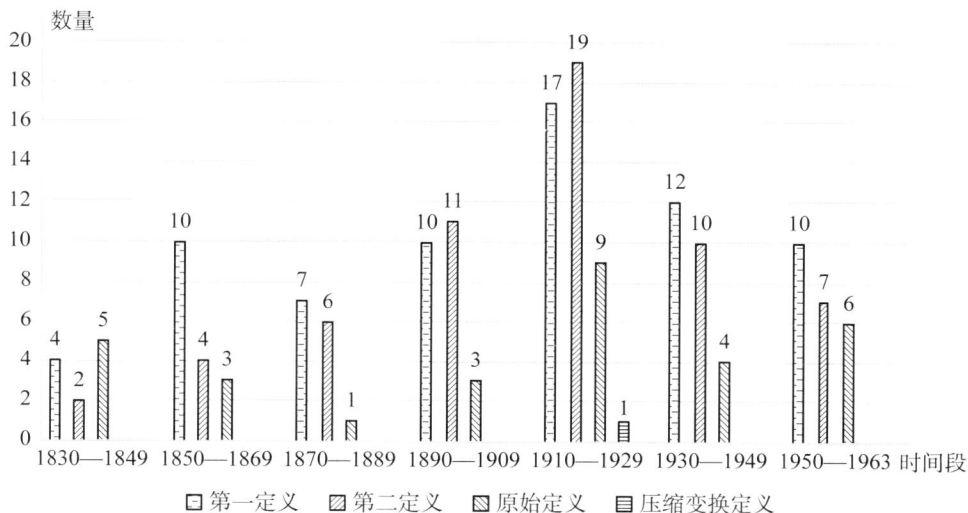

图 9-2　四类定义在不同时间段的分布

9.2.2　不同定义之间的联系

古希腊人通过平面截圆锥发现了圆锥曲线,而现在被广泛采用的第一定义和第二定义中已不见圆锥的影子,那么原始定义与第一定义、第二定义之间有着怎样的联系呢?

（一） 原始定义与第一定义

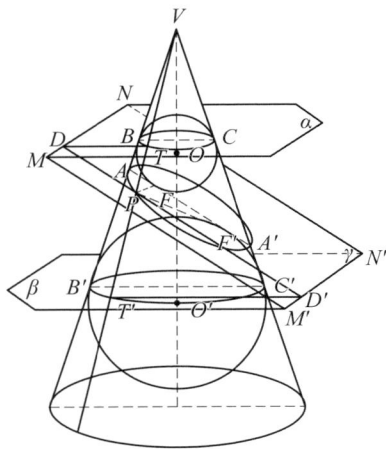

图 9-3 旦德林双球模型

有 5 种教科书借助旦德林双球模型证明了原始定义与第一定义之间的联系。在 Fehr (1951)中,如图 9-3 所示,平面 γ 与正圆锥体 V 相交的轨迹为 AA',圆锥的内切球 O 和内切球 O' 都与平面 γ 和圆锥 V 相切,在平面 γ 上的切点为 F 和 F',与圆锥相切的轨迹分别为圆 BC 和圆 $B'C'$。在椭圆上取任意一点 P,连结 PF 和 PF',则 PF 和 PF' 分别是两个球面的切线。过点 P 分别作球 O 和球 O' 的另一条切线 PT 和 PT',则 $PF=PT$, $PF'=PT'$,且切点 T 和 T' 分别在圆 BC 和圆 $B'C'$ 上,那么对于任意一点 P,VT 和 VT' 都是定值,故 $TT'=VT-VT'$ 也是定值,于是 $PF+PF'=PT+PT'=TT'$ 是定值,则轨迹 AA' 是椭圆。

其中,有 2 种教科书进一步证明这个定值等于椭圆的横轴。由于 B、C、B'、C' 都是球面与锥面的切点,则有 $AB=AF$, $AB'=AF'=AF+FF'$, $A'C'=A'F'$, $A'C=A'F=A'F'+F'F$,那么 $BB'=AB+AB'=2AF+FF'$, $CC'=A'C+A'C'=2A'F'+FF'$,且 $BB'=CC'=TT'$,故

$$TT'=\frac{1}{2}(BB'+CC')=AF+FF'+A'F'=AA'。$$

Smith(1954)指出,平面 γ 分别与圆 BC 和圆 $B'C'$ 所在平面的交线 MN、$M'N'$ 是椭圆 AA' 的准线。

（二） 原始定义与第二定义

Lambert(1897)用旦德林双球模型先证明和为定值的性质,再用相似比推导第二定义,前者与 9.2.2(一)中的证明一致,不再赘述。如图 9-3 所示,MN 和 $M'N'$ 分别是平面 γ 与平面 α、平面 β 的交线,易知 $MN \parallel M'N'$,过点 P 作 MN、$M'N'$ 的垂线 DD',易证 $\triangle DTP \sim \triangle D'T'P$,则 $\dfrac{PT}{PT'}=\dfrac{PD}{PD'}$,且 $TT'=PT+PT'$, $DD'=DP+PD'$,则 $\dfrac{PT}{TT'}=\dfrac{PD}{DD'}$ 也成立,又因为 $PT=PF$,所以 $\dfrac{PF}{TT'}=\dfrac{PD}{DD'}$,则 $\dfrac{PF}{PD}=\dfrac{TT'}{DD'}$。同理可证

$\dfrac{PF'}{PD}=\dfrac{TT'}{DD'}$，且 $TT'=AA'$（9.2.2（一）中已证），故 $\dfrac{PF}{PD}=$

$\dfrac{PF'}{PD}=\dfrac{TT'}{DD'}=\dfrac{AA'}{DD'}$。由于 $AA'<DD'$ 恒成立，则该比例

为定值且小于 1，这与第二定义吻合。

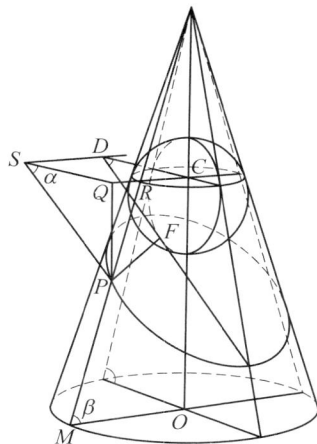

　　有 4 种教科书利用单球模型证明了原始定义和第二定义之间的联系。在 Candy（1904）中，如图 9 - 4 所示，与上述旦德林双球模型类似，SD 是椭圆所在平面 $SPFD$ 与圆 C 所在平面 $SQCD$ 的交线。下面证明满足第二定义：作 $PQ\perp$ 平面 $SQCD$，则 $PQ\perp SQ$，$PQ\perp QC$，QC 与圆 C 交于点 R。设椭圆所在平面 $SPFD$ 与

图 9 - 4　旦德林单球模型

底面的夹角为 α，圆锥的母线与底面的夹角为 β，则

$\angle PSQ=\alpha$，$\angle QRP=\beta$，由于 $PF=PR$，且在 Rt$\triangle PQR$ 和 Rt$\triangle PSQ$ 中，$PQ=PR\sin\beta=PS\sin\alpha$，故得

$$\frac{PF}{PS}=\frac{\sin\alpha}{\sin\beta}$$

是定值，且 $\alpha<\beta<\dfrac{\pi}{2}$，令 $\dfrac{\sin\alpha}{\sin\beta}=e$，故 $\dfrac{PF}{PS}=e<1$。

9.3　椭圆的标准方程

　　所选取教科书中出现的椭圆方程可归为六类（见表 9 - 2）。方程

$$\frac{x^2}{a^2}+\frac{y^2}{b^2}=1 \tag{①}$$

表 9 - 2　椭圆的方程

序号	方程	代表教科书	数量
①	$\dfrac{x^2}{a^2}+\dfrac{y^2}{b^2}=1$（包括$\dfrac{x^2}{a^2}+\dfrac{y^2}{a^2-c^2}=1$）	Nichols(1892)；Riggs(1911)	72
②	$b^2x^2+a^2y^2=a^2b^2$	Loomis(1851)	14

序号	方程	代表教科书	数量
③	$y^2 = Px + Rx^2$，$R < 0$	Howison(1869)；Loomis(1851)	9
④	参数方程：$x = a\cos t$，$y = b\sin t$	Riggs(1911)	14
⑤	$r = \dfrac{a(1-e^2)}{1-e\cos\theta}$，$r = \dfrac{a(1-e^2)}{1+e\cos\theta}$，或 $r = \dfrac{a^2-c^2}{a-c\cos\theta}$	Peck(1873)；Peirce(1846)	29
⑥	$r = \dfrac{eq}{1-e\cos\theta}$，$r = \dfrac{eq}{1+e\cos\theta}$，或 $r = \dfrac{l}{1-e\cos\theta}$	Ziwet & Hopkins(1913)；Tanner & Allen(1898)	25

和

$$b^2 x^2 + a^2 y^2 = a^2 b^2 \qquad ②$$

都是椭圆的特定方程，符合

$$Ax^2 + By^2 = C$$

的形式，其中 A、B、C 的符号一致。因此，本章在梳理椭圆的方程时，若教科书中同时出现方程①和②，则只记录方程①的数量。方程

$$y^2 = Px + Rx^2 \, (R < 0) \qquad ③$$

具有圆锥曲线方程的统一形式，$R < 0$ 时表示椭圆，$R = 0$ 时表示抛物线，$R < 0$ 时表示双曲线。当坐标原点在椭圆长轴的端点时，方程③可表示为

$$y^2 = \frac{b^2}{a^2}(2ax - x^2)。$$

参数方程和极坐标方程在美英早期教科书中也占有一席之地，方程

$$r = \frac{eq}{1-e\cos\theta}$$

中 q 的几何意义是焦点到同侧准线的距离，方程

$$r = \frac{l}{1-e\cos\theta}$$

中的 l 表示半通径（semi-latus-rectum）。

以 20 年为一个时间段进行统计，图 9-5 是椭圆方程在不同时间段的分布情况。

在 1830 年至 1869 年间,方程①和方程②出现的频次不分上下。但在 1870 年至 1909 年间,方程①的数量远大于方程②。到了 1910 年之后,椭圆的方程统一为 $\dfrac{x^2}{a^2}+\dfrac{y^2}{b^2}=1$ 的标准形式。方程④仅在 1890 年至 1929 年间出现,方程⑤的数量在 1830 年至 1929 年间逐年递减并消失,但方程⑥的数量有后来居上的趋势。

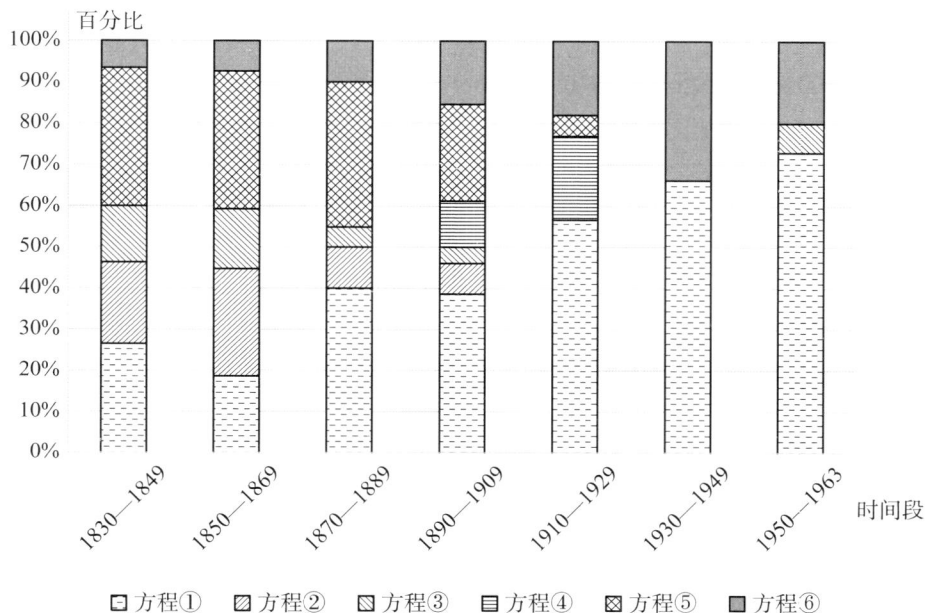

图 9‑5　椭圆方程在不同时间段的分布

9.4　椭圆方程的推导

所选取的教科书提供了多种椭圆方程的推导方法,根据不同的定义,这些方法可分为基于第一定义的推导、基于第二定义的推导和基于原始定义的推导三类。

9.4.1　基于第一定义的推导

基于第一定义的推导方法有 4 种,分别是两次平方法、洛必达法、平方差法和利用余弦定理,利用余弦定理的方法是先推导出椭圆的极坐标方程,再推导出标准方程。

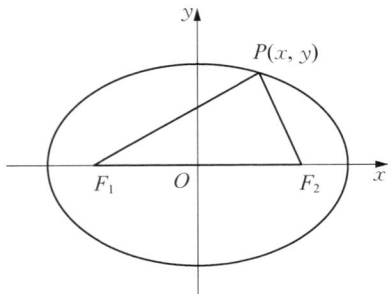

图 9 - 6　利用两次平方法推导椭圆方程

（一）　两次平方法

在 Smith，Salkover & Justice(1954)的方法中，如图 9 - 6 所示，设点 $P(x，y)$是椭圆上任意一点，焦点为 $F_1(-c，0)$ 和 $F_2(c，0)$，已知 $|PF_1|+|PF_2|=2a$，$|PF_1|=\sqrt{(x+c)^2+y^2}$，$|PF_2|=\sqrt{(x-c)^2+y^2}$，则有

$$\sqrt{(x+c)^2+y^2}+\sqrt{(x-c)^2+y^2}=2a。$$

$$\text{(1)}$$

将 $\sqrt{(x+c)^2+y^2}$ 移至等式右边，等式两边平方并化简，得

$$a\sqrt{(x+c)^2+y^2}=a^2+cx。$$

等式两边再平方并化简，得到标准方程

$$\frac{x^2}{a^2}+\frac{y^2}{b^2}=1。$$

Ziwet & Hopkins(1913)没有对方程(1)进行移项，直接两边平方，虽然计算较复杂，但也能得到标准方程。

（二）　洛必达法

Whitlock(1848)采用了 17 世纪法国数学家洛必达(G. de L'Hospital，1661—1704)的方法，即"和差术"。如图 9 - 7 所示，作 $PN \perp F_1F_2$，设 $PF_1=a+u$，$PF_2=a-u$，那么有

$$(a+u)^2=(x+c)^2+y^2，\qquad\text{(2)}$$

$$(a-u)^2=(c-x)^2+y^2。\qquad\text{(3)}$$

由 (2)+(3)，得

$$a^2+u^2=y^2+c^2+x^2。\qquad\text{(4)}$$

由 (2)-(3)，得

$$au=cx，$$

即

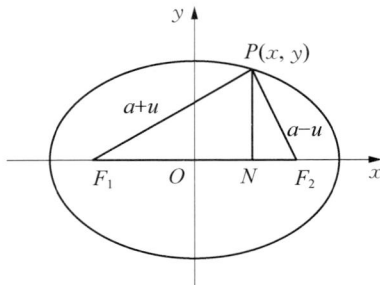

图 9 - 7　利用洛必达法推导椭圆方程

$$u = \frac{c}{a}x。 \tag{5}$$

将(5)代入(4),得

$$a^2 + \frac{c^2}{a^2}x^2 = y^2 + c^2 + x^2,$$

化简即得椭圆的标准方程。

（三） 平方差法

在 Peck(1873)的方法中,如图 9-8 所示,令 $PF_1 = r_1$, $PF_2 = r_2$,由定义可得

$$r_1 + r_2 = 2a。 \tag{6}$$

那么有

$$r_1^2 = (c + x)^2 + y^2 = c^2 + 2cx + x^2 + y^2, \tag{7}$$

$$r_2^2 = (c - x)^2 + y^2 = c^2 - 2cx + x^2 + y^2。 \tag{8}$$

由 (7) − (8),得

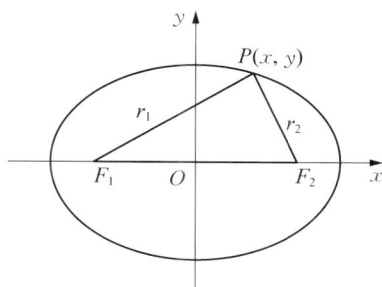

图 9-8 利用平方差法推导椭圆方程

$$r_1^2 - r_2^2 = (r_1 - r_2)(r_1 + r_2) = 4cx。$$

又因为 $r_1 + r_2 = 2a$,所以

$$r_1 - r_2 = \frac{2cx}{a}。 \tag{9}$$

由(6)和(9),得

$$r_1 = a + \frac{cx}{a}, \quad r_2 = a - \frac{cx}{a}。 \tag{10}$$

令 $a^2 - c^2 = b^2$,将(10)代入(7),整理可得椭圆的标准方程。

（四） 利用余弦定理

在 Peirce(1846)的方法中,如图 9-9 所示,设 $P(\rho, \theta)$ 是椭圆上任意一点,则 $PF_1 = \rho$,由第一定义,可得 $PF_2 = 2a - \rho$。 在 $\triangle PF_1F_2$ 中,由余弦定理可知

$$(2a - \rho)^2 = \rho^2 + 4c^2 - 2\rho \cdot 2c\cos\theta。$$

化简后方程为

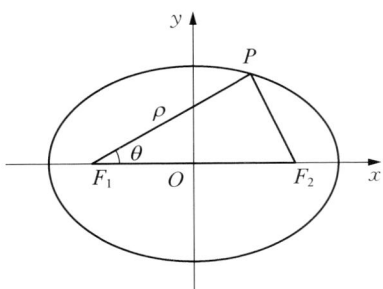

图 9‑9　利用余弦定理推导椭圆方程

$$\rho = \frac{a^2 - c^2}{a - c\cos\theta}。 \tag{11}$$

将 $c = ae$ 代入(11)并化简,即得极坐标方程

$$\rho = \frac{a(1 - e^2)}{1 - e\cos\theta}。$$

有 2 种教科书在此基础上推导出了椭圆的标准方程,设点 P 在直角坐标系中的坐标为 (x,y),焦点 $F_1(-c,0)$,则满足等式

$$\rho\cos\theta = x + c。 \tag{12}$$

将(12)代入(11)并化简,得

$$a\rho - cx = a^2, \tag{13}$$

其中

$$\rho = \sqrt{(x+c)^2 + y^2}。 \tag{14}$$

将(14)代入(13)并化简,即得标准方程。

（五）　小结

以 20 年为一个时间段进行统计,基于第一定义推导椭圆标准方程的方法随时间演变的情况如图 9‑10 所示,早期洛必达法和利用余弦定理的方法曾在教科书中出现

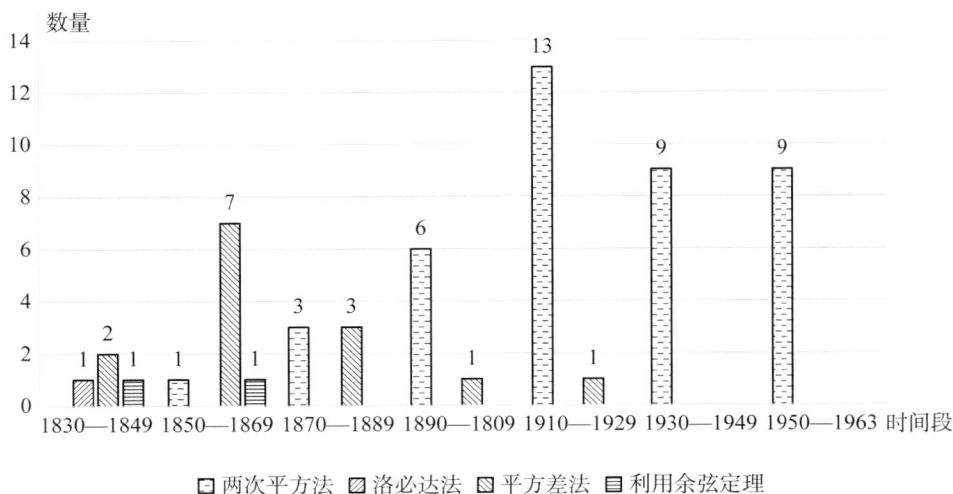

图 9‑10　基于第一定义推导标准方程的方法的演变

过,但未受到重视。19 世纪,平方差法受到教科书编者的欢迎,但到了 20 世纪,平方差法逐渐消失,两次平方方法成为主流,也许编者认为循规蹈矩的两次平方方法更适合大部分学生。

9.4.2 基于第二定义的推导

基于第二定义推导的方法有 4 种,分别是以中心为原点、以准线为纵轴、以焦点为原点和平移坐标轴法。这 4 种方法均可推导出椭圆的标准方程,其中以焦点为原点的方法也可推导出椭圆的极坐标方程。

（一） 以中心为原点

有 18 种教科书采用以中心为原点的方法进行推导。如图 9-11 所示,设椭圆上任意一点 $P(x, y)$,已知 $A(-a, 0)$,$B(a, 0)$,焦点 $F(c, 0)$,准线与 x 轴的交点 $K(k, 0)$。先推导焦点可表示为 $F(ae, 0)$,准线为 $x = \dfrac{a}{e}$,$PQ \perp$ 准线,由 $|FP| = e|QP|$ 可知

$$\sqrt{(x-ae)^2 + y^2} = e\left|x - \frac{a}{e}\right|。$$

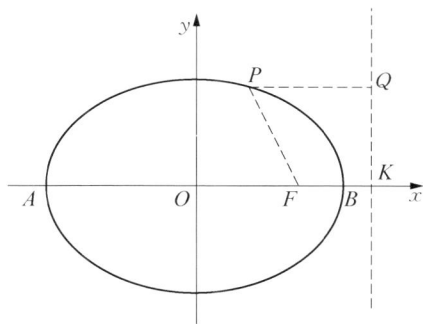

图 9-11 以中心为原点

两边平方再化简,得

$$(1-e^2)x^2 + y^2 = a^2(1-e^2),$$

即

$$\frac{x^2}{a^2} + \frac{y^2}{a^2(1-e^2)} = 1。$$

令 $b^2 = a^2(1-e^2)$,即得椭圆的标准方程。推导准线和焦点坐标的方法有如下 3 种:

方法 1:绝对值法。在 Purcell(1958)的方法中,由第二定义知 $|FP| = e|PQ|$,当点 P 与点 A 重合时,有 $|-a-c| = e|-k-a|$,两边平方后化简,得

$$a^2 + 2ac + c^2 = e^2(a^2 + 2ak + k^2)。 \tag{15}$$

当点 P 与点 B 重合时,同理可得

$$a^2 - 2ac + c^2 = e^2(a^2 - 2ak + k^2)。 \tag{16}$$

由（15）－（16），得

$$c = e^2 k。 \tag{17}$$

由（15）＋（16），得

$$a^2 + c^2 = e^2(a^2 + k^2)。 \tag{18}$$

将(17)代入(18)并化简,得

$$c = \pm ae,$$

$$k = \pm \frac{a}{e},$$

取右侧的焦点和准线,那么 $c = ae$, $k = \frac{a}{e}$。

方法 2:向量法。在 Poor(1934)的方法中,由第二定义知 $\overrightarrow{AF} = e\overrightarrow{AK}$, $\overrightarrow{BF} = -e\overrightarrow{BK}$,则

$$c + a = e(k + a), \tag{19}$$

$$a - c = e(k - a)。 \tag{20}$$

由(19)和(20),得

$$k = \frac{a}{e}。 \tag{21}$$

将(21)代入(19),得

$$c = ae。$$

方法 3:几何法。在 Tanner & Allen(1898)的方法中,由第二定义知 $AF = eAK$, $FB = eBK$,于是有

$$AB = e(AK + BK)$$
$$= e(AB + 2BK)$$
$$= 2e(OB + BK)$$
$$= 2e \cdot OK,$$

即

$$2a = 2e \cdot OK,$$

故得

$$OK = \frac{a}{e}。$$

又

$$AF - BF = e(AK - BK) = e \cdot AB,$$

即

$$2ae = AF - BF = (AO + OF) - (OB - OF) = 2OF,$$

故得

$$OF = ae。$$

几何法用坐标表示更为简洁,在 Fine & Thompson(1909)中,等式 $AF = eAK$ 即

$$ek - ae = a - c; \tag{22}$$

方程 $FB = eBK$ 即

$$ek + ae = a + c。 \tag{23}$$

由(22)+(23),得

$$2ek = 2a,$$

即 $k = \frac{a}{e}$,代入(22),得 $c = ae$。

（二）　以准线为纵轴

有 21 种教科书采用以准线为纵轴的方法进行推导。在 Riggs(1911)的方法中,如图 9 - 12 所示,由第二定义可知 $FP = eMP(e > 0)$,以定直线为 y 轴,以定点 F 所在直线为 x 轴,设 $F(p, 0)$, $P(x, y)$,则 $PF = \sqrt{(x-p)^2 + y^2}$,那么有

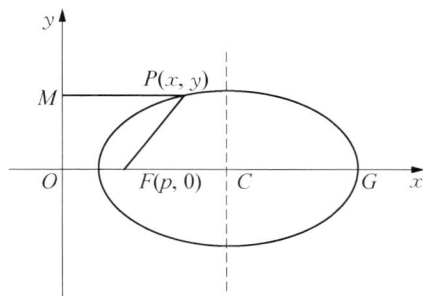

图 9 - 12　以准线为纵轴

$$\sqrt{(x-p)^2+y^2}=\pm ex。$$

两边平方并化简,得

$$(1-e^2)x^2+y^2-2px+p^2=0。$$

方程可变形为

$$\left[x-\frac{p}{1-e^2}\right]^2+\frac{y^2}{1-e^2}=\frac{p^2e^2}{(1-e^2)^2},$$

该椭圆的中心为 $C\left(\dfrac{p}{1-e^2},0\right)$,平移后再化简,即得椭圆的标准方程。

（三） 以焦点为原点

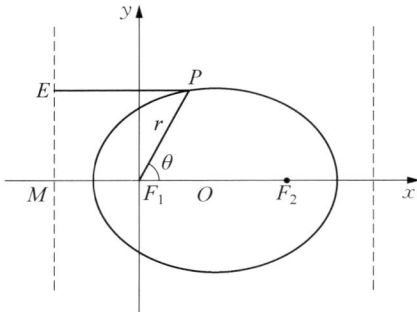

图 9 - 13　以焦点为原点

Haaser(1959)以椭圆焦点为坐标原点建立方程再化简,接着将椭圆中心平移至坐标原点,即得标准方程,过程与 9.4.2(二)中的证明类似,故不再赘述。有 22 种教科书以焦点为原点推导椭圆的极坐标方程。如图 9 - 13 所示,设 $MF_1=q$,点 $P(\rho,\theta)$ 是椭圆上的任意一点,由第二定义可知 $\dfrac{PF_1}{EP}=e$, $EP=q+\rho\cos\theta$,则

$$\rho=e(q+\rho\cos\theta),$$

即

$$\rho=\frac{eq}{1-e\cos\theta}。$$

同理,如果以右焦点为极坐标原点,则有

$$\rho=e(q-\rho\cos\theta), \tag{24}$$

即

$$\rho=\frac{eq}{1+e\cos\theta}。$$

在这 22 种教科书中,有 3 种利用极坐标方程继续推导标准方程,Ziwet & Hopkins

(1913)将 $\rho=\sqrt{x^2+y^2}$ 和 $x=\rho\cos\theta$ 代入(24),得

$$\sqrt{x^2+y^2}=e(q-x)。$$

两边平方并化简,得

$$(1-e^2)x^2+2e^2qx+y^2=e^2q^2。$$

进一步将方程转化为

$$(1-e^2)\left(x-\frac{e^2q}{1-e^2}\right)^2+2e^2q\left(x-\frac{e^2q}{1-e^2}\right)+y^2=e^2q^2,$$

平移并化简后,即得标准方程。

（四） 平移坐标轴法

有 4 种教科书采用其他坐标系建立椭圆的方程,再通过方程变换化简为标准方程。例如 Agnew(1962)的方法中,如图 9-14 所示,设椭圆上任意一点 $P(x,y)$,焦点为 $F(x_1,0)$,准线为 $x=x_1-p$,由第二定义可知 $|PF|^2=e^2|PD|^2$,得

$$(x-x_1)^2+y^2=e^2[x-(x_1-p)]^2。$$

图 9-14 平移坐标轴法

化简得

$$(1-e^2)x^2+2[e^2(x_1-p)-x_1]x+y^2=e^2(x_1-p)^2-x_1^2。 \tag{25}$$

当一次项系数为 0 时的化简结果最简洁,即令 $e^2(x_1-p)-x_1=0$,则

$$x_1=\frac{-e^2p}{1-e^2},$$

$$x_1-p=\frac{-p}{1-e^2},$$

将其代入(25)后再化简,即得标准方程。

（五） 小结

基于第二定义推导标准方程之法的区别在于选取的坐标系不同,但无论选取哪一种方法,最后都通过平移椭圆中心至原点处得到标准方程。以 20 年为一个时间段进行统计,这 4 种方法随时间演变的情况如图 9-15 所示,以中心为原点和以准线为纵

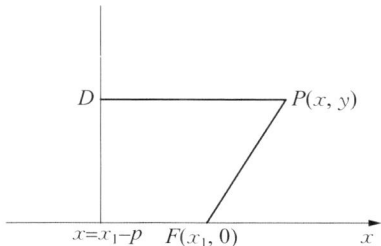

轴两种方法是最早出现的,自 1890 年起,开始采用以焦点为原点和平移坐标轴法。1901—1929 年是以中心为原点的证法出现的高峰时期,1950 年后,这 4 种证法出现的频率不相上下。

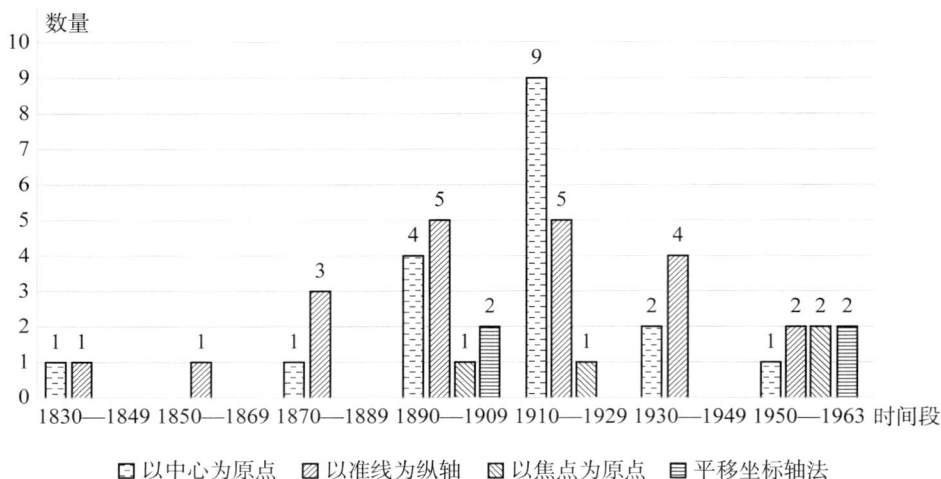

图 9 - 15　基于第二定义推导标准方程的方法的演变

9.4.3　基于原始定义的推导

本章的 9.2.2(一)中已经证明了通过旦德林双球模型能够从原始定义推导出第一定义,从而进一步推导椭圆的标准方程。下面介绍早期教科书中其他基于原始定义的推导方法,分别是阿波罗尼奥斯法、双圆法和三角法。这 3 种方法的本质都是先证明椭圆的基本性质(汪晓勤,2017),再用代数语言表达基本性质,就得到了椭圆的方程。

（一）阿波罗尼奥斯法

有 2 种教科书采用阿波罗尼奥斯的证法。在 Fehr(1951)的方法中,如图 9 - 16 所示,在斜圆锥中,平面截圆锥得到椭圆 DE,N 是椭圆上任意一点,过点 N 且平行于底面的平面交圆锥于圆 HJ,再过点 A 作 DE 的平行线,交 BC 的延长线于点 G,延长 DE,交 BG 于点 F。椭圆 DE 与圆 HJ 的交线是 MN,易证 $MN \perp DE$。由相交弦定理可知

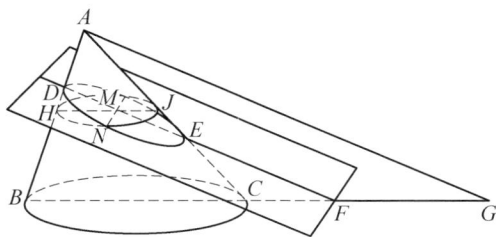

图 9 - 16　阿波罗尼奥斯法

$$MN^2 = HM \cdot MJ。 \tag{26}$$

由 $\triangle DHM \backsim \triangle ABG$，得

$$\frac{HM}{BG} = \frac{DM}{AG}。 \tag{27}$$

又因为 $\triangle MJE \backsim \triangle FCE \backsim \triangle GCA$，所以

$$\frac{MJ}{CG} = \frac{ME}{AG}。 \tag{28}$$

由（26）、（27）和（28），得

$$MN^2 = \frac{DM \cdot BG}{AG} \cdot \frac{ME \cdot CG}{AG},$$

即

$$MN^2 = DM \cdot ME \cdot \frac{BG \cdot CG}{AG^2}, \tag{29}$$

且 $\dfrac{BG \cdot CG}{AG^2}$ 是定值，这就是椭圆的基本性质。设 $k = \dfrac{BG \cdot CG}{AG^2}$，$DE = 2a$，$DM = x$，$MN = y$，则 $ME = 2a - x$，代入（29），即得椭圆的方程

$$y^2 = kx(2a - x)。$$

（二）双圆法

有 2 种教科书也利用相似三角形证明椭圆的基本性质，但构造方法与阿波罗尼奥斯法略有不同。在 Wilson & Tracey(1915)的方法中，如图 9 - 17 所示，在椭圆 MN 中，点 C 是线段 MN 的中点，点 Q 为线段 MN 上任意一点，过点 C、Q 且平行于底面的平面分别交圆锥于圆 HK 和圆 FG，圆 FG 和圆 HK 分别与椭圆 MN 交于点 P 和点 R，易证 $PQ \perp FG$，$PQ \perp MN$，$RC \perp HK$，$RC \perp MN$。由相交弦定理可知

$$PQ^2 = FQ \cdot QG,$$

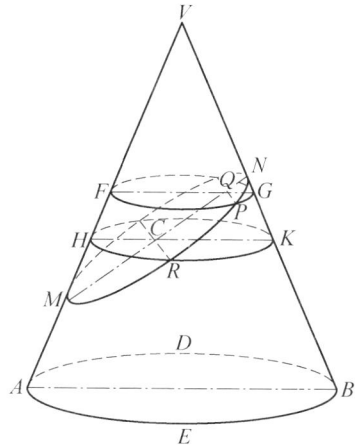

图 9 - 17 双圆法

$$RC^2 = HC \cdot CK \text{。}$$

由 $\triangle MFQ \backsim \triangle MHC$，$\triangle NQG \backsim \triangle NCK$，得

$$\frac{FQ}{HC} = \frac{MQ}{MC}, \frac{QG}{CK} = \frac{QN}{CN} \text{。}$$

故有

$$\frac{PQ^2}{RC^2} = \frac{MQ \cdot QN}{MC \cdot CN} \text{。}$$

令 $RC = b$，$MC = CN = a$，则有

$$\frac{QP^2}{b^2} = \frac{MQ \cdot QN}{a^2} \text{。} \tag{30}$$

在平面 $MRPN$ 上，令 MN 为 x 轴，C 为坐标原点。设 $QP = y$，$CQ = x$，则 $MQ = a + x$，$QN = a - x$，代入（30），化简即得椭圆的标准方程。

这种构造揭示了基本性质中的定值等于椭圆长、短轴的平方比。

（三）　三角法

有 4 种教科书借助三角函数证明椭圆的基本性质，进而推导出椭圆的方程。在 Ziwet & Hopkins（1913）的方法中，如图 9-18 所示，BVB' 是圆锥的轴截面，$\angle BVB' = 2\alpha$，过母线 BV 上的一点 A 且与 $\overrightarrow{AC}$ 夹角为 β 的平面截圆锥得到曲线 AA'，当 $\beta >$

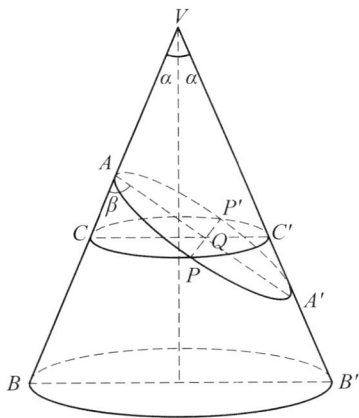

图 9-18　三角法

2α 时，曲线 AA' 为椭圆。在椭圆上取任意一点 P，平行于底面且过点 P 的平面与圆锥交于圆 CC'，作 $PP' \perp AA'$，PP' 交 AA' 于点 Q。以 AQ 作 x 轴，设 $AA' = 2a$，令 $AQ = x$，$QP = y$，下面证明

$$\frac{y^2}{x(2a-x)} = \frac{QP^2}{AQ \cdot QA'}$$

是定值。

在圆 CC' 中，由相交弦定理可知 $QP^2 = CQ \cdot QC'$，则只要证明 $\dfrac{CQ \cdot QC'}{AQ \cdot QA'}$ 是定值，在 $\triangle CQA$ 和 $\triangle A'QC'$ 中，由正弦定理，得

$$\frac{CQ}{AQ} = \frac{\sin\beta}{\sin\left(\frac{1}{2}\pi - \alpha\right)},$$

$$\frac{QC'}{QA'} = \frac{\sin(\beta - 2\alpha)}{\sin\left(\frac{1}{2}\pi + \alpha\right)},$$

故

$$\frac{QP^2}{AQ \cdot QA'} = \frac{CQ \cdot QC'}{AQ \cdot QA'} = \frac{\sin\beta\sin(\beta - 2\alpha)}{\cos^2\alpha}$$

为定值。令该定值为 k^2，则方程变为

$$y^2 = k^2 x(2a - x),$$

即

$$\frac{(x - a)^2}{a^2} + \frac{y^2}{(ka)^2} = 1。$$

此时椭圆中心的坐标为 $(a，0)$。

9.5 结论与启示

86 种美英早期解析几何教科书中有 4 种定义，包括第一定义、第二定义、原始定义和压缩变换定义。与现行教科书不同的是，第一定义和第二定义一直是早期教科书中的主流定义。在基于第一定义推导标准方程的方法中，洛必达法、平方差法和利用余弦定理的方法逐渐消失在历史的长河里，而两次平方法深受教科书编者的青睐，这与现行教科书的情况一致。早期教科书中的椭圆定义和方程及其演变对今天的教学有所启示。

在学习椭圆之前，学生对生活中的椭圆已有一定的认识，如篮球在平行光照射下的投影是椭圆，这种认识基于三维空间，与椭圆源自平面截圆锥（原始定义）有共性。但现行教科书通过"两钉一线"引入二维的椭圆（第一定义），这对学生来说是比较突兀的。在早期教科书中，我们看到原始定义和第一定义、第二定义有着密切的联系，教师可以借助旦德林双球模型或单球模型呈现知识形成和发展的过程，帮助学生了解圆锥

曲线的来源和把握椭圆定义的本质,构建知识之谐,实现能力之助。

椭圆的第一定义和第二定义在早期教科书中的地位不分上下,并且这两种定义可相互证明。一方面,第二定义往往以圆锥曲线定义的一种情况出现;另一方面,方程 $y^2 = Px + Rx^2$ 也体现了圆锥曲线的统一性。由此可见,早期教科书注重呈现椭圆、双曲线和抛物线的共性,教师可以依据圆锥曲线的共性设计单元教学。

在早期教科书中,椭圆方程的推导方法百花齐放。值得注意的是,基于第二定义的推导方法虽然有四种,但其差别在于一开始选择的坐标系不同,最终都通过平移得到了最简形式的标准方程。由此我们可以发现,数学是具有简洁美的。现行教科书都是基于第一定义推导方程,尽管书中只提供了两次平方法,但课堂教学并不受限,教师可以适当留白以增加学生的学习机会,鼓励学生自行探索推导方法,获得探究之乐,领略方法之美。

椭圆定义和方程的发展是一个非常漫长的过程,教师应当引导学生了解数学家的贡献,跨越时空与数学家对话,使数学文化能够"润课堂细无声",实现德育之效。

参考文献

汪晓勤(2017). 椭圆第一定义是如何诞生的?. 中学数学月刊,40(06):28 - 31.

Agnew, R. P. (1962) *Calculus: Analytic Geometry and Calculus with Vectors*. New York: McGraw-Hill Book Company.

Candy, A. L. (1904). *The Elements of Plane and Solid Analytic Geometry*. Boston: D. C. Heath & Company.

Fehr, H. F. (1951). *Secondary Mathematics: a Functional Approach for Teachers*. Boston: D. C. Heath & Company.

Fine, H. B. & Thompson, H. D. (1909). *Coordinate Geometry*. New York: The Macmillan Company.

Haaser, N. B. (1959). *A Course in Mathematical Analysis*. Boston: Ginn & Company.

Hart, W. L. (1957). *Analytic Geometry and Calculus*. Boston: D. C. Heath & Company.

Howison, G. H. (1869). *A Treatise on Analytic Geometry*. Cincinnati: Wilson, Hinkle & Company.

Kaltenborn, H. S. (1951). *Meaningful Mathematics: a Survey Course for College Student*. New York: Prentice-Hall.

Lambert, P. A. (1897). *Analytic Geometry for Technical Schools and Colleges*. New York:

The Macmillan Company.

Loomis, E. (1851). *Elements of Analytical Geometry and of the Differential and Integral Calculus*. New York: Harper & Brothers.

Nichols, E. W. (1892). *Analytic Geometry for Colleges, Universities and Technical Schools*. Boston: Leach, Shewell & Sanborn.

Peck, W. G. (1873). *A Treatise on Analytical Geometry*. New York: A. S. Barnes & Company.

Peirce, B. (1846). *An Elementary Treatise on Curves, Functions and Forces*. Boston: J. Munroe & Company.

Phillips, H. B. (1915). *Analytic Geometry*. New York: John Wiley & Sons.

Phillips, H. B. (1942). *Analytical Geometry and Calculus*. Cambridge: Addison-Wesley Press.

Poor, V. C. (1934). *Analytical Geometry*. New York: John Wiley & Sons.

Purcell, E. J. (1958). *Analytic Geometry*. New York: Appleton-Century-Crofts.

Riggs, N. C. (1911). *Analytic Geometry*. New York: The Macmillan Company.

Smith, E. S., Salkover, M. & Justice, H. K. (1954). *Analytic Geometry*. New York: John Wiley & Sons.

Tanner, J. H. & Allen, J. (1898). *An Elementary Course in Analytic Geometry*. New York: American Book Company.

Whitlock, G. C. (1848). *Elements of Geometry, Theoretical and Practical*. New York: Pratt, Woodford & Company.

Wilson, W. A. & Tracey, J. I. (1915). *Analytic Geometry*. Boston: D. C. Heath & Company.

Ziwet, A. & Hopkins, L. A. (1913). *Analytic Geometry and Principles of Algebra*. New York: The Macmillan Company.

10 双曲线的定义与方程

秦语真[*]   汪晓勤[**]

10.1 引 言

近年来,随着 HPM 课例研究的不断开展和一系列课例的陆续发表,越来越多的数学教师开始关注 HPM 视角下的数学教学,但数学史材料的缺乏始终是新课例开发的障碍。圆锥曲线的历史与教学早在十年前就已受到关注(邹佳晨,2010),椭圆定义的教学案例相继诞生(汪晓勤等,2011;陈锋等,2012),相应地,对椭圆方程的历史也有研究(汪晓勤,2013)。之后,也有人对双曲线的历史与教学做过研究(程琛,2014),但很少涉及西方早期教科书。此外,HPM 视角下的双曲线教学案例也有待进一步开发。

国内现行高中数学教科书大多采用双曲线的第一定义。人教 A 版和沪教版教科书都采用"拉链法"引入第一定义,人教 B 版教科书用两组同心圆来模拟双曲线的第一定义。人教 A 版和沪教版教科书都采用"二次平方法"推导双曲线方程;人教 B 版教科书则采用"分母有理化"的推导方法。人教 A 版和人教 B 版教科书在习题中设置了"求炮弹爆炸点轨迹方程"问题,三种版本教科书的习题中均含有"求冷却塔或通风塔外形中的双曲线方程"问题。各版本教科书几乎都未涉及数学史。已有的教学设计中,除了个别教师采用了"和差术"外,很少见到数学史元素。然而,历史是一座宝藏,翻开历史的画卷,双曲线方程的推导方法精彩纷呈,挖掘、总结和提炼这些方法,可为今日教学提供有用的素材和思想养料。

为此,本章针对双曲线的定义与方程,对美英早期解析几何教科书进行考察,试图

＊ 华东师范大学数学科学学院博士研究生。

＊＊ 华东师范大学数学科学学院教授、博士生导师。

126

回答以下问题:关于双曲线,美英早期解析几何教科书中给出了哪些定义?采用了哪些推导方程的方法?双曲线方程的历史对今日教学有何启示?

10.2 教科书的选取

本章选取 1830—1969 年间出版的 93 种美英解析几何教科书或含有解析几何内容的数学教科书,对其中双曲线的引入方式、定义、方程推导方法进行考察。这 93 种教科书中,83 种出版于美国,10 种出版于英国,这些教科书的出版时间分布情况如图 10-1 所示。

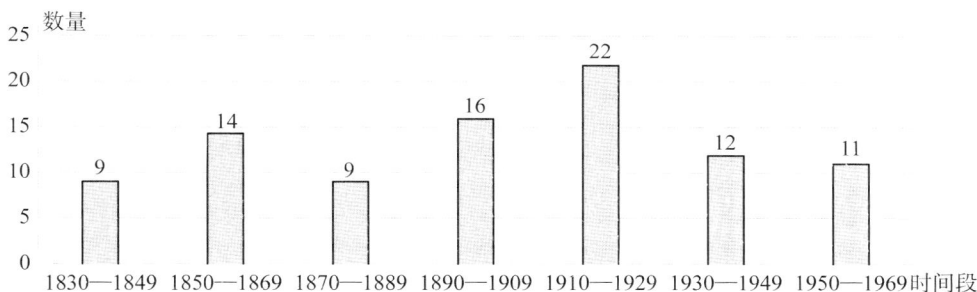

图 10-1　93 种美英早期解析几何教科书的出版时间分布

在所考察的教科书中,双曲线的定义与方程所在章大致可以分为"圆锥曲线""双曲线""解析几何""轨迹方程""椭圆与双曲线"和"二次方程"6 章,具体分布见表 10-1。

表 10-1　双曲线的定义与方程在 93 种教科书中的章分布

所在章	圆锥曲线	双曲线	解析几何	轨迹方程	椭圆与双曲线	二次方程
教科书数量	34	35	6	4	8	6

10.3 双曲线的定义

93 种教科书中,有 11 种采用了类比椭圆的方法引入双曲线;有 3 种通过追溯历史引入双曲线:从梅奈克缪斯发现圆锥曲线,到阿波罗尼奥斯系统研究圆锥曲线并撰写专著,古希腊数学家在圆锥曲线的研究上相继作出了重要贡献。其他教科书都采用直接引入的方式。

93 种教科书中,共出现双曲线的 3 种定义:

第一种是原始定义,即"平面截一圆锥面,当截面与圆锥面的母线不平行也不通过圆锥面顶点,且与圆锥面的两个圆锥都相交时,交线称为双曲线";

第二种是第一定义,即"平面内,到两个定点的距离之差的绝对值为常数(小于这两个定点间的距离)的点的轨迹称为双曲线";

第三种是第二定义,即"平面内,到给定一点及一定直线的距离之比为常数 $e(e >1)$ 的点的轨迹称为双曲线"。

3 种定义共出现 145 次,其中有 27 种教科书只给出 1 种定义,38 种教科书给出 2 种定义,21 种教科书给出 3 种定义。图 10 - 2 给出了不同时间段教科书中各种定义的分布情况。由图可见,3 种定义出现在各个时期的教科书中,第一定义和今天一样最受青睐;而原始定义也受到部分教科书的关注,这与今天迥然不同。

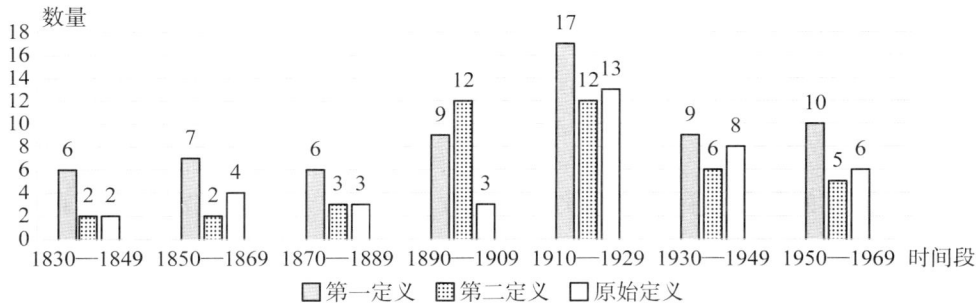

图 10 - 2　不同时间段教科书中 3 种定义的分布

10.4　双曲线方程的推导

10.4.1　基于第一定义的推导

(一) 两次平方法

在采用第一定义的教科书中,有 37 种采用了两次平方法。Newcomb(1884)的方法如图 10 - 3 所示,实轴 $|AB| = 2a$,焦距 $|F_1F_2| = 2c$,$P(x,y)$ 是双曲线上任意一点。由 $|PF_1 - PF_2| = 2a$ 以及两点之间的距离公式,得

$$\sqrt{(x+c)^2+y^2}-\sqrt{(x-c)^2+y^2}=\pm 2a \text{。}$$

通过移项、两次平方，即得双曲线方程。

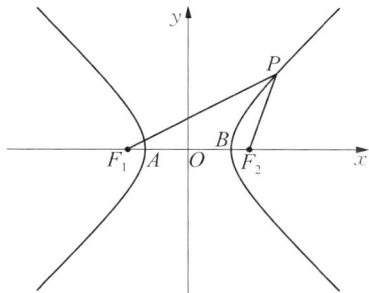

图 10-3　基于第一定义的双曲线方程的推导

（二）　洛必达法

Whitlock(1848)采用了洛必达的方法。由第一定义，可得 $|PF_1|-|PF_2|=2a$，故设

$$|PF_1|=u+a \text{，} |PF_2|=u-a \text{，} \tag{1}$$

其中 u 为待定参数。根据两点间的距离公式，可得

$$|PF_1|^2=(u+a)^2=(x+c)^2+y^2 \text{，} \tag{2}$$

$$|PF_2|^2=(u-a)^2=(x-c)^2+y^2 \text{。} \tag{3}$$

由(2)-(3)，得 $au=cx$，故得

$$u=\frac{cx}{a} \text{。} \tag{4}$$

由(2)+(3)，得

$$a^2+u^2=y^2+c^2+x^2 \text{。} \tag{5}$$

将(4)代入(5)，并令 $c^2-a^2=b^2$，得

$$a^2y^2-b^2x^2=-a^2b^2 \text{。} \tag{6}$$

（三） 平方差法

洛必达法引入参数 u，具有较强的技巧性，不易被初学者所理解。Young(1830)采用了更简洁的平方差法。因为

$$|PF_1| - |PF_2| = 2a，\qquad (7)$$

$$|PF_1|^2 = (x+c)^2 + y^2，\qquad (8)$$

$$|PF_2|^2 = (x-c)^2 + y^2，\qquad (9)$$

所以,由（8）-（9）,得

$$|PF_1|^2 - |PF_2|^2 = (|PF_1| + |PF_2|)(|PF_1| - |PF_2|) = 4cx。\qquad (10)$$

再由(7),得

$$|PF_1| + |PF_2| = \frac{2cx}{a}。\qquad (11)$$

联立(7)和(11),得

$$|PF_1| = \frac{cx}{a} + a，\quad |PF_2| = \frac{cx}{a} - a，\qquad (12)$$

即双曲线的焦半径公式。将(12)代入(8),得

$$\frac{x^2}{a^2} - \frac{y^2}{b^2} = 1。\qquad (13)$$

共有 14 种教科书采用了平方差法,相较于两次平方法,其计算的复杂性大大降低;相较于洛必达法,其运算技巧性没有那么强,较有利于初学者理解及计算。

（四） 利用余弦定理

有 2 种教科书利用余弦定理来推导双曲线方程,体现了知识的综合性。Peirce(1846)的推导方法如下:

如图 10-3 所示,设 $\angle PF_1F_2 = \varphi$，$|PF_1| = r$,则由余弦定理,得

$$|PF_2|^2 = r^2 + 4c^2 - 4cr\cos\varphi。\qquad (14)$$

再由第一定义,得

$$|PF_1| - |PF_2| = r - \sqrt{r^2 + 4c^2 - 4cr\cos\varphi} = 2a，\qquad (15)$$

故得

$$\sqrt{r^2 + 4c^2 - 4cr\cos\varphi} = r - 2a \text{。} \tag{16}$$

又因

$$r\cos\varphi = c + x， \tag{17}$$

联立(16)和(17)，利用两点之间距离公式，可得(13)。

（五）　小结

图 10 - 4 呈现了上述 4 种方法在不同时期的分布情况。从图中可见，在 19 世纪的教科书中出现了 4 种推导方法，而 20 世纪的教科书普遍采用"两次平方法"，方法的多元性不复存在。

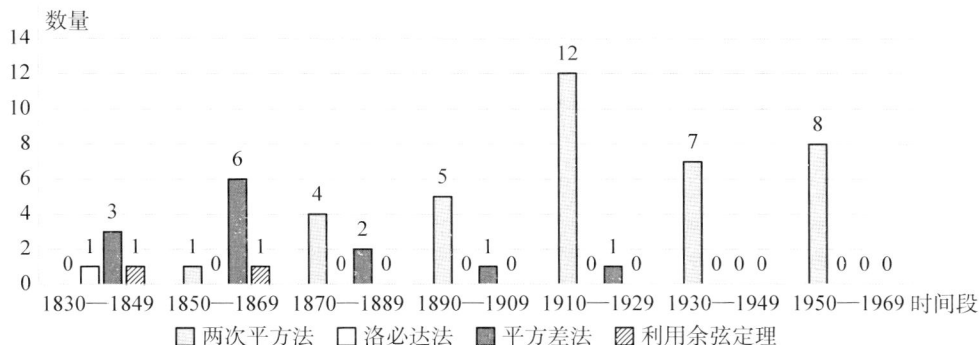

图 10 - 4　基于第一定义的双曲线方程推导方法在不同时期的分布

10.4.2　基于第二定义的推导

（一）　以准线为纵轴

在采用第二定义的教科书中，有 15 种以准线为纵轴来推导双曲线方程。Johnson(1869)的方法如下：如图 10 - 5 所示，CN 为准线，以 CN 为纵轴，点 $P(x，y)$ 是双曲线上任意一点，令 $|CF_2| = 2p$，由第二定义，可得

$$y^2 + (x - 2p)^2 = e^2 x^2 \text{。} \tag{18}$$

又因为

$$OC = \frac{1}{2}(CA - CB) = a = -\frac{2pe}{1 - e^2}， \tag{19}$$

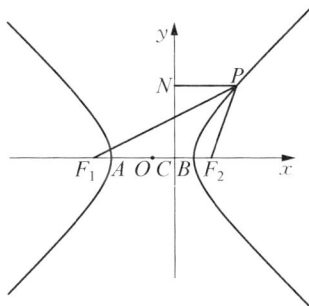

图 10 - 5　以准线为纵轴的双曲线方程的推导

$$OA = \frac{1}{2}(CA + CB) = \frac{2p}{1-e^2} = -\frac{a}{e}, \tag{20}$$

令 $y = y'$，$x = x' - \frac{a}{e}$，所以可得

$$y'^2 + \left[x' - \frac{a}{e} + \frac{a}{e}(1-e^2)\right]^2 = e^2\left(x' - \frac{a}{e}\right)^2。 \tag{21}$$

化简，并令 $a^2(e^2-1) = b^2$，即得标准方程。

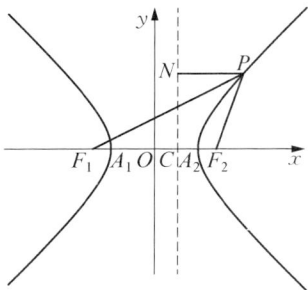

图 10 - 6　以中心为原点的双曲线方程的推导

（二）以中心为原点

有 13 种教科书以中心为原点建立直角坐标系来推导双曲线方程。与前两种方法相比，此方法技巧性略强，但过程简单，计算量也大大减少（Fine & Thompson，1909，pp. 100 - 105）。如图 10 - 6 所示，由第二定义，可得 $|A_2 F_2| = e|A_2 C|$，$|A_1 F_2| = e|A_1 C|$，故得 $|OF_2| = ae$，$|OC| = \frac{a}{e}$。设 $P(x, y)$ 是双曲线上任意一点，由 $|PF_2| = e|PN|$，得

$$\sqrt{(x-ae)^2 + y^2} = e\left|x - \frac{a}{e}\right|。$$

两边平方，并令 $a^2(e^2-1) = b^2$，即得(13)。

（三）平移坐标轴

有 1 种教科书根据第二定义推出双曲线的极坐标方程，再从极坐标方程入手，通过平移坐标轴来推导双曲线的标准方程。Smith & Gale（1904）将极坐标方程 $\rho = \frac{ep}{1-e\cos\theta}$ 化成直角坐标方程，得

$$(1-e^2)x^2 + y^2 - 2e^2 px - e^2 p^2 = 0。 \tag{22}$$

令 $x = x' + h$，$y = y' + k$，得

$$(1-e^2)x'^2 + y'^2 - x'[2(1-e^2)h - 2e^2 p] + 2ky' + k^2 + (1-e^2)h^2 - 2e^2 ph - e^2 p^2 = 0。 \tag{23}$$

令一次项系数为 0，得

$$k=0, 2(1-e^2)h-2e^2p=0。 \tag{24}$$

将 $k=0$，$h=\dfrac{e^2p}{1-e^2}$，代入(23)，得

$$(1-e^2)x'^2+y'^2-\frac{e^2p^2}{1-e^2}=0。 \tag{25}$$

令 $a^2=\dfrac{e^2p^2}{(1-e^2)^2}$，$b^2=-\dfrac{e^2p^2}{1-e^2}$，代入(25)，即得标准方程。

（四）小结

图 10-7 呈现了上述 3 种方法在不同时期的分布情况。从图中可见，19 世纪教科书倾向于以准线为纵轴建立坐标系，到了 20 世纪，教科书更倾向于以中心为原点建立坐标系。

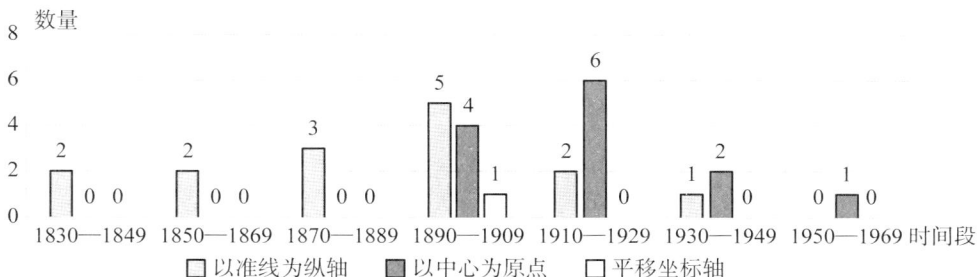

图 10-7 基于第二定义的双曲线方程的推导方法在不同时期的分布

10.4.3 基于原始定义的推导

（一）旦德林双球模型

有 2 种教科书采用了旦德林双球模型。Fehr (1951)认为，将立体几何与圆锥曲线结合起来，有助于巩固立体几何知识。Smith，Salkover & Justice(1954)的推导方法如下：如图 10-8 所示，一对对顶圆锥中各有一球与圆锥内表面相切，现用一不平行于母线且不经过顶点的平面去截圆锥，且平面与两球分别相切于点 F 和 F'，则截线为双曲线。直线 PT 分别与两球面相切于点 R 和点 T，则有 $PF=PR$，$PF'=PT$，$PF'-PF=PT-PR=RT$，RT 为 R、T 所在圆面之间的母线长，

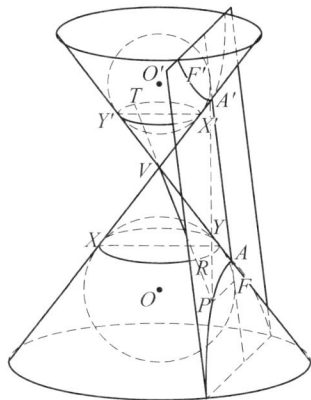

图 10-8 利用旦德林双球模型的推导

是定值。因此,双曲线上任意一点到两个定点的距离之差为常值。根据这一性质,用解析方法可推导出双曲线的方程。

（二） 阿波罗尼奥斯法

为了便于读者理解,将阿波罗尼奥斯的斜圆锥改成特殊的正圆锥,并将阿波罗尼奥斯方法和三角法统一起来,采用同一幅图。

有 2 种教科书采用了阿波罗尼奥斯的方法。如图 10-9 所示,圆锥 VAB 被不经过顶点 V 的平面所截,截线为一条双曲线。D 和 E 为双曲线的顶点,O 为双曲线的中心,平面与圆锥的对称轴交于点 C。设 P 为双曲线上任意一点,过点 P 作底面的平行平面,截圆锥得圆,分别交母线 VA 和 VB 于点 M、N。过点 P 作双曲线的对称轴 DE 的垂线,垂足为 Q,易知 $PQ \perp MN$,故知 $PQ^2 = MQ \cdot QN$。又因为 $\triangle EMQ \backsim \triangle EAC$,$\triangle DQN \backsim \triangle DCB$,所以 $\dfrac{MQ}{AC} = \dfrac{EQ}{EC}$,$\dfrac{QN}{CB} = \dfrac{DQ}{DC}$。 于是

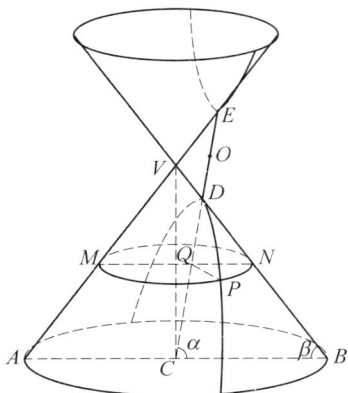

图 10-9 阿波罗尼奥斯法

$$PQ^2 = \frac{AC \cdot CB}{EC \cdot DC} \cdot EQ \cdot DQ = \left(\frac{AC^2}{EC \cdot DC} \right) \cdot EQ \cdot DQ。 \tag{26}$$

令 $DE = 2a$，$OQ = x$，$PQ = y$，$\dfrac{AC^2}{EC \times DC} = k$，则得双曲线的方程 $y^2 = k(x^2 - a^2)$。

（三） 三角法

有 4 种教科书利用了空间解析几何知识。Biot & Smith(1840)借助三角函数来推导双曲线的方程,为便于理解,我们对其加以改进。如图 10-9 所示,设圆锥的母线与底面所成角为 β,平面与底面构成的二面角大小为 $\alpha(\alpha > \beta)$,$VC = h$,则 $AC = h\cot\beta$。在 $\triangle EAC$ 和 $\triangle DCB$ 中,分别利用正弦定理,得

$$EC = \frac{h\cos\beta}{\sin(\alpha - \beta)},$$

$$DC = \frac{h\cos\beta}{\sin(\alpha + \beta)}。$$

于是

$$DE = \frac{2h\cos\alpha\cos\beta\sin\beta}{\sin(\alpha+\beta)\sin(\alpha-\beta)}。$$

将 $EQ = x + \dfrac{1}{2}DE$，$DQ = x - \dfrac{1}{2}DE$ 代入(26)，整理得

$$x^2\sin^2(\alpha+\beta)\sin^2(\alpha-\beta) - y^2\sin^2\beta\sin(\alpha+\beta)\sin(\alpha-\beta) = h^2\cos^2\alpha\cos^2\beta\sin^2\beta。$$

令

$$a^2 = \frac{h^2\cos^2\alpha\cos^2\beta\sin^2\beta}{\sin^2(\alpha+\beta)\sin^2(\alpha-\beta)},$$

$$b^2 = \frac{h^2\cos^2\alpha\cos^2\beta}{\sin(\alpha+\beta)\sin(\alpha-\beta)},$$

即得标准方程(13)。

（四）　基于几何性质法

由(26)可知，$\dfrac{PQ^2}{EQ \cdot DQ}$ 为常值，Coffin(1848)先利用几何方法得到该常值为 $\dfrac{b^2}{a^2}$，然后推导出双曲线方程。

如图 10-10 所示，GF 为过焦点的垂线，过点 G 作双曲线的切线，过顶点 A、B 作 x 轴的垂线，分别交切线于点 L、I。由双曲线的几何性质，得 $AL = AF$，$BI = BF$，连结 FI 和 FL，并延长 FL，交 IB 的延长线于点 K。因为 $\triangle ILM \backsim \triangle IGF$，$\triangle LGF \backsim \triangle LIK$，所以 $\dfrac{GF}{LM} = \dfrac{IG}{IL} = \dfrac{FB}{AB}$，$\dfrac{GF}{IK} = \dfrac{LG}{IL} = \dfrac{AF}{AB}$。又因为 $LM = 2AL = 2AF$，$IK = 2BI = 2BF$，所以

$$\frac{GF^2}{4AF \cdot FB} = \frac{AF \cdot FB}{AB^2}。$$

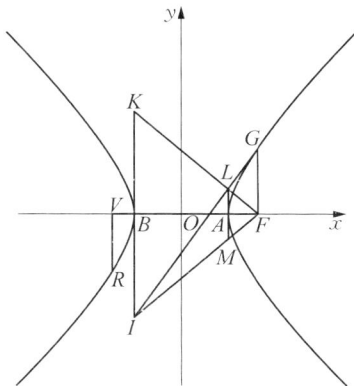

图 10-10　双曲线的几何性质

又由(26)可知

$$\frac{RV^2}{BV \cdot AV} = \frac{GF^2}{AF \cdot FB}。$$

于是得

$$\frac{RV^2}{BV \cdot AV} = \frac{4AF \cdot FB}{AB^2}。$$

令 $AB = 2a$，$OF = c$，点 R 的坐标为 $(x，y)$，则得

$$\frac{y^2}{x^2 - a^2} = \frac{c^2 - a^2}{a^2}。$$

再令 $c^2 = a^2 + b^2$，得

$$a^2 y^2 - b^2 x^2 + a^2 b^2 = 0。$$

10.5　若干启示

美英早期解析几何教科书为今日双曲线的教学提供了丰富的教学素材和教学启示。

（1）彰显方法之美。从第一定义中的"两次平方法""洛必达法""平方差法""利用余弦定理"，到原始定义的"旦德林双球模型""阿波罗尼奥斯法""三角法"，双曲线方程的推导方法精彩纷呈，每种方法都彰显古人思考之妙，让学生感受推导方法之美。

（2）实现能力之助。圆锥曲线最初是由梅奈克缪斯切三种不同圆锥而得到的。从历史入手，探究立体几何中双曲线的性质，有助于培养学生的直观想象和逻辑推理素养。

（3）达成德育之效。从公元前 4 世纪开始，数学家就致力于揭示圆锥曲线的奥秘，推导方法逐渐由繁琐变得简单，每一步的改变都是数学家智慧的结晶，追溯数学家早期的推导之旅，可以让学生看到数学家对于真善美的不懈追求，体会数学背后的理性精神，树立动态的数学观，达成德育之效。

参考文献

陈锋，王芳(2012).基于旦德林双球模型的椭圆定义教学.数学教学，(04)：5 - 8＋40.

程琛(2014).双曲线的发生教学研究.武汉：华中师范大学.

汪晓勤，王苗，邹佳晨(2011).HPM 视角下的数学教学设计：以椭圆为例.数学教育学报，20(05)：20 - 23.

汪晓勤(2013).椭圆方程之旅.数学通报，52(04)：52 - 56.

邹佳晨(2010).椭圆的历史与教学.上海:华东师范大学.

Biot, J. B. & Smith, F. H. (1840). *An Elementary Treatise on Analytical Geometry*. New York: Wiley & Putnam.

Coffin, J. H. (1848). *Elements of Conic Sections and Analytical Geometry*. New York: Collins & Brother.

Fehr, H. F. (1951). *Secondary Mathematics; a Functional Approach for Teachers*. Boston: D.C. Heath & Company.

Fine, H. B. & Thompson, H. D. (1909). *Coordinate Geometry*. New York: The Macmillan Company.

Johnson, W. S. (1869). *An Elementary Treatise on Analytical Geometry*. Philadelphia: J. B. Lippincott & Company.

Newcomb, S. (1884). *Elements of Analytic Geometry*. New York: Henry Holt & Company.

Peirce, B. (1846). *An Elementary Treatise on Curves, Functions and Forces*. Boston: J. Munroe.

Smith, E. S., Salkover, M. & Justice, H. K. (1954). *Analytic Geometry*. New York: John Wiley & Sons.

Smith, P. F. & Gale, A. S. (1904). *The Elements of Analytic Geometry*. Boston: Ginn & Company.

Whitlock, G. C. (1848). *Elements of Geometry, Theoretical and Practical*. New York: Pratt, Woodford.

Young, J. R. (1830). *The Elements of Analytical Geometry*. London: John Suter.

11 双曲线的渐近线

刘梦哲*

11.1 引　言

　　著名数学家和数学史家 M·克莱因(M. Kline，1908—1992)曾指出:"每一位中学和大学数学教师都应该知道数学史,其中有许多理由,但最重要的一条理由或许是:数学史是教学的指南。"(汪晓勤,欧阳跃,2003)数学史告诉我们,任何数学概念、公式、定理、思想都不是从天上掉下来的,都有其自然发生、发展的过程(汪晓勤,沈中宇,2020,p. 20)。以史为鉴,方能使今日数学概念的产生显得水到渠成、数学定理的证明显得自然流畅、数学课堂充满文化底蕴。

　　渐近线是双曲线教学的重点和难点,它可以控制双曲线的范围和发展趋势,从而在作图时确定图像的区域。回溯历史,早在古希腊时期,阿波罗尼奥斯在《圆锥曲线论》卷Ⅱ中研究了双曲线的渐近线问题(M·克莱因,1979，pp. 107 - 108)。其中的命题 1 给出了双曲线渐近线的作法和证明,命题 3 则阐述了双曲线渐近线定义的充要条件,并用几何方式进行了证明。

　　《普通高中数学课程标准(2017 年版 2020 年修订)》要求学生了解双曲线的定义、几何图形和标准方程,以及它们的简单几何性质。现行人教版和沪教版高中数学教科书让学生去了解双曲线的简单几何性质,包括其范围、对称性、顶点、渐近线和离心率。其中,人教版教科书直接给出双曲线的渐近线方程,并通过点到直线的距离来证明其合理性。沪教版教科书是用说理方式给出双曲线的渐近线方程,并证明当双曲线上一点的横坐标趋于无穷时,直线上具有相同横坐标的点与该点之间的距离趋于无穷小。

---

*　华东师范大学数学科学学院博士研究生。

翻开历史画卷,19—20 世纪美英解析几何教科书呈现了关于双曲线渐近线的定义、推导及合理性的不同证明,但迄今人们对此知之甚少。鉴于此,本章对早期美英解析几何教科书中双曲线渐近线的相关内容进行考察,试图回答以下问题:教科书是如何定义一般曲线或双曲线的渐近线的? 如何推导双曲线的渐近线方程? 所推导的双曲线的渐近线方程是否具有合理性?

11.2　教科书的选取

本章选取 1826—1965 年间出版的 73 种美英解析几何教科书作为研究对象,以 20 年为一个时间段进行统计,这些教科书的出版时间分布情况如图 11-1 所示。

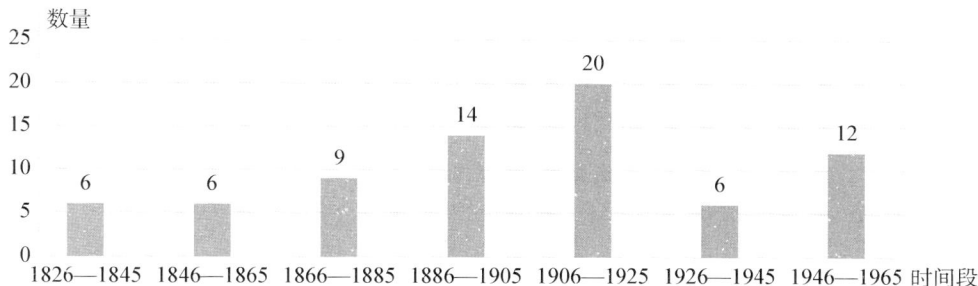

图 11-1　73 种早期解析几何教科书的出版时间分布

双曲线渐近线的定义、证明方式及其合理性主要位于"双曲线""圆锥曲线""渐近线""椭圆和双曲线"等章,这部分内容大多归于"双曲线"一章。双曲线的渐近线作为与双曲线有特殊位置关系的直线,其中蕴含着诸多不同的性质,部分教科书利用"双曲线的渐近线"一节介绍其方程及合理性等内容。

11.3　渐近线的定义

在 73 种解析几何教科书中,有 18 种只涉及双曲线渐近线的定义,其中轨迹定义和方程定义是主流的定义方式。表 11-1 给出了不同的定义。

表 11 - 1 双曲线的渐近线的定义

定义方法	具体描述	教科书
轨迹定义	过双曲线实轴和虚轴的两个端点分别作 x 轴和 y 轴的垂线,它们围成一个矩形,矩形的两条对角线所在的直线是双曲线的渐近线。	Biot & Smith(1840)
方程定义	直线 $y = \pm \dfrac{b}{a} x$ 是双曲线 $\dfrac{x^2}{a^2} - \dfrac{y^2}{b^2} = 1$ 的渐近线。	Peirce(1857)
交点定义	与双曲线及其共轭双曲线在无限远处相交的直径称为双曲线的渐近线。	Newcomb(1884)
交点定义	双曲线的渐近线是穿过双曲线中心的直线,其与双曲线的交点沿着双曲线向后延伸至无穷远。	Wilson & Tracey(1915)
距离定义	双曲线的渐近线是一条经过原点的直线,在双曲线上取离原点足够远的一点,可以使该点到直线距离小于任何给定的量,但不等于 0。	Hardy(1897)

为了能够更加精确地画出其他曲线的图像,有必要掌握一般曲线的渐近线的定义。有 55 种教科书给出了曲线的渐近线的定义。双曲线作为一种圆锥曲线,其渐近线也应满足曲线渐近线的定义。表 11 - 2 给出了一般曲线的渐近线的定义。

表 11 - 2 一般曲线的渐近线的定义

定义方法	具体描述	教科书
方程定义	若曲线方程可以化简为 $y = ax + b + \dfrac{c}{x} + \dfrac{d}{x^2} + \cdots$ 的形式,则 $y = ax + b$ 为曲线的渐近线。	Hamilton(1826)
方程定义	若存在 a、$b \in \mathbf{R}$,使得 $\lim\limits_{x \to +\infty} \left[f(x) - (ax + b) \right] = 0$ 或 $\lim\limits_{x \to -\infty} \left[f(x) - (ax + b) \right] = 0$,则直线 $y = ax + b$ 为曲线的渐近线。	Agnew(1962)
切线定义	曲线上无穷远点处的切线称为曲线的渐近线。与此同时,原点到切线的距离是有限的。	O'Brien(1844)
切线定义	曲线的渐近线是一条不断接近曲线的直线,并在无穷远处与曲线相切。	Peck(1873)
交点定义	曲线的渐近线是一条直线,它不断接近曲线而不与曲线相交,或在无穷远处与曲线相交。	Robinson(1860)

续　表

定义方法	具体描述	教科书
距离定义	曲线的渐近线是一条直线,当曲线上一点在离原点无穷远处时,直线与该点的距离不断减小并趋于0。	Puckle(1870)
	曲线的渐近线是不断接近曲线的直线,在离原点有限的距离内,无论直线与曲线间的距离多么小,都不会相交。	Runkle(1888)
	当曲线上一点趋于无穷远时,该点到直线的距离趋于无穷小,则称该直线为曲线的渐近线。	Bailey & Woods(1899)
极限定义	曲线在无穷远处的切线越来越接近一条固定的直线,这条直线称为曲线的渐近线。	Tanner & Allen(1898)
	一条直线过一条无穷延伸的曲线上的相邻两点,当曲线上两点趋于无穷时,这条直线趋于一个极限位置,这个极限位置称为曲线的渐近线。	Young, Fort & Morgan (1936)

图 11-2 给出了一般曲线的渐近线定义的时间分布情况。由柱状图可知,距离定义是早期教科书中采用的主流定义方法,而距离定义又包括两点间的距离和点到直线的距离这两种不同的表述方式,从折线图中可以看出,总体上随着时间的推移,采用两点间距离表述的教科书逐渐减少,而采用点到直线距离表述的教科书逐渐增多。

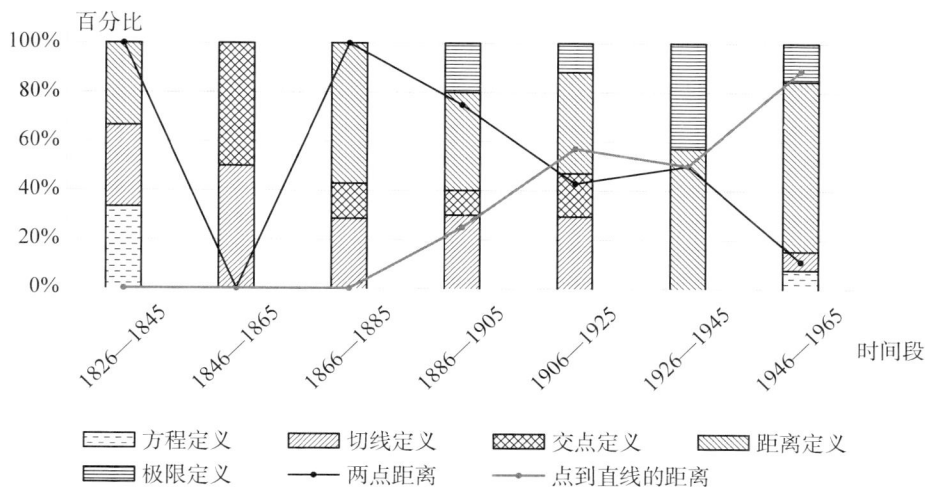

图 11-2　一般曲线的渐近线定义的时间分布

11.4 渐近线的证明

在早期教科书中,对双曲线渐近线的证明方法可以分为解析式法、二项式定理展开法、极坐标法、联立方程法和切线法五类。

11.4.1 解析式法

在 73 种早期教科书中,有 8 种采用了这一方法。给定双曲线的方程

$$\frac{x^2}{a^2} - \frac{y^2}{b^2} = 1,$$

即

$$y = \pm \frac{bx}{a} \sqrt{1 - \frac{a^2}{x^2}} \text{。}$$

当 x 趋向于无穷大时,有 $\lim\limits_{x \to \infty} \frac{a^2}{x^2} = 0$,可知双曲线无限趋向于直线 $y = \pm \frac{b}{a} x$,该直线即为双曲线的渐近线。(Hamilton,1826,pp. 106 – 108)

11.4.2 二项式定理展开法

在 73 种早期教科书中,有 2 种利用二项式定理展开得到双曲线的渐近线方程,例如,Biot & Smith(1840)采用了这一方法。双曲线方程 $\frac{x^2}{a^2} - \frac{y^2}{b^2} = 1$ 可变形为

$$y = \pm \frac{b}{a} \sqrt{x^2 - a^2} \text{。}$$

利用二项式定理展开,得

$$y = \pm \frac{b}{a} \left(x - \frac{a^2}{2x} - \frac{a^4}{8x^3} - \cdots \right) \text{。}$$

当 x 趋向于无穷大时,双曲线无限趋近于直线 $y = \pm \frac{b}{a} x$。

11.4.3 极坐标法

O'Brien(1844)假设$(r\cos\theta, r\sin\theta)$为切点坐标,代入双曲线的标准方程 $\frac{x^2}{a^2} - \frac{y^2}{b^2} =$

1 中,可得

$$\frac{\cos^2\theta}{a^2}-\frac{\sin^2\theta}{b^2}=\frac{1}{r^2}。 \tag{1}$$

当 r 趋向于无穷大时,得到

$$\frac{\cos\theta}{a}=\pm\frac{\sin\theta}{b},$$

即可得渐近线方程为

$$\frac{x}{a}\pm\frac{y}{b}=0。$$

Puckle(1856)根据(1),得

$$r^2=\frac{a^2b^2}{b^2\cos^2\theta-a^2\sin^2\theta}$$

$$=\frac{a^2b^2}{b^2-(a^2+b^2)\sin^2\theta}$$

$$=\frac{a^2b^2}{(a^2+b^2)\cos^2\theta-a^2}。$$

可知:当 $\sin^2\theta=\dfrac{b^2}{a^2+b^2}$,即 $\tan^2\theta=\dfrac{b^2}{a^2}$ 时,$r^2\to\infty$;当 $\tan^2\theta>\dfrac{b^2}{a^2}$ 时,$r^2<0$;当 $\tan^2\theta<\dfrac{b^2}{a^2}$ 时,$r^2>0$。因此,双曲线被 $y=\pm\dfrac{b}{a}x$ 所包围,于是直线 $y=\pm\dfrac{b}{a}x$ 为双曲线的渐近线。

11.4.4 联立方程法

在 73 种早期教科书中,有 17 种通过联立方程的方法来得到双曲线的渐近线。Runkle(1888)设双曲线的渐近线方程为 $y=mx+c$,与双曲线方程 $\dfrac{x^2}{a^2}-\dfrac{y^2}{b^2}=1$ 联立,得

$$(b^2-a^2m^2)x^2-2a^2mcx-a^2c^2-a^2b^2=0。$$

若要得到双曲线的渐近线方程,则上述一元二次方程的两根均趋向于无穷大,故

$$b^2-a^2m^2=0,$$

$$2a^2mc = 0。$$

因此 $m = \pm \dfrac{b}{a}$，$c = 0$，于是得双曲线的渐近线方程为 $y = \pm \dfrac{b}{a}x$。

Smyth(1855)指出，双曲线 $\dfrac{x^2}{a^2} - \dfrac{y^2}{b^2} = 1$ 的渐近线过原点，于是直接设 $y = mx$，与双曲线的方程联立，得

$$x = \pm \frac{ab}{\sqrt{b^2 - a^2m^2}},$$

$$y = \pm \frac{abm}{\sqrt{b^2 - a^2m^2}}。$$

为了使直线与双曲线的交点趋于无穷大，即曲线不与直线相交，则 $b^2 - a^2m^2 = 0$，于是得到双曲线的渐近线方程。

Loomis(1877)利用双曲线及其共轭双曲线得到其渐近线。给定双曲线方程 $\dfrac{x^2}{a^2} - \dfrac{y^2}{b^2} = 1$，则其共轭双曲线方程为 $\dfrac{x^2}{a^2} - \dfrac{y^2}{b^2} = -1$。设渐近线方程为 $y = mx$，则直线分别与双曲线及其共轭双曲线方程联立，得

$$\begin{cases} x = \pm \dfrac{ab}{\sqrt{b^2 - a^2m^2}}, \\ y = \pm \dfrac{abm}{\sqrt{b^2 - a^2m^2}}, \end{cases}$$

以及

$$\begin{cases} x = \pm \dfrac{ab}{\sqrt{a^2m^2 - b^2}}, \\ y = \pm \dfrac{abm}{\sqrt{a^2m^2 - b^2}}。 \end{cases}$$

当 $b^2 - a^2m^2 > 0$ 时，该直线与双曲线相交；$b^2 - a^2m^2 < 0$ 时，该直线与共轭双曲线相交。于是，当 $b^2 - a^2m^2 = 0$ 时，直线不与双曲线及其共轭双曲线相交，此时得到双曲线的渐近线方程。Peck(1873)则设渐近线的方程为 $y = \tan\theta \cdot x$，同样可以求得渐近线的斜率。

11.4.5 切线法

过双曲线上任意一点,可以作双曲线的切线,当切点离原点的距离趋于无穷时,所得的直线即为双曲线的渐近线。在 73 种早期教科书中,有 9 种采用了这一方法。

Newcomb(1884)设双曲线 $\dfrac{x^2}{a^2}-\dfrac{y^2}{b^2}=1$ 上一点为 $(x',\,y')$,过此点的切线方程为

$$a^2 yy' - b^2 xx' = -a^2 b^2,$$

即

$$y = \frac{b^2 x' x}{a^2 y'} - \frac{b^2}{y'}。$$

因

$$y' = \pm \frac{b}{a}\sqrt{x'^2 - a^2},$$

故

$$y = \pm \frac{b}{a} \cdot \frac{x' x}{\sqrt{x'^2 - a^2}} - \frac{b^2}{y'}$$

$$= \pm \frac{b}{a} \cdot \frac{x}{\sqrt{1 - \dfrac{a^2}{x'^2}}} - \frac{b^2}{y'}。$$

当 $x' \to \infty$ 时,$y' \to \infty$,于是

$$\lim_{x' \to \infty} \sqrt{1 - \frac{a^2}{x'^2}} = 1,$$

$$\lim_{y' \to \infty} \frac{b^2}{y'} = 0。$$

则双曲线在无穷远处的切线无限趋向于直线 $y = \pm \dfrac{b}{a}x$,该直线即为双曲线的渐近线。

11.5 渐近线的合理性

当教科书编者给出了曲线渐近线的定义及双曲线渐近线的直线方程后,就需要证

明双曲线渐近线的合理性,即是否符合定义中的要求。证明方法可以分为作差法、点到直线的距离法及坐标变换法三类。

11.5.1 作差法

在 73 种早期教科书中,有 28 种利用作差法的思想,过同一横坐标取双曲线和渐近线上两点,证明当横坐标趋于无穷大时,两点之间的距离趋于无穷小。

Hamilton(1826)过 x 轴上一点 M,作 x 轴的垂线,分别交双曲线和渐近线于点 P、Q(图 11-3)。因为 $|PM| = \dfrac{b}{a}\sqrt{x^2 - a^2}$,$|QM| = \dfrac{b}{a}x$,所以 P、Q 两点的距离为

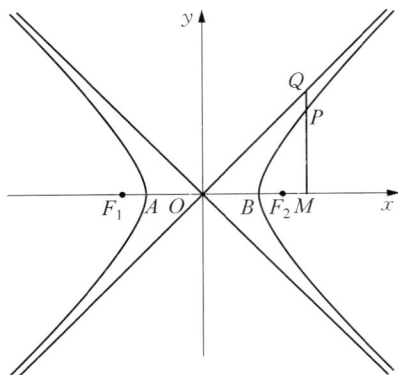

图 11-3 作差法证明双曲线
渐近线的合理性

$$|PQ| = \frac{b}{a}(x - \sqrt{x^2 - a^2})$$

$$= \frac{b}{a}\frac{a^2}{x + \sqrt{x^2 - a^2}}$$

$$= \frac{ab}{x + \sqrt{x^2 - a^2}}。$$

故当 $x \to \infty$ 时,有 $|PQ| \to 0$,所以直线 OQ 即为双曲线的渐近线。

Biot & Smith(1840)在表述方式上有所差异。分别设双曲线及其渐近线上一点为 $P(x,y)$、$Q(x,y_1)$,联立方程 $\dfrac{x^2}{a^2} - \dfrac{y^2}{b^2} = 1$ 及 $\dfrac{x^2}{a^2} - \dfrac{y_1^2}{b^2} = 0$,两边作差,得

$$y_1^2 - y^2 = b^2,$$

即

$$y_1 - y = \frac{b^2}{y_1 + y}。$$

当 $x \to \infty$ 时,有 y、$y_1 \to \infty$,同样可得 $|PQ| \to 0$。

11.5.2 点到直线的距离法

在曲线渐近线的距离定义中,还可以证明当曲线上一点趋于无穷时,该点到渐近

线的距离趋于无穷小。Bailey & Woods(1899)利用点到直线的距离公式,设点 $P(x_1, y_1)$ 为双曲线上任意一点(图 11-4)。其到直线 $y = \dfrac{b}{a}x$ 的距离为

$$|PQ| = \frac{bx_1 - ay_1}{\sqrt{a^2 + b^2}}。$$

又因 $y_1 = \dfrac{b}{a}\sqrt{x_1^2 - a^2}$,故得

$$|PQ| = \frac{b(x_1 - \sqrt{x_1^2 - a^2})}{\sqrt{a^2 + b^2}}$$

$$= \frac{ba^2}{\sqrt{a^2 + b^2}(x_1 + \sqrt{x_1^2 - a^2})}。$$

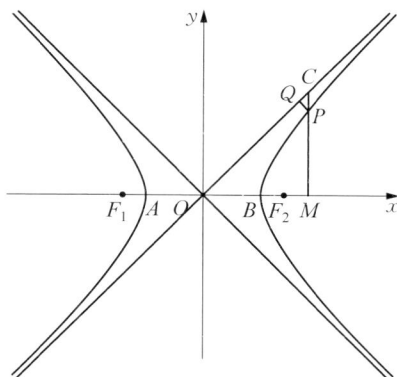

图 11-4 点到直线的距离法证明双曲线渐近线的合理性

故当 $x_1 \to \infty$ 时,有 $|PQ| \to 0$,所以 OQ 即为双曲线的渐近线。因

$$bx_1 - ay_1 = \frac{a^2 b^2}{bx_1 + ay_1},$$

故 Purcell(1958)还将 PQ 的长表示为

$$|PQ| = \frac{a^2 b^2}{\sqrt{a^2 + b^2}} \cdot \frac{1}{bx_1 + ay_1}。$$

所以当 $x_1 \to \infty$ 时,有 $y_1 \to \infty$ 且 $|PQ| \to 0$。

Hardy(1897)通过计算线段 PC 的长进行证明。因为 $\angle CPQ = \angle COB$,所以 $|PQ| = |PC|\cos\angle COB$,当 $x \to \infty$ 时,有 $|PC| \to 0$,所以 $|PQ| \to 0$。

Young,Fort & Morgan(1936)利用双曲线渐近线的一条性质,即双曲线上一点到双曲线两条渐近线的距离的乘积为定值,进行证明。记双曲线 $\dfrac{x^2}{a^2} - \dfrac{y^2}{b^2} = 1$ 上任意一点到两条渐近线的距离为 d_1、d_2,因

$$d_1 d_2 = \frac{a^2 b^2}{a^2 + b^2},$$

故

$$d_1 = \frac{a^2 b^2}{d_2(a^2+b^2)}。$$

当 $x \to \infty$ 时,不妨设 $d_2 \to \infty$,于是有 $d_1 \to 0$。

11.5.3　坐标变换法

对于平面直角坐标系下的双曲线方程 $\frac{x^2}{a^2} - \frac{y^2}{b^2} = 1$,以双曲线的中心为原点,以双曲线的渐近线为坐标轴,此时求得在斜坐标系下的双曲线方程为

$$xy = \frac{a^2+b^2}{4}。$$

不难知道,因为 $\frac{a^2+b^2}{4}$ 是一个常数,所以当 $x \to \infty$ 时,有 $y \to 0$,或者当 $y \to \infty$ 时,有 $x \to 0$。由此可知,双曲线会无限趋近于斜坐标轴而不会与其相交,即在平面直角坐标系下,双曲线 $\frac{x^2}{a^2} - \frac{y^2}{b^2} = 1$ 会无限趋近其渐近线但不会与其相交(Loomis,1877,pp. 160 - 169)。

11.6　渐近线的证明及其合理性证明的演化

以 20 年为一个时间段进行统计,图 11 - 5 给出了双曲线渐近线的证明及其合理

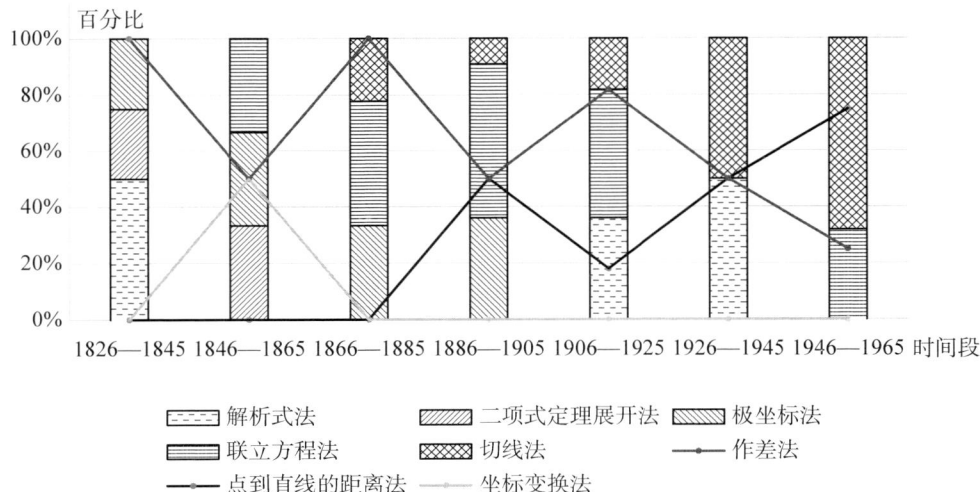

图 11 - 5　双曲线的渐近线的证明及其合理性证明的时间分布

性证明的时间分布情况。从图中可见,双曲线渐近线的证明方法呈现出百家争鸣的局面。19 世纪,联立方程法和极坐标法在教科书中占据主流,从 20 世纪起,切线法越来越受到教科书编者的青睐。究其本质,从古希腊时期的穷竭法到 17 世纪出现微积分,极限的思想在数学发展的漫漫长路中逐渐受到数学家的重视,因而双曲线渐近线的证明方式从联立方程法逐步转向切线法。

从折线图中可以看出,20 世纪以前,作差法是教科书编者证明双曲线渐近线合理性的主流方法,此后,随着教科书的不断完善,点到直线距离法的使用频率逐渐提高。教科书中对于曲线渐近线的定义方式影响着双曲线渐近线合理性的证明方式,距离定义作为教科书常用的一种方法,其中蕴含着两种不同的表述,一是曲线与直线不断接近,二是曲线上的点到直线的距离趋于无穷小。随着教科书的不断演进,距离定义中两点间的距离逐渐被点到直线的距离取代,因而点到直线的距离法逐渐占据主流。

11.7 结论与启示

综上所述,早期教科书给出了曲线渐近线的不同定义方式、双曲线渐近线的不同推导方式及其合理性的不同证明方式,为今日双曲线渐近线的教学提供了诸多启示。

其一,在引入双曲线渐近线的定义时,若直接给出双曲线的渐近线方程,并证明其合理性,最后给出渐近线定义的这一编排方式容易引起学生的困惑,即什么是渐近线、教科书编者是如何发现双曲线具有渐近线的等。因此,在双曲线渐近线的教学中,教师可以采用发生教学法。教师利用几何画板给出几条双曲线的图像,引导学生从图像上发现双曲线在趋于无穷远时趋向于某一直线,并以此为切入口,从几何上与学生一起归纳双曲线渐近线的定义,此时知识的产生是自然流畅的,有助于构建知识之谐。

其二,在双曲线渐近线方程的推导及其合理性的证明过程中,现行教科书中单一的证明方法可能会束缚学生的思维,不利于新时代下的创新型人才的培养。在课堂中,教师可以从曲线渐近线的不同定义入手,从不同角度引导学生推导渐近线方程并证明其合理性。在这一过程中,学生可以体会到其中所蕴含的数学思想,例如,联立方程法中蕴含数形结合思想、切线法中蕴含化归思想等,这对于促进学生的创造精神及实践能力等多方面的发展、提高学生的数学核心素养起到了极为重要的作用,有助于实现能力之助。

其三,以渐近线的不同推导方法及其合理性的不同证明方式为素材,设计小组探究环节。21世纪以来,随着新课程改革理念的不断深入,合作探究教学法在中小学教学中被逐步推广。在实际教学中,教师可以安排双曲线渐近线的推导及其合理性证明的探究环节,小组同学之间、各小组之间相互交流、集思广益,充分保证学生在数学学习中的主体地位,调动学生学习数学的积极性,有助于营造探究之乐。

其四,在有限的教学时间内,教师可能没有充分的时间向学生展示不同的推导及证明方法,因此,教师可以借助微视频向学生展示不同时空数学家在这一课题上的研究成果,这无疑能够帮助学生开阔视野,训练思维的灵活性和发散性,感受数学文化的多元性,有助于彰显方法之美,展示文化之魅。

其五,引导学生跨时空与古人对话,通过了解历史上数学家对于曲线渐近线的完善过程、双曲线渐近线方程的推导及其合理性证明方法的演进过程,激发学生学习数学的兴趣,激励学生敢于质疑、勇于追寻真理,培养学生动态的数学观,提高学生的理性精神,最终达成德育之效。

参考文献

M·克莱因(2002).古今数学思想(第一册).上海:上海科学技术出版社.

汪晓勤,欧阳跃(2003).HPM的历史渊源.数学教育学报,12(03):24-27.

汪晓勤,沈中宇(2020).数学史与高中数学教学:理论、实践与案例.上海:华东师范大学出版社.

中华人民共和国教育部(2020).普通高中数学课程标准(2017年版2020年修订).北京:人民教育出版社,2020:44.

Agnew, R. P. (1962). *Calculus: Analytic Geometry and Calculus with Vectors*. New York: McGraw-Hill Book Company.

Bailey, F. H. & Woods, F. S. (1899). *Plane and Solid Analytic Geometry*. Boston: Ginn & Company.

Biot, J. B. & Smith (1840). *An Elementary Treatise on Analytical Geometry*. New York: Wiley & Putnam.

Hamilton, H. P. (1826). *The Principles of Analytical Geometry*. Cambridge: J. Deighton & Sons.

Hardy, J. J. (1897). *The Elements of Analytic Geometry*. Easton: Chemical Publishing Company.

Loomis, E. (1877). *The Elements of Analytical Geometry*. New York: Harper & Brothers.

Newcomb, S. (1884). *The Elements of Analytic Geometry*. New York: Henry Holt &

Company.

O'Brien, M. (1844). *A Treatise on Plane Co-ordinate Geometry*. Cambridge: Deightons.

Peck, W. G. (1873). *A Treatise on Analytical Geometry*. New York: A. S. Barnes & Company.

Peirce, J. M. (1857). *A Text-book of Analytic Geometry*. Cambridge: J. Bartlett.

Puckle, G. H. (1856). *An Elementary Treatise on Conic Sections and Algebraic Geometry*. Cambridge: Macmillan & Company.

Purcell, E. J. (1958). *Analytic Geometry*. New York: Appleton-Century-Crofts.

Robinson, H. N. (1860). *Conic Sections and Analytical Geometry*. New York: Ivison, Blakeman.

Runkle, J. D. (1888). *Elements of Plane Analytic Geometry*. Boston: Ginn & Company.

Smyth, W. (1855). *Elements of Analytical Geometry*. Boston: Sanborn, Carter & Bazin.

Tanner, J. H. & Allen, J. (1898). *An Elementary Course in Analytic Geometry*. New York: American Book Company.

Wilson, W. A. & Tracey, J. I. (1915). *Analytic Geometry*. Boston: D. C. Heath & Company.

Young, J. W., Fort, T. & Morgan, F. M. (1936). *Analytic Geometry*. Boston: Houghton Mifflin Company.

12 抛物线的定义与方程

钱 秦[*]

12.1 引 言

在数学新课程理念的引导下,许多一线教师正不断地开展数学文化和数学史融入数学教学的探索和实践,也取得了一定的成效。目前,在"圆锥曲线"一章,HPM视角下的椭圆课例最为丰富,也有不少学者进行了双曲线课例的尝试。但融入数学史的抛物线课例屈指可数:李昌(2021)从数学史中寻找启示,利用光学性质揭示抛物线的焦点和准线并建构解析定义;为使学生厘清抛物线的来龙去脉,徐超(2015)通过重构数学史的方式来设计教学环节,帮助学生突破焦点—准线定义及其由来;张佳丽(2018)借鉴圆锥曲线的历史,采用重构式给出 HPM 视角下的抛物线及其标准方程的教学设计;陆琳琰(2013)采用发生教学法,从数学史、知识逻辑、学生的认知需求和生活实际出发,让学生在自主探索中将知识"再创造"出来,使抛物线知识自然发生。但这些课例所用到的历史素材十分有限。

国内现行高中数学教科书大多采用抛物线的第二定义(焦点—准线定义),且人教 A 版、沪教版、苏教版和北师大版教科书均在第二定义的基础上,以顶点为原点建立平面直角坐标系推导抛物线方程。在阅读材料中,沪教版教科书探究了二次函数的图像为什么是抛物线,人教 A 版和苏教版教科书介绍了抛物线的光学性质,北师大版教科书则呈现了圆锥曲线的截线定义。四个版本的教科书中关于抛物线的数学史元素都较少。

巧妇难为无米之炊,史料的匮乏是 HPM 视角下教学实践的最大障碍。早期教科书既体现了特定历史时期的教育理论和理念,也蕴含着编者的智慧,为今日教学提供

---

[*] 重庆八中宏帆中学校教师。

了丰富的素材和思想启迪。鉴于此,本章从有关数据库中选取 1820—1959 年间出版的 95 种美英解析几何教科书(75 种出版于美国,21 种出版于英国,其中 1 种同时在两国出版),对其中抛物线的引入、定义与方程进行考察,试图回答以下问题:关于抛物线,美英早期解析几何教科书给出了哪些定义? 采用了哪些推导方程的方法? 对今日教学有何启示?

12.2　抛物线概念的引入

考察发现,95 种教科书中,有 40 种采用了不同的方式来引入抛物线概念,另有 55 种则直接给出了抛物线的定义。

12.2.1　一般圆锥曲线的定义

有 23 种教科书先介绍圆锥曲线的第二定义或截线定义:根据点的运动规律可以产生无数轨迹,其中有一类尤为重要,这些曲线上的点到定点的距离与到定直线的距离之比始终为常数,该曲线被称为圆锥曲线。之后,再引入抛物线。(Tanner & Allen,1898,pp. 67 - 68)

12.2.2　二次方程

有 6 种教科书从一般二元二次方程引入:方程 $Ax^2 + Bxy + Cy^2 + Dx + Ey + F = 0$(其中 A、B、C、D、E、F 均为常数)所代表的曲线会随着系数的变化而变化,若 $B^2 - 4AC > 0$,方程代表双曲线;若 $B^2 - 4AC = 0$,方程代表抛物线;若 $B^2 - 4AC < 0$,方程代表椭圆。(Salmon,1850,pp. 120 - 124)

12.2.3　轨迹问题

有 3 种教科书从轨迹方程问题引入。考虑下面的轨迹问题:一个动点到一条固定直线和一个固定点的距离相等,试确定动点轨迹的性质。(Smith & Gale,1904,p. 153)

12.2.4　二次函数

有 3 种教科书通过二次函数 $y = ax^2 + bx + c(a \neq 0)$ 来引入,直接称该函数的图

像为抛物线。（Ziwet & Hopkins，1913，p. 131）

12.2.5 圆锥曲线的历史

有 5 种教科书通过圆锥曲线的历史引入，如 Roberts & Colpitts(1918)写道："椭圆、双曲线和抛物线统称为圆锥曲线，这一名称源于这样一个事实，即这些曲线都可以由一个平面截圆锥得到。这些曲线的许多性质为希腊早期几何学家所知，其中主要的研究者是阿基米德和阿波罗尼奥斯。阿基米德计算了抛物线弓形和椭圆的面积，阿波罗尼奥斯发现三种曲线都可以从同一个圆锥上截得，并研究了许多双曲线的特殊问题。许多世纪以后，人们才发现圆锥曲线的知识在研究宇宙规律方面有很大的实用价值。大约 1600 年，德国的开普勒发现了它们在天体运动研究中的重要性，与此同时，意大利伽利略发现炮弹的轨迹是抛物线。直到人们意识到物理学、力学和建筑领域的大量问题都依赖于圆锥曲线的知识来解决，它们的应用领域才得到扩展。"

12.3 抛物线的定义与作图

12.3.1 抛物线的定义

在所考察的 95 种教科书中，共出现了抛物线的 4 种定义。

第一种是古希腊的截线定义。有 26 种教科书给出了截线定义：平面斜截一圆锥面，当截面平行于圆锥面的一条母线（但不过圆锥顶点）时，平面与圆锥的交线称为抛物线。（Harding & Mullins，1926，pp. 120 - 124）

第二种是焦点-准线定义（第二定义）。有 86 种教科书给出了第二定义：抛物线是一条平面曲线，其上的点到定点与到定直线的距离相等。定点为抛物线的焦点，定直线为准线。（Loomis，1851，pp. 44 - 53）

第三种是极限定义。有 6 种教科书将抛物线视为椭圆或双曲线的极限：给定椭圆的一对顶点和焦点，假设它的长轴无限增大，则该曲线最终会成为抛物线。（Salmon，1850，pp. 176 - 187）

第四种是特殊的比例定义。只在 3 种教科书中发现该定义：抛物线是一些点的轨迹，这些点到两条互相垂直的直线的距离满足如下关系：点到一条直线距离的平方与到另一条直线的距离成正比。（Phillips，1915，pp. 74 - 77）

在前 3 种定义中,第二定义在早期和今天一样受人们青睐,出现的频率最高。而历史悠久的截线定义也受到了不少教科书的关注,这与今天截然不同。绝大多数教科书均采用第二定义,截线定义和极限定义通常作为第二定义的补充定义出现。一些教科书给出了抛物线的多种定义,详见表 12 - 1。

表 12 - 1　95 种早期解析几何教科书中的抛物线定义

定义的种数	仅给出 1 种定义	给出 2 种定义	给出 3 种定义
教科书的数量	57	34	4
占比	60%	35.8%	4.2%

12.3.2　抛物线的作图

早期的解析几何教科书也十分注重抛物线的作图,共出现 3 种作图法。

第一种作图法:利用三角尺和绳子构造抛物线。

先作抛物线的准线和对称轴,如图 12 - 1 所示,将直角三角形的一边贴紧准线,并将一条与直角三角形一边 QR 等长的绳子一端固定在 R 处,绳子另一端固定在主轴上的点 F 处。当直角三角形沿着准线上下移动时,放置铅笔 P 使得绳子始终保持紧绷,那么铅笔会画出抛物线的一部分。当然,利用上述方法只能画出抛物线的一部分。(Ziwet & Hopkins,1913,pp. 169 - 173)

第二种作图法:平行线和同心圆相交法。

如图 12 - 2 所示,记 DD' 为抛物线的准线,F 为抛物线的焦点。过点 F 作 DD' 的垂线 GG',然后过点 F 作 HH' 垂直于 GG',使得 $FH = FH' = FG$。再作两条长度不确定的线段 GH 和 GH',构造一系列平行于 HH' 的直线分别交 GH 和 GH' 于点 a、b、c、d 和点 a'、b'、c'、d'。以点 F 为圆心,以 dd'' 为半径作圆,交 dd' 于点 P、P',这两点即为抛物线上的点。采用类似的方法,可以找到抛物线与 aa'、bb'、cc' 的交点。用一条平滑的曲线连结所有点,就得到抛物线。(Bauer,1903,pp. 38 - 41)

第三种作图法:利用内在性质构造抛物线。

抛物线具有这样的内在性质:抛物线上每一点到对称轴的距离的平方,等于该点到顶点的水平距离乘以 2 倍焦准距。这给我们提供了一种作抛物线图像的方法。

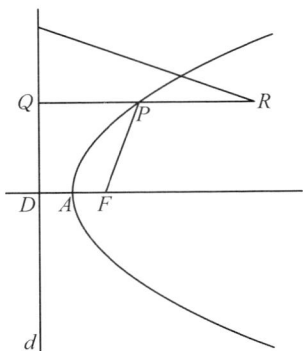

图 12 - 1　利用三角尺构造抛物线

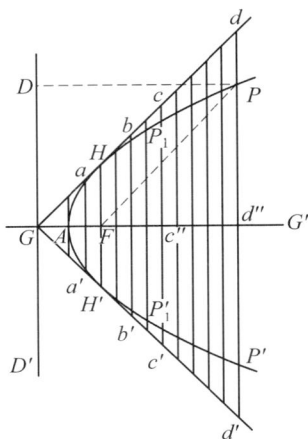

图 12 - 2　利用平行线构造抛物线

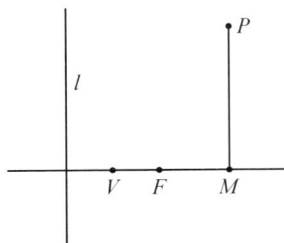

图 12 - 3　利用内在性质
构造抛物线

如图 12 - 3 所示,已知抛物线的准线为 l,焦点为 F,易找到抛物线的顶点 V。在抛物线的对称轴上任选取一点 M,可以算出 VF 和 $4VM$ 的等比中项,过点 M 以该等比中项的长度作对称轴的垂线 MP,P 是以 l 为准线、F 为焦点的抛物线上的一点。同理,通过选取对称轴上不同的点,就可以得到该抛物线上的许多点。(Poor,1934,pp.82 - 102)

12.4　抛物线方程的推导

95 种教科书中,有 4 种只研究了抛物线的几何性质而未给出标准方程,其余教科书均给出了抛物线的标准方程,并对其加以推导,共出现了 4 种推导方法。

12.4.1　基于截线定义的推导

有 1 种教科书利用旦德林单球模型并联系抛物线的截线定义和第二定义进行推导。如图 12 - 4 所示,圆锥中有一球与圆锥面相切,用平行于母线 VB 且与平面 VOB 垂直的平面截圆锥面,则截线为抛物线。已知平面 VOB 垂直于截面 PDE,且平面 $VOB\perp$ 平面 DEM,所以平面 VOB 垂直于平面 DEM 和平面 PDE 的交线 DE,故知

$DE \perp EE'$。因 MN // 截面 PDE，故 MN // PD // EE'，从而 $PD \perp DE$，$PD = MN$。又因 $MN = PT$，$PF = PT$，故 $PD = MN = PT = PF$。因此，可以将抛物线定义为这样一条平面曲线，曲线上的点到一定点（F）与定直线（DE）的距离相等（Reynolds & Weida，1930，pp. 153-159）。根据这个事实，可以用解析几何的方法推出抛物线方程。

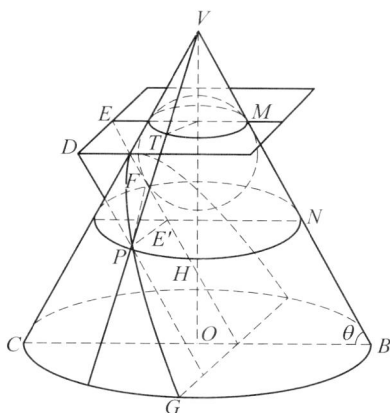

图 12-4　旦德林单球模型

有 3 种教科书利用空间三角学知识推导抛物线方程。已知圆锥母线与水平面的夹角为 v，一平面与水平面的二面角为 u，该平面截圆锥所得曲线的统一方程为

$$y^2 \sin^2 v + x^2 \sin(v+u)\sin(v-u) - 2cx \sin v \cos v \cos u = 0。$$

当截面平行于母线时截线为抛物线，即 $u = v$ 时平面与圆锥的截线为抛物线，所以抛物线的方程为

$$y^2 \sin^2 v - 2cx \sin v \cos v \cos u = 0，$$

即

$$y^2 = \frac{2cx \cos^2 v}{\sin v}，$$

令常数 $\dfrac{2c \cos^2 v}{\sin v} = 2p$，则得抛物线方程 $y^2 = 2px$（Biot & Smith，1840，pp. 116-117）。

12.4.2　基于第二定义的推导

有 19 种教科书以准线为 y 轴建立直角坐标系进行推导。如图 12-5 所示，以准线 YY' 为 y 轴，然后从焦点作准线的垂线（即抛物线的主轴），并将其作为 x 轴建立平面直角坐标系，令 $OF = 2p$。根据抛物线的性质知 $PF = PN = OM$，所以 $PF^2 = OM^2$，得 $FM^2 + PM^2 = OM^2$，即

$$(x - 2p)^2 + y^2 = x^2。$$

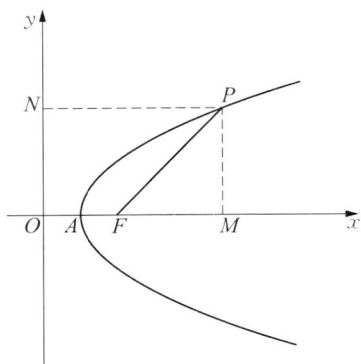

图 12 - 5   以准线为 y 轴

故得

$$y^2 = 4p(x - p)。$$

令 $y = 0$，得 $x = p$，即抛物线与主轴交于点 $A(p, 0)$。若以 A 为原点，则 $x = x' + p$，于是得新方程 $y^2 = 4px'$（Loomis，1877，pp. 84 - 102）。

也有教科书先从圆锥曲线的离心率出发，建立统一方程：

$$(x - 2p)^2 + y^2 = e^2 x^2，$$

再令离心率 $e = 1$（Runkle，1888，p. 184）。

有 57 种教科书以顶点为原点建立直角坐标系进行推导。如图 12 - 6 所示，记 DD' 为抛物线的准线，F 为抛物线的焦点。以垂直于准线的直线 ZM 为 x 轴，记焦点到准线的距离 $ZF = 2p$，并以 ZF 的中点 O 为坐标原点，以垂直于 OM 的直线 OQ 作为 y 轴建立平面直角坐标系。令 $P(x, y)$ 为抛物线上任意一点，作 PM 垂直于 x 轴，作 PQ 垂直于 y 轴，交准线于点 L。因 $ZO = OF = p$，故准线方程为 $x = -p$，焦点 F 的坐标为 $(p, 0)$。计算得 $FP = \sqrt{(x - p)^2 + y^2}$，$LP = LQ + QP = x + p$，由抛物线的性质知 $PF = PL$，因此

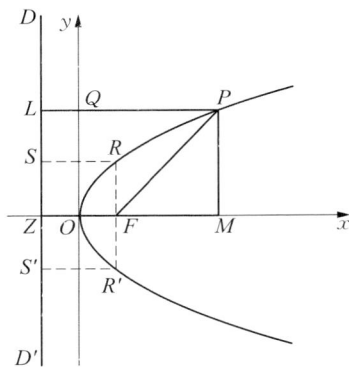

图 12 - 6   以顶点为原点

$$\sqrt{(x - p)^2 + y^2} = x + p，$$

化简即得 $y^2 = 4px$（Tanner & Allen，1898，pp. 170 - 175）。

有 3 种教科书先根据第二定义推导抛物线的极坐标方程，再将其转为标准方程。如图 12 - 7 所示，以圆锥曲线的焦点为极点，以圆锥曲线的主轴为极轴，令焦点到准线的距离 $HF = p$。由圆锥曲线的定义知 $\dfrac{FP}{EP} = e$，其中 $FP = \rho$，$EP = HM = p + \rho\cos\theta$，故得

$$\frac{\rho}{p + \rho\cos\theta} = e，$$

于是得圆锥曲线的极坐标方程为

$$\rho = \frac{ep}{1 - e\cos\theta},$$

其中 e 为离心率，p 为焦点到准线的距离。根据极坐标与直角坐标方程的转换公式，即 $\rho = \sqrt{x^2 + y^2}$，$x = r\cos\theta$，$y = r\sin\theta$，极坐标方程可化为

$$\rho - e\rho\cos\theta = ep,$$

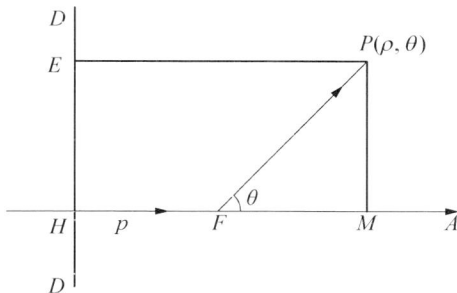

图 12 - 7　利用极坐标的推导

即

$$\sqrt{x^2 + y^2} = ex + ep。$$

两边同时平方，得

$$(1 - e^2)x^2 + y^2 - 2e^2px - e^2p^2 = 0。$$

又因为抛物线的离心率 $e = 1$，所以

$$y^2 - 2px - p^2 = 0。$$

为了简化方程，令 $x = x' - \frac{1}{2}p$，得到抛物线的标准方程 $y^2 = 2px'$（Smith & Gale，1904，pp. 173 - 178）。

12.4.3　基于极限定义的推导

有 3 种教科书采用抛物线的极限定义推导其标准方程。

方法 1：在直角坐标系下，以左顶点为原点的椭圆方程为：

$$\frac{(x - a)^2}{a^2} + \frac{y^2}{b^2} = 1,$$

即

$$y^2 = \frac{2b^2}{a}x - \frac{b^2}{a^2}x^2。$$

已知给定椭圆的一对焦点和顶点，则距离 $m = a - \sqrt{a^2 - b^2}$ 也是固定的。b 可以通过

$b^2 = 2am - m^2$ 来表示,原方程变为

$$y^2 = \left(4m - \frac{2m^2}{a}\right)x - \left(\frac{2m}{a} - \frac{m^2}{a^2}\right)x^2 \text{。}$$

假设 a 趋于无限大,方程变为 $y^2 = 4mx$。(Salmon,1850,pp. 176 - 187)

方法 2: 在直角坐标系下,椭圆和双曲线的方程为

$$y^2 = 2px \mp \frac{p}{a}x^2,$$

其中

$$p = \frac{b^2}{a} = \frac{a^2 - a^2e^2}{a} = \frac{(a + ae)(a - ae)}{a},$$

当中心趋于无穷远时,$a + ae = 2a$,$p = 2(a - ae)$。于是,$\dfrac{p}{a}$ 是一个无穷小量,所以抛物线方程为 $y^2 = 2px$。(Hamilton,1826,pp. 142 - 143)

12.4.4 基于比例定义的推导

仅有 2 种教科书基于比例定义推导抛物线方程。设 P 为以 F 为焦点、HB 为准线的抛物线上任意一点。以抛物线的对称轴为 x 轴,顶点 V 为原点建立坐标系。过点 P 作切线 PT、法线 PC 及 x 轴的垂线 PD,那么 TD 和 CD 为点 P 在 x 轴上的次切线和次法线。由 $TP \perp PC$,$PD \perp TC$,知 $\triangle TPD \backsim \triangle PCD$,故 $TD : PD = PD : DC$。即:对于一条给定的抛物线,其上任意一点 P 到 x 轴的距离、次切线和次法线之间满足 $TD : PD = PD : DC$ 为定值。根据比例的性质,有 $\frac{1}{2}TD : PD = PD : 2DC$ 也恒为定值。令点 P 的坐标为 (x,y),通径为 $2p$,则上述等式变为 $x : |y| = |y| : 2p$,即 $y^2 = 2px$。(Robinson,1860,p. 50)

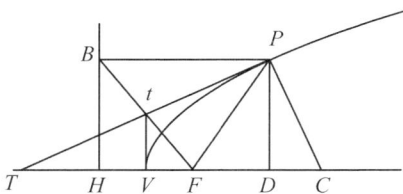

图 12 - 8 基于比例定义的推导

12.5 结 语

由上可见,美英早期解析几何教科书中抛物线的定义和方程推导方法均呈现多样

化的特点。早期教科书中给出了抛物线的 4 种定义,并且从这 4 种定义出发分别推导了抛物线的标准方程,在推导过程中综合运用了丰富的几何、代数及三角学知识。然而,随着时间的推移,现代中学教科书中抛物线的定义与推导方法均趋向单一。早期教科书给我们带来如下启示。

其一,追本溯源,重视几何本质。众所周知,圆锥曲线是高中解析几何部分的重要内容,而解析几何的核心是用代数方法来研究几何问题。通过建立平面直角坐标系,复杂的几何判断就可转化成代数运算,为几何研究带来了便利。但正是在这种极度便利下,人们往往将圆锥曲线视为解析几何概念。但从历史上看,圆锥曲线是一个几何概念,最早由古希腊数学家梅奈克缪斯用垂直于母线的平面去截顶角为锐角、直角和钝角的圆锥所得到。后续人们对圆锥曲线做了不少的探索,但在创立解析几何这门学科以前,人们一直采用古希腊人的截线定义,将圆锥曲线放在立体几何中进行研究。因此,抛物线教学不能仅从解析几何的角度开展,也应从几何角度对其进行探究。截线定义是抛物线的来源,理应为学生所知晓,而方程、极限等补充定义则根据教学需要来选择是否讲授。

其二,各取所长,展现方法之美。现代教科书中关于抛物线方程的推导虽然简洁,但过于单一且理想化。学生一定能想到以顶点为原点吗?学生没有其他想法了吗?仅讲解教科书上的一种方法是不够的,单一的方法限制了学生思维的发展。教师可以放手先让学生探究,再根据学生的思路适当做些补充。例如,准线是抛物线定义中天然存在的一条线,学生用准线作为 y 轴相当自然,这也是早期教科书中使用频率最高的方法。教师还可以选择性地讲解历史上的其他推导方法,让学生体会不同方法的优劣。

其三,注重联系,构建知识之谐。一方面,学生在初中时期就已经对二次函数 $y = ax^2 + bx + c$ 的图像为抛物线了然于心。如何让学生理解二次函数图像与今日学习的抛物线同质是教学的一大重点,这里主要涉及坐标的平移变换。另一方面,如果向学生介绍圆锥曲线的来源,也应说明截线定义和第二定义的等价性。且德林单球模型是沟通截线定义与第二定义的一座桥梁,但使用难度较大。教师应根据学情,通过搭建脚手架,构造实物模型等方式来降低教学难度。

参考文献

李昌(2021).基于数学史的"抛物线"教学.江苏教育,(11):34 - 37.

陆琳琰(2013). 抛物线的发生教学研究. 上海: 华东师范大学.

徐超(2015). 抛物线概念教学: 重构数学史. 教育研究与评论(中学教育教学), (08): 26 - 31.

张佳丽(2018). HPM 视角下高中圆锥曲线的教学研究. 江西: 江西师范大学.

Bauer, G. N. (1903). *The Simpler Elements of Analytic Geometry*. Minneapolis, Minn.: The H. W. Wilson Company.

Biot, J. B. & Smith, F. H. (1840). *An Elementary Treatise on Analytical Geometry*. New York: Wiley & Putnam.

Hamilton, H. P. (1826). *The Principles of Analytical Geometry*. Cambridge: J. Deighton & Sons.

Harding, A. M. & Mullins, G. (1926). W. *Analytic Geometry*. New York: The Macmillan Company.

Loomis, E. (1951). *Elements of Analytical Geometry and of the Differential and Integral Calculus*. New York: Harper & Brothers.

Loomis, E. (1877). *The Elements of Analytic Geometry*. New York: Harper & Brothers.

Phillips, H. B. (1915). *Analytic Geometry*. New York: John Wiley & Sons.

Poor, V. C. (1934). *Analytical Geometry*. New York: John Wiley & Sons.

Reynolds, J. B. & Weida, F. (1930). *Analytic Geometry and the Elements of Calculus*. New York: Prentice-Hall.

Roberts, M. M. & Colpitts, J. T. (1918). *Analytic Geometry*. New York: John Wiley & Sons.

Robinson, H. N. (1860). *Conic Sections and Analytical Geometry*. New York: Ivison, Blakeman & Company.

Runkle, J. D. (1888). *Elements of Plane Analytic Geometry*. Boston: Ginn & Company.

Salmon, G. (1850). *A Treatise on Conic Sections*. Dublin: Hodges & Smith.

Smith, P. F. & Gale, A. S. (1904). *The Elements of Analytic Geometry*. Boston: Ginn & Company.

Tanner, J. H. & Allen, J. (1898). *An Elementary Course in Analytic Geometry*. New York: American Book Company.

Ziwet, A. & Hopkins, L. A. (1913). *Analytic Geometry and Principles of Algebra*. New York: The Macmillan Company.

13 关于二元二次方程的讨论

谢宇欣* 汪晓勤**

13.1 引 言

在数学史上,圆锥曲线是一个十分重要的研究领域。在古希腊,梅奈克缪斯使用抛物线和双曲线解决著名的"倍立方"问题;阿波罗尼奥斯将圆锥曲线定义为相同圆锥被不同平面截得的图形。17 世纪,法国数学家笛卡儿创立解析几何,才有了圆锥曲线的代数方程(Bussi,2005)。圆、椭圆、双曲线和抛物线的方程都是二元二次方程。但反过来,二元二次方程所表示的曲线是否都是圆锥曲线呢? 要回答这个问题,就需要对一般二次方程进行讨论,以了解二次曲线的完整性质。

在我国高中数学课程史上,对二元二次方程进行分类的要求只出现于早期的课程标准中。1950 年颁布的《数学精简纲要》规定高中解析几何"应授教材"的第六章为坐标的变换,要求学生能利用坐标轴的平移和旋转简化二次方程;2000 年后,坐标变换、参数方程等内容都被精简,只有 2004 年的上海课程标准涵盖了二元二次方程的分类与化简;章建跃(2007)指出,关于坐标变换的讨论是非常专业化的数学问题,因此经过多年的改革,2017 年版高中数学课程标准与各版本教科书中已经不见一般二次方程的踪影。

为完成一般二次方程的化简,大学解析几何教科书大多需要立足于二次曲线的矩阵概念、不变量和特征方程的计算,这些方法均超出了现有中学生的知识基础。因此,本章聚焦一般二次方程的讨论,对 19—20 世纪中叶出版的 71 种美英解析几何教科书进行考察,希望能够从中梳理出符合今日高中生认知基础的初等方法,为教

---

 * 华东师范大学数学科学学院硕士研究生。

 ** 华东师范大学数学科学学院教授、博士生导师。

学提供参考。早期教科书往往采用斜坐标系,为便于读者理解,本章统一采用直角坐标系。

13.2 求根公式

1637 年,笛卡儿在其《几何学》一书的第二卷中详细研究了圆锥曲线的性质。他在解决帕普斯四线轨迹问题时,得到过原点的二次曲线方程:

$$y^2 = ay - bxy + cx - dx^2 。$$

将该方程看作关于 y 的一元二次方程,解得(只取算术根)

$$y = \frac{1}{2}a - \frac{b}{2}x + \frac{1}{2}\sqrt{px^2 + qx + a^2} ,$$

其中 $p = b^2 - 4d$,$q = 4c - 2ab$。笛卡儿首次对不同曲线所对应的二次方程的系数条件进行了讨论,得出结论:若 $q^2 - 4pa^2 = 0$,则轨迹为直线;若 $p = 0$,则轨迹为抛物线;若 $p < 0$,则轨迹为椭圆($b = 0$,$d = 1$ 时为圆);若 $p > 0$,则轨迹为双曲线。

更一般地,Hamilton(1826)和 Lardner(1831)利用二次方程求根公式,将一般二元二次方程

$$Ax^2 + Bxy + Cy^2 + Dx + Ey + F = 0 \tag{1}$$

转化为

$$y = -\frac{Bx + E}{2C} \pm \frac{1}{2C}\sqrt{(B^2 - 4AC)x^2 + 2(BE - 2CD)x + (E^2 - 4CF)} , \tag{2}$$

$$x = -\frac{By + D}{2A} \pm \frac{1}{2A}\sqrt{(B^2 - 4AC)y^2 + 2(BD - 2AE)y + (D^2 - 4AF)} 。 \tag{3}$$

在(2)中,令

$$R^2 = (B^2 - 4AC)x^2 + 2(BE - 2CD)x + (E^2 - 4CF),$$

$R^2 = 0$ 的根为 x' 和 x'';在(3)中,令

$$R'^2 = (B^2 - 4AC)y^2 + 2(BD - 2AE)y + (D^2 - 4AF),$$

$R'^2 = 0$ 的根为 y' 和 y''。

如图 13 - 1 所示,在直角坐标系 xOy 中,
$l_{BD}:y=-\dfrac{Bx+E}{2C}$ 是(2)的直径[①],当 $x=OP$ 时,
$y_{BD}=PP'$。 考虑(2),当 $R^2>0$ 时,$y_1=PM$,
$y_2=PM'$,即 y 有两个实数值;当 $R^2=0$ 时,$y=PP'$,y 有且仅有一个实数值;当 $R^2<0$ 时,y 为
虚数。同理,可以对(3)加以分析。

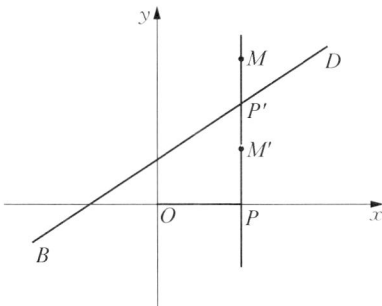

图 13 - 1　Lardner(1831)给出的
方程解的几何意义

在此基础上,Lardner(1831)对方程的解的情
况进行了如下讨论。

情况一:$B^2-4AC>0$。

(1) 若 x' 和 x'' 是互不相等的实数,如图 13 -
2 所示,$OP=x'$,$OP'=x''$。当 $x'<x<x''$ 时,
$R^2<0$,y 为虚数;当 $x<x'$ 或 $x>x''$ 时,$R^2>0$,y 有两个实数值;当 $x=x'$ 或 $x=x''$ 时,$R^2=0$,
y 有且仅有一个实数值,$PV=-\dfrac{Bx'+E}{2C}$,

$P'V'=-\dfrac{Bx''+E}{2C}$。 综上所述,该曲线由两个分
离的分支组成,这两个分支在相反方向上无限延
伸,并且彼此相隔 y 轴两条平行线间的距离。这
是一个左右开口的双曲线(Hamilton,1826,pp. 171 - 182)。

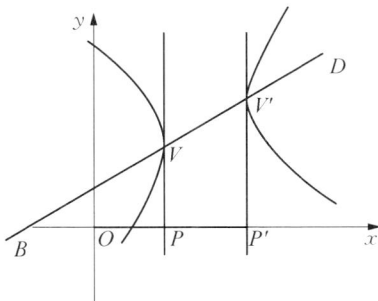

图 13 - 2　左右开口的双曲线

(2) 若 x' 和 x'' 是虚数,则 $R^2>0$ 恒成立,y
有两个实数值。此时,曲线的一半位于直径 l_{BD}
的上方,另一半位于 l_{BD} 的下方,且互不相交。两
条曲线之间的距离在 $x=\dfrac{2CD-BE}{B^2-4AC}$ 时取得最小
值,此时在图 13 - 3 中,$MM'=\left|\dfrac{R}{C}\right|$。 这是一个
上下开口的双曲线。

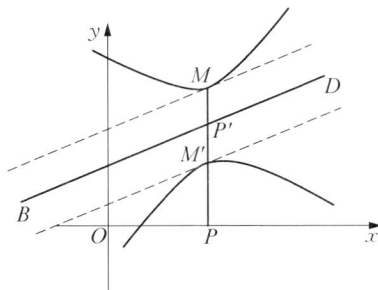

图 13 - 3　上下开口的双曲线

[①] 二次曲线的一族平行弦中点的轨迹叫做该二次曲线的直径。

（3）若 x' 和 x'' 是相等的实数，即 $x'=x''$，则 $R^2=(B^2-4AC)(x-x')^2$。此时除了 $x=x'$ 处 $R^2=0$，y 有且仅有一个实数值，其余各处都有 $R^2>0$，y 取得两个实数值。结合解析式：

$$y=-\frac{Bx+E}{2C}\pm\frac{1}{2C}\sqrt{B^2-4AC}\,|x-x'|,$$

易知这是两条相交的直线。

情况二：$B^2-4AC<0$。

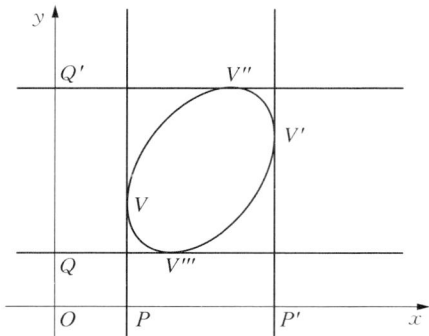

（1）若 x' 和 x'' 是互不相等的实数，如图 13-4 所示，$OP=x'$，$OP'=x''$，$OQ=y'$，$OQ'=y''$。当 $x'<x<x''$ 时，$R^2>0$，y 有两个实数值；当 $x<x'$ 或 $x>x''$ 时，$R^2<0$，y 为虚数；当 $x=x'$ 或 $x=x''$ 时，$R^2=0$，y 有且仅有一个实数值，此时 $PV=-\frac{Bx'+E}{2C}$，$P'V'=-\frac{Bx''+E}{2C}$，$QV'''=-\frac{By'+D}{2A}$，

图 13-4　椭圆

$Q'V''=-\frac{By''+D}{2A}$。综上所述，该曲线内切于两条平行于 y 轴与两条平行于 x 轴的直线所围成的平行四边形，在各个方向都受到限制。这是一个椭圆（Biot & Smith，1840，pp. 176-189）。

（2）若 x' 和 x'' 是虚数，则 $R^2<0$ 恒成立，y 为虚数。此时曲线为虚轨迹。

（3）若 x' 和 x'' 是相等的实数，即 $x'=x''$。此时除了当 $x=x'$ 时 $R^2=0$，y 有且仅有一个实数值，其余各处都有 $R^2<0$，y 为虚数。这是一个坐标为 $\left(x',-\frac{Bx'+E}{2C}\right)$ 的点。

情况三：$B^2-4AC=0$，则 $R^2=2(BE-2CD)x+(E^2-4CF)$。

如图 13-5 所示，$OP=x'$，$OQ=y'$。其中 x' 和 y' 分别是 $R^2=0$ 和 $R'^2=0$ 的根。

（1）若 $BE-2CD>0$，当 $x>x'$ 时，$R^2>0$，y 有两个实数值；当 $x=x'$ 时，$R^2=0$，y 有且仅有一个实数值；当 $x<x'$ 时，$R^2<0$，y 为虚数。综上所述，曲线在直线 $l_{BB'}$ 右侧无限延伸且与 $l_{BB'}$ 相切。同理，若 $BE-2CD<0$，则曲线在 $l_{BB'}$ 左侧；若 $BD-2AE>0$，则曲线在 $l_{DD'}$ 上侧；若 $BD-2AE<0$，则曲线在 $l_{DD'}$ 下侧。以上情况都表

明,曲线为抛物线。

（2）若 $BE - 2CD = 0$，此时 $y = -\dfrac{Bx + E}{2C} \pm \dfrac{1}{2C}\sqrt{E^2 - 4CF}$。当 $E^2 - 4CF > 0$ 时，y 表示两条平行直线；当 $E^2 - 4CF = 0$ 时，y 表示一条直线；当 $E^2 - 4CF < 0$ 时，曲线为虚轨迹（Lardner，1831，pp. 78 - 89）。

Young（1830）考虑了当 $A = C = 0$ 时的特殊情况，此时（1）变成

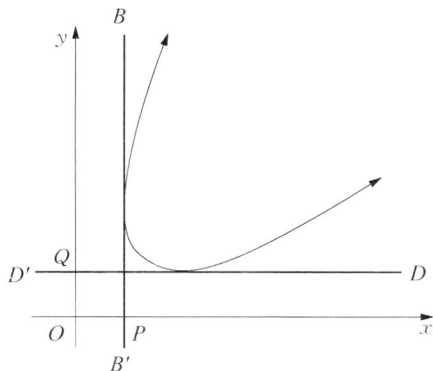

图 13 - 5　抛物线

$$Bxy + Dx + Ey + F = 0，\qquad (4)$$

即

$$y = -\frac{Dx + F}{Bx + E}。$$

这是渐近线为 $x = -\dfrac{E}{B}$ 和 $y = -\dfrac{D}{B}$ 的双曲线。另外，书中提到，若曲线为抛物线，则 （1）的前三项构成一个完全平方式（Young，1830，pp. 184 - 196）。

Puckle（1856）同样通过二次方程的求根公式得到（2），但对于 R^2 的处理有所不同。他令 $x = \dfrac{1}{z}$，则

$$R^2 = \frac{(B^2 - 4AC) + 2(BE - 2CD)z + (E^2 - 4CF)z^2}{z^2}。$$

当 $|x|$ 的值大到一定程度（记为 $|x| \geqslant X$），即 $|z|$ 的值小到一定程度时，有

$$2(BE - 2CD)z + (E^2 - 4CF)z^2 \ll B^2 - 4AC，$$

此时 R^2 与 $B^2 - 4AC$ 同号。反之，当 $|x| < X$ 时，R^2 与 $B^2 - 4AC$ 异号。在建立了 x 的范围与 R^2 和 $B^2 - 4AC$ 的符号之间的关系后，Puckle 的后续讨论与得出的结论都与 Lardner（1831）相同（Puckle，1870，pp. 100 - 112）。

13.3　坐标变换

通过适当选择原点和坐标轴，我们可以将一般二次方程简化为一种标准形式，这

种形式将直接体现曲线最显著的属性。Peirce(1857)等对(1)作角度为 θ 的旋转变换：

$$\begin{cases} x = x_1 \cos\theta - y_1 \sin\theta, \\ y = x_1 \sin\theta + y_1 \cos\theta, \end{cases}$$

其中，$\tan 2\theta = \dfrac{B}{A-C}$，得到

$$A_1 x_1^2 + B_1 y_1^2 + D_1 x_1 + E_1 y_1 + F = 0。 \tag{5}$$

由于 A_1、B_1 不能同时为0，不妨设 $B_1 > 0$。因为如果 $B_1 < 0$，可以通过改变等式的所有符号使它为正。在此基础上，Peirce 对方程变换后所得到的标准形式进行了如下讨论。

情况一：若 $A_1 \neq 0$，曲线的中心坐标为 $\left(-\dfrac{D_1}{2A_1}, -\dfrac{E_1}{2B_1}\right)$。作平移变换

$$\begin{cases} x_1 = x_2 - \dfrac{D_1}{2A_1}, \\ y_1 = y_2 - \dfrac{E_1}{2B_1}, \end{cases}$$

得到

$$A_1 x_2^2 + B_1 y_2^2 + F_1 = 0。 \tag{6}$$

（1）若 $A_1 > 0$，则 $F_1 > 0$ 时，曲线为虚轨迹；$F_1 = 0$ 时，(6)表示一个点；$F_1 < 0$ 时，曲线为椭圆。

（2）若 $A_1 < 0$，则 $F_1 > 0$ 时，(6)为焦点在 x 轴上的双曲线；当 $F_1 = 0$ 时，(6)表示两条相交直线；当 $F_1 < 0$ 时，(6)为焦点在 y 轴上的双曲线。

情况二：若 $A_1 = 0$，则(5)变成

$$B_1 y_1^2 + D_1 x_1 + E_1 y_1 + F = 0。 \tag{7}$$

此时曲线的中心在无穷远处。

（1）当 $D_1 = 0$ 时，即得

$$y_1 = \frac{1}{2B_1}(-E_1 \pm \sqrt{E_1^2 - 4B_1 F})。$$

当 $E_1^2 - 4B_1 F > 0$ 时，(7)的轨迹为两条平行直线；当 $E_1^2 - 4B_1 F = 0$ 时，轨迹为一条直

线；当 $E_1^2 - 4B_1F < 0$ 时，曲线为虚轨迹。

（2）当 $D_1 \neq 0$ 时，对（7）作平移变换

$$\begin{cases} x_1 = x_2 + \dfrac{E_1^2 - 4B_1F}{4B_1D_1}, \\[2mm] y_1 = y_2 - \dfrac{E_1}{2B_1}, \end{cases}$$

得到

$$B_1 y_2^2 + D_1 x_2 = 0。 \tag{8}$$

当 $D_1 > 0$ 时，（8）为开口向 x 轴负半轴的抛物线；当 $D_1 < 0$ 时，（8）为开口向 x 轴正半轴的抛物线（Peirce，1857，pp. 193 - 207）。

Peck（1873）和 Loomis（1877）等人同样使用了旋转与平移变换将方程化简为（6）的形式，但在讨论三种圆锥曲线的系数条件时选择了与 Peirce 不同的表达方式。已知在（5）中有：

$$A_1 = A\cos^2\theta + B\cos\theta\sin\theta + C\sin^2\theta,$$

$$B_1 = A\sin^2\theta - B\cos\theta\sin\theta + C\cos^2\theta。$$

故有

$$A_1 - B_1 = (A - C)\cos 2\theta + B\sin 2\theta。$$

由 $\tan 2\theta = \dfrac{B}{A - C}$，可以推得

$$\cos 2\theta = \pm\frac{A - C}{\sqrt{B^2 + (A - C)^2}}, \ \sin 2\theta = \pm\frac{B}{\sqrt{B^2 + (A - C)^2}}。$$

于是得

$$A_1 - B_1 = \pm\sqrt{B^2 + (A - C)^2}。$$

因 $A_1 + B_1 = A + C$，故得

$$\begin{cases} A_1 = \dfrac{1}{2}\left[A + C \pm \sqrt{B^2 + (A - C)^2}\right], \\[2mm] B_1 = \dfrac{1}{2}\left[A + C \mp \sqrt{B^2 + (A - C)^2}\right], \end{cases}$$

两式相乘后化简,得

$$A_1 B_1 = \frac{1}{4}(4AC - B^2)。$$

在得到上述结论后,不同于 Peirce 采用旋转变换后对方程系数 A_1、B_1 进行讨论,Peck 和 Loomis 等对原方程的系数进行讨论:当 $B^2 - 4AC > 0$,即 A_1、B_1 异号时,方程的轨迹为双曲线;当 $B^2 - 4AC < 0$,即 A_1、B_1 同号时,方程的轨迹为椭圆;当 $B^2 - 4AC = 0$,即 A_1、B_1 中有一个为 0 时,方程的轨迹为抛物线(Peck,1873,pp. 152 - 164;Loomis,1877,pp. 170 - 183)。

进一步地,Riggs(1911)用原方程的系数得出了更加完整的讨论结果。已知在(6)中有

$$F_1 = \frac{\Delta}{2(4AC - B^2)},$$

其中

$$\Delta = \begin{vmatrix} 2A & B & D \\ B & 2C & E \\ D & E & 2F \end{vmatrix}。$$

情况一:若 $B^2 - 4AC > 0$,即 A_1、B_1 异号。则当 $\Delta \neq 0$ 时,方程轨迹为双曲线;当 $\Delta = 0$ 时,方程轨迹为两条相交的直线。

情况二:若 $B^2 - 4AC < 0$,即 A_1、B_1 同号。此时 A、C 同号,又 $A_1 + B_1 = A + C$,故 A 与 A_1 同号。则当 $A \cdot \Delta < 0$ 时,方程轨迹为椭圆;当 $A \cdot \Delta > 0$ 时,方程轨迹为虚轨迹;当 $\Delta = 0$ 时,方程轨迹为一个点。

情况三:$B^2 - 4AC = 0$,此时 $\Delta = BDE - AE^2 - CD^2$。

(1)若 A、C 都不为 0,则 A、C 同号,不妨设 $A > 0$,否则可以将(1)两边同时乘以 -1,使得 $A > 0$。此时(1)可变为

$$(\sqrt{A}x \pm \sqrt{C}y)^2 + Dx + Ey + F = 0。 \tag{9}$$

选择 θ,使得

$$\sqrt{A} = k\cos\theta, \pm\sqrt{C} = k\sin\theta, \tag{10}$$

则

$$k = \sqrt{A + C},$$

$$\sqrt{A}\, x \pm \sqrt{C}\, y = k(x\cos\theta + y\sin\theta)。$$

作旋转变换

$$\begin{cases} x = x_1\cos\theta - y_1\sin\theta, \\ y = x_1\sin\theta + y_1\cos\theta, \end{cases}$$

则有 $x_1 = x\cos\theta + y\sin\theta$，于是，(9)变为

$$k^2 x_1^2 + D_1 x_1 + E_1 y_1 + F = 0, \tag{11}$$

其中 $D_1 = D\cos\theta + E\sin\theta$，$E_1 = -D\sin\theta + E\cos\theta$，结合(10)，可得

$$E_1 = \frac{1}{k}(E\sqrt{A} \mp D\sqrt{C}),$$

$$D_1 = \frac{1}{k}(D\sqrt{A} \pm E\sqrt{C}),$$

则

$$\Delta = \pm\sqrt{AC}\cdot DE - AE^2 - CD^2 = -(E\sqrt{A} \mp D\sqrt{C})^2 = -k^2 E_1^2。$$

① 当 $\Delta \neq 0$，即 $E_1 \neq 0$ 时，(11)为一条抛物线；

② 当 $\Delta = 0$，即 $E_1 = 0$ 时，由(11)，得 $x_1 = \dfrac{-D_1 \pm \sqrt{D_1^2 - 4k^2 F}}{2k^2}$。则当 $D_1^2 - 4k^2 F > 0$，$D_1^2 - 4k^2 F = 0$ 和 $D_1^2 - 4k^2 F < 0$ 时，曲线分别为两条平行直线、一条直线和虚曲线。而

$$D_1^2 - 4k^2 F = \frac{1}{k^2}[AD^2 \pm 2DE\sqrt{AC} + E^2 C - 4F(A+C)^2] = \frac{A+C}{A}(D^2 - 4AF),$$

故 $D_1^2 - 4k^2 F$ 与 $D^2 - 4AF$ 同号。即当 $D^2 - 4AF > 0$，$D_1^2 - 4k^2 F = 0$ 和 $D_1^2 - 4k^2 F < 0$ 时，曲线分别为两条平行直线、一条直线和虚曲线。

（2）若 $A = 0$，则 $B = 0$，$C \neq 0$。此时 $\Delta = -CD^2$，(1)变为

$$Cy^2 + Dx + Ey + F = 0。 \tag{12}$$

① 当 $\Delta \neq 0$，即 $D \neq 0$ 时，(12)为一条抛物线；

② 当 $\Delta = 0$，即 $D = 0$ 时，由（12），得 $y = \dfrac{-E \pm \sqrt{E^2 - 4CF}}{2C}$。则当 $E^2 - 4CF > 0$，$E^2 - 4CF = 0$，$E^2 - 4CF < 0$ 时，曲线分别为两条平行直线、一条直线和虚曲线（Riggs，1911，pp. 187 - 195）。

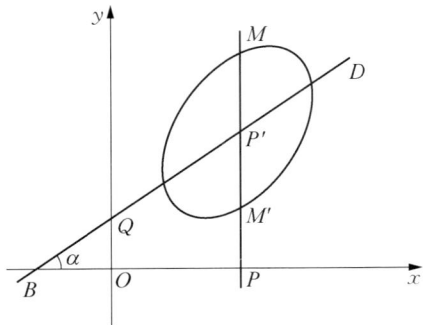

图 13 - 6　Davies(1836)对坐标的变换

Davies(1836)介绍了一种不同于其他数学家的坐标变换方式。如图 13 - 6 所示，直线 $BD: y = -\dfrac{Bx + E}{2C}$ 为(1)所表示的曲线的直径。下面通过线性变换使新的坐标轴以直径 BD 为 x' 轴，新原点为点 Q，y' 轴垂直于 x' 轴。

作变换

$$\begin{cases} x = -x'\cos\alpha, \\ y = -\dfrac{Bx + E}{2C} + y', \end{cases}$$

其中 $\tan\alpha = -\dfrac{B}{2C}$，则(1)变为

$$(B^2 - 4AC)\cos^2\alpha \cdot x'^2 - 4C^2 y'^2 - 2(BE - 2CD)\cos\alpha \cdot x' + E^2 - 4CF = 0。 \tag{13}$$

化简，得

$$(B^2 - 4AC)\cos^2\alpha \left[x'^2 - \dfrac{BE - 2CD}{(B^2 - 4AC)\cos\alpha} \right]^2 - 4C^2 y'^2 - \dfrac{(BE - 2CD)^2}{B^2 - 4AC} + E^2 - 4CF = 0。$$

接下来只需作平移变换

$$\begin{cases} x' = \dfrac{BE - 2CD}{(B^2 - 4AC)\cos\alpha} + x'', \\ y' = y'', \end{cases}$$

即可得方程

$$(B^2 - 4AC)\cos^2\alpha \cdot x''^2 - 4C^2 y''^2 = \dfrac{(BE - 2CD)^2}{B^2 - 4AC} - E^2 + 4CF。 \tag{14}$$

(14)中 y''^2 的系数为负，而由 $\tan\alpha = -\dfrac{B}{2C}$ 知 $\cos\alpha \neq 0$，故 $B^2 - 4AC$ 的正负决定了 x''^2

的系数与 y''^2 的系数是异号还是同号，即决定了曲线是双曲线还是椭圆。当 $B^2 -$ $4AC = 0$ 时，方程(14)变为

$$4C^2 y'^2 = -2(BE - 2CD)\cos\alpha \cdot x' + E^2 - 4CF。$$

通过平移变换可以得到形如 $y''^2 = Px''$ 的方程，此时曲线为抛物线。

　　此外，Davies 还对二次方程进行了更细致的分类，他指出，(4)代表的双曲线称为等轴双曲线，满足等轴双曲线的系数条件为 $A + C = 0$，且当 $B = 0$，$A = C$ 时，(1)的轨迹为一个圆，此时 $B^2 - 4AC < 0$，因此圆是椭圆的特殊形式(Davies，1836，pp. 203 - 216)。

13.4　无穷远点

　　Smith(1886)在书中"二次曲线的一般性质"一章的开头写道："在处理二次曲线的许多方法中，最自然的也是最好的方法就是发展轨迹与直线的关系。"如图 13 - 7 所示，假设 $P(x_0，y_0)$ 是直角坐标系 xOy 上任意一点，过点 P 作倾斜角为 θ 的直线 l 交(1)的轨迹于点 $P'(x'，y')$，点 P 与 P' 之间的距离为 δ。令 $q = \sin\left(\frac{\pi}{2} - \theta\right) = -\cos\beta$，$q' = \sin\theta = \cos\alpha$，则 $x' = x_0 + q\delta$，$y' = y_0 + q'\delta$。记直线 l 的斜率为 k，则

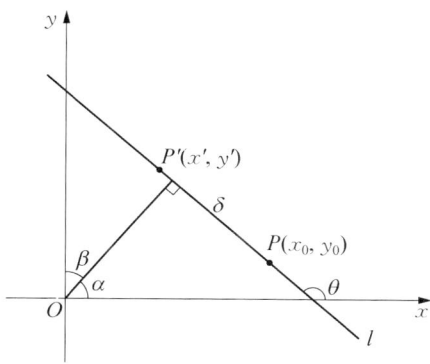

图 13 - 7　Smith(1886)的模型

$$k = \tan\theta = \frac{\sin\theta}{\sin\left(\frac{\pi}{2} - \theta\right)} = \frac{q'}{q}。$$

将 P' 的坐标 $(x'，y')$ 代入(1)，得

$$(Aq^2 + Bqq' + Cq'^2)\delta^2 + \left[(2Ax_0 + By_0 + D)q + (Bx_0 + 2Cy_0 + E)q'\right]\delta +$$
$$Ax_0^2 + Bx_0 y_0 + Cy_0^2 + Dx_0 + Ey_0 + F = 0。 \tag{15}$$

(15)是一个关于 δ 的一元二次方程，方程的两个根 δ_1、δ_2 分别表示点 P 到直线 l 与 (1)的轨迹的两个交点的距离。当(15)中的二次项系数为 0，即

$$Aq^2 + Bqq' + Cq'^2 = 0,$$

也即

$$A + Bk + Ck^2 = 0 \tag{16}$$

时,方程至少有一个根为 $\delta_1 = \infty$。[1]也就是说,当直线 l 的斜率 k 满足(16)时,从点 P 到 l 与(1)的两个交点的距离至少有一个是无穷的,即直线 l 与(1)在无穷远处有交点。当 $B^2 - 4AC > 0$ 时,(16)有两个实数解,与曲线在无穷远处有交点的直线有 2 条,此时曲线为双曲线,且这两条直线平行于双曲线的渐近线;当 $B^2 - 4AC = 0$ 时,(16)有一个实数解,与曲线在无穷远处有交点的直线有 1 条,此时曲线为抛物线,且这条直线平行于抛物线的对称轴;当 $B^2 - 4AC < 0$ 时,(16)无实数解,与曲线在无穷远处有交点的直线有 0 条,此时曲线为椭圆(Smith,1886,pp. 113 - 125)。

我们已经知道,Smith 模型讨论了过平面上一点 P 且与曲线在无穷远处有交点的直线条数。特别地,Schmall(1921)令 P 为原点。此时,Smith 的模型变为图 13 - 8,过原点倾角为 θ 的直线 l 与(1)的交点 $P'(x', y')$ 的横、纵坐标分别为 $x' = q\delta = \delta\cos\theta$,$y' = q'\delta = \delta\sin\theta$,其中 δ 为点 P' 到原点的距离。这样一来我们可以看到令 P 为原点的好处:把曲线上的点转化为了学生熟悉的极坐标的形式。Schmall 令(1)中的 $x = \delta\cos\theta$,$y = \delta\sin\theta$,之后的分析和结论都与 Smith 相同(Schmall,1921,pp. 230 - 240)。

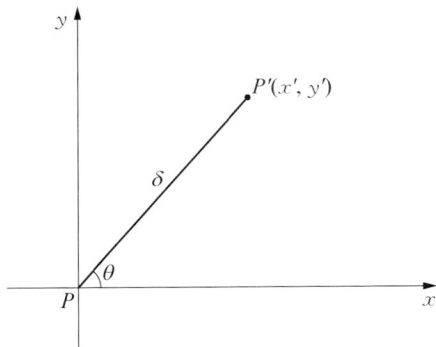

图 13 - 8 Schmall(1921)对 Smith(1886)模型的简化

13.5 相交直线

其实,在 Smith 的研究之前,Johnson(1869)已经清楚地阐明了如何通过轨迹与直线的关系来判断曲线的类型。但他不是从"与曲线在无穷远处有交点的直线条数",而

---

[1]《范氏大代数》一书中有这样的结论:对于实系数一元二次方程 $ax^2 + bx + c = 0$,若 $a \to 0$ 而 $b \neq 0$,则方程有 1 个无穷大根;若 $a \to 0$,$b \to 0$ 而 $c \neq 0$,则方程有 2 个无穷大根。

是从"与曲线交于一点的直线条数"这一角度来讨论。值得注意的是,和中学生认知中的"有且仅有一个交点"不同,Johnson 在书中所指的"直线与(1)交于一点"的更加准确的说法是:直线 $y=kx+b$ 与(1)交于两点,其中一点为 P,另一点在无穷远处,即:直线与(1)联立得到的关于 x 的一元二次方程

$$(A+Bk+Ck^2)x^2+(Bb+2Ckb+Ek+D)x+(Cb^2+Eb+F)=0 \quad (17)$$

的二次项系数为 0。因此,与(1)交于一点的直线将不包含(1)的切线,因为过点 P 的切线与(1)的两个交点重合于点 P,且此时(17)为一个完全平方式,其二次项系数不为 0。因方程

$$A+Bk+Ck^2=0$$

的根的个数即为与(1)交于一点的直线的条数,故可根据 $B^2-4AC>0$,$B^2-4AC=0$ 或 $B^2-4AC<0$ 得出这样的直线存在 2 条、1 条或 0 条。如图 13-9 所示,通过与曲线交于一点的直线的条数判断曲线是双曲线、抛物线,还是椭圆。(Johnson,1869,pp. 266-279)

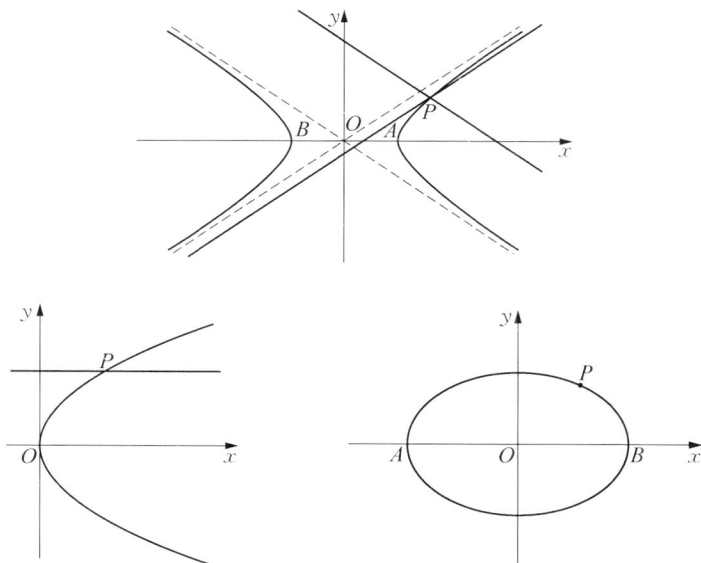

图 13-9　与圆锥曲线只相交于一点的直线

13.6 第二定义

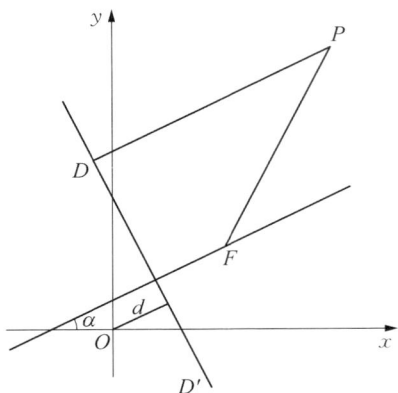

图 13 - 10 Bauer(1903)对二次方程系数的推导

圆锥曲线的第二定义是：到一个定点的距离与到一条定直线的距离之比是常数的点的轨迹。这一恒定的比率叫做离心率(e)。当 $e > 1$ 时，轨迹为双曲线；当 $e < 1$ 时，轨迹为椭圆；当 $e = 1$ 时，轨迹为抛物线。在此基础上，Bauer(1903)通过判别式 $B^2 - 4AC$ 与离心率之间的关系来进行一般方程的讨论。如图 13 - 10 所示，设焦点 F 的坐标为 (m, n)，离心率为 e，准线 DD' 到原点 O 的距离为 d，二次曲线的轴线与 x 轴的夹角为 α，则准线的方程为 $x\cos\alpha + y\sin\alpha = d$。

根据圆锥曲线的定义，有 $\dfrac{PF}{PD} = e$，即 $\overline{PF}^2 = e^2 \cdot$

$\overline{PD}^2$。设曲线上任意一点 P 的坐标为 (x', y')，则 $PF = \sqrt{(x'-m)^2 + (y'-n)^2}$，$PD = |x'\cos\alpha + y'\sin\alpha - d|$。代入定义式并整理，得到

$$(1 - e^2\cos^2\alpha)x'^2 - 2e^2\sin\alpha\cos\alpha \cdot x'y' + (1 - e^2\sin^2\alpha)y'^2$$
$$+ 2(e^2 d\cos\alpha - m)x' + 2(e^2 d\sin\alpha - n)y' + m^2 + n^2 - e^2 d^2 = 0。 \quad (18)$$

这是一个根据二次曲线的焦点坐标、离心率、准线与原点的距离以及曲线的轴的倾斜角所求出的二次曲线的一般方程。将(18)与(1)加以比较，可以得到

$$A = 1 - e^2\cos^2\alpha, B = -2e^2\sin\alpha\cos\alpha, C = 1 - e^2\sin^2\alpha。$$

计算并化简，得

$$B^2 - 4AC = 4(e^2 - 1)。$$

由于离心率 e 是一个正数，因此：当 $B^2 - 4AC > 0$ 时，$e > 1$，方程的轨迹为双曲线；当 $B^2 - 4AC < 0$ 时，$e < 1$，方程的轨迹为椭圆；当 $B^2 - 4AC = 0$ 时，$e = 1$，方程的轨迹为抛物线(Bauer，1903，pp. 55 - 61)。

13.7 因式分解

若方程(1)的左边可以被分解为两个一次因式相乘,则称该方程是可约的,否则称该方程不可约。Phillips(1915)将一般二元二次方程分为这两类。对于可约方程,若分解后得到两个一次实系数因式,则方程的轨迹为两条直线;若分解后得到的两个一次因式存在虚系数,则此时方程的轨迹通常为一个点。对于不可约方程,其轨迹为椭圆、双曲线、抛物线或虚轨迹。若方程的二次项部分分解得到含虚系数的因式,则轨迹为椭圆;若方程的二次项部分分解得到两个不同的实系数因式,则轨迹为双曲线;若方程的二次项部分为一个完全平方式,则轨迹为抛物线。下面是推导过程:

(1) 以直线 $A_1x + B_1y + C_1 = 0$, $A_2x + B_2y + C_2 = 0$ 为轴的椭圆方程为

$$\frac{1}{a^2}\left(\frac{A_1x + B_1y + C_1}{\sqrt{A_1^2 + B_1^2}}\right)^2 + \frac{1}{b^2}\left(\frac{A_2x + B_2y + C_2}{\sqrt{A_2^2 + B_2^2}}\right)^2 = 1。$$

这个方程的二次项部分为 $\frac{(A_1x + B_1y)^2}{a^2(A_1^2 + B_1^2)} + \frac{(A_2x + B_2y)^2}{b^2(A_2^2 + B_2^2)}$,这是一个平方和,所以分解会得到含虚系数的因式。

(2) 以直线 $A_1x + B_1y + C_1 = 0$, $A_2x + B_2y + C_2 = 0$ 为渐近线的双曲线的方程为

$$\left(\frac{A_1x + B_1y + C_1}{\sqrt{A_1^2 + B_1^2}}\right)\left(\frac{A_2x + B_2y + C_2}{\sqrt{A_2^2 + B_2^2}}\right) = c。$$

这个方程的二次项部分为 $\left(\frac{A_1x + B_1y}{\sqrt{A_1^2 + B_1^2}}\right)\left(\frac{A_2x + B_2y}{\sqrt{A_2^2 + B_2^2}}\right)$,这是两个一次实系数因式的乘积。

(3) 以直线 $A_1x + B_1y + C_1 = 0$ 为轴,通过曲线顶点垂直于轴的直线为 $A_2x + B_2y + C_2 = 0$ 的抛物线的方程为

$$\left(\frac{A_1x + B_1y + C_1}{\sqrt{A_1^2 + B_1^2}}\right)^2 = a\left(\frac{A_2x + B_2y + C_2}{\pm\sqrt{A_2^2 + B_2^2}}\right)。$$

这个方程的二次项部分为 $\frac{(A_1x + B_1y)^2}{A_1^2 + B_1^2}$,这是一个完全平方式(Phillips, 1915, pp. 83 - 87)。

13.8　小　结

图 13‒11 给出了不同时期教科书关于二次方程讨论方法的分布情况。

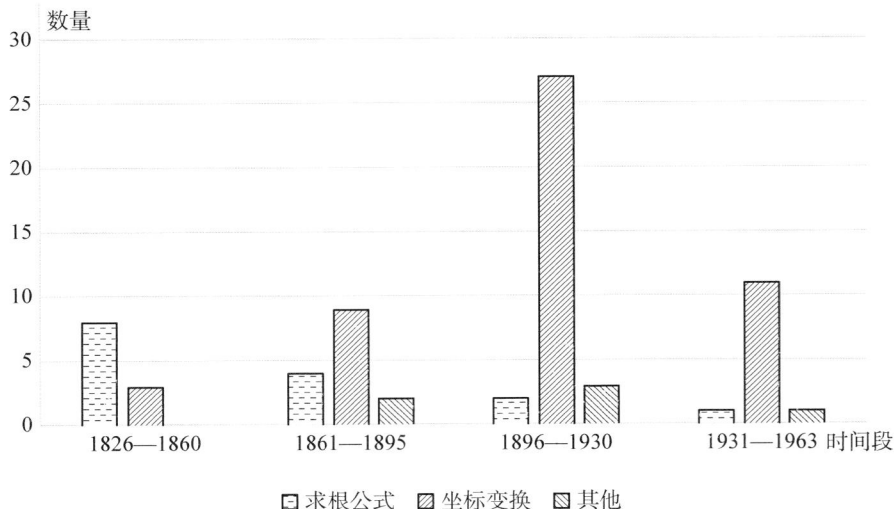

图 13‒11　不同时期教科书对一般二次方程讨论方法的统计

（1）1870 年以前，数学家大多将一般二元二次方程设为如下形式：

$$Ay^2 + Bxy + Cx^2 + Dy + Ex + F = 0。$$

1870 年后，数学家大多习惯将 x 的二次幂作为首项，使用

$$Ax^2 + Bxy + Cy^2 + Dx + Ey + F = 0$$

作为二次方程的一般形式。自从 Smith（1886）首次将一般方程设为

$$kx^2 + 2hxy + jy^2 + 2gx + 2fy + c = 0$$

之后，许多数学家也开始采用这一凸显对称性的形式，以便于在后续的推导过程中达到简化计算的效果。

（2）1857 年以前，数学家大多利用求根公式求解二元二次方程，再运用数形结合的方法推导出方程的根的几何解释，只会在计算根的方法和步骤上略有不同。而 1857 年后，数学家普遍选择使用坐标变换的方法将一般二次方程化为标准形式来判

断二次曲线的类型。另外,不同时期的数学家对于一般二次方程的讨论角度都有不同的创新,如基于方程轨迹与直线关系(Smith,1886,pp. 113 - 125)、判别式与离心率(Bauer,1903,pp. 55 - 61)、因式分解(Phillips,1915,pp. 83 - 87)等。

（3）下面总结关于一般二元二次方程的完整讨论。在直角坐标系下的一般二次方程

$$Ax^2 + Bxy + Cy^2 + Dx + Ey + F = 0$$

所表示的曲线类型的判别方法列表如下,其中 $\Delta = \begin{vmatrix} 2A & B & D \\ B & 2C & E \\ D & E & 2F \end{vmatrix}$。

$B^2 - 4AC < 0$	$A \cdot \Delta < 0$		椭圆 $B = 0, A = C$: 圆
	$A \cdot \Delta > 0$		虚轨迹
	$\Delta = 0$		一个点
$B^2 - 4AC > 0$	$\Delta \neq 0$		双曲线 $A + C = 0$: 等边双曲线
	$\Delta = 0$		两条相交直线
$B^2 - 4AC = 0$	$\Delta \neq 0$		抛物线
	$\Delta = 0$	$A \neq 0$	
		$D^2 - 4AF > 0$	两条平行直线
		$D^2 - 4AF = 0$	一条直线
		$D^2 - 4AF < 0$	虚轨迹
		$A = 0$	
		$E^2 - 4CF > 0$	两条平行直线
		$E^2 - 4CF = 0$	一条直线
		$E^2 - 4CF < 0$	虚轨迹

13.9　结论与启示

本章对于美英早期解析几何教科书中关于一般二次方程的讨论进行了深入考察和综合分析,得出结论:所有圆锥曲线都是二元二次方程,但二元二次方程除了表示圆锥曲线,还可以表示虚轨迹、一个点、一条直线、两条相交直线和两条平行直线,每种情

况对应的系数条件已在本章 13.3 中给出。通过对这些教科书的比较和总结发现,早期数学家对于一般二次方程的研究不仅仅停留在代数层面,他们通过几何的直观图像和解析的方法探索了二次曲线的多样性和复杂性,这也为中学生理解和学习一般二次方程的讨论提供了思路。

在教学中,教师可以在学生熟悉的直角坐标系下,先使用求根公式分别得出二次方程中 y 关于 x 的解和 x 关于 y 的解,再对方程的解进行讨论,通过分析曲线在各个方向是无限延伸还是有范围限制来分析方程的几何形状;也可以根据二次曲线的焦点坐标、离心率、准线与原点的距离以及曲线轴的倾斜角求出二次曲线的一般方程,再根据离心率,判别不同的圆锥曲线;还可以根据与圆锥曲线交于一点的直线的条数来进行分类;抑或是效仿 Phillips 基于因式分解的讨论,根据二次项部分因式的系数是实数还是虚数来进行讨论。以上这些讨论方法均可以用学生已经学过的初等数学知识实现。

对于学生难以理解和接受的部分,教师也可以通过教学设计,利用初等数学知识引导学生加以理解。例如讲授基于坐标变换的讨论时,由于之前的函数知识基础,学生易于理解平移变换,但对于旋转变换的公式

$$\begin{cases} x = x'\cos\theta - y'\sin\theta, \\ y = x'\sin\theta + y'\cos\theta, \end{cases}$$

却感到陌生。这时可以进行如下分析:显然,以对称轴所在直线作为新坐标系的坐标轴,一般方程才可能化简成标准方程的形式。在新坐标系下,不妨假设原 x 轴的斜率为 k(k 存在且不为 0,否则只需经过恰当的坐标平移即可完成方程化简)。因此我们可以设原 x 轴所在的直线方程为 $-kx' + y' + m_1 = 0$,原 y 轴所在的直线方程为 $x' + ky' + m_2 = 0$。那么点 $P(x', y')$ 到原 y 轴的距离等于点 P 在原坐标系下横坐标的绝对值 $|x|$,点 $P(x', y')$ 到原 x 轴的距离等于点 P 在原坐标系下纵坐标的绝对值 $|y|$。即

$$|x| = \frac{1}{\sqrt{1+k^2}} |x' + ky' + m_2|,$$

$$|y| = \frac{1}{\sqrt{1+k^2}} |-kx' + y' + m_1|。$$

分析易得去掉绝对值后依然成立。而这个变换表示的就是一个旋转加平移变换,其中的旋转部分为

$$
\begin{cases}
x = \dfrac{1}{\sqrt{1+k^2}}(x'+ky') = x'\cos\theta - y'\sin\theta, \\[3mm]
y = \dfrac{1}{\sqrt{1+k^2}}(-kx'+y') = x'\sin\theta + y'\cos\theta_{\circ}
\end{cases}
$$

这样一来,利用初等数学知识即可理解旋转变换。

　　通过从不同角度讨论一般二次方程所表示的曲线类型,可以看到,除了圆锥曲线外,一般二次方程还可以表示一个点、虚轨迹、一条或两条直线。对一般二元二次方程的探究完善了学生对二次曲线的认知,实现了知识之谐。而推导过程中的多种方法以及其中涵盖的数形结合、不变量等思想更是达成了方法之美与能力之助,帮助学生拓展了解析几何的视野。

参考文献

章建跃(2007). 我国中学数学解析几何教材的沿革——"中学数学中的解析几何"之二. 中学数学教学参考,(15):1-4.

Bauer, G. N. (1903). *The Simpler Elements of Analytical Geometry*. Minneapolis: H. W. Wilson Company.

Biot, J. B. & Smith, F. H. (1840). *An Elementary Treatise on Analytical Geometry*. New York: Wiley & Putnam.

Bussi, M. G. B. (2005). The Meaning of Conics: Historical and Didactical Dimensions. *Mathematics Education Library*, 37:39-60.

Davies, C. (1836). *Elements of Analytical Geometry*. New York: Wiley & Long, Collins, Keys & Company.

Hamilton, H. P. (1826). *The Principles of Analytical Geometry*. Cambridge: J. Deighton & Sons.

Johnson, W. W. (1869). *An Elementary Treatise on Analytical Geometry*. Philadelphia: J. B. Lippincott & Company.

Lardner, D. (1831). *A Treatise on Algebraic Geometry*. London: Whittaker, Treacher & Arnot.

Loomis, E. (1877). *The Elements of Analytical Geometry*. New York: Harper & Brothers.

Peck, W. G. (1873). *A Treatise on Analytical Geometry*. New York: A. S. Barnes & Company.

Peirce, J. M. (1857). *A Text-book of Analytic Geometry*. Cambridge: J. Bartlett.

Phillips, H. B. (1915). *Analytic Geometry*. London: Chapman & Hall.

Puckle, G. H. (1856). *An Elementary Treatise on Conic Sections and Algebraic Geometry*. Cambridge: Macmillan & Company.

Riggs, N. C. (1911). *Analytic Geometry*. New York: The Macmillan Company.

Schmall, C. N. (1921). *A First Course in Analytic Geometry, Plane and Solid*. New York: D. van Nostrand Company.

Smith, W. B. (1886). *Elementary Co-ordinate Geometry*. Boston: Ginn & Company.

Young, J. R. (1830). *The Elements of Analytical Geometry*. London: John Souter.

14　曲线的参数方程

刘梦哲[*]

14.1　引　言

　　参数方程作为解决解析几何问题的重要工具,其作用并非替代直角坐标方程,而是对它的必要补充和拓展。它在描述动态过程、简化复杂几何问题、处理高维问题以及计算效率上具有独特的优势,是解决科学与工程问题的关键方法之一。可以说,参数方程对于学生寻找动点轨迹、理解曲线方程的意义及解题等各方面都起到了举足轻重的作用,这也是数学教师在课堂中对其进行补充的一个重要原因。

　　融入数学史的数学课堂,一方面使得学生能够学懂、弄通、学深、悟透数学知识,把握其来龙去脉;另一方面也让今天的数学课堂充满数学文化的芬芳,从而践行立德树人根本任务。当我们翻开历史画卷,从概念、性质到作图、应用,19—20世纪美英解析几何教科书对参数方程的相关内容进行了详细的介绍,但迄今人们对此知之甚少。鉴于此,本章拟聚焦参数方程,对美英早期解析几何教科书进行考察,试图回答以下问题:历史上对于参数方程是如何定义的? 为什么要学习参数方程? 如何实现参数方程与普通方程的互化?

14.2　教科书的选取

　　本章选取1826—1965年间出版的75种美英解何几何教科书作为研究对象,以20年为一个时间段进行统计,这些教科书的出版时间及其出现参数方程的时间分布情况如图14-1所示。

---

* 华东师范大学数学科学学院博士研究生。

183

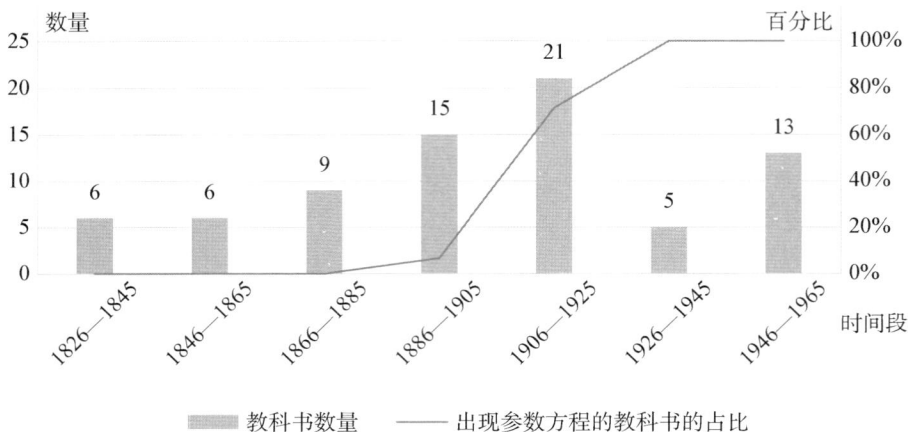

图 14-1　75 种美英早期解析几何教科书的出版时间及出现参数方程的时间分布

在 34 种给出参数方程的教科书中,参数方程的内容主要位于"参数方程""轨迹的参数方程""参数表示""高等平面曲线"等章,部分教科书会将此内容放在"椭圆""双曲线""抛物线"等章中分开介绍。从折线图可以看到,参数方程出现的时间较晚,在 1826—1904 年间,没有一本教科书涉及参数方程的内容。此后,参数方程越来越受到教科书编者的重视,并从早期分散在各章中进行介绍变成集中放在一章中进行论述。

14.3　参数方程的概念

在本章所考察的解析几何教科书中,最早提出参数方程(parametric equation)的是 Smith & Gale(1906),书中指出:"通常来说,如果用两个方程表示曲线上任意点 (x,y) 的坐标值,而这两个方程都是用单变量参数表示,则这些方程称为曲线的参数方程。"Fine & Thompson(1914)则从解析式的角度,提出参数方程可以写成 $x=\phi(t)$, $y=\psi(t)$ 的形式,其中 t 叫做参数。在实际问题中,参数往往会有几何或物理上的解释,最为常见的是把时间看作参数。

曲线的参数方程的引入使得一些问题得到简化,主要包括曲线性质的掌握、曲线的作图及曲线方程的推导三类问题。

14.3.1 曲线的性质

由曲线的参数方程可以方便地得到曲线的一些性质,Nathan(1947)对此作了详细的解释。对于曲线的显式方程 $y=f(x)$ 或隐式方程 $F(x,y)=0$,可以写出其参数方程 $x=f_1(t)$, $y=f_2(t)$,其中 $f_1(t)$ 和 $f_2(t)$ 是变量 t 的单值函数。

(1) 周期性:如果 $f_1(t)$ 和 $f_2(t)$ 是关于 t 的周期函数,且周期为 k,即 $f_1(t)=f_1(t+k)$, $f_2(t)=f_2(t+k)$,那么曲线上每一点 (x,y) 都是当参数 t 在长度为 k 的区间内变化得到的。例如, $f_1(t)=5+\sin 3t$, $f_2(t)=4\cos t$,则这一曲线的周期为 2π。

(2) 有界性:从 x、y 的参数表示,可以看到曲线在直角坐标系中的范围。例如,当 $x=2\cos\phi$, $y=\sin\phi$ 时,有 $|x|\leqslant 2$, $|y|\leqslant 1$;当 $x=3t-4$, $y=t^5$ 时,有 x、$y\in$ $\mathbf{R}$;当 $x=\sqrt{t-1}$, $y=2t^3$ 时,因 $t\in[1,+\infty)$,故 $x\in[0,+\infty)$, $y\in[2,+\infty)$。

(3) 对称性:如果对于每一个 t 都有一个 t',使得 $f_1(t')=f_1(t)$, $f_2(t')=-f_2(t)$,那么当点 (x,y) 在曲线上时,点 $(x,-y)$ 也在曲线上,即曲线关于 x 轴对称;相似地,若满足 $f_1(t')=-f_1(t)$, $f_2(t')=f_2(t)$,则当点 (x,y) 在曲线上时,点 $(-x,y)$ 也在曲线上,即曲线关于 y 轴对称。例如,曲线 $x=4t^3+t$, $y=t^2$ 关于 y 轴对称,曲线 $x=a\cos t$, $y=b\sin^3 t$ 关于 x 轴对称。

(4) 渐近线:如果 $f_1(t)\to\infty$ 且 $f_2(t)\to a$,那么曲线存在一条水平渐近线 $y=a$;如果 $f_2(t)\to\infty$ 且 $f_1(t)\to b$,那么曲线存在一条垂直渐近线 $x=b$。例如,对于曲线 $x=\dfrac{3t-5}{1+t}$, $y=t^2-9$,当 $t\to\infty$ 时,有 $x\to 3$, $y\to\infty$;当 $t\to-1$ 时,有 $x\to\infty$, $y\to-8$,分别得到曲线的垂直渐近线和水平渐近线 $x=3$, $y=-8$。

14.3.2 参数方程的作图

在绘制参数方程的曲线时,最常见的作图方法类似于五点法,依然遵循列表、描点、连线的步骤。以 Roberts & Colpitts(1918)给出的参数方程 $x=t^3$, $y=t^2$ 为例,首先对参数 t 赋值,可以计算出相应的 x、y 的值(图 14-2(a)),然后在平面直角坐标系上对这些点进行标记,最后将这些点连接成一条光滑的曲线(图 14-2(b))。

当然,并不是所有曲线都容易被画出。例如 Nathan(1947)给出的曲线 $x=\cos 2\theta$, $y=\tan\theta$,可以考虑其周期性、有界性、对称性、渐近线等性质,随后列表描点,画出曲线在一个周期内的部分即可。Taylor(1959)则对参数方程求导,从而方便地求出曲线

t	x	y	t	x	y
0	0	0	0	0	0
1	1	1	-1	-1	1
2	8	4	-2	-8	4
3	27	9	-3	-27	9

(a)

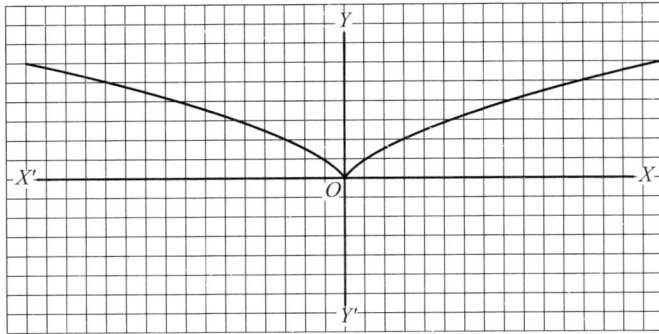

(b)

图 14 - 2   Roberts & Colpitts(1918)中的曲线绘制

的极值点、拐点等,同样可以将曲线绘制出来。

14.3.3   参数方程和普通方程的互化

参数方程和普通方程是直角坐标系下曲线方程的不同表示形式,它们都是表示曲线上点的坐标之间的关系,故在一般情况下,它们可以相互转化。

通过消去两个参数方程中的参数,从而将曲线的参数方程化为普通方程,于是,可借助于熟悉的普通方程的曲线来研究参数方程的曲线的类型、形状、性质等。但是,并不是每一对参数方程都可以消参,即使可以消参,此时得到的普通方程也是非常麻烦的。例如,给定曲线的参数方程为

$$\begin{cases} x = 2(\phi - \sin\phi), \\ y = 1(1 - \cos\phi)。 \end{cases}$$

这条曲线是一条摆线,消参后得到其普通方程为(Cell, 1951,pp. 186 - 198)

$$x = 2\arccos\left(1 - \frac{y}{2}\right) \pm \sqrt{4y - y^2}。$$

由此可见,对于部分曲线来说,利用参数方程研究曲线的性质并画出曲线会比普通方程更容易。

在一些问题中,直接推导曲线的参数方程会比普通方程更便捷,因为参数往往具有特殊含义。Cell(1951)指出,在许多工程和科学问题中,点的位置是时间的函数,故可以把时间看作参数,任取参数 t 并推导点的位置时,很自然地使用轨迹推导法得到 x、y 的方程。

在物理中最常见的例子是确定抛射体的运动轨迹,若无重力作用,初始速度为 v_0 且处在与水平方向成 ε 角的抛射体,在 t 时刻会处于位置 $x = v_0 t \cos\varepsilon$,$y = v_0 t \sin\varepsilon$。假设水平运动和竖直运动时处在平衡状态,但由于重力加速度 g 保持不变,在 t 时刻纵坐标 y 减小了 $\dfrac{1}{2}gt^2$,此时抛射体在 t 时刻的坐标为

$$\begin{cases} x = v_0 t \cos\varepsilon, \\ y = v_0 t \sin\varepsilon - \dfrac{1}{2}gt^2. \end{cases}$$

这就是抛射体的运动轨迹,参数就是时刻 t。消去参数,即可得到抛射体运动的普通方程(Ziwet & Hopkins,1913,pp. 109 - 258)

$$y = \tan\varepsilon \cdot x - \frac{g}{2v_0^2 \cos^2\varepsilon}x^2。$$

从曲线的普通方程找到其参数方程也有多种技巧。Kells & Stotz(1949)指出,通过对 x 赋值,即设 x 关于 t 的表达式,再将其代入普通方程,从而解出 y 关于 t 的表达式,同时,方程的选择通常是为了获得意义、便捷性,或两者兼得。例如,为了获得 $x - y = 1$ 的参数方程,取 $x = 2 + \dfrac{t}{\sqrt{2}}$,于是 $y = 1 + \dfrac{t}{\sqrt{2}}$,此时参数 t 表示从点 $(2,1)$ 到点 (x,y) 的有向距离。对于曲线方程 $\dfrac{x^2}{a^2} - \dfrac{y^2}{b^2} = 1$,可以设 $y = b\sin t$,解得

$$x = \pm a\sqrt{1 + \sin^2 t}。$$

显然这一对参数方程并不满足便捷性,反而使得曲线方程变得复杂。通过观察可以发现,因 $\sec^2 t - \tan^2 t = 1$,故设 $x = a\sec t$,此时 $y = b\tan t$,这对参数方程将会是一组最优解(Smith,Salkover & Justice,1954,pp. 181 - 188)。总而言之,把普通方程化为参

数方程的关键在于对参数的选择。

  Young，Fort & Morgan(1936)还指出，任何给定的曲线都可能有任意多组参数方程，即曲线的参数方程是不唯一的。以直线方程 $y=4x$ 为例，其参数方程可以写为

$$\begin{cases} x=t, \\ y=4t, \end{cases} \begin{cases} x=\dfrac{t}{2}, \\ y=2t, \end{cases} \begin{cases} x=\dfrac{t}{4}, \\ y=t, \end{cases} \text{或} \begin{cases} x=\dfrac{t}{35}, \\ y=\dfrac{4t}{35} \end{cases} \text{等。}$$

14.4 曲线的参数方程

14.4.1 直线的参数方程

  给定一条倾斜角为 θ，且经过点 $P_1(x_1, y_1)$ 的直线。任取直线上一点 P，作 $P_1Q \parallel x$ 轴，$PQ \parallel y$ 轴，两直线交于点 Q(图 14-3(a))。设 t 表示有向线段 P_1P 的长度，则由

$$|P_1Q|=x-x_1=t\cos\theta,$$

$$|QP|=y-y_1=t\sin\theta,$$

得直线的参数方程为

$$\begin{cases} x=x_1+t\cos\theta, \\ y=y_1+t\sin\theta, \end{cases}$$

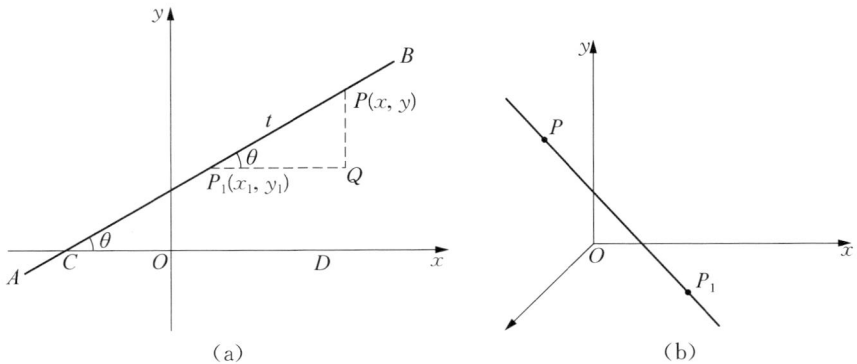

(a)   (b)

图 14-3 直线的参数方程

其中 t 是参数。消参后得到

$$\frac{y - y_1}{x - x_1} = \frac{t\sin\theta}{t\cos\theta} = \tan\theta = m,$$

即

$$y - y_1 = m(x - x_1)。$$

这是过点(x_1, y_1)、斜率为 m 的直线的点斜式方程（Harding & Mullins，1926，pp. 134 – 141）。

以此类推，还可以推导出三维空间中直线的参数方程。如图 14 – 3(b)所示，直线过点 $P_1(x_1, y_1, z_1)$，且直线的方向角为 α、β、γ。任取直线上一点 P，设 r 表示有向线段 P_1P 的长度，于是

$$\begin{cases} \dfrac{x - x_0}{r} = \cos\alpha, \\[2mm] \dfrac{y - y_0}{r} = \cos\beta, \\[2mm] \dfrac{z - z_0}{r} = \cos\gamma, \end{cases}$$

即

$$\begin{cases} x = x_0 + r\cos\alpha, \\ y = y_0 + r\cos\beta, \\ z = z_0 + r\cos\gamma, \end{cases}$$

其中 r 是参数。当 r 从 $-\infty$ 到 $+\infty$ 时，点 P 可以在直线上的任意位置，所以此方程代表直线（Osgood & Graustein，1921，pp. 490 – 493）。

14.4.2　圆的参数方程

任取以 $C(x_0, y_0)$ 为圆心、r 为半径的圆上任意一点 $P(x, y)$。过圆心 C 作 x 轴的平行线，交 $\odot C$ 于点 A（图 14 – 4）。令 $\angle ACP = \theta$，于是得到圆的参数方程为

$$\begin{cases} x - x_0 = r\cos\theta, \\ y - y_0 = r\sin\theta, \end{cases}$$

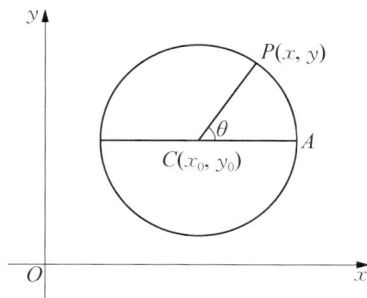

图 14 – 4　圆的参数方程

即

$$\begin{cases} x = x_0 + r\cos\theta, \\ y = y_0 + r\sin\theta, \end{cases}$$

其中 θ 是参数。若将两式的两边平方并相加,即可消去参数,得到圆的标准方程 $(x - x_0)^2 + (y - y_0)^2 = r^2$ (Harding & Mullins,1926,pp. 134 - 141)。

14.4.3 椭圆的参数方程

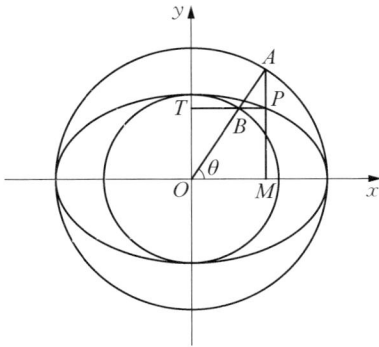

图 14 - 5 椭圆的参数方程

Wilson & Tracey(1915)以 O 为圆心、任意长 a 为半径作圆,取该圆上一点 A,作 $AM \perp x$ 轴,垂足为点 M。再以 O 为圆心、任意长 $b(b < a)$ 为半径作圆,直线 OA 交此圆于点 B,点 P 即为点 B 在直线 AM 上的投影(图 14 - 5),即为椭圆的压缩变换定义。

令 $P(x,y)$ 及 $\angle MOA = \theta$,于是得到椭圆的参数方程

$$\begin{cases} x = OM = OA\cos\theta = a\cos\theta, \\ y = MP = OB\sin\theta = b\sin\theta, \end{cases}$$

其中 θ 是参数,又称其为偏心角。同样,两边平方并相加,可得椭圆的标准方程。

14.4.4 双曲线的参数方程

Ziwet & Hopkins(1913)指出,在双曲线的情况下,偏心角 θ 仍然决定了点 $P(x,y)$ 的轨迹。过原点作倾斜角为 θ 的直线,交以原点为圆心、a 为半径的圆于点 A,同时,以原点为圆心、b 为半径的圆交 x 轴于点 B(图 14 - 6)。

在点 A 处的切线交 x 轴于点 A',在点 B 处的切线交直线 OA 于点 B',分别过点 A' 及 B' 作两坐标轴的平行线,交于点 P。于是容易得到双曲线的参数方程

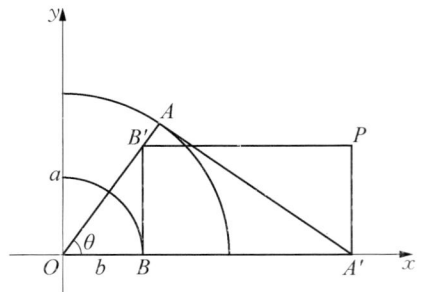

图 14 - 6 双曲线的参数方程

$$
\begin{cases}
x = OA' = OA\sec\theta = a\sec\theta, \\
y = BB' = OB\tan\theta = b\tan\theta,
\end{cases}
$$

其中 θ 是参数。最后,两边平方并相减,可得双曲线的标准方程。

14.4.5　抛物线的参数方程

不同于椭圆和双曲线,我们可以利用三角恒等式方便地写出其参数方程,对于抛物线来说,其在参数的设定上则是多种多样的。给定抛物线的标准方程 $y^2 = 2px$,Borger(1928)令 $x = 2p\tan^2 t$,解得 $y = \pm 2p\tan t$,于是将

$$
\begin{cases}
x = 2p\tan^2 t, \\
y = 2p\tan t
\end{cases}
$$

作为抛物线的参数方程,其中 t 为参数且 $t \in [0, 2\pi)$
(图 14-7)。

根据这一参数方程的形式,可以构造出如下曲线:
在 x 轴上取 $OM = 2p$,并过点 M 作 x 轴的垂线,任取
$\angle MOQ = t$,OQ 交垂线于点 Q,此时 $MQ = OM\tan t =$
$2p\tan t$。将 MQ 投影到 y 轴上,并过点 N 作 OQ 的垂

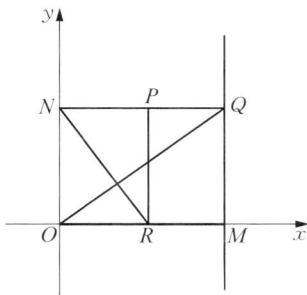

图 14-7　抛物线的参数方程

线,交 x 轴于点 R。最后,过点 R 作 NQ 的垂线,垂足为
点 $P(x, y)$。于是计算可得 $x = OR = 2p\tan^2 t$,$y = MQ = 2p\tan t$。通过对 t 赋值,可以作出这一条曲线上任意多的点。

对于抛物线 $y^2 = 4ax$,Ziwet & Hopkins(1913)设曲线上一点的切线与 x 轴的夹

角为 α,并以 α 为参数,给出这一标准方程下的参数方程 $\begin{cases} x = a\cot^2\alpha, \\ y = 2a\cot\alpha. \end{cases}$　Fine &

Thompson(1909)给出的参数方程则是 $\begin{cases} x = at^2, \\ y = 2at. \end{cases}$

14.4.6　其他曲线的参数方程

除了常见曲线的参数方程,部分早期教科书还给出了一些特殊曲线的参数方程及其图像,这些曲线不仅十分优美,而且还在实际的工程问题中有广泛的应用。如,Smith,Salkover & Justice(1954)和 Roberts & Colpitts(1918)还给出了以下几种曲线

的参数方程。

- 摆线（图 14-8）：$\begin{cases} x = a(t - \sin t), \\ y = a(1 - \cos t); \end{cases}$

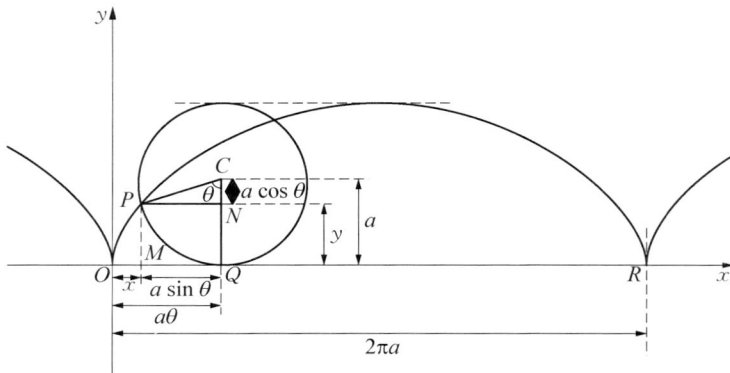

图 14-8　摆线

- 外摆线（图 14-9）：$\begin{cases} x = (a+b)\cos t - b\cos\dfrac{a+b}{b}t, \\ y = (a+b)\sin t - b\sin\dfrac{a+b}{b}t; \end{cases}$

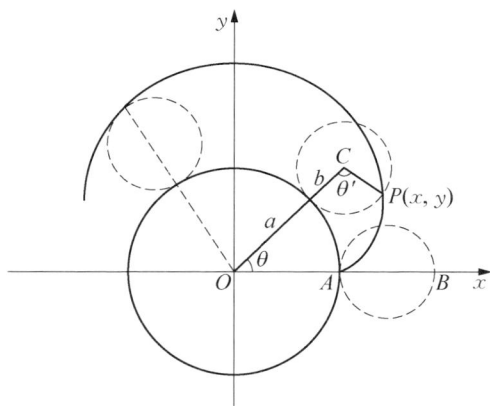

图 14-9　外摆线

- 圆内轮旋线（图 14-10）：$\begin{cases} x = (a-b)\cos t + b\cos\dfrac{a-b}{b}t, \\ y = (a-b)\sin t - b\sin\dfrac{a-b}{b}t; \end{cases}$

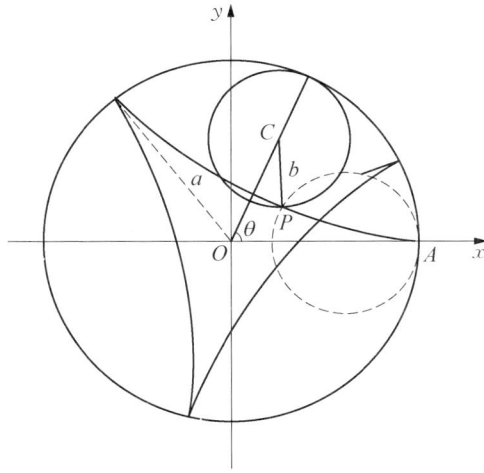

图 14‐10　圆内轮旋线

- 四尖圆内轮旋线(图 14‐11)：$\begin{cases} x = a\cos^3 t, \\ y = a\sin^3 t; \end{cases}$

- 圆的渐开线(图 14‐12)：$\begin{cases} x = a(\cos t + t\sin t), \\ y = a(\sin t - t\cos t); \end{cases}$

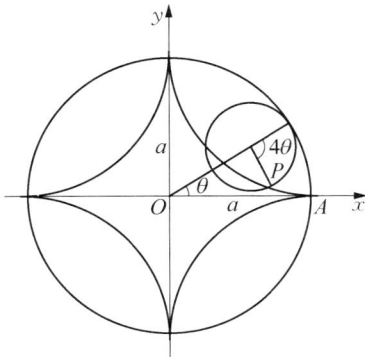

图 14‐11　四尖圆内轮旋线

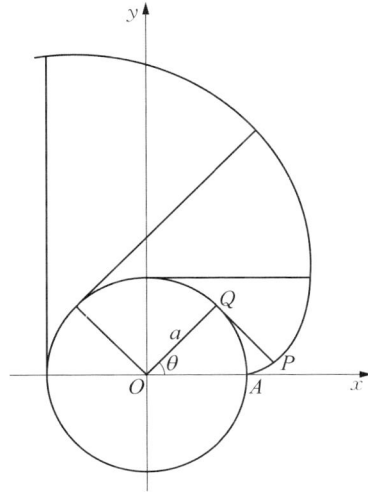

图 14‐12　圆的渐开线

● 箕舌线(图 14 - 13)：$\begin{cases} x = 2a\cot\theta, \\ y = 2a\sin^2\theta; \end{cases}$

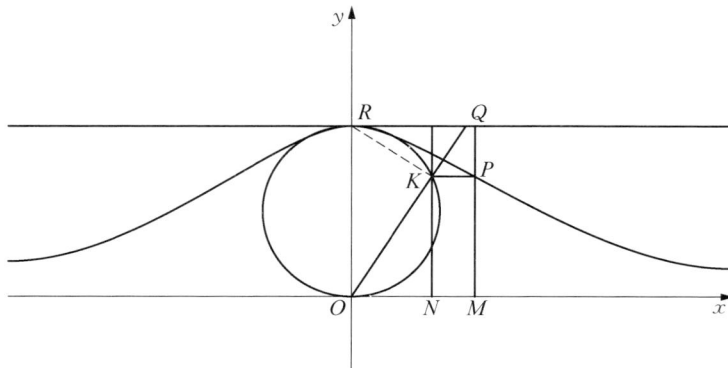

图 14 - 13　箕舌线

● 蔓叶线(图 14 - 14)：$\begin{cases} x = 2a\sin^2\theta, \\ y = 2a\sin\theta(\sec\theta - \cos\theta)。 \end{cases}$

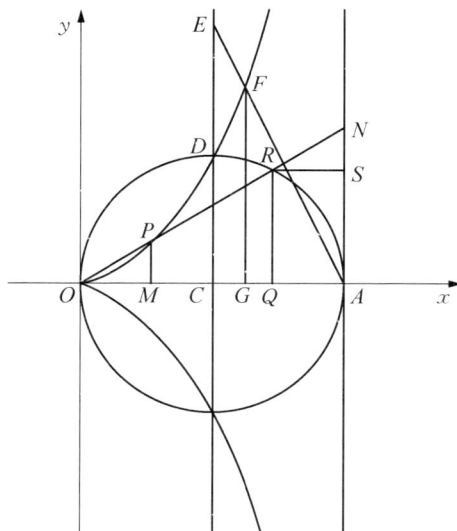

图 14 - 14　蔓叶线

14.5　结论与启示

综上所述,从参数方程的缘起,教科书编者就将其视为探究解析几何问题的一大工具。历史上参数方程被广泛应用于曲线性质的掌握、曲线的作图及曲线方程的推导等各方面,由此,一些复杂的曲线也能够通过简单的参数方程形式被表示出来。可以说,这些内容均为今日参数方程的教学提供了诸多启示。

其一,找寻思想之源。每一个数学概念都有它的源头所在,参数方程也不例外。然而,在现实的教学过程中,往往只是为了学习而学习。例如,学生不理解为什么学习了斜截式、截距式等形式的直线方程后还要学习直线的参数方程。爱因斯坦曾说过,"提出一个问题往往比解决该问题更重要"(Einstein & Infeld,1938,pp. 95 - 96),今天的数学课堂应从单纯的分析问题、解决问题,向发现问题、提出问题倾斜。因此,在参数方程的教学中,教师可以从抛射体等物理问题入手,引导学生发现坐标的参数表示,通过对比这一轨迹的普通方程和参数方程,让学生总结参数方程在解决实际问题上的巧妙之处。从源头出发,学生将明白掌握参数方程的必要性。

其二,感悟方程之联。方程不仅仅是以数的形式存在,其背后还蕴含着形的特征。方程的几种不同形式包含着确定曲线轨迹的关键因素,从中可以清楚地发现曲线的对称性、顶点、范围等特点。因此,在圆锥曲线的教学中,教师要培养学生的转化意识,即某一种形式的方程并不是一种孤立的存在,运用一定的技巧,方程之间可以实现相互转化。例如,将圆的一般方程转化为参数方程后,圆心和半径一目了然,于是该圆在直角坐标系上的大致图像就可以容易地绘制出来。掌握参数方程与已学曲线方程之间的联系(图 14 - 15),能取得事半功倍之效。

其三,体会图形之美。运用数形结合思想,可以使复杂的问题变得简单,使抽象的问题变得直观。然而,一些形式较为复杂的方程则让图形的绘制变得困难。因此,在教学中,教师可以让学生利用参数方程绘制曲线,在实际操作中,学生将会感受到参数方程在作图中的优势。同时,也可以让学生利用几何画板、MATLAB 等软件,一方面培养学生利用信息化工具作图的能力;另一方面,欣赏图形的对称或不对称、规则或不规则、简单或复杂、单调或多彩等,有助于提高学生的审美能力,体会数学之美,提升数学学习的兴趣。

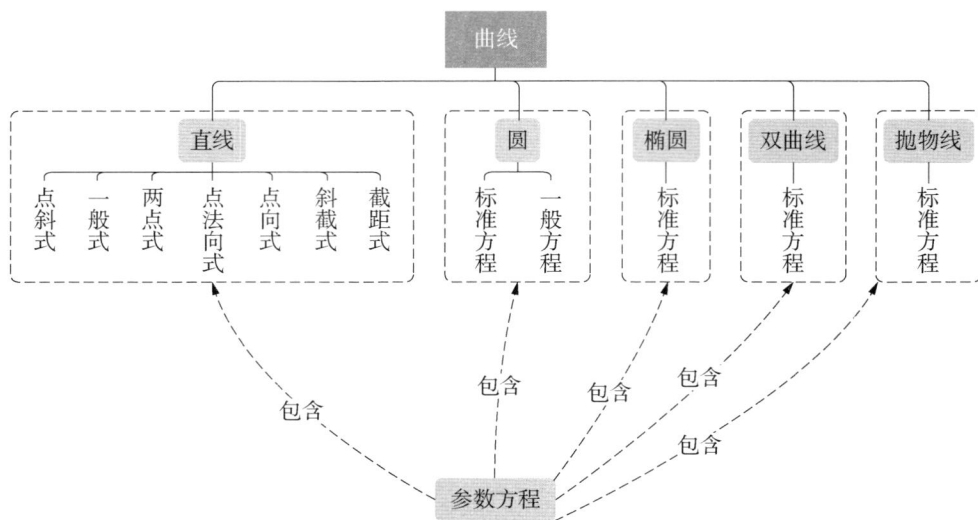

图 14 - 15　直线和圆锥曲线方程的几种形式

参考文献

Borger, R. L. (1928). *Analytic Geometry*. New York: McGraw-Hill Book Company.

Cell, J. W. (1951). *Analytic Geometry*. New York: John Wiley & Sons.

Einstein, A. & Infeld, L. (1938). *The Evolution of Physics*. New York: Simon & Schuster.

Fine, H. B. & Thompson, H. D. (1909). *Coordinate Geometry*. New York: The Macmillan Company.

Harding, A. M. & Mullins, G. W. (1926). *Analytic Geometry*. New York: The Macmillan Company.

Kells, L. M. & Stotz, H. C. (1949). *Analytic Geometry*. New York: Prentice-Hall.

Nathan, D. S. (1947). *Analytic Geometry*. New York: Ronald Press Company.

Osgood W. F. & Graustein, W. C. (1921). *Plane and Solid Analytic Geometry*. New York: The Macmillan Company.

Roberts, M. M. & Colpitts, J. T. (1918). *Analytic Geometry*. New York: John Wiley & Sons.

Smith, E. S., Salkover, M. & Justice, H. K. (1954). *Analytic Geometry*. New York: John Wiley & Sons.

Smith, P. F. & Gale, A. S. (1906). *Introduction to Analytic Geometry*. Boston: Ginn & Company.

Taylor, A. E. (1959). *Calculus with Analytic Geometry*. Englewood Cliffs, N. J.: Prentice-Hall.

Wilson, W. A. & Tracey, J. I. (1915). *Analytic Geometry*. Boston: D. C. Heath & Company.

Young, J. W., Fort, T. & Morgan, F. M. (1936). *Analytic Geometry*. Boston: Houghton Mifflin Company.

Ziwet, A. & Hopkins, L. A. (1913). *Analytic Geometry and Principles of Algebra*. New York: The Macmillan Company.

15 曲线的极坐标方程

刘梦哲 *

15.1 引　言

　　现代坐标系的建立架起了代数与几何之间的桥梁,实现了几何方法与代数方法的结合,使形与数统一起来。坐标系虽然看似简单,但它的形成却是一个十分漫长的过程(参阅第 2 章)。今天,我们所熟知的直角坐标系主要来自笛卡儿和费马的贡献。然而,数学家并没有止步于直角坐标系的建立,此后还建立了极坐标系,并将平面坐标系发展为空间三维坐标系。

　　极坐标作为高中数学教学中的重要知识,衔接着高中数学和大学数学的知识内容,同时是高考考查的一个重点,是与现实生活问题联系很紧密的知识。然而,学生在学习极坐标时往往会出现一些认知困难,例如理解极坐标系的概念和公式、进行方程间的转换、分析变量取值范围以及综合运用方程等。因而,教师需要了解极坐标背后更广阔的历史背景,掌握更为丰富的数学史素材,为今日 HPM 视角下的教学提供保障。

　　回溯历史,英国数学家牛顿(I. Newton,1643—1727)在《流数法与无穷级数》一书中发明了新的坐标系,也就是现在所说的极坐标系。当时的人们还只是用一条 x 轴和与其成一定角的 y 轴来表示坐标系,而牛顿是用一个固定点和通过该点的一条直线作为坐标系,应用极坐标表示平面内任意的点,并验证了极坐标系与其他坐标系间的转化关系。之后,瑞士数学家雅各·伯努利(Jacob Bernoulli,1655—1705)也使用过极坐标。到了 18 世纪,意大利数学家丰塔纳(G. Fontana,1735—1803)将其命名为"极坐标系",英国数学家皮科克(G. Peacock,1791—1858)在 1816 年翻译拉克洛瓦(S.

――――――――――――

＊ 华东师范大学数学科学学院博士研究生。

F. Lacroix，1765—1843)的《微分学与积分学》一书时，将其译为英语。

    每一个数学概念都有它的源头（汪晓勤，2017，p. 92），极坐标也并非从天而降。以史为鉴，方能使新知识的产生自然而然、水到渠成，符合学生的认知发展规律，从而使新知识易于为学生所理解（汪晓勤，沈中宇，2020，p. 20）。鉴于此，本章聚焦极坐标方程，对 19—20 世纪的美英解析几何教科书进行考察，试图回答以下问题：极坐标系是如何引入的？极坐标的概念是如何定义的？如何利用极坐标方程的相关性质绘制几何图形？直线、圆和圆锥曲线的极坐标方程是如何推导的？探寻这些素材，可以为教师提供教学设计的思路。

15.2 教科书的选取

    本章选取 1826—1965 年间出版的 64 种美英解析几何教科书作为研究对象，以 20 年为一个时间段进行统计，这些教科书的出版时间分布情况如图 15-1 所示。

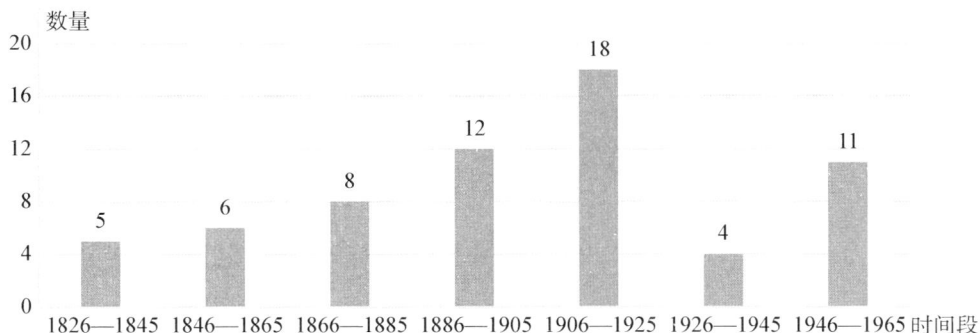

图 15-1　64 种美英早期解析几何教科书的出版时间分布

    为回答研究问题 1—3，本章按年份依次检索上述 64 种教科书，从"极坐标""坐标（系）""点的坐标"等章中，分别摘录出极坐标的引入、概念、坐标系之间的变换及极坐标方程的性质、作图等内容，再经分析，确定每一知识点的分类标准，并将其归于不同类别。最后，结合所搜集的直线、圆和圆锥曲线的极坐标方程的不同推导方法，回答研究问题 4。

15.3 极坐标

    在平面内建立直角坐标系，是人们公认的最容易接受并且被经常采用的方法，但它并不是确定点的位置的唯一方法。对于一些复杂的曲线,例如螺线、玫瑰线、心形线等曲线,用直角坐标方程表示极其复杂,但用极坐标方程表示就会变得十分简单且便于处理。事实上,确定平面内一个点的位置时,有时固然是依靠水平距离与垂直距离这两个量,有时却是依靠距离与方位角这两个量。

15.3.1 引入方式

表 15 - 1 给出了极坐标系的不同引入方式。部分教科书在学生学习极坐标前没有给出引言,而直接给出了极坐标的定义,还有一部分教科书从数学内部引出极坐标的定义,例如,O'Brien(1844)指出:"除了刚刚介绍的直角坐标系和斜坐标系,还可以用极坐标表示点的位置。"当然,也有教科书从数学内部出发,利用生活中常见的导航问题引入极坐标。

表 15 - 1　极坐标系的引入方式

引入方式	具体描述	教科书
数学内部	一个点在平面上的位置是由它到平面上定点的距离和方向决定的。	Crawley & Evans(1918)
	已知一个点到给定点的距离和方向,就可以完全描述一个点在平面上的位置,这个想法形成了极坐标的基础。	Osgood & Graustein(1921)
	极坐标系的使用使解析几何的许多应用的处理变得简单。这个系统基于一个单一的有向轴(极轴)和位于这个轴上的一个点(极点)。	Nelson, Folley & Borgman (1949)
数学外部	在极坐标系中,点的位置是通过测量一个距离和一个方向来确定的,而不是通过测量两个距离来确定的,这与测量中使用的方位和距离系统本质上是相同的,与地理中使用的纬度和经度系统相反。	Wilson & Tracey(1915)
	显然,一个人可以通过告诉他朝某个方向走一定的距离而被引导到一个地方。例如,往西北方向走 10 英里。一个点的极坐标是距离和方向,方向由一个角度来表示。	Kells & Stotz(1949)
	到目前为止,在本课程中对位置的描述:"向东走 4 个单位长度及向北走 3 个单位长度",即(4, 3)。但是,能够让我们(至少在理论上)到达同一个目的地的方向是:"沿着一条东偏北方向约 37°角的线走 5 个单位长度。"	Cell(1951)

引入方式	具体描述	教科书
	地球表面上一点的位置通常是由它与另一点的距离和方向来确定的。比如 A 在 B 的东北方向 25 英里处,于是 B 在平面上的点的位置同样可以确定。	Hardy(1891)
	位置的概念可以用多种代数方法来表示。如果想要确定一个城镇的位置,我们通常把它说成是离某个知名地点在某个方向上的一段距离。	Ashton(1900)
	极坐标在任何研究中都具有特殊的价值,其中重要的要素是可变点与固定点的距离和方向。地球绕太阳的运动或任何有关螺旋曲线的问题都是例证。	Maltbie(1906)

15.3.2 定义

Hamilton(1826)在斜坐标系的基础上,取斜坐标系上任意一点 P,连结 AP,令 $AP=r$,$\angle PAX=\omega$,$\angle YAX=\alpha$(图 15-2)。过点 P 作 AY 的平行线,交 AX 于点 M。在 $\triangle AMP$ 中,有

$$\frac{AM}{AP}=\frac{\sin\angle APM}{\sin\angle AMP}=\frac{\sin\angle PAY}{\sin\angle YAX}=\frac{\sin(\alpha-\omega)}{\sin\alpha},$$

即

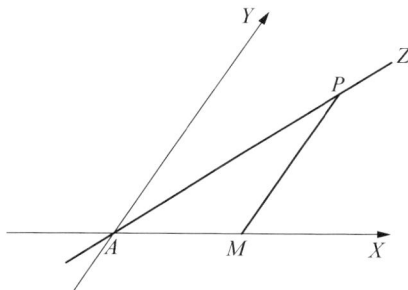

图 15-2 斜坐标系 YAX

$$x=r\,\frac{\sin(\alpha-\omega)}{\sin\alpha},$$

$$y=r\,\frac{\sin\omega}{\sin\alpha}。$$

因此,x、y 可以用 r、ω 表示,而 r、ω 可以确定点 P 的位置。当采用这种模式定义点的位置时,点 A 称为极点(pole),AP 称为矢径(radius vector),(r,ω) 是点 P 的极坐标。方程表示曲线上任意一点坐标的关系,称为曲线的极坐标方程。Lardner(1831)将极坐标方程记为 $z=f(\omega)$,其中 ω 表示可变角 $\angle ZAX$,z 表示矢径。

Davies(1836)假设平面上有一点 A,过该点作直线 AX。一条线段 AB 绕点 A 旋转,使其与 AX 形成 $0°\sim360°$ 的角。若 AB 同时伸长或缩短,则点 B 可以连续地与平面上的每一点重合,即给定可变角 $\angle BAX$ 和可变长度 AB,则可以确定平面上任意一

点,这种用可变角和可变长度确定点的方法叫做极坐标。

Bowser(1880)给出了一种静态且更加简洁的表述,此后有诸多教科书编者以这一方式来定义点的极坐标。令 O 是一个定点,OA 是过点 O 的定直线。若给定线段 OP 长及 $\angle POA$,则可确定平面上任意一点 P 的位置。其中,作者首次将 OA 叫做极轴(polar axis),定点 O 叫做极点,OP 叫做矢径,$\angle POA$ 叫做方向角或矢量角。这一方法被称为极坐标法。若将任意点的方向角记为 θ、矢径记为 ρ,则点 P 的坐标可记为 $P(\rho, \theta)$。

对于极径和极角的取值,Davies(1836)记 $\angle BAX = v$,$|AB| = r$,x、y 分别表示点 B 的横、纵坐标,则 $x = r\cos v$,$y = r\sin v$。若点 B 在第一、四象限,则 $r = \dfrac{x}{\cos v} > 0$;若点 B 在第二、三象限,则 $r = \dfrac{x}{\cos v} > 0$,故 $r \geqslant 0$。而从上述定义可知,作者将极角 v 的范围限定在 $0° \sim 360°$。Loomis(1877)承认极径和极角可取负值。当极径绕极点逆时针旋转时,极角 $\theta > 0$;当极径绕极点顺时针旋转时,极角 $\theta < 0$。当 $\rho > 0$ 时,点 $P(\rho, \theta)$ 在 θ 的终边上;当 $\rho < 0$ 时,点 $P(\rho, \theta)$ 在 θ 终边的反向延长线上。Wentworth(1886)为了能用一个极坐标方程表示轨迹上的所有点,将 ρ 和 θ 扩展到负值。

在平面直角坐标系中,点的坐标和点的位置可以一一对应,而在极坐标系中却不尽如此。给定 $P(\rho, \theta)$,由 θ 的值可以画出 θ 的终边,再由 ρ 的值可以在 θ 的终边或终边的反向延长线上确定点 P 的位置。反之,对于平面上任意一点 P,若其坐标为 (ρ, θ),则 $(\rho, \theta + 2n\pi)(n \in \mathbf{Z})$ 和 $(-\rho, \theta + (2n+1)\pi)(n \in \mathbf{Z})$ 是极坐标系上同一点,均可表示点 P 的坐标(Kells & Stotz,1949,p.88)。由此可知,在极坐标系下,点的坐标和点的位置并不是一一对应的关系,即点的一对坐标可以唯一确定点的位置,但可以用无数对点的坐标表示给定点的位置。

15.3.3　直角坐标与极坐标的互化

Schmall(1921)将极坐标系置于平面直角坐标系的不同位置,从而给出了将直角坐标转化为极坐标的四种情况。

情形 I　当极轴与 x 轴重合、极点在原点时,令点 P 在直角坐标系下的坐标为 (x, y),在极坐标系下的坐标为 (ρ, θ)(图 15 - 3)。于是,在 Rt$\triangle POQ$ 中,有

$$\begin{cases} x = \rho\cos\theta, \\ y = \rho\sin\theta, \end{cases}$$ 即 x、y 可以用 ρ、θ 表示。

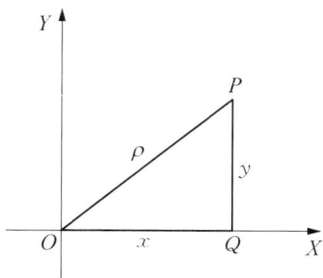

图 15 - 3　情形 I

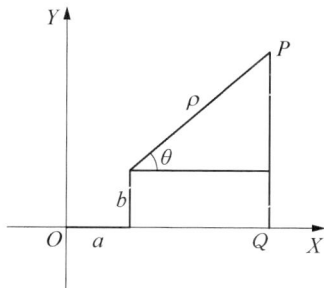

图 15 - 4　情形 II

情形 II　当极轴与 x 轴平行、极点为 (a, b) 时(图 15 - 4),有 $\begin{cases} x = a + \rho\cos\theta, \\ y = b + \rho\sin\theta。 \end{cases}$

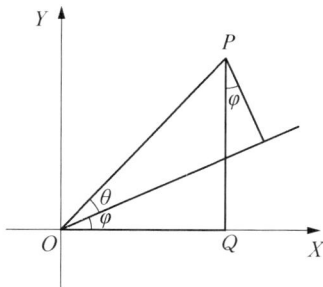

图 15 - 5　情形 III

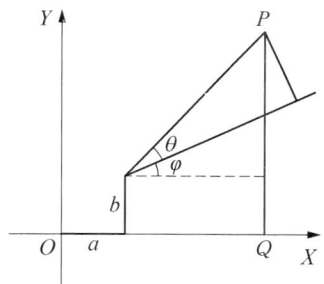

图 15 - 6　情形 IV

情形 III　当极轴与 x 轴的夹角为 φ、极点在原点时(图 15 - 5),有 $\begin{cases} x = \rho\cos(\theta + \varphi), \\ y = \rho\sin(\theta + \varphi)。 \end{cases}$

情形 IV　当极轴与 x 轴的夹角为 φ、极点为 (a, b) 时(图 15 - 6),有 $\begin{cases} x = a + \rho\cos(\theta + \varphi), \\ y = b + \rho\sin(\theta + \varphi)。 \end{cases}$

当然,我们还可以将极坐标转化为直角坐标,只需对上述公式进行逆运算即可。对于情形 I ,有

$$\begin{cases} \rho = \sqrt{x^2 + y^2}, \\ \theta = \arctan \dfrac{y}{x}; \end{cases}$$

对于情形 Ⅱ,有

$$\begin{cases} \rho = \sqrt{(x-a)^2 + (y-b)^2}, \\ \theta = \arctan \dfrac{y-b}{x-a}; \end{cases}$$

对于情形 Ⅲ,有

$$\begin{cases} \rho = \sqrt{x^2 + y^2}, \\ \theta = \arctan \dfrac{y}{x} - \varphi; \end{cases}$$

对于情形 Ⅳ,有

$$\begin{cases} \rho = \sqrt{(x-a)^2 + (y-b)^2}, \\ \theta = \arctan \dfrac{y-b}{x-a} - \varphi。 \end{cases}$$

15.4 极坐标方程

15.4.1 性质

在极坐标系中,方程的轨迹由所有坐标满足方程的点组成。在方程中为其中一个变量赋值来计算另一个变量的值,然后将这些点绘制在极坐标系上,可以连接成一条光滑曲线。但如果事先讨论该方程所满足的性质,那么可以方便地绘制曲线的图形。Nelson,Folley & Borgman(1949)主要分析了极坐标方程的对称性、截距、在极点时的方向及周期性。

(1)对称性。因为(ρ,θ)和$(\rho,-\theta)$关于极轴对称,如果用$-\theta$替换方程中的θ得到同一方程,则曲线关于极轴对称。同理,若用$\pi-\theta$替换θ,用$-\rho$替换ρ,可得同一方程,则曲线同样关于极轴对称(图 15 - 7)。

按照这一方式,可以将曲线的对称性简记为

$$\left.\begin{array}{l} \theta \to (-\theta),\text{或} \\ \theta \to (\pi-\theta),\rho \to (-\rho) \end{array}\right\} \Rightarrow \text{曲线关于极轴对称;}$$

$$\left.\begin{array}{l} \theta \to (\pi-\theta),\text{或} \\ \theta \to (-\theta),\rho \to (-\rho) \end{array}\right\} \Rightarrow \text{曲线关于}\ \theta=\frac{\pi}{2}\ \text{对称;}$$

$$\left.\begin{array}{l} \rho \to (-\rho),\text{或} \\ \theta \to (\pi+\theta) \end{array}\right\} \Rightarrow \text{曲线关于极点对称。}$$

其中 $A \to B$ 的形式表示用 B 替换方程中的 A 可以得到同一方程。

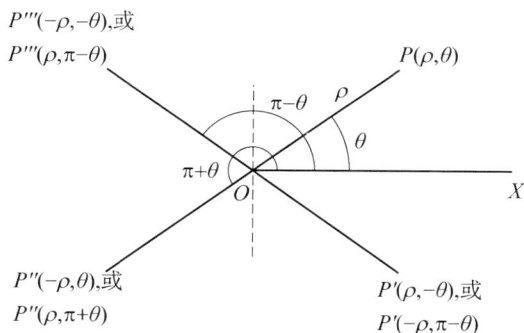

图 15‑7　对称性

（2）截距。令 $\theta=n\pi$，或 $\frac{\pi}{2}+n\pi$，$n \in \mathbf{Z}$，即可发现曲线在极轴以及在 $\theta=\frac{\pi}{2}$ 上的截距。

（3）在极点时的方向。若极点是曲线上一点，则有以下定理：

若 θ_1，θ_2，$\cdots$ 是 $f(\theta)=0$ 的实根，则直线 $\theta=\theta_1$，$\theta=\theta_2$，$\cdots$ 是曲线 $\rho=f(\theta)$ 在极点处的切线。（Kells & Stotz，1949，p.93）

Hart(1963)对此给出证明。令 $P(\rho,\theta)$ 是曲线 $\rho=f(\theta)$ 上一点，由 $f(\theta_1)=0$，记直线 OT 的方程为 $\theta=\theta_1$（图 15‑8）。假设在 $\overgroup{OP}$ 上 $\rho=f(\theta)$ 是连续函数，则当 $\rho \to 0$ 时，$\theta \to \theta_1$，或者割线 OP 将 OT 作为 $\rho \to 0$ 时的极限位置。因此，$\overgroup{OP}$ 在极点处的切线为 OT。

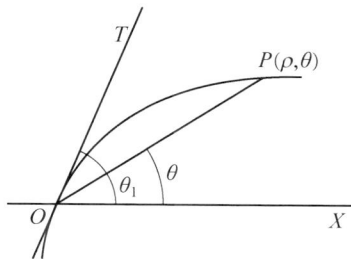

图 15‑8　在极点时的方向

（4）周期性。若 $\rho=f(\theta)$ 只是包含 θ 的三角函数，则 $\rho=f(\theta)$ 是关于 θ 的周期

函数,ρ 的值会重复 $f(\theta)$ 在一个周期内的所有值。然而,当周期 T 小于 2π 时,虽然 $\rho = f(\theta)$ 与 $\rho = f(\theta + T)$ 相同,但并不意味着点 (ρ, θ) 和 $(\rho, \theta + T)$ 是相同的。

除了上述性质,Nathan(1949)进一步确定曲线的范围。首先,对于某些 θ,代入 $\rho = f(\theta)$,可得 ρ 的值是虚数,因此这些 θ 的值可以排除。其次,当 $\theta \to \theta_1$ 时,有 $\rho \to \infty$,则曲线的轨迹从极点沿着直线 $\theta = \theta_1$ 的方向无限延伸,当然,这并不能说明直线 $\theta = \theta_1$ 是曲线的渐近线。若 ρ 的值是有限的,则可以找出 $|\rho|$ 取最大值时对应的 θ 的值。最后,需要找出 $|\rho|$ 取最小值或等于 0 时,对应的 θ 的值。Taylor(1959)还利用导数判断曲线的单调性。

15.4.2　作图

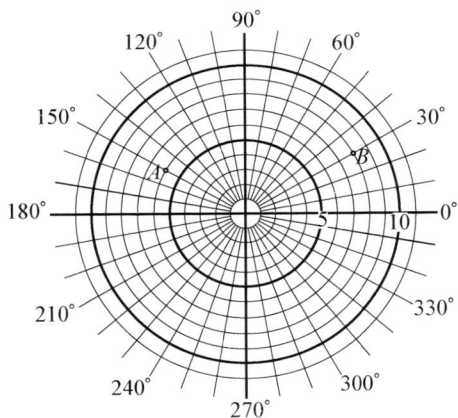

图 15 - 9　极坐标纸

五点作图法固然是描绘曲线的一种方法,但当我们掌握曲线的相关性质后,可以更加准确地画出曲线的轨迹。在绘制极坐标方程的轨迹时,往往会使用极坐标纸,在这种纸上有一组通过极点的直线和一组以极点为圆心的同心圆(图 15 - 9)(Smith, Salkover & Justice, 1954, p. 167)。以四叶玫瑰线 $\rho = a\cos 2\theta$ 为例,简要说明极坐标方程的作图方法(Nelson, Folley & Borgman, 1949, pp. 150 - 151)。

由曲线的性质:

(1) 因为 $\cos 2\theta$ 的周期是 π,所以只需画出 $0 \leqslant \theta < 2\pi$ 的图像即可;

(2) 用 $-\theta$ 替换 θ,有 $a\cos 2\theta = a\cos(-2\theta)$,故曲线关于极轴对称,同理,曲线关于 $\theta = \dfrac{\pi}{2}$ 对称;

(3) 曲线与极轴及 $\theta = \dfrac{\pi}{2}$ 的交点为 $(a, 0)$、$\left(-a, \dfrac{\pi}{2}\right)$、$(a, \pi)$ 和 $\left(-a, \dfrac{3\pi}{2}\right)$;

(4) 当 $\theta = \dfrac{\pi}{4}$、$\dfrac{3\pi}{4}$、$\dfrac{5\pi}{4}$、$\dfrac{7\pi}{4}$ 时,有 $\rho = 0$,故曲线经过极点,并得到曲线在极点处的切线;

（5）由 $|\cos 2\theta| \leqslant 1$，可以得出 $|\rho| \leqslant a$。利用这些性质，只需列出部分点的坐标，即可连接出一条光滑的曲线（图 15 - 10）。

15.5 曲线的极坐标方程

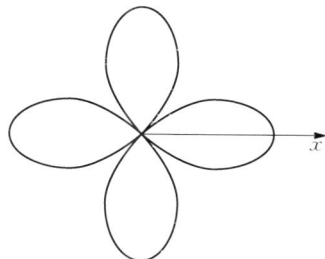

图 15 - 10 四叶玫瑰线

15.5.1 直线的极坐标方程

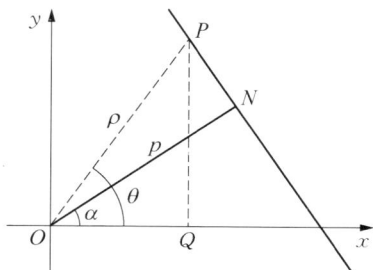

图 15 - 11 直线的极坐标方程（一）

一条直线在平面上的位置可由极点到直线的距离 $p = ON$ 及 ON 与 x 轴的夹角 $\alpha = \angle NOQ$ 确定。如图 15 - 11 所示，设 $P(\rho, \theta)$ 是直线 PN 上任意一点，在 Rt $\triangle PON$ 中，有 $|OP| \cdot \cos\angle PON = |ON|$，于是直线 PN 的极坐标方程为（Woods & Bailey, 1917, pp. 121 - 122）

$$\rho\cos(\theta - \alpha) = p。$$

Puckle(1856)利用直线的一般式方程 $Ax + By + C = 0$，由点 P、N 在直线上，得

$$A\rho\cos\theta + B\rho\sin\theta + C = 0,$$

及

$$Ap\cos\alpha + Bp\sin\alpha + C = 0。$$

于是

$$\frac{\rho\sin\theta - p\sin\alpha}{\rho\cos\theta - p\cos\alpha} = -\frac{A}{B}。$$

令 $\theta = 0$，则 $\rho = -\dfrac{C}{A}$，$\theta = \dfrac{\pi}{2}$，则 $\rho = -\dfrac{C}{B}$，于是直线的斜率为 $\tan\alpha = \dfrac{B}{A}$，此时计算可得

$$\frac{\rho\sin\theta - p\sin\alpha}{\rho\cos\theta - p\cos\alpha} = -\cot\alpha。$$

故得

$$\rho \cos(\theta - \alpha) = p。$$

Runkle(1888)从直线方程 $x\cos\alpha + y\sin\alpha = p$ 出发,令 $x = \rho\cos\theta$, $y = \rho\sin\theta$,代入可得

$$\rho \cos(\theta - \alpha) = p。$$

当然,也可将 $x = \rho\cos\theta$, $y = \rho\sin\theta$ 直接代入直线的一般式方程,可得

$$\rho (A\cos\theta + B\sin\theta) + C = 0,$$

并利用两角和的余弦公式得到直线的极坐标方程。

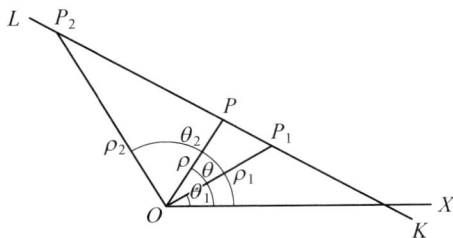

图 15 - 12　直线的极坐标方程(二)

Tanner & Allen(1898)利用三角形的面积公式得到直线的极坐标方程。令 O 是极点,OX 是极轴,给定两点 $P_1(\rho_1, \theta_1)$、$P_2(\rho_2, \theta_2)$,并在过点 P_1、P_2 的直线 LK 上任取一点 $P(\rho, \theta)$(图 15 - 12)。因为 $\triangle OP_1P_2$ 的面积 $=\triangle OP_1P$ 的面积 $+$ $\triangle OPP_2$ 的面积,由三角形的面积公式,得

$$\frac{1}{2}\rho_1\rho_2\sin(\theta_2 - \theta_1) = \frac{1}{2}\rho_1\rho\sin(\theta - \theta_1) + \frac{1}{2}\rho\rho_2\sin(\theta_2 - \theta)。$$

化简,即得直线的极坐标方程为

$$\frac{\sin(\theta_1 - \theta_2)}{\rho} + \frac{\sin(\theta_2 - \theta)}{\rho_1} + \frac{\sin(\theta - \theta_1)}{\rho_2} = 0。$$

在图 15 - 11 中,当 $\alpha = 0$ 时,直线 PN 与极轴垂直,此时极坐标方程为 $\rho\cos\theta = p$;当 $\alpha = \dfrac{\pi}{2}$ 时,直线 PN 与极轴平行,可得极坐标方程为 $\rho\sin\theta = p$;当 $p = 0$ 时,直线 PN 过极点,则 $\rho\cos(\theta - \alpha) = 0$,因 $\rho \not\equiv 0$,故 $\cos(\theta - \alpha) = 0$,于是 $\theta - \alpha = \dfrac{\pi}{2}$, $\theta = c$,其中 c 为任意常数。

15.5.2　圆的极坐标方程

利用余弦定理,可得极坐标系下两点间的距离公式,这也是求圆的极坐标方程的基础。给定平面上任意两点 $P_1(\rho_1, \theta_1)$、$P_2(\rho_2, \theta_2)$,连结 OP_1、OP_2(图 15 - 13)。

在 $\triangle OP_1P_2$ 中,有

$$|P_1P_2|^2 = |OP_1|^2 + |OP_2|^2 - 2|OP_1| \cdot |OP_2| \cdot$$
$$\cos\angle P_1OP_2,$$

即两点间的距离公式为(Puckle,1870,pp. 109 - 110)

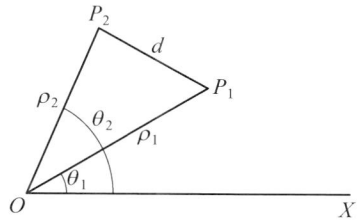

图 15 - 13　两点间的距离公式

$$d = \sqrt{\rho_1^2 + \rho_2^2 - 2\rho_1\rho_2 \cdot \cos(\theta_2 - \theta_1)}。$$

如图 15 - 14 所示,对于平面上不经过极点且以 $C(b, \beta)$ 为圆心、a 为半径的圆,任取圆上任意一点 $P(\rho, \theta)$。在 $\triangle OPC$ 中,运用两点间的距离公式,计算可得(Phillips,1915,p. 117)

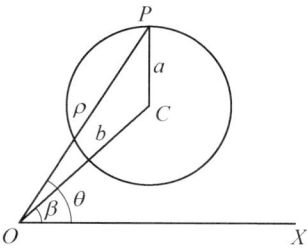

图 15 - 14　圆的极坐标方程

$$a^2 = \rho^2 + b^2 - 2\rho b\cos(\theta - \beta)。$$

令 $b = a$,即得过极点的圆的极坐标方程为

$$\rho = 2a\cos(\theta - \beta)。$$

进一步,若 $\beta = 0$,则极轴还过圆心 C,此时的极坐标方程为 $\rho = 2a\cos\theta$。 当圆心与极点重合时,圆的极坐标方程为 $\rho = a$。

15.5.3　圆锥曲线的极坐标方程

在图 15 - 15 中,若点 F 为圆锥曲线的焦点、ZM 为准线,则由圆锥曲线的准线定义可知,

$$|FP| = e|PM| = e(|FZ| - |FG|)。 \qquad (1)$$

令 l 是圆锥曲线通径长的一半,若线段 FP 与通径重合,此时点 F、G 重合,代入(1)式,得 $l = e|FZ|$,即 $|FZ| = \dfrac{l}{e}$。 现以 F 为极点、FZ 为极轴,由 $|FP| = \rho$ 及 $\angle PFZ = \theta$ 知,$|FG| = \rho\cos\theta$,代入(1),得

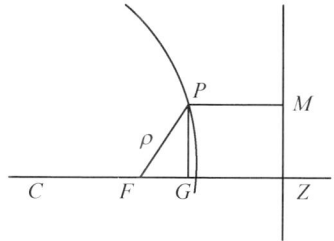

图 15 - 15　圆锥曲线的极坐标方程

$$\rho = e\left(\frac{l}{e} - \rho\cos\theta\right),$$

即

$$\rho = \frac{l}{1 + e\cos\theta}。$$

当 $0 < e < 1$ 时，所得圆锥曲线是椭圆；当 $e = 1$ 时，得到抛物线；当 $e > 1$ 时，得到双曲线（Poor，1934，pp. 130 - 133）。Ziwet & Hopkins（1913）直接设焦点到准线的距离 $|FZ| = q$，代入（1），得

$$\rho = e(q - \rho\cos\theta)。$$

于是，圆锥曲线的极坐标方程为

$$\rho = \frac{eq}{1 + e\cos\theta}。$$

除利用圆锥曲线的第二定义推导其极坐标方程外，推导方法还有代入法、余弦定理法、焦半径法三类。设点 $P(\rho, \theta)$ 是圆锥曲线上任意一点。

（1）代入法（Peck，1873，pp. 63 - 64）。以抛物线 $y^2 = 2px$ 为例，当极点在原点时，设 $x = \rho\cos\theta$，$y = \rho\sin\theta$。将其代入抛物线的标准方程，得

$$\rho^2\sin^2\theta = 2p\rho\cos\theta，$$

即

$$\rho = 2p\csc^2\theta\cos\theta。$$

若以焦点为极点，此时 $x = \frac{p}{2} + \rho\cos\theta$，$y = \rho\sin\theta$。同理可得

$$\rho^2\sin^2\theta = p^2 + 2p\rho\cos\theta，$$

即

$$\rho^2 = p^2 + 2p\rho\cos\theta + \rho^2\cos^2\theta。$$

故有

$$\rho = p + \rho\cos\theta，$$

即

$$\rho = \frac{p}{1 - \cos\theta}。$$

这也和之前给出的圆锥曲线的极坐标方程一致。

（2）余弦定理法（Newcomb，1884，pp. 135 -

136）。以椭圆 $\dfrac{x^2}{a^2}+\dfrac{y^2}{b^2}=1$ 为例，如图 15-16 所示，令

极点与椭圆的右焦点重合，则在 $\triangle PF_1F_2$ 中，有

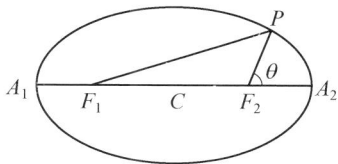

图 15-16   余弦定理法

$$|PF_1|^2=|PF_2|^2+|F_1F_2|^2-2|PF_2||F_1F_2|\cdot$$
$$\cos\angle PF_2F_1,$$

则

$$|PF_1|=\sqrt{\rho^2+4a^2e^2+4ae\rho\cos\theta}\,。$$

由椭圆第一定义知，$|PF_1|+|PF_2|=2a$，故得

$$\sqrt{\rho^2+4a^2e^2+4ae\rho\cos\theta}+\rho=2a\,。$$

化简，得

$$\rho=\dfrac{a(1-e^2)}{1+e\cos\theta}。$$

（3）焦半径法（Newcomb，1884，p. 174）。以双曲线 $\dfrac{x^2}{a^2}-\dfrac{y^2}{b^2}=1$ 为例，令极点与双

曲线的左焦点重合，点 P 在双曲线的右支上，则一条焦半径长 $|PF_1|=ex+a$。 将

$x=\rho\cos\theta-c$ 代入焦半径公式，可得双曲线的极坐标方程为

$$\rho=e(\rho\cos\theta-c)+a,$$

即

$$\rho=\dfrac{a-ec}{1-e\cos\theta}。$$

15.6   结论与启示

综上所述，美英早期解析几何教科书中给出了极坐标的多种引入方式、定义的多种

表述方式及坐标变换的方法，指出了极坐标方程所满足的性质及其作图步骤，呈现了

几种曲线的极坐标方程的不同推导方法,为今日教学提供了诸多启示。

其一,创设教学情境,激发学习动机。苏霍姆林斯基指出,人的内心有一种根深蒂固的需要——总感到自己是一个发现者、研究者、探索者,在儿童的精神世界中,这种需要特别强烈(苏霍姆林斯基,1984,p. 58)。相比教师直接向学生呈现数学概念、定理、公式,一个有效的情境将激发学生探究新知识的欲望,满足学生认知发展的需要,促进学生有意义的学习。在日常生活中,学生经常会使用导航软件进行定位,而极坐标通常被用于导航。教师可利用这一情境设置问题,从数学外部引出学习极坐标的必要性,由此展开极坐标定义的学习。

其二,运用信息技术,促进主动学习。在数字化日益发展的时代,学生的学习方式也越来越多样化。采用信息化教学具备诸多优势,教师应努力探索信息化教学与传统教学的结合。例如,课前向学生推送坐标系发展的历史视频,并让学生循着数学家的足迹绘制一个属于自己的坐标系;课中教师可利用几何画板等软件,通过分析极坐标方程所满足的性质绘制出一条优美的曲线,随后,让学生以小组为单位选择几个极坐标方程,并在平板上共同绘制出曲线;课后教师根据学生反馈的疑点、难点,有针对性地解答学生疑问,推送个性化作业。将信息技术融入传统的数学课堂,使学生从知识的被动接受者变为主动学习者。

其三,发展数学思维,提升数学素养。在新课程改革的背景下,教师要贯彻落实素质教育理念的新标准和新要求,加强对学生核心素养的有效培育。数形结合作为高中数学的重要思想方法,在极坐标方程的教学中应予以渗透。当给出几何图形时,教师应培养学生观察图形的能力,让学生揭示图形中蕴涵的数量关系;当给出方程时,教师应培养学生将数转化为形的意识,正确绘制图形,切实把握数与形的对应关系,并灵活应用数与形的转化,最终提高思维的灵活性和创造性。与此同时,当给定轨迹所满足的性质时,不仅要鼓励学生多样化的建系方式,还要让学生掌握最优的建系方式,当然,教师还应留给学生充分的时间去推导轨迹方程,这样做将提高学生数学运算、直观想象、数学抽象等素养。

参考文献

苏霍姆林斯基(杜殿坤编译)(1984). 给教师的建议. 北京:教育科学出版社.

汪晓勤(2017). HPM:数学史与数学教育. 北京:科学出版社.

汪晓勤，沈中宇（2020）．数学史与高中数学教学：理论、实践与案例．上海：华东师范大学出版社．

Ashton, C. H. (1900). *Plane and Solid Analytic Geometry*. New York: Charles Scribner's Sons.

Bowser, E. A. (1880). *An Elementary Treatise on Analytic Geometry*. New York: D. van Nostrand.

Cell, J. W. (1951). *Analytic Geometry*. New York: John Wiley & Sons.

Crawley, E. S. & Evans, H. B. (1918). *Analytic Geometry*. Philadelphia: University of Pennsylvania.

Davies, C. (1836). *Elements of Analytical Geometry*. New York: Wiley & Long, Collins, Keys & Company.

Hamilton, H. P. (1826). *The Principles of Analytical Geometry*. Cambridge: J. Deighton & Sons.

Hardy, A. S. (1891). *Elements of Analytic Geometry*. Boston: Ginn & Company.

Hart, W. L. (1957). *Analytic Geometry and Calculus*. Boston: D. C. Heath & Company.

Kells, L. M. & Stotz, H. C. (1949). *Analytic Geometry*. New York: Prentice-Hall.

Lardner, D. (1831). *A Treatise on Algebraic Geometry*. London: Whittaker, Treacher & Arnot.

Loomis, E. (1877). *The Elements of Analytical Geometry*. New York: Harper & Brothers.

Maltbie, W. H. (1906). *Analytic Geometry*. Baltimore: The Sun Job Printing Office.

Nathan, D. S. (1949). *Analytic Geometry*. New York: The Ronald Press Company.

Nelson, A. L., Folley, K. W. & Borgman, W. M. (1949). *Analytic Geometry*. New York: The Ronald Press Company, 1949.

Newcomb, S. (1884). *The Elements of Analytic Geometry*. New York: Henry Holt & Company.

O'Brien, M. (1844). *A Treatise on Plane Co-ordinate Geometry*. Cambridge: Deightons.

Osgood W. F. & Graustein, W. C. (1921). *Plane and Solid Analytic Geometry*. New York: The Macmillan Company.

Peck, W. G. (1873). *A Treatise on Analytical Geometry*. New York: A. S. Barnes & Company.

Phillips, H. B. (1915). *Analytic Geometry*. New York: John Wiley & Sons.

Poor, V. C. (1934). *Analytical Geometry*. New York: John Wiley & Sons.

Puckle, G. H. (1856). *An Elementary Treatise on Conic Sections and Algebraic Geometry*. Cambridge: Macmillan & Company.

Runkle, J. D. (1888). *Elements of Plane Analytic Geometry*. Boston: Ginn & Company.

Schmall, C. N. (1921). *A First Course in Analytic Geometry, Plane and Solid*. New York:

D. van Nostrand Company.

Smith, E. S., Salkover, M. & Justice, H. K. (1954). *Analytic Geometry*. New York: John Wiley & Sons.

Tanner, J. H. & Allen, J. (1898). *An Elementary Course in Analytic Geometry*. New York: American Book Company.

Taylor, A. E. (1959). *Calculus with Analytic Geometry*. Englewood Cliffs, N. J.: Prentice-Hall.

Wentworth, G. A. (1886). *Elements of Analytic Geometry*. Boston: Ginn & Company.

Wilson, W. A. & Tracey, J. I. (1915). *Analytic Geometry*. Boston: D. C. Heath & Company.

Woods, F. S. & Bailey, F. H. (1917). *Analytic Geometry and Calculus*. Boston: Ginn & Company.

Ziwet, A. & Hopkins, L. A. (1913). *Analytic Geometry and Principles of Algebra*. New York: The Macmillan Company.

$\boldsymbol{16}$ 各种轨迹

刘梦哲[*]

16.1　引　言

　　符合一定条件的动点所形成的图形,或符合一定条件的点的全体所组成的集合叫做满足该条件的点的轨迹(王林全,1982,p.1)。轨迹,具备两个本质特征:其一,在轨迹上的点都符合给定的条件,称为轨迹的纯粹性;其二,不在轨迹上的点都不符合给定的条件,称为轨迹的完备性。

　　曲线亦称线,在初等几何中被认为是不言自明的原始概念之一。欧几里得在《几何原本》卷首指出,"面的界是线""线有长度,没有宽度""线的界是点",但这些并没有给线以完全的定义。线可以分为直线和曲线,虽然直和曲是相对的,但现在人们也常认为直线是特殊的曲线,这与欧几里得所指的线是同义的。若曲线上所有的点都在同一平面内,则称该曲线是平面曲线,此时点的轨迹即为一条平面曲线。

　　《普通高中数学课程标准(2017年版2020年修订)》指出,通过"平面解析几何"这一单元的学习,帮助学生在平面直角坐标系中,认识直线、圆、椭圆、抛物线、双曲线的几何特征,建立它们的标准方程。公元前3世纪,古希腊数学家阿波罗尼奥斯就详细研究过圆锥曲线,随着解析几何的创立,数学家对圆锥曲线的研究还在继续。当然,除了直线、圆和圆锥曲线,还有诸多平面曲线,如蔓叶线、箕舌线、蚌线、摆线等,利用微积分这一工具,可以帮助我们解开曲线之谜,因而这些曲线往往在高等数学中较为常见。

　　众所周知,数学在培养学生的运算力、思维力、逻辑推理力、观察力、空间想象力和创造力等方面具有重要的价值。虽然今天的课程标准中并没有要求学生掌握这些高

---

[*] 华东师范大学数学科学学院博士研究生。

阶平面曲线及其性质,但这些曲线给学生带来的视觉冲击力却能让学生感受到数学中的艺术美。鉴于此,本章拟聚焦各种高阶平面曲线,对 19—20 世纪美英解析几何教科书进行考察,以期为今日教学提供思想养料。

16.2 教科书的选取

本章选取 1826—1965 年间出版的 54 种美英早期解析几何教科书作为研究对象,以 20 年为一个时间段进行划分,其出版时间分布情况如图 16-1 所示。

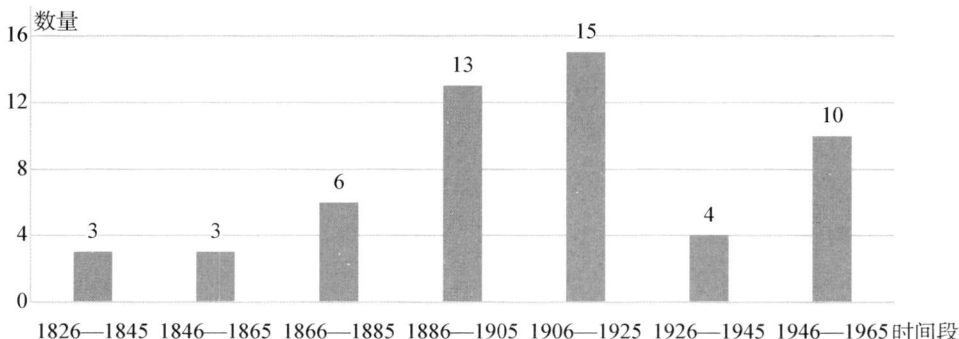

图 16-1 54 种美英早期解析几何教科书的出版时间分布

在 54 种教科书中,有关高阶平面曲线的内容主要出现在"高阶平面曲线""参数方程""极坐标""轨迹"等章中,出现最多的是"高阶平面曲线"一章。在这一章中,教科书编者会给出不同高阶平面曲线的定义,并推导曲线的直角坐标方程、极坐标方程或参数方程,还有部分教科书提到了曲线的历史。

16.3 各种平面曲线

Tanner & Allen(1898)指出,在平面直角坐标系中,若曲线方程可简化为有限项,且每项仅涉及坐标的正整数次幂,则称其为代数曲线,其他所有曲线都称为超越曲线;在同一平面中,二阶以上方程表示的代数曲线以及所有超越曲线称为高阶平面曲线。由于古代数学家花费了大量精力来研究不同的高阶平面曲线,使得这些曲线广为人知,同时,它们在艺术和科学领域也具有重要的实用价值。本章主要介绍 Nichols

（1892）和 Tanner & Allen(1898)对于一些高阶平面曲线的研究成果。

16.3.1 三次曲线

（一） 蔓叶线

这条曲线是由公元前 2 世纪古希腊数学家狄奥克勒斯（Diocles,约前 240—约前 180)引入,他将其称为蔓叶线（cissoid)。该词源自希腊语"常春藤"(ivy),因为它类似于向上攀爬的藤蔓。狄奥克勒斯用这条曲线解决了在两已知线段间求得两比例中项的著名问题。这个问题解决的同时,也解决了古希腊三大数学难题之一的倍立方体问题(Heath，1921，p. 164)。

给定边长为 a 的立方体,设 x、y 是 a 与 $2a$ 之间的两个比例中项,即 $a:x=x:y=y:2a$。于是计算可得 $x^3=2a^3$,其中 x 是所求立方体的边长。如果 $a=1$,那么 $x=\sqrt[3]{2}$,因此,插入两个比例中项可以构造一条长度为 $\sqrt[3]{2}$ 的线段。当然,利用蔓叶线还可以构造一条长度等于任何给定数的立方根的线段。

给定半径为 a 的圆 $OFAK$,OA 是该圆的一条直径,AT 是该圆的一条切线。过点 O 作任意直线 OQS,分别交圆和切线 AT 于点 Q、S,在直线 OS 上截取线段 $OP=QS$,于是,当直线 OS 绕点 O 旋转时,点 P 的轨迹叫做蔓叶线(图 16-2)。

根据上述定义,可以推导出蔓叶线在平面直角坐标系下的方程。设点 P 的坐标为$(x，y)$,点 C 是圆 $OFAK$ 的圆心,则 $OC=CA=a$。 因为 $\triangle OMP \backsim \triangle ONQ$,所以

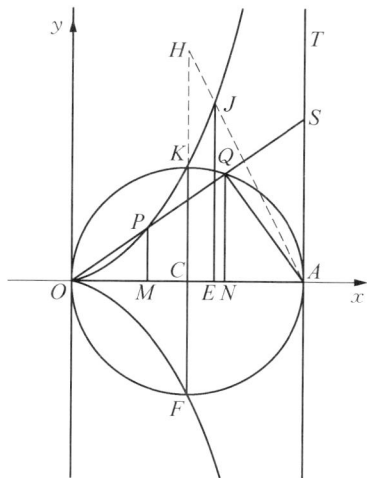

图 16-2 蔓叶线

$$\frac{MP}{OM}=\frac{NQ}{ON}。 \quad (1)$$

又因为 $OP=QS$,所以 $OM=NA=x$。由 $|NQ|^2=ON \cdot NA=(2a-x)x$,代入(1),得

$$\frac{y}{x}=\frac{\sqrt{(2a-x)x}}{2a-x}。$$

化简,得

$$y^2 = \frac{x^3}{2a-x}。$$

由蔓叶线的定义及其直角坐标方程可以发现：(1)曲线关于 x 轴对称；(2)曲线位于 y 轴和直线 $x=2a$ 之间；(3)曲线通过垂直于 OA 的直径 FK 与圆的交点 F、K；(4)曲线的渐近线是直线 $x=2a$。

若以点 O 为极点、x 轴为极轴，还可以推导蔓叶线的极坐标方程。令点 P 的坐标为 (ρ,θ)，于是 $\rho=OP=QS=OS-OQ$。由 $OS=2a\sec\theta$，$OQ=2a\cos\theta$，得

$$\rho = 2a\sec\theta - 2a\cos\theta = 2a(\sec\theta-\cos\theta) = 2a\tan\theta\sin\theta。$$

为解决倍立方问题，Tanner & Allen(1898)延长 CK 至点 H，使得 $HK=CK=a$，连结 HA 交蔓叶线于点 J，过点 J 作 OA 的垂线，垂足为点 E。因为 $CH=2CA$，所以 $EJ=2EA$，由蔓叶线的直角坐标方程可知，

$$|EJ|^2 = \frac{|OE|^3}{|EA|} = \frac{|OE|^3}{\frac{1}{2}|EJ|}。$$

现任意给定一个立方体，其边长为 m，要求构造一条长度为 n 的线段，使得 $n^3=2m^3$，这就是众所周知的倍立方问题。可以构造长度为 n 的线段，使得 $\dfrac{OE}{EJ}=\dfrac{m}{n}$，即

$$\frac{|OE|^3}{|EJ|^3} = \frac{m^3}{n^3}。$$

因为 $|EJ|^3 = 2 \cdot |OE|^3$，所以 $n^3=2m^3$。

（二）箕舌线

箕舌线(witch)是由 18 世纪意大利数学家玛丽亚·阿涅西(M. G. Agnesi，1718—1799)引入，她于 1750 年被任命为博洛尼亚大学教授。因为阿涅西对箕舌线作了详细的研究，故又称箕舌线为阿涅西箕舌线。费马(P. de Fermat，1601—1665)和格兰迪(G. Grandi，1671—1742)早已知道这种曲线(《数学辞海》编辑委员会，2002，pp. 320 - 332)。

给定半径为 a 的圆 $OKAM$，OA 是该圆的直径，M 是该圆上任意一点。过点 M 作 OA 的垂线，垂足为点 D，延长 DM 至点 P，使得 $\dfrac{DM}{DP}=\dfrac{DA}{OA}$，当点 M 沿圆周运动时，点 P 的轨迹叫做箕舌线(图 16 - 3)。

为推导箕舌线的直角坐标方程，Nichols（1892）给出了两种方法。

方法 1：任取曲线上一点 $P(x，y)$，由 $DM = \sqrt{OD \cdot DA} = \sqrt{x(2a-x)}$，根据箕舌线的定义，得

$$\frac{\sqrt{x(2a-x)}}{y} = \frac{2a-x}{2a}。$$

化简，得

$$y^2 = \frac{4a^2 x}{2a-x}。$$

方法 2：令 $\angle MCO = \theta$，因为箕舌线上任意一点 $P(x，y)$ 满足

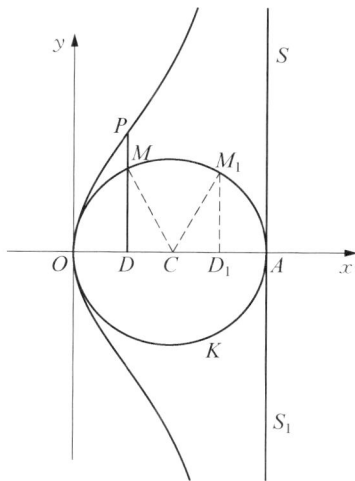

图 16-3 箕舌线

$$y = 2a\tan\frac{\theta}{2} = 2a\sqrt{\frac{a(1-\cos\theta)}{a(1+\cos\theta)}}，$$

而

$$a(1-\cos\theta) = a - a\cos\theta = OC - DC = OD = x，$$

$$a(1+\cos\theta) = a + a\cos\theta = OC + DC = OD_1 = 2a - x，$$

代入，得

$$y = 2a\sqrt{\frac{x}{2a-x}}。$$

两边平方，得

$$y^2 = \frac{4a^2 x}{2a-x}。$$

由箕舌线的定义及其直角坐标方程可以发现：(1)曲线关于 x 轴对称；(2)曲线位于直线 $x = 0$ 和 $x = 2a$ 之间；(3) 曲线的渐近线是直线 $SS_1: x = 2a$。

（三） 半立方抛物线

给定一条抛物线 $HTOSL$，其方程为 $y^2 = 4px$，过抛物线上任意一点 $T(x_1，y_1)$ 作 x 轴的垂线，分别交 x 轴和抛物线于点 M、S。过点 T 作抛物线的切线 TT_1，直线

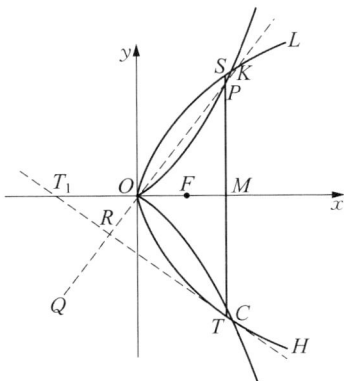

图 16‑4　半立方抛物线

OQ 是过原点且与切线垂直的直线，OQ 与 TS 交于点 P，当点 T 沿着抛物线运动时，点 P 的轨迹叫做半立方抛物线(图 16‑4)。

因为过点 T 的切线方程为 $y_1y=2p(x+x_1)$，所以直线 OQ 和 TS 的方程分别为 $y=-\dfrac{y_1}{2p}x$，$x=x_1$。又因为点 T 在抛物线上，即 $y_1^2=4px_1$，联立方程，得 $y=-\dfrac{\sqrt{4px}}{2p}x$，化简可得半立方抛物线的直角坐标方程为 $y^2=\dfrac{x^3}{p}$。

这条曲线在历史上很有趣，因为它创造了曲线求长的最早记录。1657 年，沃利斯的学生威廉·内尔(W. Neile, 1637—1670)在没有微积分的帮助下求出了这条曲线的长度(参阅第 27 章)。半立方抛物线的命名也源于其方程可以写成 $x^{\frac{3}{2}}=p^{\frac{1}{2}}y$ 的形式。

由半立方抛物线的直角坐标方程不难发现：(1)曲线通过原点且关于 x 轴对称；(2)曲线与给定的抛物线完全位于 y 轴的同一侧；(3)曲线有两个无限分支。

16.3.2　四次曲线

（一）蚌线

蚌线(conchoid)是在公元前 2 世纪由古希腊数学家尼可米德(Nicomedes，公元前 250 年前后)引入。和蔓叶线一样，它是为了解决著名的倍立方问题而发明的，然而，用这条曲线还可以解决三等分角问题。

给定半径为 a 的圆 PQP_1R，其圆心 S 在 x 轴上运动。过定点 A 和动圆圆心 S 作直线 LK，直线和圆的交点记为点 P 和 P_1，当点 S 沿着 x 轴运动时，点 P、P_1 的轨迹叫做蚌线(图 16‑5)。这个定义也可以表述为：若 A 是定点，Ox 是定直线，直线 Ox 与绕点 A 旋转的直线 LK 相交于点 S，在直线 LK 上取一点 P，使得 $|SP|=a$，那么点 P 的轨迹叫做蚌线。

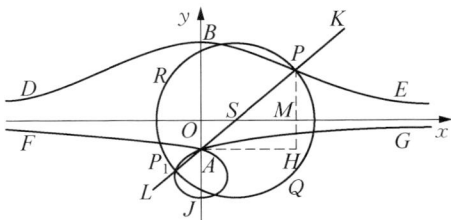

图 16‑5　蚌线

在圆运动的过程中，这些点将生成具有两条分支的曲线，DBE 称为上支，FJG 称为下支。动圆 PQP_1R 的半径称为模量（modulus）。x 轴称为蚌线的准线。定点 A 称为极点。

为推导蚌线的直角坐标方程，过点 A 作 y 轴的垂线 AH。设 $OA=c$，点 P 的坐标为 $(x，y)$，过点 P 作 x 轴的垂线 PM，交 AH 于点 H。因为 $\triangle AHP \backsim \triangle SMP$，所以 $\dfrac{AH}{HP}=\dfrac{SM}{MP}$。 又因为

$$SM=\sqrt{|SP|^2-|PM|^2}=\sqrt{a^2-y^2}，$$

代入可得

$$\frac{x}{y+c}=\frac{\sqrt{a^2-y^2}}{y}。$$

化简，得

$$x^2y^2=(y+c)^2(a^2-y^2)。$$

由蚌线的定义及其直角坐标方程可以发现：(1)曲线关于 y 轴对称；(2)曲线位于直线 $y=a$ 和 $y=-a$ 之间；(3)当 $x\to\infty$ 时，$y\to 0$，因而直线 $y=0$ 是曲线的渐近线。

以点 A 为极点、y 轴为极轴，设点 P 的极坐标为 $(\rho，\theta)$，则有

$$\rho=AP=AS\pm SP=OA\cdot\sec\theta\pm SP。$$

故蚌线的极坐标方程为

$$\rho=c\sec\theta\pm a。$$

Gibson & Pinkerton(1919)把定点 O 作为原点，把过点 O 且与定直线 CA 垂直的直线作为 x 轴、平行的直线作为 y 轴，建立平面直角坐标系，计算可得蚌线的直角坐标方程为

$$(x^2+y^2)(x-c)^2=a^2x^2。$$

曲线有以下三种形式：(1) $a<c$（图 16-6(a)）；(2) $a=c$（图 16-6(b)）；(3) $a>c$（图 16-6(c)）。

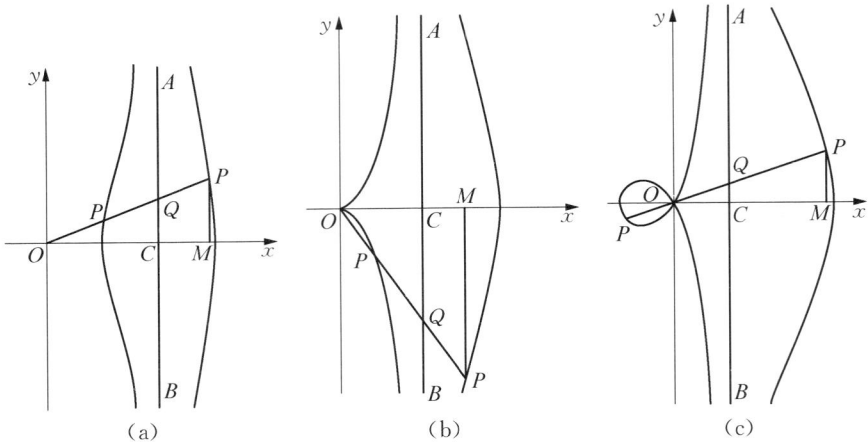

图 16 - 6　**Gibson & Pinkerton(1919)的蚌线**

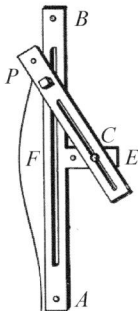

图 16 - 7　**蚌线规**

据说,尼可米德发明了一种绘蚌线的仪器,即蚌线就是通过这种机械装置绘制出来的(图 16 - 7)。AB 为一直尺,上面有一平行于尺长方向的狭孔,EF 是垂直固定在 AB 上的第二把直尺,上面固定一钉子 C,第三把直尺 PC 以点 P 为尖端,上面也有平行于尺长方向的狭孔,钉子 C 可沿狭孔自由移动;移动 PC,则尖端 P 所画出的轨迹为蚌线(Gibson & Pinkerton, 1919,p. 145)。这种仪器本身的性质远不如当时的数学家热衷于制作仪器重要,尼可米德蚌线和直线、圆是最早能用仪器绘出的曲线。

为解决三等分角问题,Tanner & Allen(1898)任取∠ABC,在∠ABC 的一条边 BA 上截取任意线段长 BH,过点 H 作∠ABC 的另一条边 BC 的垂线 OH,垂足为 O。在直线 BC 上截取线段,使得 OK = 2BH,于是以点 B 为极点、$BH=\frac{1}{2}OK$ 为模量、OH 为准线构造蚌线 KEF(图 16 - 8)。过点 H 作 BC 的平行线,交蚌线于点 L,连结 BL,于是 $\angle LBC=\frac{1}{3}\angle ABC$。具体地说,直

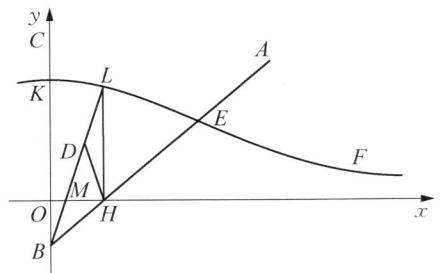

图 16 - 8　**三等分角**

线 BL 交 OH 于点 M，取 ML 的中点 D，连结 DH，于是 $ML=OK=2BH=2HD$。因为 $\angle DLH=\angle LHD=\angle LBC$ 及 $\angle BDH=\angle HBD$，而 $\angle BDH=2\angle DLH$，所以 $\angle LBC=\dfrac{1}{2}\angle HBD$，即 $\angle LBC=\dfrac{1}{3}\angle ABC$。

（二）　帕斯卡蜗线

帕斯卡蜗线亦称蚶线（limacon），是一种圆外旋轮线，由法国著名几何学家和哲学家帕斯卡（B. Pascal，1623—1662）的父亲 E·帕斯卡（E. Pascal，1588—1651）引入并命名。

给定半径为 a 的圆 $OQDM$，任取圆上一点 O 为极点，直径 OD 为极轴。任取圆上一点 M，连结 OM，在直线 OM 上截取线段 $|MP|=|MP_1|=l$，当直线 OM 绕点 O 旋转时，点 P、P_1 的轨迹叫做帕斯卡蜗线（图 16 - 9（a））。（Fine & Thompson，1909，pp. 166 - 167）

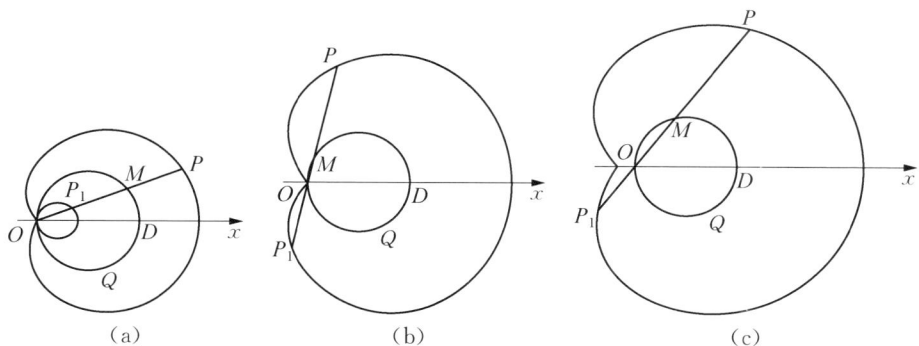

(a)　　　　　　　(b)　　　　　　　(c)

图 16 - 9　帕斯卡蜗线

Fine & Thompson(1909)首先推导其极坐标方程。令极径 $OP=r$，$\angle POD=\theta$，则 $OM=2a\cos\theta$，由定义可知，

$$\rho=OP=OM+MP=2a\cos\theta+l。$$

同理

$$\rho=OP_1=OM-MP_1=2a\cos\theta-l。$$

于是

$$\rho=2a\cos\theta\pm l。$$

将 $r=\sqrt{x^2+y^2}$ 和 $\cos\theta=\dfrac{x}{\sqrt{x^2+y^2}}$ 代入极坐标方程,可得帕斯卡蜗线的直角坐标方程为

$$\sqrt{x^2+y^2}=\frac{2ax}{\sqrt{x^2+y^2}}\pm l,$$

即

$$(x^2+y^2-2ax)^2=l^2(x^2+y^2)。$$

帕斯卡蜗线是一条关于极轴对称的闭合曲线。该曲线有以下三种形式:(1) $l<2a$(图 16-9(a));(2) $l=2a$(图 16-9(b));(3) $l>2a$(图 16-9(c))。当 $l=2a$ 时,得到的曲线叫做心形线(cardioid),它是帕斯卡蜗线的一种特殊情况。心形线的极坐标方程为 $\rho=2a(\cos\theta\pm1)$,直角坐标方程为

$$(x^2+y^2-2ax)^2=4a^2(x^2+y^2)。$$

(三) 卡西尼卵形线

给定两定点 F_1、F_2,我们很容易知道:(1)当 $\dfrac{F_1P}{F_2P}=C$ 时,点 P 的轨迹是圆;(2)当 $|F_1P|+|F_2P|=C(C>|F_1F_2|)$ 时,点 P 的轨迹是椭圆;(3)当 $||F_1P|-|F_2P||=C(0<|F_1F_2|<C)$ 时,点 P 的轨迹是双曲线,其中 C 均为常数。

对于平面上任意一点 $P(x,y)$,若点 P 到两定点的距离的乘积是定值,则称点 P 的轨迹是卡西尼卵形线(Fine & Thompson,1909,p.165),这一曲线由 17 世纪发现土星和卫星的法国天文学家、工程师卡西尼(J. D. Cassini,1625—1712)引入(Dowling & Turneaure,1914,p.68)。

为了求得卡西尼卵形线的直角坐标方程,设平面上两定点为 $F_1(-c,0)$、$F_2(c,0)$,点 P 满足 $|PF_1|^2\cdot|PF_2|^2=a^4$($a$ 是常数)。由两点间的距离公式,计算可得

$$(x^2+y^2+c^2)^2-4c^2x^2=a^4。$$

通过坐标变换 $\begin{cases}x=\rho\cos\theta,\\ y=\rho\sin\theta,\end{cases}$ 可得该曲线的极坐标方程为

$$\rho^2 = c^2\cos 2\theta + \sqrt{a^4 - c^4\sin^2 2\theta}。$$

卡西尼卵形线的形状由 $\dfrac{c}{a}$ 的值决定。若

$\dfrac{c}{a} < 1$，点 P 的轨迹是一个封闭的圈；若

$\dfrac{c}{a} = 1$，点 P 的轨迹为伯努利双纽线；若

$\dfrac{c}{a} > 1$，点 P 的轨迹是两个封闭的圈

（图 16 - 10）（Ziwet ＆ Hopkins，1913，

pp. 256 - 257）。

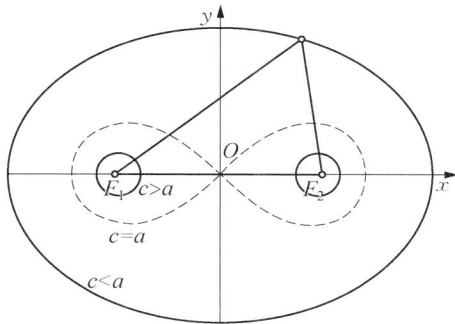

图 16 - 10　卡西尼卵形线

（四）　伯努利双纽线

伯努利双纽线由瑞士著名数学家雅各·伯努利引入，其围成的面积等于以 OA_1 为边长的正方形的面积。

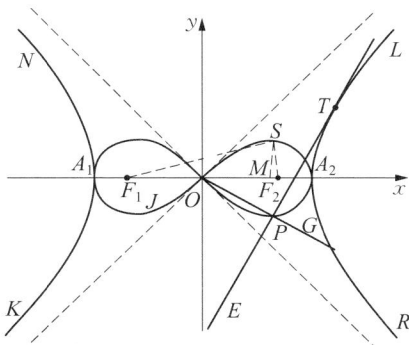

图 16 - 11　双纽线

在平面直角坐标系中，令 LA_2R 和 NA_1K 是等轴双曲线的两支，直线 TE 是双曲线在其上任意一点 T 处的切线，过点 O 作 TE 的垂线 OG，垂足为点 P，当点 T 沿着双曲线运动时，点 P 的轨迹叫做双纽线（图 16 - 11）。

令 $OA_1 = OA_2 = a$ 及点 $T(x_1，y_1)$，于是过点 T 的切线方程为

$$x_1x - y_1y = a^2，$$

OG 的直线方程为

$$y_1x + x_1y = 0。$$

又因点 T 在等轴双曲线上，即

$$x_1^2 - y_1^2 = a^2，$$

联立以上三个方程，可得双纽线的直角坐标方程为

$$(x^2 + y^2)^2 = a^2(x^2 - y^2)。$$

由双纽线的定义及其直角坐标方程可以发现:(1)曲线关于 x 轴和 y 轴对称;(2)曲线位于直线 $x=-a$ 和 $x=a$ 之间;(3)曲线恒过原点、$(-a,0)$ 和 $(a,0)$;(4)曲线上一点 (x,y) 满足 $|y|\leqslant|x|$;(5)双纽线是一条封闭曲线。

若以原点为极点、x 轴为极轴,通过坐标变换,可以推导出双纽线的极坐标方程

$$\rho^2=a^2(\cos^2\theta-\sin^2\theta)=a^2\cos2\theta。$$

由双纽线的极坐标方程可以发现:当 $\theta\in\langle0,\pi\rangle$ 时, $\rho=\pm a$;当 $\theta\in\left(0,\dfrac{\pi}{4}\right)\cup\left(\dfrac{3\pi}{4},\pi\right)$ 时,有两个长度相等但方向相反的极径且 $|\rho|<a$;当 $\theta\in\left\{\dfrac{\pi}{4},\dfrac{3\pi}{4}\right\}$ 时, $\rho=0$;当 $\theta\in\left(\dfrac{\pi}{4},\dfrac{3\pi}{4}\right)$ 时,ρ 为虚数。

任取双纽线上一点 $S(x,y)$,记两定点的坐标为 $F_1\left(-\dfrac{\sqrt{2}}{2}a,0\right)$、$F_2\left(\dfrac{\sqrt{2}}{2}a,0\right)$,由勾股定理,计算可得

$$|F_1S|=\sqrt{|F_1M|^2+|MS|^2}=\sqrt{\left(\dfrac{\sqrt{2}}{2}a+x\right)^2+y^2},$$

$$|F_2S|=\sqrt{|F_2M|^2+|MS|^2}=\sqrt{\left(\dfrac{\sqrt{2}}{2}a-x\right)^2+y^2}。$$

两式相乘,得

$$|F_1S|\cdot|F_2S|=\sqrt{\left(\dfrac{\sqrt{2}}{2}a+x\right)^2+y^2}\cdot\sqrt{\left(\dfrac{\sqrt{2}}{2}a-x\right)^2+y^2}$$

$$=\sqrt{(x^2+y^2)^2-a^2(x^2-y^2)+\dfrac{a^4}{4}}=\dfrac{a^2}{2},$$

即

$$|F_1S|\cdot|F_2S|=\dfrac{a^2}{2}$$

为定值。由此可见,双纽线是卡西尼卵形线的一个特例,也可以用本小节(三)中的表述方式定义其轨迹。

16.3.3　超越曲线

（一）　摆线

任取圆 C 上一点 P，当圆 C 在一条直线上无滑动地滚动时，点 P 的轨迹称为摆线（图 16 - 12）。其中，点 P 称为摆点（generating point），圆 C 称为母圆，O 和 A 称为顶点，直线 EK 过 OA 的中点且垂直于 x 轴，直线 OA 称为摆线的基线（the base of the cycloid）。

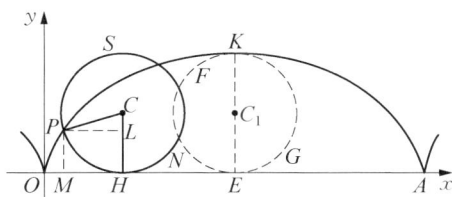

图 16 - 12　摆线

为推导摆线的方程，令半径为 a 的圆 C 在 x 轴上滚动，且曲线上一点 $P(x，y)$ 的轨迹经过原点。点 H 是圆 C 与 x 轴的切点，连结 CP、CH，过点 P 作 x 轴及 CH 的垂线，垂足分别为 M、L，记 $\angle HCP = \theta$。因为 $|OH| = |\overset{\frown}{PH}| = a\theta$，所以

$$x = OM = OH - MH = a\theta - a\sin\theta，$$

$$y = PM = CH - CL = a - a\cos\theta。$$

故得摆线的参数方程为

$$\begin{cases} x = a(\theta - \sin\theta)， \\ y = a(1 - \cos\theta)。 \end{cases}$$

消去参数 θ，可得摆线的直角坐标方程为（Fine & Thompson，1909，p. 170）

$$x = \arccos\frac{a - y}{a} - \sqrt{2ay - y^2}。$$

摆线的发明通常归功于 17 世纪意大利天文学家和数学家伽利略（G. Galilei，1564—1642）。由于摆线具有诸多有用和优美的特性，并且在力学中有众多应用，因此，它在超越曲线中是最重要的。与此同时，它也是第二条可计算长度的曲线。英国数学家雷恩（C. Wren，1632—1723）首次计算出摆线的长度，并于 1673 年发表其计算结果。

除了摆线，我们还能看见次摆线、外摆线和内摆线，其轨迹定义如下（Ziwet & Hopkins，1913，pp. 258 - 259）。

（1）平面上半径为 r 的母圆沿着一条基线无滑动地滚动时，固定在母圆所在平面内但不在圆周上的点 P 的轨迹称为次摆线（trochoid）（图 16 - 13（a）），当点 P 在母圆

外部时称为长幅摆线(prolate cycloid),当点 P' 在母圆内部时称为短幅摆线(curtate cycloid)。

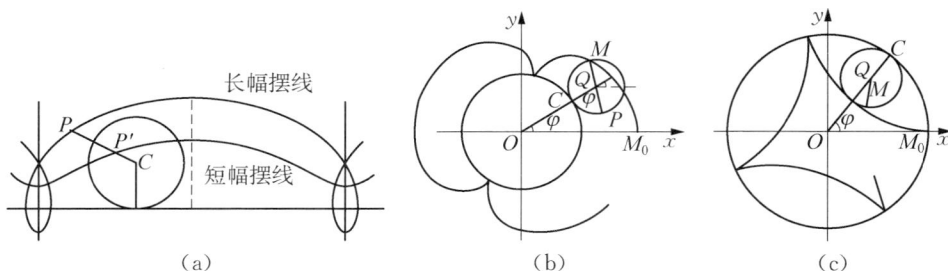

图 16 - 13　次摆线、外摆线和内摆线

(2) 平面上半径为 r 的母圆在半径为 R 的定圆(亦称基圆)外部无滑动地滚动时,母圆圆周上点 M 的轨迹称为外摆线(图 16 - 13(b))。

(3) 平面上半径为 r 的母圆在半径为 R 的基圆内部无滑动地滚动时,母圆圆周上点 M 的轨迹称为内摆线(图 16 - 13(c))。

(二) 阿基米德螺线

螺线(spiral)是一条超越曲线,指任何一种按照某一规律围绕一个中心点或一条轴旋转,同时又逐渐远离中心点或轴的动点的轨迹。常用的平面螺线主要包括阿基米德螺线、对数螺线、双曲螺线、抛物螺线、连锁螺线等。在力学和工程技术中,螺线有广泛的应用。

阿基米德螺线通常被认为最初是由欧几里得的弟子、阿基米德的老师柯农(Conan,公元前 4 世纪)发现的。此后,阿基米德继续研究,又发现了许多重要性质,因而这种螺线就以阿基米德的名字命名。

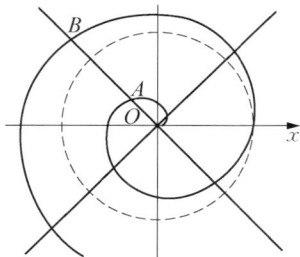

图 16 - 14　阿基米德螺线

阿基米德螺线是一个点匀速离开一个定点,且以固定的角速度绕该定点转动而产生的轨迹(图 16 - 14)。由定义出发,可以写出这一曲线的极坐标方程 $\rho = k\theta$,其中 k 为常数。这个方程表明曲线经过原点,当 $\theta \rightarrow \infty$ 时,$\rho \rightarrow \infty$。此外,若 $A(\rho_1, \theta_1)$ 和 $B(\rho_2, \theta_1 + 2\pi)$ 是曲线上的点,即 $\rho_1 = k\theta_1$,$\rho_2 = k(\theta_1 + 2\pi)$,于是 $\rho_2 = \rho_1 + 2k\pi$,因此,任何极径与曲线相交的两个相邻点之间的距离是恒定的。

16.4　结论与启示

综上所述,美英早期解析几何教科书中给出了各种高阶平面曲线的定义、轨迹方程、性质及其历史,为今日各种轨迹的教学提供了诸多启示。

其一,探寻文化之源。数学文化是人类文化的重要组成部分,将数学文化渗透到课堂教学的不同环节中,能够改变学生的数学观、激发学生学习数学的兴趣、提高课堂教学效果。数学是一门基础性学科,它是在解决问题中产生,并在解决问题中发展起来的。历史上,许多曲线的引入源于解决数学问题的需要。例如,引入蔓叶线解决倍立方体问题,引入蚌线解决三等分角问题,等等。因此,不仅要让学生了解曲线的定义,掌握求轨迹方程的方法,教学中还要融入曲线背后的"故事",让学生充分感受到知识的发生发展过程,享受数学的学习过程。

其二,欣赏数学之美。数学不仅仅是一种工具,其背后还蕴含着巨大的美学价值。这里的数学美包含几层含义:(1)对称美。蔓叶线、箕舌线等曲线都是轴对称图形,在古代,"对称"一词的含义是"和谐""美观",因而这些曲线给人以美的享受。(2)简洁美。数学的魅力在于简洁,在推导轨迹方程的过程中,数学家会根据轨迹定义,寻求更合适的坐标系,这样既能简化计算,又能让曲线方程在形式上看起来更简洁。(3)创新美。为解决一些数学难题,至今数学家还在探索的路上不断前行,这些轨迹的引入也是如此,在不断创新的过程中,数学得到了发展。由此可见,教师需要更深层次地去挖掘数学中的美学价值和丰富内涵,及其对人类思维的深刻影响,并在实际教学中,和学生一起探索、发现、享受数学之美。

其三,培育思维之光。数学教学实质上就是学生在教师指导下,通过数学思维活动,认识问题,最终解决问题的过程。虽然学生只需学习直线、圆和圆锥曲线,因而会对上述曲线感到陌生,但这些曲线包含的推导轨迹方程及讨论曲线性质的方法、数形结合的思想等是高中阶段解析几何板块学习的重点。因而在实际教学中,教师可以引导学生类比学习圆锥曲线的方法,通过小组探究的方式研究一条高阶平面曲线,让学生通过选择不同的建立坐标系方法,推导出曲线的轨迹方程;通过探究曲线的性质,将数转化为形,这一过程将培养学生的数学运算、数学抽象等数学核心素养,提高整体学习能力。

参考文献

《数学辞海》编辑委员会(2002).数学辞海(第一卷).北京:中国科学技术出版社.

王林全(1982).轨迹方程.南宁:广西人民出版社.

中华人民共和国教育部(2020).普通高中数学课程标准(2017 年版 2020 年修订).北京:人民教育出版社,2020:43.

Dowling, L. W. & Turneaure, F. E. (1914). *Analytic Geometry*. New York: Henry Holt & Company.

Fine, H. B. & Thompson, H. D. (1909). *Coordinate Geometry*. New York: The Macmillan Company.

Gibson, G. A. & Pinkerton, P. (1919). *Elements of Analytical Geometry*. London: Macmillan & Company.

Heath, T. L. (1921). *A History of Greek Mathematics*. Oxford: The Clarendon Press.

Nichols, E. (1892). W. *Analytic Geometry for Colleges, Universities, and Technical Schools*. Boston: Leach, Shewell & Sanborn.

Tanner, J. H. & Allen, J. (1898). *An Elementary Course in Analytic Geometry*. New York: American Book Company.

Ziwet, A. & Hopkins, L. A. (1913). *Analytic Geometry and Principles of Algebra*. New York: The Macmillan Company.

公式篇

17 点到直线的距离

秦语真[*]　汪晓勤[**]

17.1　引　言

点到直线的距离公式是高中数学的重要公式之一,它运用解析思想从距离角度定量刻画点与直线的位置关系,为研究两直线间的位置关系及曲线与曲线之间的关系奠定了基础。该公式蕴含转化思想,其推导和论证有助于提升学生的逻辑推理、数学运算、直观想象等素养。

《普通高中数学课程标准(2017 年版 2020 年修订)》要求学生探索并掌握点到直线的距离公式。关于该知识点,我国现行三种高中数学教科书(人教版、北师大版、沪教版)均采用了直接引入法,但在公式的推导上互有不同:人教版采用了三角形面积法;北师大版将问题转化为两点间的距离;沪教版则利用了向量。

关于公式的推导,不少教师已做过研究和总结。关于公式的教学,有教师采用探究式,落实核心素养;也有教师关注学生的认知序,融入了数学史。无论是现行教科书,还是已有文献,所呈现的推导方法都十分有限。本章聚焦点到直线的距离公式,对历史上的相关文献进行考察,梳理丰富多彩的推导方法,了解知识的发生发展过程,以期获得有益的教学素材和思想启迪。

17.2　教科书的选取

从有关数据库中选取 1830—1969 年间出版的 92 种美英解析几何教科书,其中 83

---

* 华东师范大学数学科学学院博士研究生。
** 华东师范大学数学科学学院教授、博士生导师。

种出版于美国,9 种出版于英国。以 20 年为一个时间段进行统计,这些教科书出版时间分布情况如图 17－1 所示。

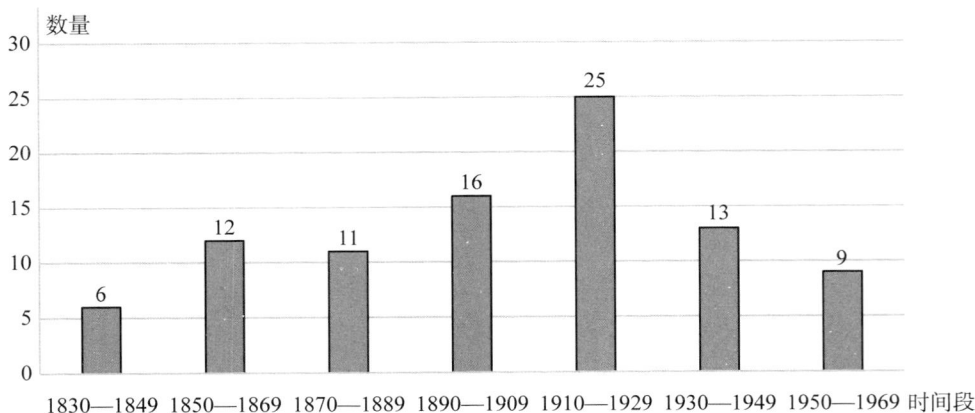

图 17－1　87 种美英早期解析几何教科书的出版时间分布

17.3　点到直线距离公式的推导

17.3.1　交点法

Robinson(1860)采用交点法,将点到直线的距离转化成点到点的距离,其方法如下。

（1）当直线 l 的斜率存在时,如图 17－2 所示,设 l 的方程为

$$y = ax + b。$$

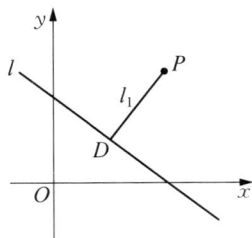

图 17－2　交点法

已知点 $P(x_0, y_0)$,直线 l_1 过点 P 且垂直于 l,则 l_1 的方程为

$$y - y_0 = -\frac{1}{a}(x - x_0)。$$

联立直线 l 和 l_1 的方程,可得交点 D 的坐标为 $\left(\dfrac{x_0 + ay_0 - ab}{a^2 + 1}, \dfrac{ax_0 + a^2 y_0 + b}{a^2 + 1} \right)$。

由两点间的距离公式,得

$$d = PD = \sqrt{\left(x_0 - \frac{x_0 + ay_0 - ab}{a^2 + 1} \right)^2 + \left(y_0 - \frac{ax_0 + a^2 y_0 + b}{a^2 + 1} \right)^2}。$$

整理可得点到直线的距离为

$$d = \frac{|y_0 - ax_0 - b|}{\sqrt{a^2 + 1}}。$$

（2）当直线 l 的斜率不存在时，设其方程为 $x = c$，则点 $P(x_0, y_0)$ 到 l 的距离为 $d = |c - x_0|$。

20 世纪之后，教科书通常采用一般式 $Ax + By + C = 0$ 来推导距离公式。

17.3.2 设而不求法

Docharty(1865)采用了"设而不求，整体代入"的方法。如图 17 - 2 所示，设直线 l 的方程为 $y = ax + b$，过点 $P(x_0, y_0)$ 作 l 的垂线，垂足为 $D(x_1, y_1)$，因点 D 在直线 l 上，故得 $y_1 = ax_1 + b$，该方程又可写成

$$y_1 - y_0 = a(x_1 - x_0) - (y_0 - ax_0 - b)。 \tag{1}$$

又因点 D 在直线 l_1 上，故有

$$y_1 - y_0 = -\frac{1}{a}(x_1 - x_0)。 \tag{2}$$

联立（1）和（2），可解得 $x_1 - x_0$ 和 $y_1 - y_0$。利用两点间的距离公式，即得点到直线的距离公式。

20 世纪之后，由于教科书通常采用一般式 $Ax + By + C = 0$ 进行推导，于是此方法进一步得到了简化。仍如图 17 - 2 所示，因点 D 在直线 l 和 l_1 上，故有

$$A(x_1 - x_0) + B(y_1 - y_0) = -(Ax_0 + By_0 + C)， \tag{3}$$

$$B(x_1 - x_0) - A(y_1 - y_0) = 0。 \tag{4}$$

将（3）和（4）分别平方后相加，即得点到直线的距离公式。（Gibson & Pinkerton，1919，pp. 53 - 54）

17.3.3 三角比

（一）利用余弦函数

Loomis(1877)将点到直线的距离转化为直角三角形一条直角边的长。如图 17 - 3 所示，设直线 l 的方程为 $Ax + By + C = 0$，l 的倾斜角为 α，点 P 的坐标为 (x_0, y_0)，过

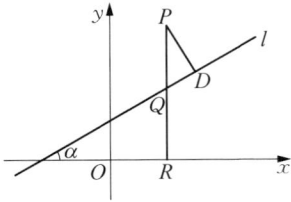

图 17 - 3　利用余弦函数

P 作 x 轴的垂线,垂足为点 R,交 l 于点 Q,则点 Q 的坐标为 $\left(x_0, -\dfrac{Ax_0 + C}{B}\right)$,于是有

$$PQ = |y_P - y_Q| = \left|\frac{Ax_0 + By_0 + C}{B}\right|.$$

又因 $\tan\alpha = -\dfrac{A}{B}$,故

$$\cos\alpha = \pm\frac{1}{\sqrt{1 + \tan^2\alpha}} = \pm\frac{B}{\sqrt{A^2 + B^2}}.$$

从而得

$$d = PD = |PQ\cos\alpha| = \frac{|Ax_0 + By_0 + C|}{\sqrt{A^2 + B^2}}.$$

（二）　利用正弦函数

如图 17 - 4 所示,设直线 l 的方程为 $Ax + By + C = 0$,倾斜角为 α,点 P 的坐标为 (x_0, y_0),过点 P 作 x 轴的平行线,分别交 y 轴和直线 l 于点 R 和 Q,则点 Q 的坐标为 $\left(-\dfrac{By_0 + C}{A}, y_0\right)$,因

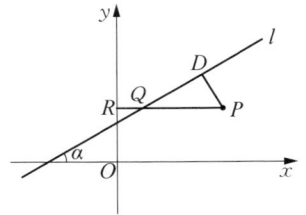

图 17 - 4　利用正弦函数

$$\sin\alpha = \pm\frac{\tan\alpha}{\sqrt{1 + \tan^2\alpha}} = \pm\frac{A}{\sqrt{A^2 + B^2}}.$$

故有

$$d = PD = |PQ\sin\alpha| = \frac{|Ax_0 + By_0 + C|}{\sqrt{A^2 + B^2}}.$$

17.3.4　相似三角形法

Crenshaw & Killbrew(1925)利用相似三角形的性质来推导公式。如图 17 - 5 所示,直线 l 的方程为 $Ax + By + C = 0$,l 与 x 轴和 y 轴分别交于点 S 和点 T,点 P 的坐标为 (x_0, y_0),过点 P 分别作 x 轴和直线 l 的垂线,垂足为点 M 和 N,PM 交直线 l 于点 Q。易知 $\triangle SOT \backsim \triangle PNQ$,于是有 $\dfrac{OS}{ST} = \dfrac{PN}{PQ}$,其中 $OS = \left|\dfrac{C}{A}\right|$,$ST = $

$$\left| \frac{C}{AB} \sqrt{A^2 + B^2} \right| \text{。由 } 17.3.3 \text{(一)知,} PQ = \left| \frac{Ax_0 + By_0 + C}{B} \right|, \text{故得}$$

$$
\begin{aligned}
d = PN &= \frac{OS}{ST} \cdot PQ \\
&= \left| \frac{B}{\sqrt{A^2 + B^2}} \right| \cdot \left| \frac{Ax_0 + By_0 + C}{B} \right| \\
&= \frac{|Ax_0 + By_0 + C|}{\sqrt{A^2 + B^2}} \text{。}
\end{aligned}
$$

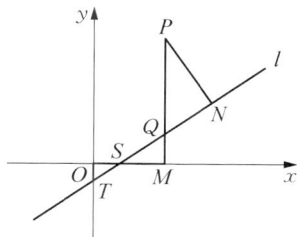

图 17-5 相似三角形法

17.3.5 坐标平移法

（一）利用法线式方程

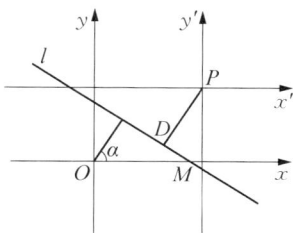

图 17-6 坐标平移法

如图 17-6 所示，直线 l 的法线式方程为 $x\cos\alpha + y\sin\alpha = p$，其中 α 为过原点且垂直于 l 的直线与 x 轴正方向之间的夹角。以点 $P(x_0, y_0)$ 为原点建立新坐标系，设新、旧坐标系下直线 l 上的点分别为 (x', y') 和 (x, y)，则有 $x = x_0 + x'$，$y = y_0 + y'$，代入直线方程，得

$$x'\cos\alpha + y'\sin\alpha = p - x_0\cos\alpha - y_0\sin\alpha \text{。}$$

根据法线式的几何意义可知，点 P 到直线 l 的距离为 (Riggs, 1911, pp. 83-85)

$$d = |p - x_0\cos\alpha - y_0\sin\alpha| \text{。}$$

（二）利用一般式方程

如图 17-6 所示，设直线 l 的方程为 $Ax + By + C = 0$，将坐标原点平移至点 $P(x_0, y_0)$，可得

$$Ax' + By' + Ax_0 + By_0 + C = 0 \text{。}$$

将其写成法线式，即为

$$\frac{A}{\pm\sqrt{A^2 + B^2}}x' + \frac{B}{\pm\sqrt{A^2 + B^2}}y' + \frac{Ax_0 + By_0 + C}{\pm\sqrt{A^2 + B^2}} = 0 \text{。}$$

根据法线式方程的几何意义，可得点到直线的距离公式。（Riggs，1911，pp. 83-85）

17.3.6 原点距离法

（一） 利用法线式方程

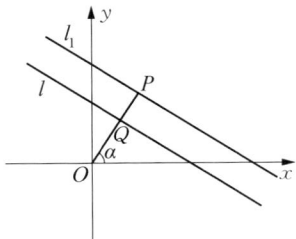

图 17 - 7 原点距离法

Newcomb(1884)的推导方法如下：如图 17 - 7 所示，直线 l 的法线式方程为 $x\cos\alpha + y\sin\alpha = p$，过点 $P(x_0, y_0)$ 且平行于 l 的直线 l_1 的方程为 $x\cos\alpha + y\sin\alpha = p'$。于是有

$$p' = x_0\cos\alpha + y_0\sin\alpha。$$

故得

$$d = |OP - OQ| = |p' - p| = |x_0\cos\alpha + y_0\sin\alpha - p|。$$

（二） 利用一般式方程

Poor(1934)的推导方法如下：如图 17 - 7 所示，设点 P 的坐标为 (x_0, y_0)，直线 l 的方程为 $Ax + By + C = 0$，即

$$\frac{A}{\pm\sqrt{A^2 + B^2}}x + \frac{B}{\pm\sqrt{A^2 + B^2}}y = \frac{-C}{\pm\sqrt{A^2 + B^2}} = p。$$

直线 l_1 的方程为 $Ax + By = Ax_0 + By_0$，即

$$\frac{A}{\pm\sqrt{A^2 + B^2}}x + \frac{B}{\pm\sqrt{A^2 + B^2}}y = \frac{Ax_0 + By_0}{\pm\sqrt{A^2 + B^2}} = p'。$$

故得

$$d = |p' - p| = \frac{|Ax_0 + By_0 + C|}{\sqrt{A^2 + B^2}}。$$

（三） 利用线段关系

Howison(1869)利用直线的法线式方程以及线段关系来推导距离公式。如图 17 - 8 所示，已知点 $P(x_0, y_0)$，直线 l 的法线式方程为 $x\cos\alpha + y\sin\alpha = p$。过原点 O 作 l 的垂线，垂足为点 T，过点 P 分别作 x 轴和 OT 的垂线，垂足为点 A 和点 Q，又过点 A 作 OT 的垂线，垂足为点 N。最后，过点 P 作 l 的垂线，垂足为点 S，交 AN 于点 M。于是有

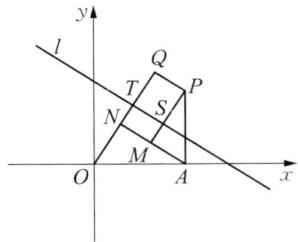

图 17 - 8 利用线段关系

$$ON = OA\cos\alpha = x_0\cos\alpha,$$

$$NQ = MP = AP\sin\alpha = y_0\sin\alpha.$$

故得点 P 到直线 l 的距离公式为

$$d = PS = TQ = |ON + NQ - OT| = |x_0\cos\alpha + y_0\sin\alpha - p|.$$

17.3.7　投影法

Fine & Thompson(1909)采用了投影法。如图 $17-9$ 所示,点 P 的坐标为 (x_0, y_0), $OR \perp l$,过点 P 向 OR 的延长线、直线 l 以及 x 轴作垂线,垂足分别为点 N、Q、M。用 $\text{Proj}_{ON}\overrightarrow{OP}$ 表示向量 $\overrightarrow{OP}$ 在 ON 上的投影,则根据向量投影的性质可知

$$\text{Proj}_{ON}\overrightarrow{OM} + \text{Proj}_{ON}\overrightarrow{MP} = \text{Proj}_{ON}\overrightarrow{OP} = ON.$$

设直线 l 的方程为 $x\cos\alpha + y\sin\alpha = p$, $\angle ROM = \alpha$, 点 P 到直线 l 的距离为 d,则

$$ON = p + d,$$

$$\text{Proj}_{ON}\overrightarrow{OM} = x_0\cos\alpha,$$

$$\text{Proj}_{ON}\overrightarrow{MP} = y_0\sin\alpha.$$

故得

$$d = |x_0\cos\alpha + y_0\sin\alpha - p|.$$

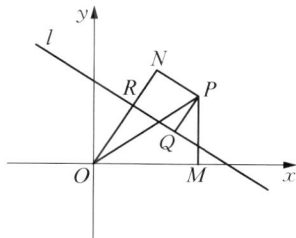

图 17 - 9　投影法

17.3.8　参数法

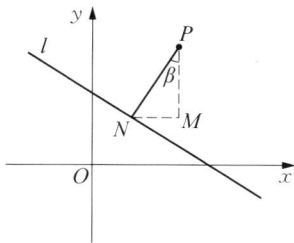

图 17 - 10　参数法

Reynolds & Weida(1930)的推导如下:如图 $17-10$ 所示,已知点 $P(x_0, y_0)$ 和直线 $l:Ax + By + C = 0$,过 P 作 l 的垂线,垂足为点 $N(x, y)$,过 N 作 x 轴的平行线 NM,过 P 作 NM 的垂线,垂足为点 M。设 $\angle NPM = \beta$,直线 l 与 x 轴正半轴的夹角为 α, $PN = d$,则 $x_0 = x + d\sin\beta$, $y_0 = y + d\cos\beta$,即 $x = x_0 - d\sin\beta$, $y = y_0 - d\cos\beta$,代入直线 l 的方程 $Ax + By + C = 0$,得

$$A(x_0 - d\sin\beta) + B(y_0 - d\cos\beta) + C = 0。$$

化简,得

$$d = \frac{Ax_0 + By_0 + C}{A\sin\beta + B\cos\beta},$$

其中 $\cos\beta = \pm\dfrac{B}{\sqrt{A^2 + B^2}}$, $\sin\beta = \pm\dfrac{A}{\sqrt{A^2 + B^2}}$。 代入即得点到直线的距离公式。

17.3.9 柯西不等式法

Taylor(1959)直接利用柯西不等式来推导距离公式。设直线 l 的方程为 $Ax + By + C = 0$,点 P 的坐标为 (x_0, y_0),则直线方程可化为

$$A(x - x_0) + B(y - y_0) = -(Ax_0 + By_0 + C)。$$

点 P 到直线 l 的距离即为 $\sqrt{(x - x_0)^2 + (y - y_0)^2}$ 的最小值,利用柯西不等式,得

$$|A(x - x_0) + B(y - y_0)| \leqslant \sqrt{A^2 + B^2} \cdot \sqrt{(x - x_0)^2 + (y - y_0)^2},$$

即

$$\sqrt{(x - x_0)^2 + (y - y_0)^2} \geqslant \frac{|Ax_0 + By_0 + C|}{\sqrt{A^2 + B^2}},$$

故得点到直线的距离公式。

17.3.10 向量法

Murnaghan(1946)将点到直线的距离转化为向量的投影。设直线 l 的方程为 $Ax + By + C = 0$,法向量为 $\vec{v} = (A, B)$。 给定不在 l 上的点 $P(x_0, y_0)$,设直线 l 上任意一点 $N(x, y)$,则 $\overrightarrow{PN} = (x - x_0, y - y_0)$。因 $\vec{v} \cdot \overrightarrow{PP_1} = |\vec{v}||\overrightarrow{PP_1}|\cos\theta$,故得点到直线的距离

$$d = |\overrightarrow{PP_1}||\cos\theta| = \frac{|\vec{v} \cdot \overrightarrow{PP_1}|}{|\vec{v}|}。$$

17.3.11 三角形面积法

Johnston(1893)将点到直线的距离转化为三角形的高。如图 17 - 11,设直线 l 的

方程为 $Ax + By + C = 0$，分别交 x 轴和 y 轴于点 $M\left(-\dfrac{C}{A}, 0\right)$ 和 $N\left(0, -\dfrac{C}{B}\right)$，于是

$$S_{\triangle PMN} = \dfrac{1}{2} \begin{Vmatrix} x_0 & y_0 & 1 \\ -\dfrac{C}{A} & 0 & 1 \\ 0 & -\dfrac{C}{B} & 1 \end{Vmatrix} = \dfrac{1}{2}\left| \dfrac{C(Ax_0 + By_0 + C)}{AB} \right|.$$

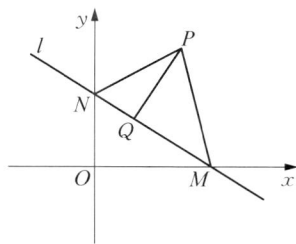

图 17-11　三角形面积法

再由 $S_{\triangle PMN} = \dfrac{1}{2} |MN| \cdot |PQ|$，可得 PQ 的长。

17.4　证明方法的演变

以 20 年为一个时间段进行统计,图 17-12 给出了点到直线的距离公式不同推导方法的时间分布情况。从图 17-12 可见,19 世纪初,教科书中多采用交点法或设而不求法,因为这两种方法可以直观地表示出点到直线的距离。19 世纪中叶之后,随着法线式方程的出现,原点距离法最受教科书编者的青睐。而 20 世纪中叶之后,由于法线式方程逐渐淡出教科书,原点距离法也悄然谢幕。

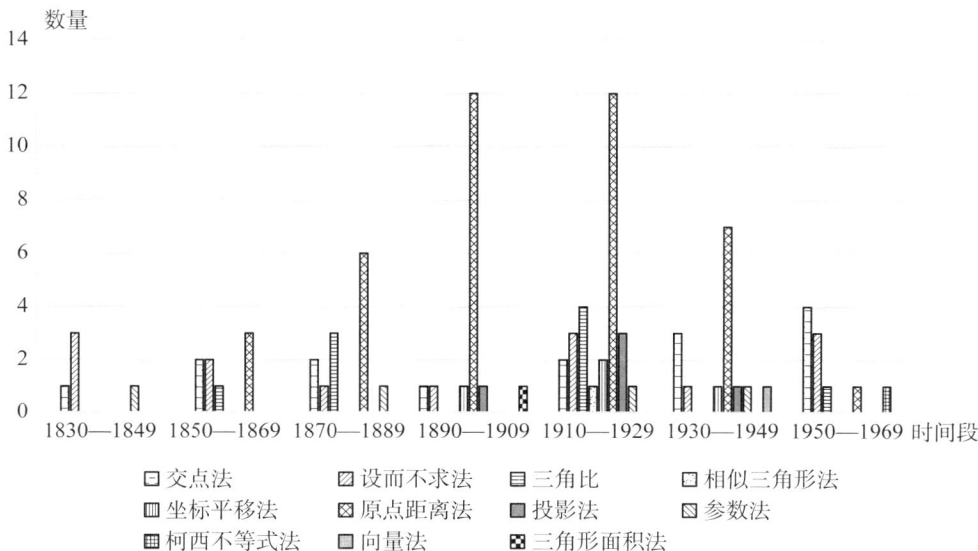

图 17-12　点到直线的距离公式推导方法的时间分布

17.5 点到直线距离的应用

17.5.1 求角平分线

设直线 l_1 的方程为 $Ax_1 + By_1 + C_1 = 0$，l_2 的方程为 $Ax_2 + By_2 + C_2 = 0$，根据角平分线上的点到角的两边距离相等，可得

$$\frac{|A_1 x + B_1 y + C_1|}{\sqrt{A_1^2 + B_1^2}} = \frac{|A_2 x + B_2 y + C_2|}{\sqrt{A_2^2 + B_2^2}}。$$

将其化简，即可得角平分线方程。类似地，早期教科书借助此法来求三角形内心和内切圆半径。

17.5.2 求平行线间的距离

设直线 l_1 和 l_2 的方程分别为 $Ax + By + C_1 = 0$，$Ax + By + C_2 = 0$，在 l_1 上任取一点 $P(x_0, y_0)$，则点 P 到直线 l_2 的距离为

$$\frac{|Ax_0 + By_0 + C_2|}{\sqrt{A^2 + B^2}} = \frac{|C_2 - C_1|}{\sqrt{A^2 + B^2}}。$$

因平行线间的距离处处相等，可得两平行线间的距离公式。

17.5.3 求三角形面积

利用点到直线的距离公式，反过来也可以求三角形面积。不在同一直线上的三点 $A(x_1, y_1)$、$B(x_2, y_2)$、$C(x_3, y_3)$，过点 C 作 AB 的垂线，垂足为点 D，则直线 AB 的方程为

$$x(y_2 - y_1) - y(x_2 - x_1) - x_1 y_2 + x_2 y_1 = 0。$$

根据点到直线的距离公式，可求得

$$CD = \frac{x_3(y_2 - y_1) - y_3(x_2 - x_1) - x_1 y_2 + x_2 y_1}{\pm\sqrt{(x_2 - x_1)^2 + (y_2 - y_1)^2}}。$$

因此有

$$S_{\triangle ABC} = \frac{1}{2}AB \cdot CD = \pm\frac{1}{2}\big[x_3(y_2-y_1)-y_3(x_2-x_1)-x_1y_2+x_2y_1\big]。$$

17.6　结论与启示

历史上点到直线的距离公式推导方法的演变,可以为今日教学提供如下启示。

其一,建立知识联系。如图 17‒13 所示,点到直线距离公式的内涵与外延十分丰富,在公式的推导上,涉及三角学、不等式、向量等多方面知识,运用了化繁为简的思想。在公式应用上,涉及三角形面积公式的推导、角平分线求解及平行线间距离公式的推导。教师在教学中应注重知识间的普遍联系,培养学生的高阶思维能力。让学生认识到点到直线的距离公式并不单单是一个冰冷的知识点,背后蕴含着火热的思考。

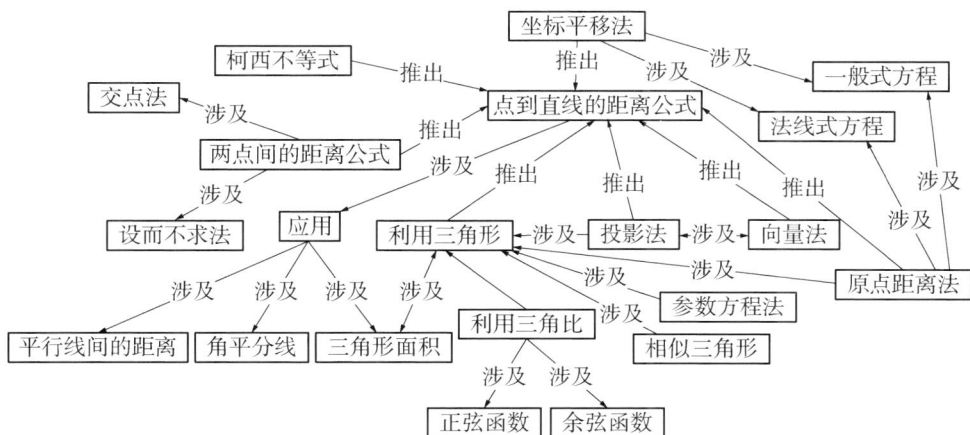

图 17‒13　点到直线的距离公式概念图

其二,落实学科德育。早期教科书中展现了多样的推导方法,体现了数学家的探究精神。教学中,可以让学生主动探究距离公式,并将学生的方法与历史上数学家的方法加以对照,让学生穿越时空与数学家进行对话,提升数学学习的自信心。

其三,关注数学思想。早期教科书中的推导方法多涉及转化思想,将点到直线的距离公式转化为点到点的距离、直角三角形的直角边长、三角形的高、向量的投影、函数最值等。教师在授课时应侧重其转化思想,借助多维知识,培养学生的数学能力,凸显点到直线距离的本质，提炼数学方法，感受方法之美。

参考文献

Crenshaw, B. H. & Killbrew, C. D. (1925). *Analytic Geometry and Calculus*. New York: P. Blakiston's Son & Company.

Docharty, G. B. (1865). *Elements of Analytical Geometry and of the Differential and Integral Calculus*. New York: Harper & Brothers.

Fine, H. B. & Thompson, H. D. (1909). *Coordinate Geometry*. New York: The Macmillan Company.

Gibson, G. A. & Pinkerton, P. (1919). *Elements of Analytical Geometry*. London: Macmillan & Company.

Howison, G. H. (1869). *A Treatise on Analytic Geometry*. Cincinnati: Wilson, Hinkle & Company.

Johnston, W. J. (1893). *An Elementary Treatise on Analytical Geometry*. Oxford: The Clarendon Press.

Loomis, E. (1877). *The Elements of Analytical Geometry*. New York: Harper & Brothers.

Murnaghan, F. D. (1946). *Analytic Geometry*. New York: Prentice-Hall.

Newcomb, S. (1884). *The Elements of Analytic Geometry*. New York: Henry Holt & Company.

Poor, V. C. (1934). *Analytical Geometry*. New York: John Wiley & Sons.

Reynolds, J. B. & Weida, F. M. (1930). *Analytic Geometry and the Elements of Calculus*. New York: Prentice-Hall.

Riggs, N. C. (1911). *Analytic Geometry*. New York: The Macmillan Company.

Robinson, H. N. (1860). *Conic Sections and Analytical Geometry*. New York: Ivison, Blakeman.

Taylor, A. E. (1959). *Calculus with Analytic Geometry*. Englewood Cliffs, N. J.: Prentice-Hall.

18 椭圆的面积

刘梦哲[*]

18.1 引　言

　　历史上，和圆的情形类似，椭圆面积的推导方法同样也是丰富多彩的。从古希腊时期，欧多克索斯(Eudoxus 前 408—前 355)利用穷竭法确定曲边形面积和曲面体体积(M·克莱因，2002，p.58)，到 17 世纪数学家开始研究面积、体积等微积分问题，椭圆面积公式的推导方法不断拓宽人们的视野。

　　在数学教学中，学生不仅要掌握数学定理、公式，还应特别重视定理、公式的来龙去脉；不仅要学会运用公式解题，还应特别重视其背后所蕴含的思想方法；不仅应当重视显性的数学知识，还应特别重视隐性的数学素养。

　　HPM 视角下的数学教学回溯历史，观照现实，架起历史与现实之间的桥梁。翻开历史画卷，古今中外，上下数千年，无数先哲所留下的精彩纷呈的数学思想方法(汪晓勤，沈中宇，2020，p.23)，在 HPM 的教学设计中照进课堂，成为学生在课堂中进行思维碰撞的宝贵素材，也成为拓宽学生思维、激发学生创新意识、促进教师专业发展的宝贵财富。

　　19—20 世纪美英解析几何教科书中所呈现的椭圆面积公式的各种证明方法，既是对历史的继承和发展，同时又有着教育的形态，但迄今人们对此知之甚少。本章聚焦椭圆面积，对 38 种美英早期解析几何教科书进行考察，以期为今日教学提供思想养料。

---

[*] 华东师范大学数学科学学院博士研究生。

18.2 椭圆面积公式的推导

在所考察的 38 种教科书中，除 2 种直接给出椭圆面积公式，其余 36 种均给出了椭圆面积的推导，所用方法可以分为极限法、积分法和投影法三类。

18.2.1 极限法

"以直代曲"是微积分的重要思想，通过"分割、代替、求和、取极限"这四个步骤可以求出曲线或曲面所围成的面积或体积。在计算椭圆面积的过程中，教科书编者通常将椭圆细分成若干个小矩形或小梯形进行累加。

（一）矩形划分

有 12 种教科书采用矩形划分来逼近椭圆的面积。首先，教科书编者分别以椭圆的长轴和短轴为直径作椭圆的大辅圆和小辅圆，于是证明在横坐标相同的情况下，椭圆和大辅圆上不同两点的纵坐标的比值是一个定值，即椭圆的压缩变换定义。

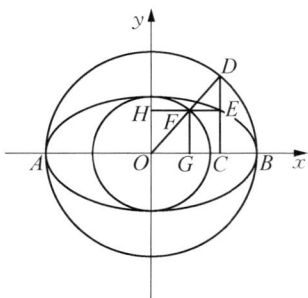

图 18‑1 椭圆及其辅圆

在椭圆 $\frac{x^2}{a^2}+\frac{y^2}{b^2}=1(a>b)$、大辅圆 $x^2+y^2=a^2$ 及其小辅圆 $x^2+y^2=b^2$ 中，过椭圆上一点 E（不与点 A、B 重合）作 $CD \perp AB$ 及 $HE /\!/ AB$，CD 和 HE 分别交大辅圆和小辅圆于点 D 和 F，作 $FG \perp AB$，垂足为点 G（图 18‑1）。记点 E、D 的纵坐标分别为 y_E、y_D，表 18‑1 给出了证明 $\frac{y_E}{y_D}=\frac{b}{a}$ 的不同方法。

表 18‑1 证明同一横坐标下椭圆和大辅圆上不同两点的纵坐标的比值相同

编号	证明方法	教科书
1	设点 E 的横坐标为 x，则点 E、D 的纵坐标分别为 $y_E=\frac{b}{a}\sqrt{a^2-x^2}$，$y_D=\sqrt{a^2-x^2}$，于是 $\frac{y_E}{y_D}=\frac{\frac{b}{a}\sqrt{a^2-x^2}}{\sqrt{a^2-x^2}}=\frac{b}{a}$。	Wentworth(1886)
2	将椭圆方程和大辅圆方程相减，得到 $\frac{y_E^2}{b^2}-\frac{y_D^2}{a^2}=0$，即 $\frac{y_E}{y_D}=\frac{b}{a}$。	Runkle(1888)

编号	证明方法	教科书
3	设点 E 的坐标为 $\left(x,\dfrac{b}{a}\sqrt{a^2-x^2}\right)$，则点 D 和点 F 的坐标分别为 $\left(x,\sqrt{a^2-x^2}\right)$ 和 $\left(\dfrac{b}{a}x,\dfrac{b}{a}\sqrt{a^2-x^2}\right)$，故 $k_{OF}=k_{OD}$，于是 $\dfrac{CE}{CD}=\dfrac{OF}{OD}=\dfrac{b}{a}$。	Tanner & Allen(1898)
4	利用参数方程，设点 E 的坐标为 $(a\cos\theta,b\sin\theta)$，则点 D 的坐标为 $(a\cos\theta,a\sin\theta)$，则 $\dfrac{y_E}{y_D}=\dfrac{b\sin\theta}{a\sin\theta}=\dfrac{b}{a}$。	Riggs(1911)

在此基础上，Wentworth(1886)将椭圆的长半轴 OA 任意 n 等分，并过相邻两点 M、N 作 $MQ\perp AB$，$NS\perp AB$，直线 MQ 分别交椭圆和大辅圆于点 P、Q，过点 P、Q 分别作 AB 的平行线 PR、QS（图 $18-2$）。因

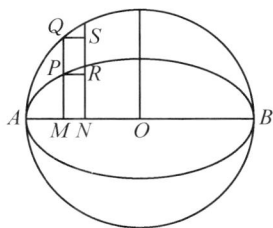

图 18-2 矩形划分推导椭圆面积公式

$$\frac{S_{\square MPRN}}{S_{\square MQSN}}=\frac{MP\cdot MN}{MQ\cdot MN}=\frac{MP}{MQ}=\frac{b}{a},$$

由等比定律，得

$$\frac{\sum\limits_{i=1}^{n}S_i}{\sum\limits_{i=1}^{n}S_i'}=\frac{b}{a},$$

其中 S_i、S_i' 分别表示一个象限内椭圆和大辅圆中对应矩形的面积。当 $n\to\infty$ 时，有

$$\sum_{i=1}^{n}S_i\to S,\ \sum_{i=1}^{n}S_i'\to S',$$

其中 S、S' 分别表示一个象限内椭圆和大辅圆的面积，所以 $\dfrac{S}{S'}=\dfrac{b}{a}$。由 $S'=\dfrac{1}{4}\pi a^2$，得

$$S=\frac{1}{4}\pi a^2\cdot\frac{b}{a}=\frac{1}{4}\pi ab。$$

于是得

$$S_{椭圆}=\pi ab。$$

（二） 梯形划分

在数值计算中，为了计算出更加准确的定积分，往往会采用梯形代替矩形计算定积分的近似值。有 8 种教科书采用了这一逼近方法，其最早出现在美国数学家戴维斯（C. Davies，1798—1876）于 1836 年出版的《解析几何基础》一书中（Davies，1836，pp. 138 - 139）。

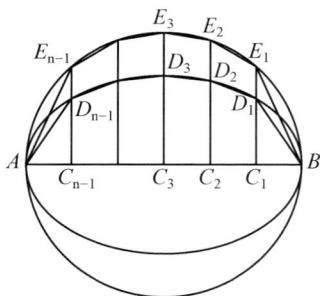

图 18 - 3　梯形划分推导椭圆面积公式

在给定椭圆 $\dfrac{x^2}{a^2} + \dfrac{y^2}{b^2} = 1(a > b)$ 中内接 n 边形 $BD_1D_2\cdots D_{n-1}A$，过点 D_1，D_2，$\cdots$，D_{n-1} 分别作椭圆长轴的垂线 C_1D_1，C_2D_2，$\cdots$，$C_{n-1}D_{n-1}$，交大辅圆于点 E_1，E_2，$\cdots$，E_{n-1}，于是多边形 $BE_1E_2\cdots E_{n-1}A$ 是大辅圆的内接多边形（图 18 - 3）。

令点 D_i 的坐标为 $(x_i,\ y_i)$，点 E_i 的坐标为 $(x_i,\ y_i')(i = 1,\ 2,\ 3,\ \cdots,\ n - 1)$，分别记梯形 $D_iC_iC_{i+1}D_{i+1}$ 和 $E_iC_iC_{i+1}E_{i+1}$ 的面积为 T_i、$T_i'(i = 1,\ 2,\ 3,\ \cdots,\ n - 2)$，则有

$$T_i = \frac{1}{2}(x_i - x_{i+1})(y_i + y_{i+1}),$$

$$T_i' = \frac{1}{2}(x_i - x_{i+1})(y_i' + y_{i+1}')。$$

因

$$\frac{y_i}{y_i'} = \frac{b}{a},\ \frac{y_{i+1}}{y_{i+1}'} = \frac{b}{a},$$

故

$$\frac{T_i}{T_i'} = \frac{y_i + y_{i+1}}{y_i' + y_{i+1}'} = \frac{b}{a}。$$

于是有

$$\frac{\displaystyle\sum_{i=1}^{n} T_i}{\displaystyle\sum_{i=1}^{n} T_i'} = \frac{b}{a}。$$

当 $n \to \infty$ 时,有 $\sum\limits_{i=1}^{n} T_i \to T$, $\sum\limits_{i=1}^{n} T_i' \to T'$,其中 T 和 T' 分别表示椭圆和大辅圆的面积之半,因此

$$\frac{T}{T'} = \frac{b}{a}。$$

故得

$$S_{椭圆} = 2T = 2T' \cdot \frac{b}{a} = \pi a^2 \cdot \frac{b}{a} = \pi ab。$$

18.3.2　积分法

面积计算是微积分的主要议题之一,而定积分成为了解决曲边形面积问题中最常用且最犀利的工具。有 8 种教科书利用定积分求得椭圆的面积。Lardner(1831)利用椭圆的压缩变换定义,记 $y = \pm \dfrac{b}{a}\sqrt{a^2 - x^2}$, $y_1 = \pm\sqrt{a^2 - x^2}$,则 $y = \dfrac{b}{a} y_1$。 选取横坐标 x 为积分变量,计算可得

$$S = \int_{-a}^{a} y \, \mathrm{d}x = \frac{b}{a} \int_{-a}^{a} y_1 \, \mathrm{d}x。$$

因为 $\int_{-a}^{a} y_1 \, \mathrm{d}x$ 表示大辅圆 $x^2 + y^2 = a^2$ 的面积,所以

$$S = \frac{b}{a} \int_{-a}^{a} y_1 \, \mathrm{d}x = \frac{b}{a} \cdot \pi a^2 = \pi ab。$$

Woods & Bailey(1907)取椭圆上任意一点 $P(x, y)$,作 $MP \perp OM$,延长 MP 交大辅圆于点 Q,记 $Q(x, y')$。连结 OQ,记 $\angle QOM = \varphi$,则 $x = a\cos\varphi$, $y = b\sin\varphi$,点 Q 的坐标为 $(a\cos\varphi, a\sin\varphi)$(图 18-4)。记椭圆位于第一象限且在 $[0, x]$ 上的部分面积为 $A(\varphi)$,因

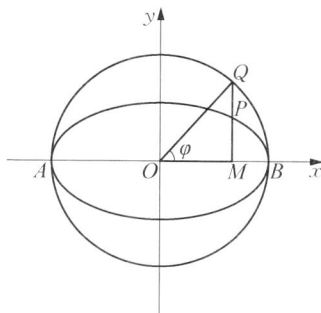

图 18-4　积分法推导椭圆
　　　　　面积公式

$$y = \frac{\mathrm{d}A}{\mathrm{d}x} = \frac{\dfrac{\mathrm{d}A}{\mathrm{d}\varphi}}{\dfrac{\mathrm{d}x}{\mathrm{d}\varphi}} = \frac{\dfrac{\mathrm{d}A}{\mathrm{d}\varphi}}{-a\sin\varphi},$$

故

$$\frac{\mathrm{d}A}{\mathrm{d}\varphi} = -ab\sin^2\varphi = ab \cdot \frac{\cos 2\varphi - 1}{2}。$$

于是得

$$A(\varphi) = ab\left(\frac{1}{4}\sin 2\varphi - \frac{1}{2}\varphi\right) + C。$$

因 $A\left(\dfrac{\pi}{2}\right) = 0$，故 $C = \dfrac{\pi}{4}ab$，从而

$$A(\varphi) = ab\left(\frac{1}{4}\sin 2\varphi - \frac{1}{2}\varphi + \frac{\pi}{4}\right)。$$

因此，椭圆面积 $S = 4A(0) = \pi ab$。

此后，Woods & Bailey(1917)运用微积分基本定理，计算得到

$$S = 4\int_0^a y\mathrm{d}x = \frac{4b}{a}\int_0^a \sqrt{a^2 - x^2}\,\mathrm{d}x = \frac{2b}{a}\left[x\sqrt{a^2 - x^2} + a^2\arcsin\frac{x}{a}\right]_0^a = \pi ab。$$

Hart(1957)则利用参数方程求椭圆面积，即

$$S = 4\int_0^a y\mathrm{d}x = 4\int_{\frac{\pi}{2}}^0 b\sin\theta\,\mathrm{d}(a\cos\theta) = 2ab\int_0^{\frac{\pi}{2}}(1 - \cos 2\theta)\mathrm{d}\theta = \pi ab。$$

18.3.3 投影法

圆是一种特殊的椭圆，其长轴和短轴相等。圆投影之后长轴不变，短轴变短，于是就变成了椭圆。因此，利用投影面积计算公式，可以推导出椭圆的面积。

Briot & Bouquet(1896)利用三角形给出一个平面在任意平面上的投影面积。若 $\triangle ABC$ 有一边 AB 平行于投影面，过点 C 作 $CD \perp$ 投影面，垂足为 D，连结 AD、BD（图 18-5(a)）。过点 C 作 $CE \perp AB$，于是 $DE \perp AB$，则 $\angle CED$ 是二面角 $C\text{-}AB\text{-}D$ 的平面角，记 $\angle CED = \varphi$。因为 $ED = CE \cdot \cos\varphi$，所以

$$\frac{1}{2} \cdot AB \cdot ED = \frac{1}{2} \cdot AB \cdot CE \cdot \cos\varphi。$$

于是得

$$S_{\triangle ABD} = S_{\triangle ABC} \cdot \cos\varphi。$$

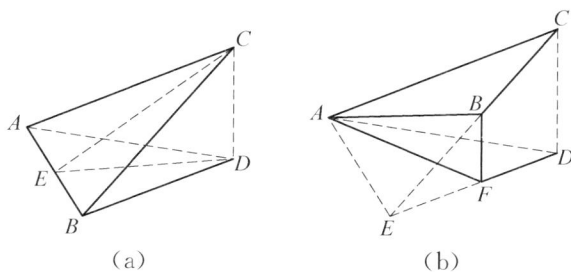

图 18 - 5　三角形的投影面积

若△ABC 没有一边平行于投影面,延伸平面 ABC 交投影面于直线 AE,CB 的延长线交投影面于点 E(图 18 - 5(b))。因为△ABE 的投影为△AFE,△ACE 的投影为△ADE,记面 ACE 和面 ADE 的夹角为 φ,则

$$S_{\triangle AFE}=S_{\triangle ABE} \cdot \cos\varphi,$$

$$S_{\triangle ADE}=S_{\triangle ACE} \cdot \cos\varphi。$$

两边相减,得

$$S_{\triangle AFD}=S_{\triangle ABC} \cdot \cos\varphi。$$

Fine & Thompson(1909)则以长方形为例给出投影面积公式(图 18 - 6)。因为曲边形的面积可以用其内接多边形或长方形的面积逼近,所以任意平面 A 在面 T 上的投影面积 S 等于平面 A 的面积 S' 乘以两平面夹角的余弦值,即 $S = S'\cos\varphi$。由此易得椭圆面积,因圆面积 $S' = \pi a^2$,$\cos\varphi = \dfrac{b}{a}$,故椭圆面积为 $S = \pi ab$。(Briot & Bouquet,1896,pp. 199 - 200)

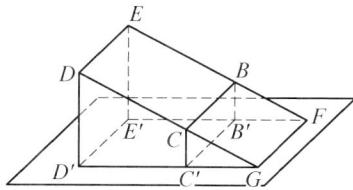

图 18 - 6　矩形的投影面积

18.4　椭圆 $ax^2+2hxy+by^2=1$ 的面积

当椭圆不是以标准方程的形式给出时,往往需要对椭圆进行平移或旋转,即进行坐标变换,从而方便地找出椭圆的各种性质,在求椭圆面积时依然如此。对于以原点为中心的椭圆

$$ax^2+2bxy+cy^2=1,$$

Gibson & Pinkerton(1919)设旋转的角度为 θ，令

$$x = \xi\cos\theta - \eta\sin\theta,$$

$$y = \xi\sin\theta + \eta\cos\theta,$$

代入方程，可得

$$a'\xi^2 + 2b'\xi\eta + c'\eta'^2 = 1,$$

其中

$$a' = a\cos^2\theta + 2b\sin\theta\cos\theta + c\sin^2\theta,$$

$$b' = (c-a)\sin\theta\cos\theta + b(\cos^2\theta - \sin^2\theta),$$

$$c' = a\sin^2\theta - 2b\sin\theta\cos\theta + c\cos^2\theta。$$

令 $b'=0$，则 $\tan 2\theta = \dfrac{2b}{a-c}$，此时椭圆方程变为

$$a'\xi^2 + c'\eta'^2 = 1。$$

椭圆长、短半轴长分别为 $\dfrac{1}{\sqrt{a'}}$ 和 $\dfrac{1}{\sqrt{c'}}$，于是

$$S = \frac{\pi}{\sqrt{a'c'}}。$$

因 $a'c' = a'c' - b'^2 = ac - b^2$，故

$$S = \frac{\pi}{\sqrt{ac-b^2}}。$$

18.5 椭圆面积公式推导方法的演变

以 20 年为一个时间段进行统计，图 18-7 给出了推导椭圆面积公式方法的时间分布情况。可以看出，推导方法呈现出从多元走向单一的趋势。19 世纪，极限法是推导椭圆面积公式的主流方法，在这期间只有少量教科书涉及另两种方法。从 20 世纪开始，积分法逐渐出现在越来越多的解析几何教科书中，并最终成为教科书编者所青睐的一种方法。

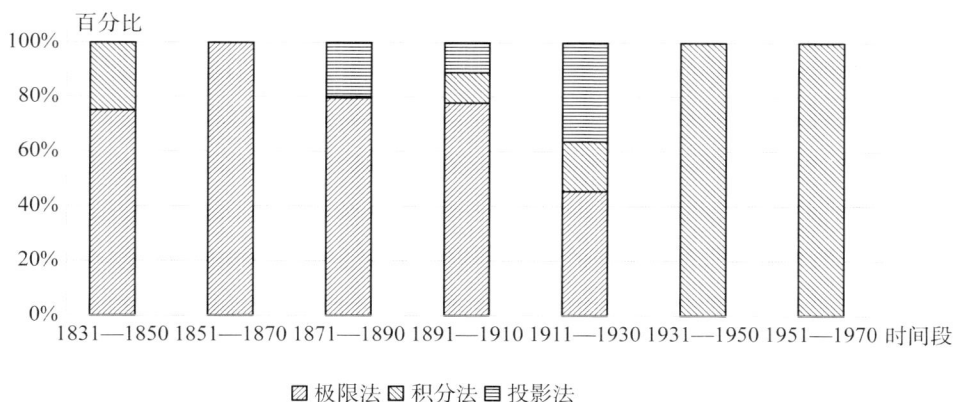

图 18 - 7　推导椭圆面积公式方法的时间分布

　　早在古希腊时期,因为当时的哲学家和数学家未能接受实无穷概念,于是,利用曲边形的内接多边形和穷竭法来求其面积是这一时期的主流思想。随着微积分的创立与发展,极限方法率先被教科书编者所采用,可以说现在所流行的内接矩形或梯形去逼近椭圆面积的做法也继承了穷竭法的核心思想,这一过程使得椭圆面积公式的推导得到进一步简化。随着黎曼(G. F. B. Riemann,1826—1866)和达布(J. G. Darboux,1842—1917)分别于 1854 年和 1875 年对有界函数建立严密的积分理论,19 世纪后半叶,戴德金(R. Dedekind,1831—1916)等人建立严格的实数理论,微积分的理论和方法有了牢固的基础,基本形成了一个完整的体系,因而使用定积分来计算椭圆面积的方法被越来越多的教科书编者所接受,并被编入解析几何教科书中。

　　19 世纪的教科书大多并不涉及微积分的内容,因而椭圆面积多利用极限或投影的方法加以推导。随着教科书的不断完善,微分和积分的部分内容被陆续编入,积分法的使用也变得水到渠成。

18.6　结论与启示

　　以上我们看到,除了人们所熟知的运用定积分计算椭圆面积,极限法和投影法也是推导椭圆面积的一大利器,几种方法中均蕴含着丰富的数学思想。历史上出现的椭圆面积的各种推导方法,为今日椭圆面积的教学提供了诸多启示。

　　第一,析微察异,创新课堂引入方式。讲授式是教师在课堂中所普遍采用的传统教学方式。新课程改革以来,以学生为主体、教师为主导的人性化教育理念成为改变传统教学方式的重要指导思想。因此,教师可以从知识的引入方式入手来创新自身的教学设计,实践法和发现法则是教师可以尝试使用的两种引入策略。例如,在椭圆面积的教学设计中,教师需要搜集与椭圆面积相关的、有趣味的模型,例如卫星轨道等;又或者去发掘椭圆面积背后的生活背景,例如计算一片树叶的面积等,让学生感受到数学公式与实际生活息息相关。因此,教师要努力成为生活的细心观察者,善于发现生活中万事万物与数学之间的联系,这样才有可能设计出一节独具匠心、精彩纷呈的优秀课例。

第二,触类旁通,加强知识间的普遍联系。任何数学知识都不是孤立存在的,前后知识之间存在着密切的联系,因此教师需要引导学生建构知识结构体系,从整体上把握某一知识点。在椭圆面积的教学中,教师可以引导学生将极限法、积分法与投影法的本质属性进行比较,不难发现积分法中蕴含极限思想,而投影法也是一种图形变换,使学生了解到三种方法之间的逻辑关系,并将其一起纳入椭圆面积这一知识体系中,形成一个整体。通过建立知识链或知识网络(图 18 - 8),使学生深入理解数学知识的本质。

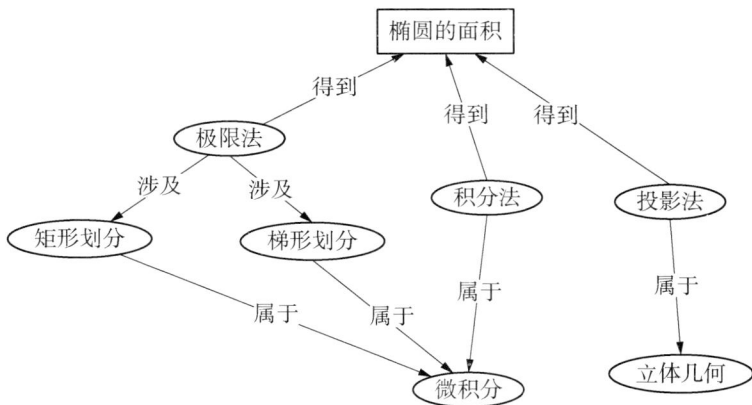

图 18 - 8 椭圆面积概念图

第三,精益求精,培养逻辑思维能力。教科书是公式学习的有效载体,但是只掌握书上的一种推导方法是远远不够的。椭圆面积公式的推导中蕴含着丰富的数学思想方法,例如从圆面积到椭圆面积,体现类比思想;以直代曲计算曲边形面积,体现化归思想。因此,在教学中,教师应鼓励学生勇于探索不同的公式证明方式,也可以通过小组讨论的形式,给予学生探索的时间和空间,使学生之间集思广益,不断开阔自身的思维,这样不仅能够让学生从中获得成功的喜悦与成就感,提高数学学习的兴趣,还有助于培养学生的数学抽象、逻辑推理、数学运算等素养。

第四,立德树人,转变数学学习观念。数学是一门不断发展中的学科,是一门不断与时俱进的学科,即使是前人已经解决过的问题,数学家依然会以此为抓手,尝试改进解决方案,找寻最优化的解决路径。因此,教师应培养学生动态的数学观,让学生感受数学家在数学探索中的耐心和毅力,感受数学背后的理性精神,从而达成德育之效。

参考文献

M・克莱因(2002).古今数学思想(第一册).上海:上海科学技术出版社.

汪晓勤,沈中宇(2020).数学史与高中数学教学:理论、实践与案例.上海:华东师范大学出版社.

中华人民共和国教育部(2020).普通高中数学课程标准(2017 年版 2020 年修订).北京:人民教育出版社,2020.

Briot, C. & Bouquet, J. C. (1896). *Elements of Analytical Geometry of Two Dimensions*. Chicago: Werner School Book Company.

Davies, C. (1836). *Elements of Analytical Geometry*. New York: Wiley & Long, Collins, Keys & Company.

Fine, H. B. & Thompson, H. D. (1909). *Coordinate Geometry*. New York: The Macmillan Company.

Gibson, G. A. & Pinkerton, P. (1919). *Elements of Analytical Geometry*. London: Macmillan & Company.

Hart, W. L. (1957). *Analytic Geometry and Calculus*. Boston: D. C. Heath & Company.

Lardner, D. A. (1831). *Treatise on Algebraic Geometry*. London: Whittaker, Treacher & Arnot.

Riggs, N. C. (1911). *Analytic Geometry*. New York: The Macmillan Company.

Runkle, J. D. (1888). *Elements of Plane Analytic Geometry*. Boston: Ginn & Company.

Tanner, J. H. & Allen, J. (1898). *An Elementary Course in Analytic Geometry*. New York: American Book Company.

Wentworth, G. A. (1886). *Elements of Analytic Geometry*. Boston: Ginn & Company.

Woods, F. S. & Bailey, F. H. (1907). *A Course in Mathematics: for Students in Engineering and Applied Science*. Boston: Ginn & Company.

Woods, F. S. & Bailey, F. H. (1917). *Analytic Geometry and Calculus*. Boston: Ginn & Company.

19　抛物线弓形的面积

秦语真[*]　　汪晓勤[**]

19.1　引　言

古希腊数学家阿基米德曾著《抛物线弓形求积》一书。书中,阿基米德求得抛物线弓形的面积为以其弦为底边、以平行于弦的切线的切点为顶点的内接三角形面积的 $\frac{4}{3}$。阿基米德首先用力学方法得出上述结果,然后通过"穷竭法"对其进行严格的证明(Heath,1897,pp. 233－252)。在没有微积分和极限工具的情况下,阿基米德的这一结果超越时代,令人惊叹;同时,它也是物理方法用于数学研究的精彩范例。

1965 年至今,高考数学试卷上常常出现涉及抛物线弓形的问题。近年来,抛物线弓形的有关性质受到了高中一线教师的关注。在教科书中,人教 A 版高中数学教科书 3－1 数学史选讲中介绍了阿基米德利用杠杆原理求抛物线弓形的面积。长期以来,有不少教师先后对抛物线弓形的面积做过研究(尤兆桢,1958;杜瑞芝,1986;陈伟侯,1999;甘大旺,2016),还有教师将抛物线弓形的面积问题融入导数起始课中。此外,有教师编制抛物线弓形的相关问题,并将其融入日常教学和考试中。已有文献表明,抛物线弓形的证明方法较为单一,有关抛物线弓形的教学设计少之又少。

翻开历史画卷,可以看到抛物线弓形面积的推导方法精彩纷呈,归纳、提炼相关方法,可以为今日教学和习题编制提供素材。为此,本章就抛物线弓形这一主题,对 1830--1969 年间出版的 18 种美英解析几何教科书(其中 17 种出版于美国,1 种出版于英国;12 种出版于 19 世纪,6 种出版于 20 世纪)进行考察,试图回答以下问题:早期

---

[*]　华东师范大学数学科学学院博士研究生。
[**]　华东师范大学数学科学学院教授、博士生导师。

解析几何教科书是如何求抛物线弓形面积的? 这些方法对今日解析几何教学有何启示?

19.2 特殊抛物线弓形的面积

19.2.1 内外兼顾,寻求比例

有 3 种教科书采用如下方法来求抛物线弓形的面积(Davies,1836,pp. 161 - 163;Loomis,1851,pp. 76 - 79;Biot & Smith,1840,pp. 150 - 153)。

如图 19 - 1 所示,点 $A(x_0,y_0)$ 是抛物线 $y^2 = 2px$ 上一点,AB 为垂直于 x 轴的弦,AB 与 x 轴交于点 C,O 为抛物线的顶点。在点 O 与 A 之间取 $n-1$ 个点 A_1,A_2,$\cdots$,A_{n-1},使得各点的纵坐标 y_1,y_2,$\cdots$,y_{n-1},y_0 依次构成等比数列,并设

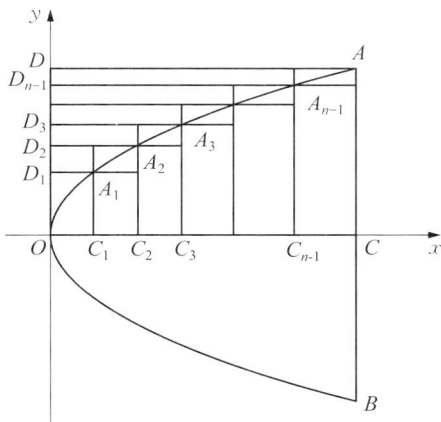

图 19 - 1 比例法

$$\frac{y_2-y_1}{y_1} = \frac{y_3-y_2}{y_2} = \cdots = \frac{y_0-y_{n-1}}{y_{n-1}} = q。$$

过各点分别作 x 轴和 y 轴的垂线,垂足分别为 C_1,C_2,$\cdots$,C_{n-1} 和 D_1,D_2,$\cdots$,D_{n-1},又过点 A 作 y 轴的垂线,垂足为 D。

$$\frac{S_{矩形A_1C_2}}{S_{矩形A_1D_2}} = \frac{y_1(x_2-x_1)}{x_1(y_2-y_1)} = \frac{y_1 \cdot \frac{1}{2p}(y_2^2-y_1^2)}{\frac{1}{2p}y_1^2(y_2-y_1)} = 1+\frac{y_2}{y_1} = 2+q。$$

同理可得

$$\frac{S_{矩形A_2C_3}}{S_{矩形A_2D_3}} = \frac{y_2(x_3-x_2)}{x_2(y_3-y_2)} = 1+\frac{y_3}{y_2} = 2+q,$$

$$\frac{S_{矩形A_3C_4}}{S_{矩形A_3D_4}} = \frac{y_3(x_4-x_3)}{x_3(y_4-y_3)} = 1+\frac{y_4}{y_3} = 2+q,$$

······

$$\frac{S_{矩形A_{n-1}C}}{S_{矩形A_{n-1}D}} = \frac{y_{n-1}(x_0 - x_{n-1})}{x_{n-1}(y_0 - y_{n-1})} = 1 + \frac{y_0}{y_{n-1}} = 2 + q,$$

故

$$\frac{S_{矩形A_1C_2} + S_{矩形A_2C_3} + \cdots + S_{矩形A_{n-1}C}}{S_{矩形A_1D_2} + S_{矩形A_2D_3} + \cdots + S_{矩形A_{n-1}D}} = 2 + q。 \tag{1}$$

当所取的点越来越多,即 n 越来越大时,q 逐渐趋向于 0。此时,等式(1)左边的分子趋向于曲边三角形 OAC 的面积,分母趋向于曲边三角形 OAD 的面积,即

$$\frac{S_{曲边三角形OAC}}{S_{曲边三角形OAD}} = 2。$$

于是,曲边三角形 OAC 的面积等于矩形 $DOCA$ 面积的 $\frac{2}{3}$,或 Rt$\triangle OCA$ 面积的 $\frac{4}{3}$。因此得抛物线弓形 AOB 的面积等于 $\triangle AOB$ 面积的 $\frac{4}{3}$。

19.2.2 经典重现,删繁就简

阿基米德在《抛物线弓形求积》中利用一系列内接三角形逐步逼近抛物线弓形,借助穷竭法证明抛物线弓形的面积。在所考察的教科书中,有 1 种采用了类似的方法(Docharty,1865,pp. 60 - 62)。

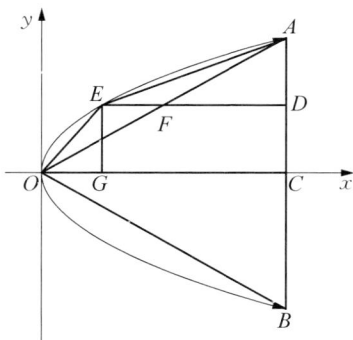

图 19 - 2 阿基米德法

如图 19 - 2 所示,AOB 为抛物线弓形,弦 AB 垂直于 x 轴,抛物线方程为 $y^2 = 2px$。

选取抛物线弓形的一半来进行研究,取 AC 的中点 D,过点 D 作 x 轴的平行线,交抛物线于点 E,交线段 AO 于点 F,过点 E 作 x 轴的垂线,垂足为点 G,连结 AE、OE。因 $EG = \frac{1}{2}AC$,故 $OG = \frac{1}{4}OC$,从而得 $ED = GC = \frac{3}{4}OC$。又因 FD 为 $\triangle AOC$ 的中位线,故得 $FD = \frac{1}{2}OC$,从而得 $EF = \frac{1}{4}OC = \frac{1}{2}FD$。

因此有

$$S_{\triangle OEF} = \frac{1}{2} S_{\triangle OFD}, \quad S_{\triangle AEF} = \frac{1}{2} S_{\triangle AFD},$$

即

$$S_{\triangle EOA} = \frac{1}{2} S_{\triangle AOD} = \frac{1}{4} S_{\triangle AOC}。$$

再过 AD 和 CD 的中点,作 x 轴的平行线,分别交抛物线于点 J 和 K,由上述结论知,$\triangle AEJ$ 和 $\triangle OEK$ 的面积之和为 $\triangle EOA$ 面积的 $\frac{1}{4}$,即 $\triangle AOC$ 面积的 $\frac{1}{16}$。以此类推,记 $S_{\triangle AOC} = a$,则有

$$S_{\text{抛物线弓形}AOB} = 2\left(a + \frac{1}{4}a + \frac{1}{4^2}a + \frac{1}{4^3}a + \cdots\right) = \frac{8}{3}a = \frac{4}{3}S_{\triangle AOB}。$$

虽然教科书编者采用了阿基米德的思路,但由于摒弃了穷竭法,因而求抛物线弓形面积的过程要简洁得多。

19.2.3 借助切线,内外比较

有 4 种教科书利用抛物线切线的性质来研究抛物线弓形的面积问题(Hymers,1845,pp. 95 - 97;Church,1851,pp. 124 - 125;Robinson,1860,pp. 62 - 64)。

首先证明抛物线切线的一个重要性质。如图 19 - 3 所示,设 $A(x_0, y_0)$ 和 $A_1(x_1, y_1)$ 是抛物线 $y^2 = 2px$ 上的不同两点,过点 A 和 A_1 分别作抛物线的切线 AT 和 $A_1 T_1$,其方程分别为

$$yy_0 = p(x + x_0),$$

$$yy_1 = p(x + x_1),$$

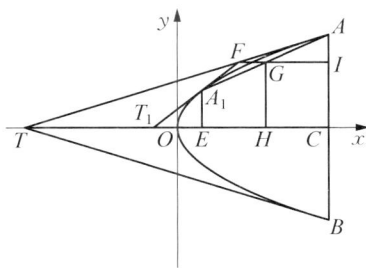

图 19 - 3 切线法

易知交点 F 的纵坐标为 $y = \dfrac{y_0 + y_1}{2}$。 因此,抛物线上任意不同两点处的切线交点的纵坐标是这两点纵坐标的算术平均。

现取抛物线弓形 AOB 的一半作为研究对象,连结 AA_1,过点 F 作 x 轴的平行线,分别交 AB 和 AA_1 于点 I 和 G,则点 G 的纵坐标为 $y = \dfrac{y_1 + y_2}{2}$,即 G 为弦 AA_1 的中

点,再过点 A、G、A_1 分别作 x 轴的垂线,垂足分别为 C、H、E。由切线方程可知 $OT = OC$,$OT_1 = OE$,故得 $TT_1 = CE$,于是,梯形 $ECAA_1$ 的面积为

$$S_1 = \frac{1}{2}(CA + EA_1) \cdot CE = GH \cdot CE,$$

$\triangle FTT_1$ 的面积为

$$S_2 = \frac{1}{2}GH \cdot TT_1 = \frac{1}{2}GH \cdot CE,$$

故得 $S_1 = 2S_2$。

若在点 A 与 O 之间取抛物线上的一系列点,过各点作 x 轴的垂线,其中相邻两点连线、对应的两条垂线与 x 轴围成一个梯形,抛物线在这两点处的切线与 x 轴围成一个三角形。由上面的证明可知,梯形面积是相应三角形面积的 2 倍。因此,所有梯形面积之和等于所有三角形面积之和的 2 倍。在抛物线上所取点数越多,梯形面积之和越接近曲边三角形 OAC 的面积,三角形面积之和越接近曲边三角形 OAT 的面积,故有

$$S_{曲边三角形AOC} = 2S_{曲边三角形AOT}。$$

于是,得

$$S_{曲边三角形AOC} = \frac{2}{3}S_{\triangle ATC} = \frac{4}{3}S_{\triangle AOC},$$

即抛物线弓形 AOB 的面积是其内接三角形 AOB 面积的 $\frac{4}{3}$。

19.2.4 矩形划分,以直代曲

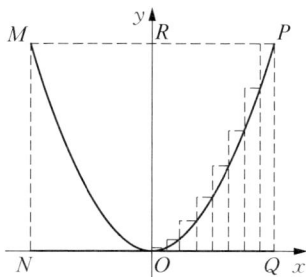

图 19-4 分割矩形法

有一种教科书用 n 个小矩形来逼近抛物线弓形的面积(Ziwet & Hopkins,1916,pp. 109-115)。

如图 19-4 所示,POM 为一抛物线弓形,其面积为

$$S_{抛物线弓形POM} = S_{矩形PQNM} - 2S_{曲边三角形OPQ}。$$

故只需求出曲边三角形 OPQ 的面积。在 OQ 上插入 $n-1$ 个分点,将 OQ 等分成 n 段,每一段长度为 Δx,

$OQ = n\Delta x$。过每一个分点分别作 x 轴的垂线，与抛物线交于点 $P_i\left(i\Delta x, \dfrac{(i\Delta x)^2}{2p}\right)(i = 1, 2, \cdots, n-1)$，相应得到 n 个矩形。设曲边三角形 OPQ 的面积为 S，点 P 的坐标为 (x_n, y_n)，其中 $x_n = n\Delta x$，$y_n = \dfrac{(n\Delta x)^2}{2p}$，则有

$$
\begin{aligned}
S &= \lim_{n\to\infty} \frac{1}{2p}(1^2 + 2^2 + 3^2 + \cdots + n^2)(\Delta x)^3 \\
&= \frac{1}{12p}\lim_{n\to\infty}(2n^3 + 3n^2 + n)(\Delta x)^3 \\
&= \frac{1}{12p}\lim_{n\to\infty}\left(2 + \frac{3}{n} + \frac{1}{n^2}\right)(n\Delta x)^3 \\
&= \frac{1}{6p}(n\Delta x)^3 \\
&= \frac{1}{3}x_n y_n \text{。}
\end{aligned}
$$

故抛物线弓形 OPM 的面积是矩形 $MNQP$ 面积的 $\dfrac{2}{3}$。

19.2.5　定积分法

有 6 种教科书直接给出了计算公式，具体做法如下：

$$
\int \sqrt{2px}\,\mathrm{d}x = \frac{2\sqrt{2p}}{3}x^{\frac{3}{2}} + C = \frac{2\sqrt{2px}}{3} \cdot x + C = \frac{2}{3}xy + C \text{。}
$$

将抛物线与 x 轴的交点定为坐标原点，则得 $C = 0$，故抛物线弓形的面积是其外接矩形面积的 $\dfrac{2}{3}$。

19.3　一般抛物线弓形的面积

少数教科书还解决了弦不垂直于 x 轴的一般抛物线弓形的面积问题（Woods & Bailey，1917，p.146）。所采用的方法与上文 19.2.2 中所呈现的方法类似。如图 19-5 所示，A、B 为抛物线 AOB 上任意不同的两点，弦 AB 的中点为 F，平行于 AB 的切线的切点为 O。取 AF、FB 的中点 E、G，过点 E、G 分别作 OF 的平行线，交抛物线

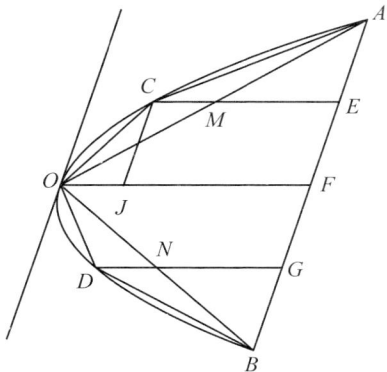

图 19 - 5　一般抛物线弓形的面积

于点 C、D，过点 C 作 AB 的平行线，交 OF 于点 J，则 $CJ = EF = \frac{1}{2}AF$，$OJ = \frac{1}{4}OF$，于是得 $CE = JF = \frac{3}{4}OF$。又因 ME 为 $\triangle AOF$ 的中位线，故 $ME = \frac{1}{2}OF$，从而得 $CM = \frac{1}{4}OF = \frac{1}{2}ME$，于是有 $S_{\triangle CAM} = \frac{1}{2}S_{\triangle MAE}$，$S_{\triangle COM} = \frac{1}{2}S_{\triangle MOE}$，即 $S_{\triangle COA} = \frac{1}{4}S_{\triangle AOF}$。同理可得 $S_{\triangle DOB} = \frac{1}{4}S_{\triangle BOF}$。

分别再取 AE、EF、FG、GB 的中点，并作 OF 的平行线，交抛物线于 P、Q、R、S 四点，根据上面的结论，四个三角形 APC、CQO、ORD 和 DSB 的面积之和为 $\triangle AOB$ 面积的 $\frac{1}{16}$。以此类推，记 $S_{\triangle AOB} = a$，可以得到

$$S_{弓形AOB} = \left(1 + \frac{1}{4} + \frac{1}{4^2} + \frac{1}{4^3} + \cdots\right)S_{\triangle AOB} = \frac{4}{3}S_{\triangle AOB}。$$

此外，Wood(1879)给出了抛物线弓形与切线段和弦所构成三角形之间的面积关系。如图 19 - 6 所示，AB 为抛物线的弦，其中点为 G。过 A、B 分别作抛物线的切线，交于点 F，则 $S_{抛物线弓形ACB} = \frac{2}{3}S_{\triangle AFB}$。

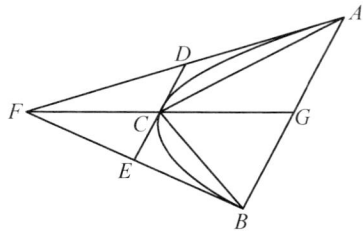

图 19 - 6　抛物线弓形的一个性质

19.4　教学启示

以上我们看到，早期解析几何教科书呈现了抛物线弓形面积的多种求法，其中的矩形分割法或定积分法对今日学过微积分的读者来说并不陌生，但另外一些方法为今日高中解析几何教学中有关抛物线问题的编制提供了素材和思想启迪。

以第一种方法(比例法)为例。如图 19 - 1 所示，设抛物线方程为 $y^2 = 2px$($p > 0$)。在抛物线上取三点 $A_1(x_1, y_1)$、$A_2(x_2, y_2)$、$A_3(x_3, y_3)$，其中 $y_i > 0$($i = 1, 2,$

3）。过 A_i 分别作 x 轴和 y 轴的垂线，垂足分别为 C_i 和 D_i。记矩形 A_1C_2 和 A_2C_3 的面积分别为 S_1 和 S_2，矩形 A_1D_2 和 A_2D_3 的面积分别为 T_1 和 T_2。

（1）若 y_1、y_2、y_3 构成等差数列，试比较 $\dfrac{S_1}{T_1}$ 与 $\dfrac{S_2}{T_2}$ 的大小；

（2）若 $\dfrac{1}{y_1}$、$\dfrac{1}{y_2}$、$\dfrac{1}{y_3}$ 构成等差数列，试比较 $\dfrac{S_1}{T_1}$ 与 $\dfrac{S_2}{T_2}$ 的大小；

（3）若 y_1、y_2、y_3 构成等比数列，试比较 $\dfrac{S_1}{T_1}$ 与 $\dfrac{S_2}{T_2}$ 的大小；

（4）若抛物线与直线 $y=x$ 交于点 A（异于原点），在抛物线上，在点 O 与 A 之间取 $n-1$ 个点 $A_i(x_i，y_i)(i=1，2，\cdots，n-1)$，使得其纵坐标与点 A 的纵坐标（记为 y_n）依次构成等比数列。过点 A_i 和 A 分别向 x 轴、y 轴作垂线，垂足分别为点 C_i 和 $D_i(i=1，2，\cdots，n)$，记矩形 A_iC_{i+1} 的面积为 S_i，矩形 A_iD_{i+1} 的面积为 T_i，试求 $\dfrac{S_1+S_2+\cdots+S_n}{T_1+T_2+\cdots+T_n}$。由此你能得出什么结论？

又以第三种方法（切线法）为例。如图 19-7 所示，仍设抛物线方程为 $y^2=2px$，A_1、A_2 为抛物线上不同的两点（均位于第一象限），过点 A_1、A_2 分别作抛物线的切线，交于点 B，分别交 x 轴于点 T_1 和 T_2，又过点 A_1、A_2 分别作 x 轴的垂线，垂足为 C 和 D。求梯形 A_1CDA_2 与 $\triangle BT_1T_2$ 的面积之间的关系，等等。

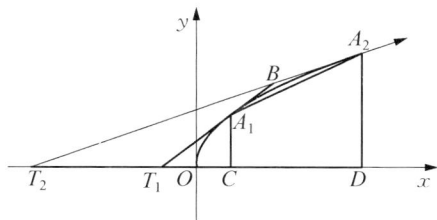

图 19-7 基于切线法的问题

从上述问题可以看出，借鉴早期教科书中抛物线弓形面积求法所提出的问题，可以很好地将高中数学不同领域的知识融合起来，体现了很强的综合性，适合于高三复习课的教学。图 19-8 呈现了抛物线弓形面积的概念图。

历史是一个宝藏，其中蕴含着取之不尽、用之不竭的教学素材和思想养料，抛物线弓形面积的历史只是无数例子中的一个而已。这启示我们，教育取向的数学史研究是 HPM 视角下课堂教学研究和基于数学史的问题提出研究的基础。未来，HPM 研究者和一线数学教师在该领域必将大有可为。

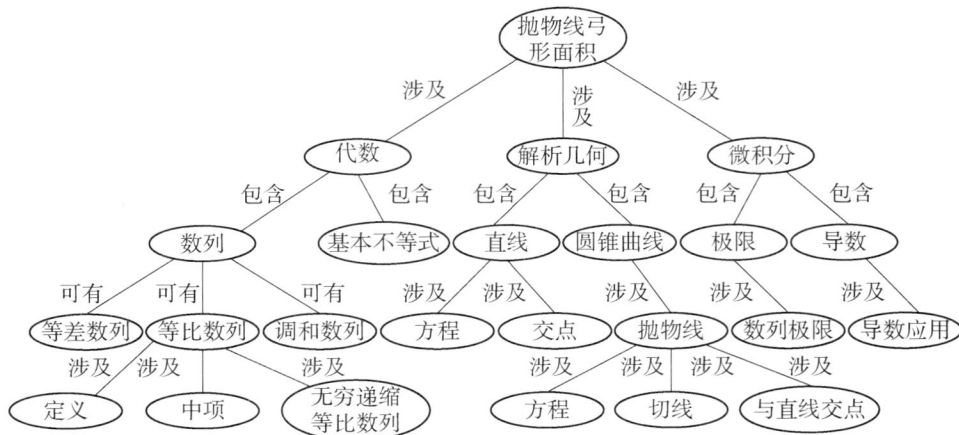

图 19-8 抛物线弓形面积概念图

参考文献

陈伟侯(1999).抛物线弓形面积的阿基米德算法.数学通报,38(10):23-24+18.

杜瑞芝(1986).古希腊学者的求积法——定积分思想的萌芽.数学通报,25(12):38-40+43.

甘大旺(2016).教科书中阿基米德的抛物线弓形面积的证法补遗及拓展探究.数学通报,55 (11):31-32+35.

尤兆桢(1958).从阿基米德关于抛物线弓形面积的算法谈到圆弓形面积近似公式.数学通报, (08):1-6.

Biot, J. B. & Smith, F. H. (1840). *An Elementary Treatise on Analytical Geometry*. New York: Wiley & Putnam.

Church, A. E. (1851). *Elements of Analytical Geometry*. New York: G. P. Putnam.

Davies, C. (1836). *Elements of Analytical Geometry*. New York: Wiley & Long, Collins, Keys & Company.

Docharty, G. B. (1865). *Elements of Analytical Geometry and of the Differential and Integral Calculus*. New York: Harper & Brothers.

Heath, T. L. (1897). *The Works of Archimedes*. Cambridge: The University Press.

Hymers, J. (1845). *A Treatise on Conic Sections and the Application of Algebra to Geometry*. Cambridge: The University Press.

Loomis, E. (1851). *Elements of Analytical Geometry and of the Differential and Integral Calculus*. New York: Harper & Brothers.

Robinson, H. N. (1860). *Conic Sections and Analytical Geometry*. New York: Ivison, Blakeman & Company.

Wood, D. V. (1879). *The Elements of Coördinate Geometry*. New York: John Wiley & Sons.

Woods, F. S. & Bailey (1917). *Analytic Geometry and Calculus*. Boston: Ginn & Company.

Ziwet, A. & Hopkins, L. A. (1916). *Elements of Analytic Geometry*. New York: The Macmillan Company.

命 题 篇

20 圆的几何性质

王智洋[*]

20.1 引　言

　　数学的产生和发展离不开人类对美的追求以及数学家对美好事物的欣赏与执着。圆是极具美感的几何图形,早在古希腊时期便吸引了欧几里得等数学家探索的目光。圆作为高中数学平面解析几何中的内容,不仅是沟通"几何"与"代数"之间的桥梁,也是连接学生在初中与高中两个阶段学习平面几何知识的纽带。事实上,学生早在初中阶段便已经学习过圆的许多重要几何性质,但主要是从定性的角度出发,通过严密的逻辑推理来研究。而在高中学习平面解析几何后,不仅可以从定量的角度进一步探究圆的性质,还可以另一种方法证明先前学习的性质,形成前后知识的统一,也让学生对"数"与"形"的认识更加深刻。

　　《普通高中数学课程标准(2017 年版 2020 年修订)》要求学生"通过建立坐标系,借助直线、圆的几何特征,导出相应方程"以及"用代数方法研究几何性质,体现形与数的结合"。现行高中数学教科书中给出的圆的几何性质主要是点与圆、直线与圆、圆与圆的位置关系,其他零星性质只出现在习题中。初中平面几何与高中解析几何在有关圆的知识上的割裂,导致数学学习的连贯性和统一性的缺失。

　　鉴于此,本章聚焦圆的几何性质,对美英早期解析几何教科书进行了详细考察,试图回答以下问题:圆的几何性质主要有哪些? 如何通过代数方法探究或证明这些几何性质? 希望通过对以上问题的研究为一线教师的教学提供帮助。

---

* 上海市大同中学数学教师。

20.2 教科书的选取

本章选取 1821—1960 年间出版的 78 种美英解析几何教科书作为研究对象,其中 62 种出版于美国,16 种出版于英国。以 20 年为一个时间段进行统计,这些教科书的出版时间分布情况如图 20‐1 所示。

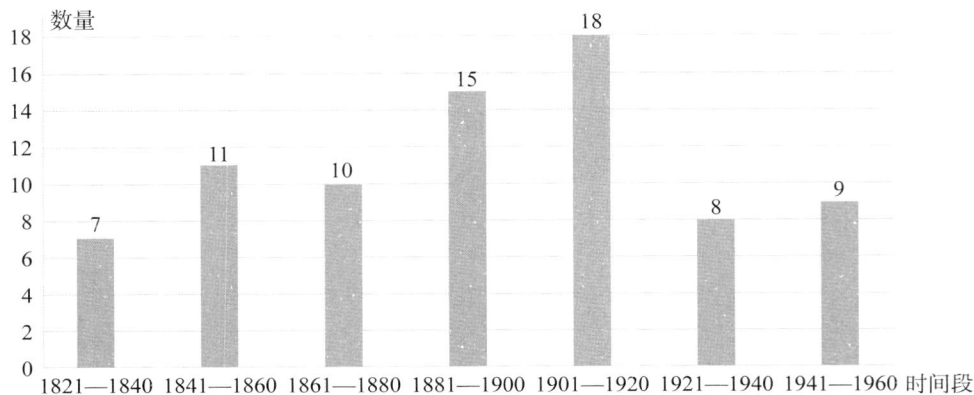

图 20‐1 78 种早期解析几何教科书的出版时间分布

本章将圆的几何性质简单地分为:圆的轨迹、圆的切线与法线、弦相关的性质三类,主要考察解析几何教科书中所描述的性质内容,以及推导过程。

20.3 圆的轨迹

阿波罗尼奥斯圆揭示了圆的轨迹,除了定义以外还有其他的形成方式。考察发现,早期教科书中给出了多种圆的轨迹,本章将其按照条件主要分成三类,分别是“已知底边和顶角的三角形”“给定底边的三角形”和“给定点或直线”。

20.3.1 已知底边和顶角的三角形

78 种教科书中,6 种以“已知底边和顶角的三角形”为背景得到圆的轨迹,分别是顶点的轨迹、垂心的轨迹、内心的轨迹和重心的轨迹。

（一）　已知底边和顶角，求顶点轨迹

Young(1830)给出了"已知三角形的底边和顶角，求三角形顶点轨迹"的方法。

如图 20-2 所示，建立平面直角坐标系，设 $AB=a$，$\tan C=m$，点 C 的坐标为$(x，y)$，根据对称性，不妨考虑 C 在 x 轴上方的情况，即 $y>0$，于是得 $\tan A=\dfrac{y}{x}$，$\tan B=\dfrac{y}{a-x}$。因 $C=\pi-(A+B)$，故

$$\tan C=-\tan(A+B)=-\frac{\tan A+\tan B}{1-\tan A\tan B},$$

即

$$m=-\frac{\dfrac{y}{x}+\dfrac{y}{a-x}}{1-\dfrac{y}{x}\cdot\dfrac{y}{a-x}}。$$

化简，得

$$x^2+y^2-ax-\frac{a}{m}y=0(y>0)。$$

易知，这是以线段 AB 为弦、$\left(\dfrac{a}{2}，\dfrac{a}{2m}\right)$ 为圆心、$\dfrac{a}{2m}\sqrt{m^2+1}$ 为半径的圆弧。

因此，根据对称性，顶点 C 的轨迹是对称的两个圆弧，其形状与顶角的角度相关，主要有三种，如表 20-1 所示。

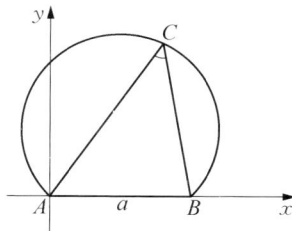

图 20-2　三角形的顶点轨迹

表 20-1　顶点轨迹的三种情况

顶角 C 的取值	点 C 的轨迹图像	点 C 的轨迹描述
$\left(0，\dfrac{\pi}{2}\right)$		两段对称的优弧，除去交点。

顶角 C 的取值	点 C 的轨迹图像	点 C 的轨迹描述
$\dfrac{\pi}{2}$		圆周，除去直径的两端点。
$\left(\dfrac{\pi}{2},\pi\right)$		两段对称的劣弧，除去交点。

值得注意的是，这一性质不仅给出了另一种圆的轨迹，也从代数的角度解决了我们熟知的圆的重要几何性质"同弧所对的圆周角相等"的逆命题。相同的内容，不同的时间和方法，让学生感受解析几何的魅力，体会形与数的美妙结合，形成数学知识的统一性。

（二）　已知底边和顶角，求垂心轨迹

Lardner(1831)结合上一问的结论，通过代数方法解得垂心的轨迹方程，具体如下：

如图 20-3 所示，建立平面直角坐标系，设 $AB=a$，$\tan C=m$，点 C 的坐标为 (x_0,y_0)，则点 C 的轨迹方程为圆弧，上一问中已经完成论证。那么，AC 和 BC 边上的高 BH、AH 所在的直线方程分别为

$$y=-\frac{x_0}{y_0}(x-a),$$

$$y=-\frac{x_0-a}{y_0}x。$$

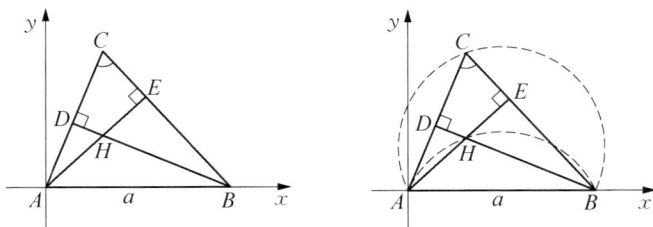

图 20-3　三角形的垂心轨迹

272

设垂心 H 的坐标为(x,y)，则通过联立方程，解得 $x_0=x$，$y_0=\dfrac{x(a-x)}{y}$。将其代入(x_0,y_0)满足的方程即可。以上一问中的方程为例，若

$$x_0^2+y_0^2-ax_0-\frac{a}{m}y_0=0(y_0>0),$$

则

$$x^2+y^2-ax+\frac{a}{m}y=0(y>0)。$$

因此，点 H 的轨迹仍然是圆弧。

Young(1830)则是通过平面几何知识进行推导：过点 A、B 分别作 BC、AC 边上的两条高，垂足为 E、D。易证 $\triangle ADH \backsim \triangle AEC$，则 $\angle AHD = \angle C$，从而 $\angle AHB = \pi - C$ 为定角。换言之，问题转化成了上一小节的问题。因此，点 H 的轨迹仍然是以 AB 为弦的圆弧。

（三）已知底边和顶角，求内心轨迹

O'Brien(1844)同样将该问题转化成了三角形顶点的轨迹。

如图 20-4 所示，由于 AI 是 $\angle CAB$ 的平分线，BI 是 $\angle CBA$ 的平分线，则 $\angle CAB = 2\angle IAB$，$\angle CBA = 2\angle IBA$，从而有

$C=\pi-(\angle CAB+\angle CBA)=\pi-2(\angle IAB+\angle IBA)$
$=\pi-2(\pi-\angle AIB)$。

因此，$\angle AIB = \dfrac{\pi+C}{2}$ 为定角。

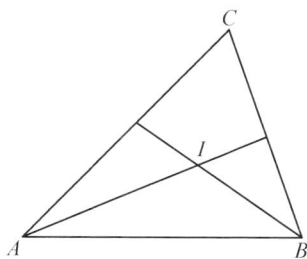

图 20-4　三角形的内心轨迹

（四）已知底边和顶角，求重心轨迹

Lardner(1831)的解法如下：

如图 20-5 所示，建立平面直角坐标系，设 $AB=a$，点 C 的坐标为(x_0,y_0)，点 G 的坐标为(x,y)，则由第一小节可知点 C 的轨迹为圆弧。于是，由重心性质可知，$x=\dfrac{a+x_0}{3}$，$y=\dfrac{y_0}{3}$，故得 $x_0=3x-a$，$y_0=3y$。将其代入(x_0,y_0)满足的方程，易得点 G 的坐标满足的方程所

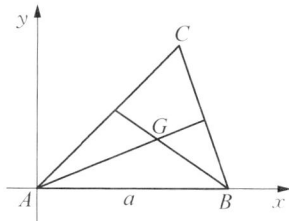

图 20-5　三角形的重心轨迹

表示的曲线也是圆弧。

20.3.2　给定底边的三角形

有 6 种教科书以"已知底边的三角形"为背景,增加边的条件得到圆的轨迹,分别是:另两边的平方和为定值、另两边的比值为定值、另两边的线性平方和为定值。

（一）　已知底边和另两边的平方和，求顶点轨迹

Loomis(1851)给出了已知另两边平方和的情况:

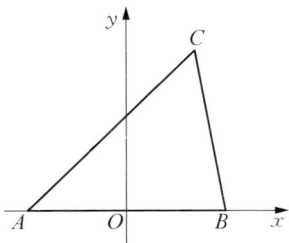

图 20 - 6　给定底边的
　　　　　三角形

如图 20 - 6 所示,建立平面直角坐标系,设 $AB = a$, $AC^2 + BC^2 = m\left(m > \dfrac{a^2}{2}\right)$,点 C 的坐标为 (x, y),则 $A\left(-\dfrac{a}{2}, 0\right)$, $B\left(\dfrac{a}{2}, 0\right)$,因 $AC^2 + BC^2 = m$,故得

$$\left(x + \frac{a}{2}\right)^2 + y^2 + \left(x - \frac{a}{2}\right)^2 + y^2 = m。$$

化简,得

$$x^2 + y^2 = \frac{m}{2} - \frac{a^2}{4}。$$

因此,点 C 的轨迹是以 AB 中点为圆心、$\sqrt{\dfrac{m}{2} - \dfrac{a^2}{4}}$ 为半径的圆。

（二）　已知底边和另两边的比，求顶点轨迹

Lardner(1831)的推导过程如下:

如图 20 - 6 所示,建立平面直角坐标系,设 $AB = a$, $\dfrac{AC}{BC} = n(n \neq 1)$,点 C 的坐标为 (x, y),则点 A、B 的坐标为 $A\left(-\dfrac{a}{2}, 0\right)$、$B\left(\dfrac{a}{2}, 0\right)$。由于 $\dfrac{AC}{BC} = n$,即 $AC^2 = n^2 BC^2$,则

$$\left(x + \frac{a}{2}\right)^2 + y^2 = n^2\left(x - \frac{a}{2}\right)^2 + n^2 y^2。$$

化简,得

$$x^2 + a\,\frac{1 + n^2}{1 - n^2}x + y^2 = -\frac{a^2}{4}。$$

因此，点 C 的轨迹是以 $\left(-\dfrac{a}{2}\cdot\dfrac{1+n^2}{1-n^2},\ 0\right)$ 为圆心、$\dfrac{na}{|1-n^2|}$ 为半径的圆。事实上，这就是我们熟知的阿波罗尼奥斯圆。

（三） 已知底边和另两边的线性平方和，求顶点轨迹

综合前两小节的条件，Coffin(1848)将其整合推广到了线性平方和，过程如下：

如图 20-6 所示，建立平面直角坐标系，设 $AB=a$，$k_1AC^2+k_2BC^2=m$（其中$k_1+k_2\neq0$），点 C 的坐标为$(x,\ y)$，点 A、B 的坐标分别为 $\left(-\dfrac{a}{2},\ 0\right)$ 和 $\left(\dfrac{a}{2},\ 0\right)$。 由已知条件，得

$$k_1\left(x+\frac{a}{2}\right)^2+k_1y^2+k_2\left(x-\frac{a}{2}\right)^2+k_2y^2=m。$$

化简，得

$$x^2+a\frac{k_1-k_2}{k_1+k_2}x+y^2=\frac{m}{k_1+k_2}-\frac{a^2}{4}。$$

因此，若参数满足 $m(k_1+k_2)>a^2k_1k_2$，则点 C 的轨迹是圆。当 $k_1=k_2=1$ 时，便是前面第一种情形；而当 $m=0$，且 $k_1k_2<0$ 时，便是第二小节中的情况。

20.3.3 给定点或直线

有 7 种教科书通过"给定点和直线"相关条件得到圆的轨迹，主要有：到定点距离的平方和与到定直线距离之比为定值；到任意个点的距离的线性平方和为定值。

（一） 到定点距离的平方和与到定直线距离之比为定值的动点轨迹

Hardy(1889) 作如下推导：以定点 O 为原点，如图 20-7 所示，建立平面直角坐标系，设点 M 到直线 l：$x=a$ 的距离为 d 且满足 $\dfrac{OM^2}{d}=k$，点 M 的坐标为$(x,\ y)$，则 $OM^2=kd$，即

$$x^2+y^2=k\,|\,x-a\,|。$$

图 20-7 到定点距离的平方和与到定直线距离之比为定值

分类讨论并去绝对值后，容易得到点 M 的轨迹是圆弧。

（二） 到 n 个点的距离的平方和为定值的动点轨迹

事实上，上一节"给定底边的三角形"中的第一个性质已经揭示了：当 $n=2$ 时，M

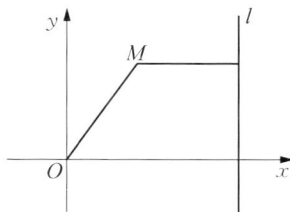

的轨迹是圆。Smyth(1855)将其推广到任意个定点：建立平面直角坐标系，设 n 个定点的坐标为 $A_1(x_1, y_1)$, $A_2(x_2, y_2)$, $\cdots$, $A_n(x_n, y_n)$，且满足

$$k_1MA_1^2 + k_2MA_2^2 + \cdots + k_nMA_n^2 = m\left(\text{其中} \sum_{i=1}^{n} k_i \neq 0\right)。$$

设点 M 的坐标为 (x, y)，则

$$\sum_{i=1}^{n} \left[k_i(x - x_i)^2 + k_i(y - y_i)^2 \right] = m。$$

化简，得

$$x^2 + y^2 - 2\frac{\sum_{i=1}^{n} k_i x_i}{\sum_{i=1}^{n} k_i}x - 2\frac{\sum_{i=1}^{n} k_i y_i}{\sum_{i=1}^{n} k_i}y = \frac{m - \sum_{i=1}^{n} k_i x_i^2 - \sum_{i=1}^{n} k_i y_i^2}{\sum_{i=1}^{n} k_i}。$$

因此，当参数满足一定条件时，点 M 的轨迹是圆。

20.4 切线与法线

教科书中关于圆的切线和法线主要给出了在圆上一点处的切线和法线方程，包括它们的推导过程，以及过圆外一点作切线的方法。

20.4.1 切线方程及推导

78 种教科书中，有 75 种给出了在圆上一点处的切线方程和推导过程，从数据上足以看出其重要性。主要内容：设圆 O 的标准方程为 $(x - x_0)^2 + (y - y_0)^2 = r^2$，则在圆 O 上一点 $M(x', y')$ 的切线方程为

$$(x' - x_0)(x - x_0) + (y' - y_0)(y - y_0) = r^2。$$

推导切线方程的方法主要有几何性质法、联立方程法、割线逼近法三种。

（一）几何性质法

Hamilton(1826)给出的推导过程如下：

设切线 l 的方程为 $y - y' = k(x - x')$。由于 M 是 l 与圆 O 的切点，根据平面几何知识知，$l \perp OM$，则 $k \cdot k_{OM} = -1$(假设斜率都存在)。又 $k_{OM} = \dfrac{y' - y_0}{x' - x_0}$，于是 $k = $

$-\dfrac{x'-x_0}{y'-y_0}$，代入方程，得

$$y-y'=-\frac{x'-x_0}{y'-y_0}(x-x'),$$

即

$$(x-x')(x'-x_0)+(y-y')(y'-y_0)=0,$$

或

$$(x-x_0+x_0-x')(x'-x_0)+(y-y_0+y_0-y')(y'-y_0)=0。$$

从而得

$$(x'-x_0)(x-x_0)+(y'-y_0)(y-y_0)=(x'-x_0)^2+(y'-y_0)^2。$$

由于点 M 在圆 O 上，因此

$$(x'-x_0)(x-x_0)+(y'-y_0)(y-y_0)=r^2。$$

（二）联立方程法

Newcomb(1884)则采用联立方程的方法：设切线 l 的方程为 $y-y'=k(x-x')$，因 l 与圆 O 相切，故 l 与圆 O 只有一个交点 M。联立方程，得

$$\begin{cases} y-y'=k(x-x'), \\ (x-x_0)^2+(y-y_0)^2=r^2。 \end{cases}$$

消去 y，得

$$(x-x_0)^2+[k(x-x')+y'-y_0]^2=r^2。$$

整理，得

$$(k^2+1)x^2-2[x_0+k^2x'-k(y'-y_0)]x+k^2x'^2-2k(y'-y_0)x'-x'^2+2x_0x'=0。$$

由于方程只有一个根，则 $\Delta=0$，从而得

$$[(y'-y_0)k+(x'-x_0)]^2=0，$$

即

$$k=-\frac{x'-x_0}{y'-y_0}。$$

化简，即得切线方程。

（三） 割线逼近法

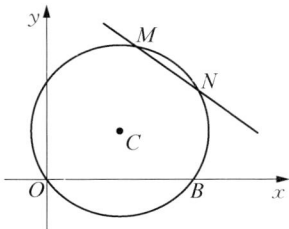

图 20 - 8　割线逼近法

Wright(1836)利用极限的思想，通过割线来逼近切线方程，过程如下：

如图 20 - 8 所示，设圆 C 上离点 M 非常近的任意一点 $N(x'', y'')$，则割线 MN 的方程为

$$y - y' = \frac{y' - y''}{x' - x''}(x - x')。$$

因点 M 和 N 都在圆上，故有

$$(x' - x_0)^2 + (y' - y_0)^2 = r^2，$$

$$(x'' - x_0)^2 + (y'' - y_0)^2 = r^2。$$

作差并化简，得

$$\frac{y' - y''}{x' - x''} = -\frac{x' + x'' - 2x_0}{y' + y'' - 2y_0}。$$

代入 MN 的方程，得

$$y - y' = -\frac{x' + x'' - 2x_0}{y' + y'' - 2y_0}(x - x')。$$

当点 N 非常接近点 M 直至重合时，割线 MN 便成了点 M 处的切线。因此令 $x'' = x'$，$y'' = y'$，切线方程即为

$$y - y' = -\frac{x' - x_0}{y' - y_0}(x - x')。$$

整理，得

$$(x' - x_0)(x - x_0) + (y' - y_0)(y - y_0) = r^2。$$

Harding & Mullins(1926)则直接给出了求导的方法：设切线 l 的方程为 $y - y' = k(x - x')$，对圆 O 的方程 $(x - x_0)^2 + (y - y_0)^2 = r^2$ 的两边对 x 求导，得

$$2(x - x_0) + 2(y - y_0)\frac{\mathrm{d}y}{\mathrm{d}x} = 0。$$

于是得

$$\frac{\mathrm{d}y}{\mathrm{d}x} = -\frac{x-x_0}{y-y_0}。$$

因此,切线斜率为

$$k = \frac{\mathrm{d}y}{\mathrm{d}x}\bigg|_{x=x',\,y=y'} = -\frac{x'-x_0}{y'-y_0}。$$

代入切线方程,得

$$y-y' = -\frac{x'-x_0}{y'-y_0}(x-x')。$$

虽然 Harding & Mullins 给出的是隐函数求导的方法,但只需将圆分成两个半圆便能求出显函数方程,再进行求导即可。因为导数的几何意义事实上也是割线逼近切线,故将其归类为割线逼近法。

20.4.2 法线方程及推导

有 45 种教科书得到了圆上一点的法线方程,且均根据法线的定义,采用与切线的垂直关系推导。Gay(1944)的推导如下:

设圆 O 的标准方程为 $(x-x_0)^2+(y-y_0)^2=r^2$,$M(x',\,y')$ 为圆 O 上的一点,点 M 处的法线方程为 $y-y'=k(x-x')$。因点 M 处的切线的斜率为 $k'=-\frac{x'-x_0}{y'-y_0}$,故由 $k \cdot k'=-1$,得

$$k = \frac{y'-y_0}{x'-x_0}。$$

代入法线方程,得

$$y-y' = \frac{y'-y_0}{x'-x_0}(x-x')。$$

化简整理,得

$$(y'-y_0)(x-x_0)-(x'-x_0)(y-y_0)=0。$$

20.4.3 过圆外一点作切线

36 种教科书给出了过圆外一点作切线的方法,主要有联立方程法、作圆法和切点

弦法三种。

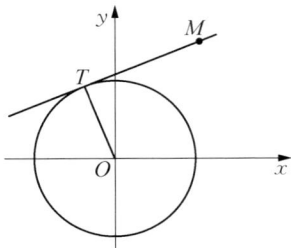

图 20‑9 联立方程法作切线

（一）联立方程法

Askwith(1908)采用联立方程的方法求切线方程。

如图 20‑9 所示，以圆心 O 为原点建立平面直角坐标系，设圆 O 的方程为 $x^2+y^2=r^2$，点 $M(x_0,y_0)$ 为圆外一点。若过点 M 的切线斜率存在，则切线方程为 l：$y-y_0=k(x-x_0)$，联立 l 与圆 O 的方程，消去 y，得到关于 x 的二次方程

$$x^2+[k(x-x_0)+y_0]^2=r^2 。$$

整理，得

$$(k^2+1)x^2+2k(y_0-kx_0)x+kx_0^2+y_0^2-2kx_0y_0-r^2=0 。$$

由于 l 是圆 O 的切线，则上述方程只有一个根，那么只需令 $\Delta=0$ 即可求得 k，从而确定切线方程。

（二）作圆法

Davies(1836)则通过作圆法，得到切线的切点，从而确定切线。

如图 20‑10 所示，以圆心 O 为原点建立平面直角坐标系，设圆 O 的方程为 $x^2+y^2=r^2$，$M(x_0,y_0)$ 是圆外一点，切点为 T。以 OM 的中点 D 为圆心、$\frac{1}{2}OM$ 为半径作圆 D，由于 MT 是圆 O 的切线，则 T 也在圆 D 上。因此，联立圆 O 与圆 D 的方程即可求出切点 T 的坐标，从而作出过点 M 的切线 MT。

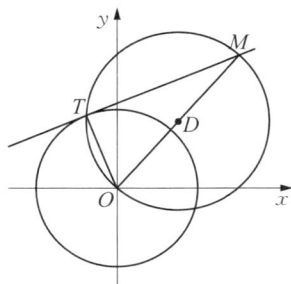

图 20‑10 作圆法作切线

（三）切点弦法

Ashton(1900)给出了切点弦的定义：过已知圆外的一点作圆的两条切线，那么两切点所在的直线称为该点关于圆的切点弦。Ashton 通过切点弦方程确定切点坐标，从而求出切线。

如图 20‑11 所示，以圆心 O 为原点建立平面直角坐标系，设圆 O 的方程为 $x^2+y^2=r^2$，$M(x_0,y_0)$ 为圆外一点，切点为 $T(x',y')$。于是，圆 O 在点 T 处的切线方

程为 $x'x + y'y = r^2$。由于点 M 在切线上，代入点 M 的坐标，则有 $x'x_0 + y'y_0 = r^2$，因此 $T(x', y')$ 在直线 $x_0x + y_0y = r^2$ 上。但我们知道，一旦点 $M(x_0, y_0)$ 确定，两切点 T 和 T' 也随即确定，从而切点弦 TT' 唯一确定。因 $T(x', y')$ 在直线 $x_0x + y_0y = r^2$ 上，故该直线即为切点弦 TT' 的方程。又切点 $T(x', y')$ 在圆 O 上，故联立方程

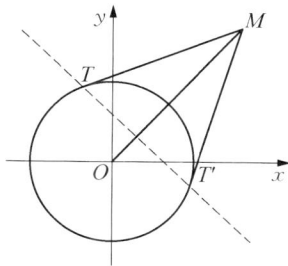

图 20-11　切点弦法作切线

$$\begin{cases} x^2 + y^2 = r^2, \\ x_0x + y_0y = r^2, \end{cases}$$

即可解出切点 T' 的坐标，从而求得切线方程。

这一推导过程中也给出了圆外一点的切点弦方程，且形式与过圆上一点的切线方程相同。

20.5　弦的性质

欧几里得在《几何原本》中已经给出了圆的大量有关弦的性质，考察早期解析几何教科书时，同样会找到弦的丰富性质，主要有三类：常用性质；定点和定直线；高观点下的极点和极线。

20.5.1　常用性质

有 26 种教科书用解析几何方法推导了欧氏几何中圆的常用性质，主要有"补弦垂直"，以及两条垂直相交弦的性质。

（一）　补弦的性质

命题　圆内两条补弦相互垂直。

Biot & Smith(1840)首先定义了"补弦"概念："设 P 为圆 O 上任意一点，AB 为圆 O 的直径，则称 PA 与 PB 为圆 O 的一对补弦。"证明如下：

如图 20-12 所示，以圆心 O 为原点建立平面直角坐标系，设圆 O 的半径为 r，直线 PA 的斜率为 k，直线 PB 的斜率为 k'，$P(x_0, y_0)$。因点 P 在直线 PA 和 PB 上，故

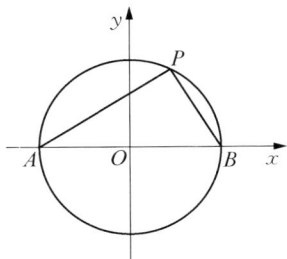

图 20 - 12　补弦的性质

$$y_0 = k(x_0 + r),$$

$$y_0 = k'(x_0 - r)。$$

两式相乘,得

$$y_0^2 = kk'(x_0^2 - r^2)。$$

又点 P 在圆 O 上,故 (x_0, y_0) 满足方程 $x_0^2 + y_0^2 = r^2$,即 $y_0^2 = r^2 - x_0^2$。 因此

$$kk' = -1,$$

即 $PA \perp PB$。

（二）垂直相交弦的性质

命题　若圆内相互垂直的两条弦 AB 和 CD 相交于点 E,则 $EA^2 + EB^2 + EC^2 + ED^2$ 为定值。

Hamilton(1826)给出如下推导：

如图 20 - 13 所示,以交点 E 为原点、弦 AB 和 CD 为坐标轴,建立平面直角坐标系。设圆 O 的方程为 $(x - x_0)^2 + (y - y_0)^2 = r^2$,令 $y = 0$,则 $x = x_0 \pm \sqrt{r^2 - y_0^2}$ 分别为线段 EA、EB 的长度。 再令 $x = 0$,则 $y = y_0 \pm \sqrt{r^2 - x_0^2}$ 分别为 EC、ED 的长度。 于是

$$EA^2 + EB^2 + EC^2 + ED^2$$
$$= 2x_0^2 + 2(r^2 - y_0^2) + 2y_0^2 + 2(r^2 - x_0^2)$$
$$= 4r^2$$
$$= d^2,$$

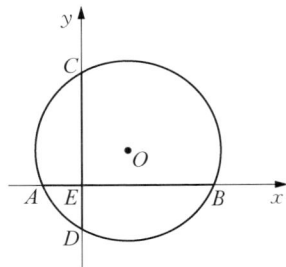

图 20 - 13　垂直相交弦的性质

为定值。

20.5.2　定点和定直线

有 36 种教科书给出并推导了关于切点弦的定点和定直线的命题,主要有以下两个命题。

（一）　切点弦

命题　已知定圆 O 和定直线 l（不过圆心 O），过直线上任意一点向圆引切线，则切点弦过定点。

Young(1830)给出了如下证明：

如图 20-14 所示，以圆心 O 为原点、垂直于 l 的直线为 x 轴，建立平面直角坐标系。设 $P(x_0，y_0)$ 为 l 上任意一点，则由上一节的切点弦定义可知，AB 的方程为 $x_0 x + y_0 y = r^2$。令 $y=0$，则 $x = \dfrac{r^2}{x_0}$。因此 AB 与 x 轴的交点 $D\left(\dfrac{r^2}{x_0}，0\right)$ 与 y_0 无关，根据点 P 的任意性，切点弦过定点 D。

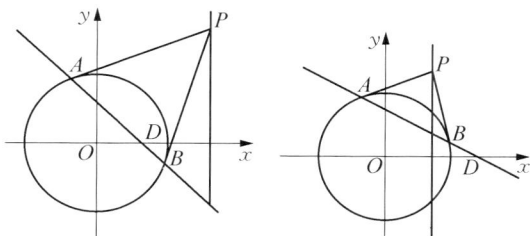

图 20-14　直线上任意点的切点弦过定点

（二）　切线交点

命题　已知定圆 O 和定点 D（非圆心 O），过点 D 作任意割线交圆于两点 A 和 B，则两点处的切线交点位于同一条定直线上。

Coffin(1848)给出如下推导：

如图 20-15 所示，以圆心 O 为原点、OD 所在直线为 x 轴，建立平面直角坐标系。设点 D 的坐标为 $(x_0，0)$，过点 D 作任意割线 AB，点 A、B 处的切线交于点 $P(x'，y')$，

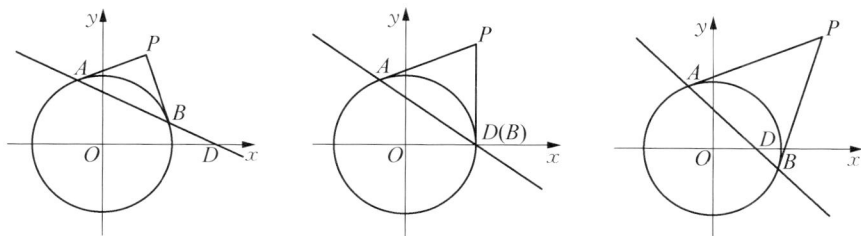

图 20-15　定点 D 与圆的三种位置关系

则点 P 关于圆 O 的切点弦 AB 的方程为 $x'x + y'y = r^2$。因 AB 过点 D，故 $x'x_0 + y'y_0 = r^2$。因此，点 $P(x', y')$ 位于定直线 $x_0x + y_0y = r^2$ 上。

20.5.3 高观点下的极点和极线

易见，上一节中的两个命题互为逆命题。有 10 种教科书观察到了这一奇妙的性质，并给出了极点和极线的定义、作法和定理。

（一）极点和极线的定义

Puckle(1856)给出的极点和极线的定义如下：设圆的方程为 $x^2 + y^2 = r^2$，则直线 $x'x + y'y = r^2$ 称为点 (x', y') 的极线，点 (x', y') 称为直线 $x'x + y'y = r^2$ 的极点。若点 (x', y') 在圆内，则它的极线与圆相离；若点在圆上，则它的极线是圆在该点处的切线；若点在圆外，则它的极线是关于圆的切点弦。若直线 $x'x + y'y = r^2$ 与圆相离，则它的极点在圆内；若与圆相切，则它的极点为切点；若与圆相交，则它的极点在圆外。

（二）极点和极线的作法

Puckle(1870)还给出了极点和极线的作法，如下：

如图 20-16 所示，已知圆 O 与点 P，设圆 O 的半径为 r，连结 OP 并延长，在直线上取点 Q，使得线段 $OQ = \dfrac{r^2}{OP}$，过点 Q 作直线 $l \perp OQ$，l 即为点 P 的极线。

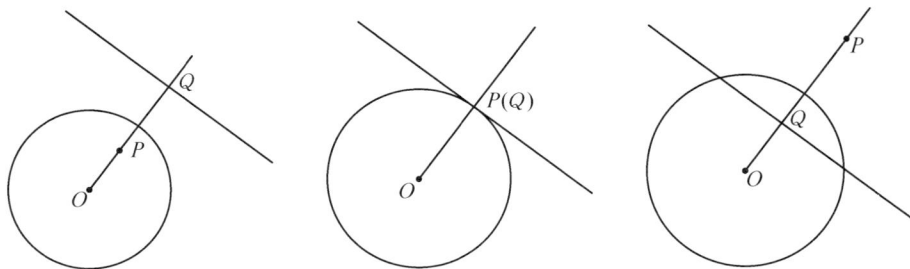

图 20-16 极点/极线与圆的三种位置关系

已知圆 O 与直线 l，设圆 O 的半径为 r，过圆心 O 作 l 的垂线 OQ，垂足为 Q，延长 OQ，在直线 OQ 上取点 P，使得 $OP = \dfrac{r^2}{OQ}$，P 即为直线 l 的极点。

（三）极性互逆定理

Howison(1869)结合极线的定义，将上一节的两个性质归纳成"极性互逆定理"：

给定圆,如果有一点 A 在一条直线 l 上,那么 l 的极点在 A 的极线上;如果有一直线 l' 过点 B,那么 B 的极线过 l' 的极点。

20.6 结　语

经以上考察,美英早期解析几何教科书给出了多种圆的几何性质,包括圆的轨迹、切线和法线方程、弦的相关性质等。关于圆的轨迹,早期教科书用代数方法推导了包含阿波罗尼奥斯圆在内的多个圆的轨迹方程。绝大多数教科书采用几何和代数两种方法得到了圆上一点的切线和法线方程,多数教科书展示了过一点作圆切线的方法。还有部分教科书给出了弦相关的性质,并用高观点进行了说明和归纳。

国内现行教科书以"精简"为基调,利用圆的最基本性质引入方程,并不会展开介绍其他轨迹的形成方式,包括圆锥曲线也是如此。众所周知,圆锥曲线的第二定义是非常重要的内容,能体现三类曲线的共性,而学生在学习时容易产生疑惑,即:"圆锥曲线为什么还有第二定义?"因此,教师在教授圆的方程和性质时,可以借鉴早期教科书中的例子,通过圆的其他一些轨迹让学生充分认识到轨迹的形成方式并不唯一,数学概念的定义也并不唯一,帮助其对圆的几何性质甚至数学概念有更深刻的理解。

此外,根据解析几何创建的历史背景,笛卡儿推崇代数的力量,把精力集中在将代数方法用于解决几何问题的研究(章建跃,2021)。国内现行教材为体现出解析几何的宝贵价值,将所有几何问题都转化成代数问题,例如"过一点求圆的切线",教科书中多采用联立方程的思想,转化成方程的根的情况来解决。这样虽然充分体现了解析几何的优势和核心思想,但另一方面也让解析几何与学生在初中阶段所学的欧氏几何产生割裂,产生类似于"初中的几何性质能否在坐标系中使用"的问题。那么,通过对美英早期解析几何教科书的考察,给教师提供了另一种思路。圆的许多几何性质其实不仅可以通过几何内部探索,也能转化成代数问题加以研究,甚至能够将二者结合。学生在几何与代数两种方法中不仅能更真切地体会到解析几何的宝贵价值,也在初中学习的几何知识与解析几何之间架起一座桥梁,对"数"与"形"有更深刻的理解,形成知识之谐。虽然解析几何给几何问题的研究插上了腾飞的翅膀,但学生倘若能在代数与几何之间取长补短,融会贯通,那么一定能在数学的广阔蓝天上飞得更高、更远。

参考文献

章建跃(2021).利用几何图形建立直观,通过代数运算刻画规律——解析几何内容分析与教学思考(之二).数学通报,60(08):1-10+26.

Ashton, C. H. (1900). *Plane and Solid Analytic Geometry*. New York: Charles Scribner's Sons.

Askwith, E. H. (1908). *The Analytical Geometry of the Conic Sections*. London: A. & C. Black.

Biot, J. B. & Smith, F. H. (1840). *An Elementary Treatise on Analytical Geometry*. New York: Wiley & Putnam.

Coffin, J. H. (1848). *Elements of Conic Sections and Analytical Geometry*. New York: Collins & Brother.

Davies, C. (1836). *Elements of Analytical Geometry*. New York: Wiley & Long, Collins, Keys & Company.

Gay, H. J. (1944). *College Course in Mathematics*. Ann Arbor: Edwards Brothers.

Hamilton, H. P. (1826). *The Principles of Analytical Geometry*. Cambridge: J. Deighton & Sons.

Harding, A. M. & Mullins, G. W. (1926). *Analytic Geometry*. New York: The Macmillan Company.

Hardy, A. S. (1889). *Elements of Analytic Geometry*. Boston: Ginn & Company.

Howison, G. H. (1869). *A Treatise on Analytic Geometry*. Cincinnati: Wilson, Hinkle & Company.

Lardner, D. (1831). *A Treatise on Algebraic Geometry*. London: Whittaker, Treacher & Arnot.

Loomis, E. (1851). *Elements of Analytical Geometry and of the Differential and Integral Calculus*. New York: Harper & Brothers.

Newcomb, S. (1884). *The Elements of Analytic Geometry*. New York: Henry Holt & Company.

O'Brien, M. (1844). *A Treatise on Plane Co-ordinate Geometry*. Cambridge: Deightons.

Puckle, G. H. (1856). *An Elementary Treatise on Conic Sections and Algebraic Geometry*. Cambridge: Macmillan & Company.

Smyth, W. (1855). *Elements of Analytical Geometry*. Boston: Sanborn, Carter & Bazin.

Wright, J. M. F. (1836). *An Algebraic System of Conic Sections and Other Curves*. London: Black & Armstrong.

Young, J. R. (1830). *The Elements of Analytical Geometry*. London: John Souter.

21　椭圆的几何性质

刘梦哲[*]

21.1　引　言

古希腊数学家阿波罗尼奥斯在《圆锥曲线论》中利用三角形的相似性得到了椭圆的长轴、短轴、通径等线段长的数量关系,之后,又花很长篇幅得到了椭圆焦半径的性质,即椭圆焦半径之和是定值。由这一性质出发,因设计圣索菲亚大教堂而闻名世界的拜占庭数学家安提缪斯(Anthemius,约 474—534)在研究燃烧镜时,给出了椭圆的"两钉一绳"画法。17 世纪,法国数学家和天文学家拉希尔(P. de Lahire,1640—1719)在《圆锥曲线新基础》(1679)中给出了椭圆第一定义,利用这一定义,法国数学家洛必达在《圆锥曲线分析》(1707)中推导出椭圆的方程。

数学定理或公式的教学绝非仅仅为了它们的应用,其背后所蕴含的思想方法本身也是教学目标之一(汪晓勤,沈中宇,2020,p. 23)。数学思想与数学文化是相互依存、相辅相成的,数学文化中包含数学思想,而数学思想又极大地丰富着我们的数学文化。新课程背景下,融入数学文化的数学教学已是大势所趋,数学文化中催人奋进的点点滴滴,对于今天达成立德树人根本任务起到了举足轻重的作用。

在现行沪教版和人教版(A 版)教科书中,只需要学生掌握椭圆的范围、形状、大小、对称性、特殊点等性质,但椭圆的几何性质绝不局限于此。翻开历史画卷,椭圆的切线、法线、直径蕴含着相关的角度、定值和轨迹性质,19—20 世纪美英解析几何教科书中对此进行了详细介绍,但迄今人们对此知之甚少。鉴于此,本章聚焦椭圆的几何性质,对美英早期解析几何教科书进行考察,试图回答以下问题:除了椭圆的简单几何性质,还有哪些更深入的性质? 如何证明这些性质? 这些性质对今日的教学有何启示?

---

[*] 华东师范大学数学科学学院博士研究生。

21.2 教科书的选取

本章选取 1826—1965 年间出版的 73 种美英解析几何教科书作为研究对象,以 20 年为一个时间段进行统计,这些教科书的出版时间分布情况如图 21‑1 所示。

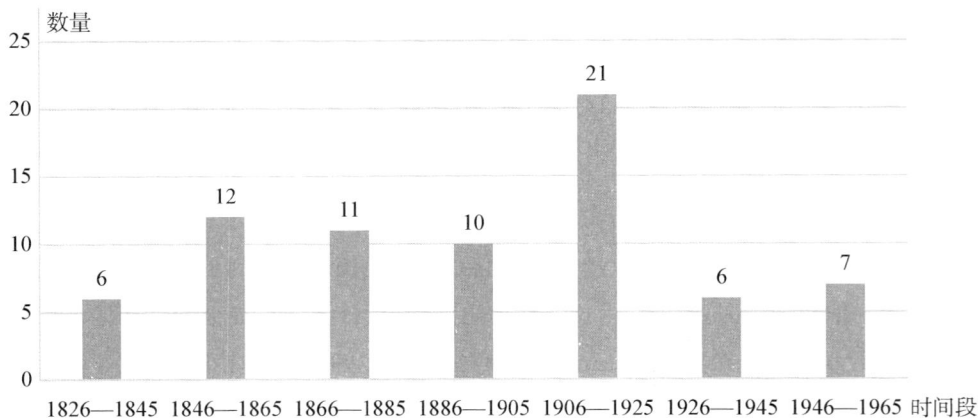

图 21‑1 73 种美英早期解析几何教科书的出版时间分布

为回答问题 1 和问题 2,按年份依次检索上述 73 种解析几何教科书,从"椭圆""圆锥曲线""切线和法线""椭圆和双曲线"等章中,分别摘录出与椭圆的切线、法线、直径相关的内容,并对其进行编码,分为角度、定值、轨迹性质三类。最后,结合所搜集的椭圆中的几何性质及其证明方法,回答问题 3。

21.3 相关的角度

21.3.1 焦半径夹角的平分线

命题 1 椭圆上任一点焦半径的夹角被该点的法线平分。

证明命题 1 的方法可以分为比例法、夹角法和反证法三类。在物理中,命题 1 也被称为椭圆的反射定律,即由椭圆的一个焦点射向椭圆上任意一点的光波或声波,经该椭圆反射后会经过另一个焦点。在现实生活中,运用此定律,建造出了以回声效果著称的圣保罗大教堂耳语廊。

（一） 比例法

Ziwet & Hopkins(1913)证明如下：

对于椭圆 $\dfrac{x^2}{a^2}+\dfrac{y^2}{b^2}=1$，过椭圆上一点 (x_1,y_1) 的切线方程为

$$\frac{x_1 x}{a^2}+\frac{y_1 y}{b^2}=1,$$

法线方程为

$$\frac{a^2}{x_1}x-\frac{b^2}{y_1}y=c^2,$$

于是这条法线在 x 轴上的截距为 $ON=\dfrac{c^2}{a^2}x_1=e^2 x_1$。由距离公式，可以计算出两条焦半径的长度为

$$|F_1 P|^2=(x_1+c)^2+y_1^2=(x_1+c)^2+\frac{b^2}{a^2}(a^2-x_1^2)=\frac{1}{a^2}(a^4+2a^2 cx_1+c^2 x_1^2),$$

即 $|F_1 P|=a+ex_1$。同理可得 $|F_2 P|=a-ex_1$，于是计算得到

$$|F_1 N|=c+e^2 x_1=e(a+ex_1)=e\cdot|F_1 P|,$$

$$|F_2 N|=c-e^2 x_1=e(a-ex_1)=e\cdot|F_2 P|。$$

于是可得

$$\frac{|F_1 N|}{|F_1 P|}=\frac{|F_2 N|}{|F_2 P|}。$$

所以 $\angle F_1 PN=\angle F_2 PN$，即直线 PN 是 $\angle F_1 PF_2$ 的平分线（图 21-2）。

命题 1 的表述等价于椭圆上一点的切线与两条焦半径的夹角相等，Fine & Thompson(1909)过两焦点作切线的垂线，并利用对应边成比例证明了这一命题。如图 21-2 所示，分别过点 $F_1(-ae,0)$ 和 $F_2(ae,0)$ 作椭圆切线 PT 的垂线，垂足为 E、F。因为椭圆的切线方程为

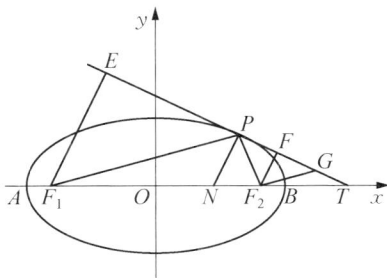

图 21-2 命题 1

$$b^2 x_1 x+a^2 y_1 y-a^2 b^2=0,$$

由点到直线的距离公式,可得

$$|EF_1| = \frac{|b^2 x_1 \cdot (-ae) - a^2 b^2|}{\sqrt{b^4 x_1^2 + a^4 y_1^2}},$$

$$|FF_2| = \frac{|b^2 x_1 \cdot ae - a^2 b^2|}{\sqrt{b^4 x_1^2 + a^4 y_1^2}},$$

即

$$\frac{|EF_1|}{|FF_2|} = \frac{a + ex_1}{a - ex_1}。$$

又因 $|F_1P| = a + ex_1$,$|F_2P| = a - ex_1$,故

$$\frac{|EF_1|}{|FF_2|} = \frac{|F_1P|}{|F_2P|}。$$

于是 $\triangle EF_1P \backsim \triangle FF_2P$,故 $\angle F_1PE = \angle F_2PF$。

Church(1851)作一条焦半径的平行线,并利用比例线段证明命题1。仍如图 21-2 所示,过点 F_2 作 $F_2G /\!/ F_1P$,因

$$|F_1T| = \frac{a^2}{x_1} + c,$$

$$|F_2T| = \frac{a^2}{x_1} - c,$$

故

$$\frac{|F_1T|}{|F_2T|} = \frac{a^2 + x_1 c}{a^2 - x_1 c} = \frac{c + e^2 x_1}{c - e^2 x_1} = \frac{|F_1P|}{|F_2P|}。$$

又因

$$\frac{|F_1T|}{|F_2T|} = \frac{|F_1P|}{|F_2G|},$$

所以 $|F_2G| = |F_2P|$,故 $\angle EPF_1 = \angle PGF_2 = \angle GPF_2$。

(二) 夹角法

Wilson & Tracey(1915)利用两直线的夹角公式证明了法线与两条焦半径的夹角

相等。由点 $P(x_1, y_1)$，$F_1(-c, 0)$，$F_2(c, 0)$，得直线 F_1P 和 F_2P 的斜率分别为

$$k_{F_1P} = \frac{y_1}{x_1 + c},$$

$$k_{F_2P} = \frac{y_1}{x_1 - c}。$$

过椭圆上一点的法线的斜率为 $k_{NP} = \dfrac{a^2 y_1}{b^2 x_1}$，于是得

$$
\begin{aligned}
\tan\angle F_1PN &= \frac{\dfrac{a^2 y_1}{b^2 x_1} - \dfrac{y_1}{x_1 + c}}{1 + \dfrac{a^2 y_1}{b^2 x_1} \cdot \dfrac{y_1}{x_1 + c}} \\
&= \frac{a^2 x_1 y_1 + a^2 c y_1 - b^2 x_1 y_1}{b^2 x_1^2 + b^2 c x_1 + a^2 y_1^2} \\
&= \frac{c^2 x_1 y_1 + a^2 c y_1}{a^2 b^2 + b^2 c x_1} \\
&= \frac{c y_1}{b^2},
\end{aligned}
$$

$$
\begin{aligned}
\tan\angle F_2PN &= \frac{\dfrac{y_1}{x_1 - c} - \dfrac{a^2 y_1}{b^2 x_1}}{1 + \dfrac{a^2 y_1}{b^2 x_1} \cdot \dfrac{y_1}{x_1 - c}} \\
&= \frac{b^2 x_1 y_1 - a^2 x_1 y_1 + a^2 c y_1}{b^2 x_1^2 - b^2 c x_1 + a^2 y_1^2} \\
&= \frac{a^2 c y_1 - c^2 x_1 y_1}{a^2 b^2 - b^2 c x_1} \\
&= \frac{c y_1}{b^2}。
\end{aligned}
$$

故得 $\tan\angle F_1PN = \tan\angle F_2PN$，即 $\angle F_1PN = \angle F_2PN$。

Davies(1836)分别计算切线和两条焦半径之间的夹角。过椭圆上一点的切线的斜率为 $k_{PT} = -\dfrac{b^2 x_1}{a^2 y_1}$。同理可得 $\tan\angle F_2PT = \dfrac{b^2}{c y_1}$，$\tan\angle F_1PT = -\dfrac{b^2}{c y_1}$。又因为 $\angle F_2PT + \angle F_1PT = 180°$，$\angle F_1PT + \angle F_1PE = 180°$，所以 $\angle F_2PT = \angle F_1PE$。

Puckle(1856)由两条焦半径方程出发,推导两条焦半径夹角的平分线,最后将所得直线化简,即得椭圆的法线方程。如图 21-2 所示,直线 PF_1 和 PF_2 的方程分别为

$$\frac{y}{x+ae}=\frac{y_1}{x_1+ae},$$

$$\frac{y}{x-ae}=\frac{y_1}{x_1-ae},$$

于是平分 $\angle F_1PF_2$ 的直线 PN 的方程为

$$\frac{-(x_1-ae)y+y_1x-aey_1}{\sqrt{y_1^2+(x_1-ae)^2}}=\frac{(x_1+ae)y-y_1x-aey_1}{\sqrt{y_1^2+(x_1+ae)^2}}。$$

将该方程化简后可得到与过椭圆上一点 (x_1,y_1) 的法线一样的方程。与此同时,也可以令 $y=0$,得

$$\frac{x-ae}{a-ex_1}=\frac{-(x+ae)}{a+ex_1},$$

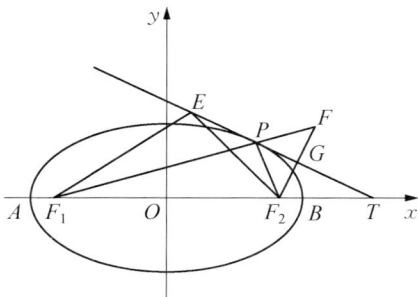

图 21-3 Robinson(1860)对命题 1 的证明

即 $x=ON=e^2x_1$,再由对应边成比例,即可证明直线 PN 是 $\angle F_1PF_2$ 的平分线。

(三) 反证法

Robinson(1860)利用反证法,而没有利用椭圆的切线和法线方程来证明这一命题。设点 P 是椭圆上任意一点,连结 PF_1、PF_2,延长 F_1P 至点 F,使得 $PF=PF_2$。连结 FF_2,取 FF_2 的中点 G 并过点 P、G 作直线 GP(图 21-3)。

因为 $\triangle PFF_2$ 是等腰三角形,且点 G 是 FF_2 的中点,故 $\angle F_2PG=\angle FPG$。又因为 $\angle FPG=\angle EPF_1$,所以 $\angle F_2PG=\angle EPF_1$。假设直线 GP 交椭圆于另一点 E,因为 $F_2E=EF$,两边都加上 F_1E,得 $F_2E+F_1E=EF+F_1E$。因为 $EF+F_1E>FF_1$,所以 $F_2E+F_1E>FF_1=PF_1+PF_2$,显然点 E 不在椭圆上,与假设矛盾,故直线 GP 是椭圆的切线。

21.3.2　共轭直径与椭圆交点的偏心角

命题 2　椭圆的两条共轭直径端点的偏心角之间差一个直角。

Schmall(1921)利用椭圆的参数方程来证明上述命题。设椭圆上的两点 $P(a\cos\varphi,$ $b\sin\varphi)$、$Q(a\cos\varphi',\ b\sin\varphi')$,则过这两点的直径的斜率分别为

$$m=\frac{b\sin\varphi}{a\cos\varphi},$$

$$m'=\frac{b\sin\varphi'}{a\cos\varphi'}。$$

因为这两条直径是共轭的,由共轭直径的定义,即两条直径斜率的关系为

$$mm'=-\frac{b^2}{a^2}。$$

于是得

$$mm'=\frac{b^2\sin\varphi\sin\varphi'}{a^2\cos\varphi\cos\varphi'}=-\frac{b^2}{a^2}。$$

故得

$$\cos\varphi\cos\varphi'+\sin\varphi\sin\varphi'=0。$$

从而得
$$\varphi-\varphi'=\frac{\pi}{2}。$$

Peck(1873)则是将两条直径的斜率记为 $\tan\theta$ 及 $\tan\theta'$,由参数方程同样可以得到

$$\tan\theta\cdot\tan\theta'=\frac{b^2}{a^2}\tan\varphi\tan\varphi'。$$

因

$$\tan\theta\cdot\tan\theta'=-\frac{b^2}{a^2},$$

故

$$\tan\varphi\tan\varphi'=-1,$$

从而得
$$\varphi-\varphi'=\frac{\pi}{2}。$$

若椭圆的一条直径的端点为 $(x'$，$y')$，则其共轭直径的端点为 $\left(-\dfrac{a}{b}y'，\dfrac{b}{a}x'\right)$，

Bowser(1880)利用这一性质证明命题 2。由参数方程分别可得椭圆的直径及其共轭直径的端点坐标为

$$\begin{cases} x'=a\cos\varphi，\\ y'=b\sin\varphi； \end{cases}$$

$$\begin{cases} x''=-\dfrac{a}{b}y'=a\cos\varphi'，\\ y''=\dfrac{b}{a}x'=b\sin\varphi'。 \end{cases}$$

于是

$$\begin{cases} y'=-b\cos\varphi'，\\ x'=a\sin\varphi'。 \end{cases}$$

因

$$\frac{y'}{x'}=\frac{b}{a}\tan\varphi，$$

$$\frac{x'}{y'}=-\frac{a}{b}\tan\varphi'，$$

两式相乘，得 $\tan\varphi\tan\varphi'=-1$，故得 $\varphi-\varphi'=\dfrac{\pi}{2}$。 当然，可以直接由 $\cos\varphi=\sin\varphi'$ 和 $\sin\varphi=-\cos\varphi'$ 得到同样的结果，这一做法来自 Todhunter(1862)。

Askwith(1908)由命题"过椭圆直径端点的切线与其共轭直径平行"出发，设过椭圆的一条切线的方程为

$$\frac{x}{a}\cos\varphi+\frac{y}{b}\sin\varphi=1，$$

则其共轭直径的方程为

$$\frac{x}{a}\cos\varphi+\frac{y}{b}\sin\varphi=0。$$

因为点 $(a\cos\varphi'，b\sin\varphi')$ 在这条共轭直径上，所以

$$\cos\varphi\cos\varphi' + \sin\varphi\sin\varphi' = 0,$$

故得
$$\varphi - \varphi' = \frac{\pi}{2}。$$

21.4 相关的定值

命题 3 椭圆的焦点到它的任何一条切线的距离乘积等于短半轴长的平方。

如图 21-4 所示,设椭圆上一点(x, y)处的切线斜率为 m,则其方程为 $y = mx \pm \sqrt{a^2m^2+b^2}$。Fine & Thompson(1909)利用点到直线的距离公式,计算两焦点 $F_1(-ae, 0)$和 $F_2(ae, 0)$到椭圆的一条切线 $y - mx - \sqrt{a^2m^2+b^2} = 0$ 的距离为

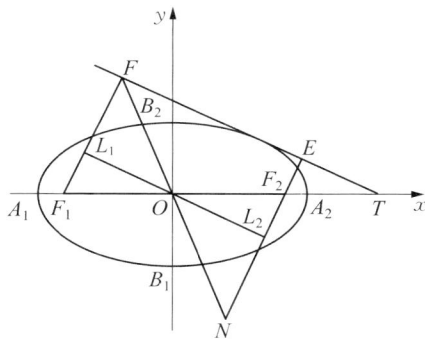

图 21-4 命题 3

$$|EF_2| = \frac{\left|-mae - \sqrt{a^2m^2+b^2}\right|}{\sqrt{1+m^2}},$$

$$|FF_1| = \frac{\left|mae - \sqrt{a^2m^2+b^2}\right|}{\sqrt{1+m^2}}。$$

于是得

$$|EF_2| \cdot |FF_1| = \frac{a^2m^2+b^2-m^2a^2e^2}{1+m^2} = b^2。$$

Smyth(1855)过原点作平行于切线的直线 L_1L_2,分别交直线 FF_1 和 EF_2 于点 L_1、L_2(图 21-4)。因为$\triangle OF_1L_1 \cong \triangle OF_2L_2$,所以 $F_1L_1 = F_2L_2$。于是两条垂线的长度可以记为 $|F_1F| = |F_1L_1| + |L_1F|$,$|F_2E| = |EL_2| - |F_2L_2| = |L_1F| - |F_1L_1|$。又因为点 E、F 总在以原点为圆心、a 为半径的圆上(参阅 21.5 节命题 6),所以两式相乘,得

$$|F_1F| \cdot |F_2E| = |L_1F|^2 - |F_1L_1|^2$$
$$= a^2 - |OL_1|^2 - c^2 + |OL_1|^2$$
$$= a^2 - c^2$$
$$= b^2。$$

Coffin(1848)连结 FO 并延长,交 EF_2 的延长线于点 N(图 21-4)。因为 $\triangle OF_1F \cong \triangle OF_2N$,所以 $OF = ON$,$F_1F = NF_2$。又因为点 N 在以 A_1A_2 为直径的圆上,由圆幂定理,得

$$|NF_2| \cdot |F_2E| = |A_1F_2| \cdot |F_2A_2|。$$

故有

$$|F_1F| \cdot |F_2E| = |A_1F_2| \cdot |F_2A_2| = b^2。$$

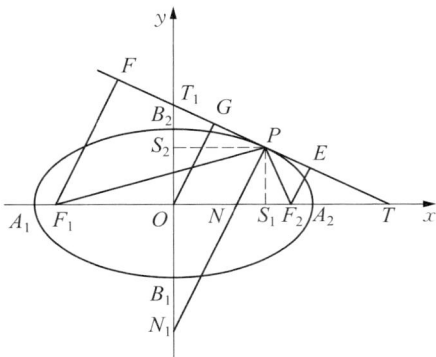

图 21-5 Siceloff, Wentworth & Smith (1922)的插图

在椭圆中,与定值相关的性质还有很多。在图 21-5 中,F_1、F_2 是椭圆的焦点,直线 FT 是椭圆在其上一点 $P(x_1, y_1)$ 处的切线,切线的斜率记为 m,直线 PN 是点 P 处的法线。作切线 FT 的垂线 F_1F、OG、F_2E,垂足分别为点 F、G、E,又过点 P 作 x 轴和 y 轴的垂线,垂足分别为点 S_1 和 S_2。于是,Siceloff,Wentworth & Smith(1922)给出如下性质:

(1) 次切线长 $|S_1T| = \dfrac{a^2 - x_1^2}{x_1}$;

(2) 次法线长 $|NS_1| = \dfrac{b^2 x_1}{a^2}$;

(3) $|ON| \cdot |OT| = |OF_2|^2$;

(4) $|OS_1| \cdot |OT| = |OA_2|^2 = a^2$;

(5) $|OG| \cdot |NP| = |OB_2|^2 = b^2$;

(6) $|OG| \cdot |N_1P| = a^2$;

(7) $|N_1P| \cdot |NP| = |F_1P| \cdot |F_2P| = |T_1P| \cdot |PT|$。

命题 4 椭圆的两条共轭直径长的平方和是定值。

设椭圆 $\dfrac{x^2}{a^2} + \dfrac{y^2}{b^2} = 1$ 的一条直径的端点为 $P(x', y')$,则其共轭直径的端点为 $Q\left(-\dfrac{a}{b}y', \dfrac{b}{a}x'\right)$(图 21-6)。Fine & Thompson(1909)运用两点间的距离公式,得

$$|OP|^2 = x'^2 + y'^2 ,$$

$$|OQ|^2 = \frac{a^2}{b^2} y'^2 + \frac{b^2}{a^2} x'^2 。$$

于是得

$$|OP|^2 + |OQ|^2 = x'^2 + \frac{b^2}{a^2} x'^2 + y'^2 + \frac{a^2}{b^2} y'^2$$

$$= \left(\frac{x'^2}{a^2} + \frac{y'^2}{b^2} \right) (a^2 + b^2)$$

$$= a^2 + b^2 。$$

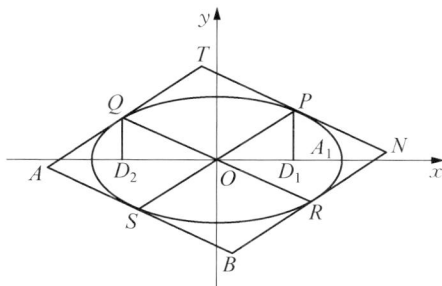

图 21-6　命题 4 和命题 5

Schmall(1921)再一次利用椭圆的参数方程及命题 2 的结论。设点 P 的坐标为 $(a\cos\varphi,\ b\sin\varphi)$，则点 Q 的坐标为 $\left(a\cos\left(\varphi + \frac{\pi}{2}\right),\ b\sin\left(\varphi + \frac{\pi}{2}\right) \right)$，即 $Q(-a\sin\varphi,\ b\cos\varphi)$，于是计算可得

$$|OP|^2 + |OQ|^2 = a^2\cos^2\varphi + b^2\sin^2\varphi + a^2\sin^2\varphi + b^2\cos^2\varphi = a^2 + b^2 。$$

命题 5　过椭圆直径及其共轭直径的四个端点所作切线围成的平行四边形的面积是定值。

Fine & Thompson(1909)利用行列式计算三角形的面积。仍如图 21-6 所示，由 $P(x',\ y')$ 和 $Q\left(-\frac{a}{b} y',\ \frac{b}{a} x' \right)$，得

$$S_{\triangle OPQ} = \frac{1}{2} \begin{Vmatrix} 0 & 0 & 1 \\ x' & y' & 1 \\ -\dfrac{a}{b} y' & \dfrac{b}{a} x' & 1 \end{Vmatrix}$$

$$= \frac{1}{2} \left| \frac{b}{a} x'^2 + \frac{a}{b} y'^2 \right|$$

$$= \frac{1}{2} \left(\frac{x'^2}{a^2} + \frac{y'^2}{b^2} \right) ab$$

$$= \frac{1}{2} ab 。$$

故得

$$S_{\square ABNT} = 8S_{\triangle OPQ} = 4ab。$$

Schmall(1921)则将坐标表示为参数方程的形式,可以得到同样的结论。

Todhunter(1862)通过计算平行四边形的底边和高得到其面积。由过点 $P(x', y')$ 的切线方程

$$y = -\frac{b^2 x'}{a^2 y'}x + \frac{b^2}{y'},$$

得原点到切线的距离为

$$d = \frac{\left|\dfrac{b^2}{y'}\right|}{\sqrt{1+\left(\dfrac{b^2 x'}{a^2 y'}\right)^2}} = \frac{a^2 b^2}{\sqrt{a^4 y'^2 + b^4 x'^2}}。$$

又因

$$|OQ| = \sqrt{\frac{a^2}{b^2}y'^2 + \frac{b^2}{a^2}x'^2} = \frac{\sqrt{a^4 y'^2 + b^4 x'^2}}{ab},$$

故得

$$S_{\square ABNT} = 4S_{\square OPTQ} = 4 \cdot |OQ| \cdot d = 4ab。$$

Nichols(1892)由命题"平行四边形的面积等于两组邻边长的积乘以夹角的正弦值"来证明这一命题。仍如图 21 - 6 所示,设 $PS = 2a'$,$QR = 2b'$ 及 $\angle POA_1 = \theta$,$\angle QOA_1 = \varphi$,过点 P、Q 作 x 轴的垂线,垂足分别为 D_1、D_2。由

$$\sin\varphi = \frac{|QD_2|}{|OQ|} = \frac{bx'}{ab'},$$

$$\cos\varphi = -\frac{|OD_2|}{|OQ|} = -\frac{ay'}{bb'},$$

以及

$$\sin\theta = \frac{y'}{a'},\ \cos\theta = \frac{x'}{a'},$$

得

$$\sin(\varphi - \theta) = \sin\varphi\cos\theta - \cos\varphi\sin\theta = \frac{ab}{a'b'}。$$

从而得

$$S_{\square ABNT} = 4S_{\square OPTQ} = 4 \cdot |OP| \cdot |OQ| \cdot \sin(\varphi - \theta) = 4ab。$$

21.5 相关的轨迹

命题 6 从椭圆 $\dfrac{x^2}{a^2} + \dfrac{y^2}{b^2} = 1$ 的焦点向椭圆任意切线引垂线,两个垂足均在圆 $x^2 + y^2 = a^2$ 上。

在图 21-7 中,因为切线 PT 的方程为 $y - mx = \sqrt{a^2 m^2 + b^2}$,Fine & Thompson (1909)过焦点 $F_2(ae, 0)$ 作切线 PT 的垂线 $F_2 G$,垂足为 G,直线 $F_2 G$ 的方程为 $my + x = ae$,上面两个方程两边平方并相加,可得

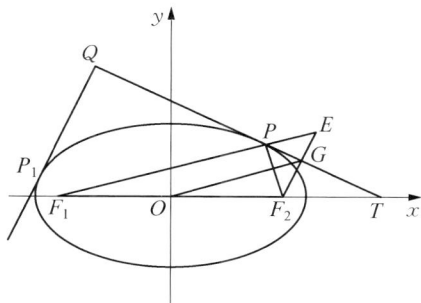

图 21-7 命题 6& 命题 7

$$(m^2 + 1)(x^2 + y^2) = a^2 m^2 + b^2 + a^2 e^2 = a^2 m^2 + a^2。$$

故得

$$x^2 + y^2 = a^2,$$

即两个垂足的轨迹是以原点为圆心、a 为半径的圆。

Schmall(1921)过点 F_2 作 $F_2 G \perp PT$,延长 $F_2 G$ 交 $F_1 P$ 的延长线于点 E(图 21-7),由命题 1 可知,$\angle QPF_1 = \angle TPF_2 = \angle EPT$,所以 $\triangle PGE \cong \triangle PGF_2$,于是点 G 是线段 EF_2 的中点。又因为点 O 是线段 $F_1 F_2$ 的中点,所以 OG 是 $\triangle F_2 F_1 E$ 的中位线,于是

$$|OG| = \frac{1}{2}|F_1 E| = \frac{1}{2}(|F_1 P| + |PF_2|) = a。$$

命题 7 椭圆的两条相互垂直的切线交点的轨迹为 $x^2 + y^2 = a^2 + b^2$。

Runkle(1888)设椭圆 $\dfrac{x^2}{a^2} + \dfrac{y^2}{b^2} = 1$ 的一条切线的斜率为 m,则切线方程为

$$y - mx = \sqrt{a^2 m^2 + b^2}。$$

因为两条相互垂直切线的斜率满足 $m'm + 1 = 0$，所以另一条切线方程为

$$y + \frac{1}{m}x = \sqrt{\frac{a^2}{m^2} + b^2},$$

即

$$my + x = \sqrt{a^2 + b^2 m^2}。$$

两式平方并相加，化简可得 $x^2 + y^2 = a^2 + b^2$。

Bailey & Woods(1899)取切线上一点 (x_1, y_1)，则

$$y_1 - mx_1 = \sqrt{a^2 m^2 + b^2}。$$

两边平方，得

$$(a^2 - x_1^2)m^2 + 2x_1 y_1 m + b^2 - y_1^2 = 0。$$

设两条切线的斜率分别为 m_1、m_2，由韦达定理知

$$m_1 m_2 = \frac{b^2 - y_1^2}{a^2 - x_1^2}。$$

又因为两条切线互相垂直，所以 $m_1 m_2 = -1$，故得 $x_1^2 + y_1^2 = a^2 + b^2$。

21.6　结论与启示

综上所述，美英早期解析几何教科书中所呈现的与椭圆相关的角度、定值和轨迹性质，为今日椭圆几何性质的教学提供了诸多启示。

第一，优化课堂教学设计，提升课堂教学品质。在椭圆几何性质的教学中，教师应当适度留白，留给学生思考性质的证明方法的时间和空间，留给学生小组探究不同性质的机会。与此同时，教师还应准确把握教学的起点，在学生的最近发展区内进行教学，例如找到证明过程中的重点和难点予以详细讲解，讲解后再进行变式练习等，使各层次学生都能积极参与。

第二，重视数学核心素养，培养学生创新能力。定理证明中蕴含着丰富的数学思想，例如，直角坐标与参数方程的互化体现化归思想，两直线的交点体现方程思想等。

数学思想的掌握有助于学生进行学习迁移，以不变应万变，从而提高整体学习能力。

第三，加强知识普遍联系，发展学生理性思维。数学知识本就是环环相扣的，每个知识点之间都存在联系，教师可以帮助学生构建知识链，增强学生对知识的梳理。例如，直角坐标和参数方程之间是对应的，但利用参数方程对命题 4 进行证明所需的计算量显然比直角坐标下的计算量小。因此，教师要帮助学生建立知识图谱，打通知识之间的关联，并引导学生灵活运用知识图谱中的不同表征方式，化繁为简，培养发散思维。

参考文献

汪晓勤，沈中宇(2020). 数学史与高中数学教学：理论、实践与案例. 上海：华东师范大学出版社.

中华人民共和国教育部(2020). 普通高中数学课程标准(2017 年版 2020 年修订). 北京：人民教育出版社，2020：44.

Askwith, E. H. (1908). *The Analytical Geometry of the Conic Sections*. London: A. & C. Black.

Bailey, F. H. & Woods, F. S. (1899). *Plane and Solid Analytic Geometry*. Boston: Ginn & Company.

Bowser, E. A. (1880). *An Elementary Treatise on Analytic Geometry*. New York: D. van Nostrand.

Church, A. E. (1851). *Elements of Analytical Geometry*. New York: G. P. Putnam.

Coffin, J. H. (1848). *Elements of Conic Sections and Analytical Geometry*. New York: Collins & Brother.

Davies, C. (1836). *Elements of Analytical Geometry*. New York: Wiley & Long, Collins, Keys & Company.

Fine, H. B. & Thompson, H. D. (1909). *Coordinate Geometry*. New York: The Macmillan Company.

Nichols, E. W. (1892). *Analytic Geometry for Colleges, Universities, and Technical Schools*. Boston: Leach, Shewell & Sanborn.

Peck, W. G. (1873). *A Treatise on Analytical Geometry*. New York: A. S. Barnes & Company.

Puckle, G. H. (1856). *An Elementary Treatise on Conic Sections and Algebraic Geometry*. Cambridge: Macmillan & Company.

Robinson, H. N. (1860). *Conic Sections and Analytical Geometry*. New York: Ivison,

Blakeman.

Runkle, J. D. (1888). *Elements of Plane Analytic Geometry*. Boston: Ginn & Company.

Schmall, C. N. (1921). *A First Course in Analytic Geometry, Plane and Solid*. New York: D. van Nostrand Company.

Siceloff, L. P., Wentworth, G. & Smith, D. E. (1922). *Analytic Geometry: Brief Course*. Boston: Ginn & Company.

Smyth, W. (1855). *Elements of Analytical Geometry*. Boston: Sanborn, Carter & Bazin.

Todhunter, I. (1862). *A Treatise on Plane Co-ordinate Geometry as Applied to the Straight Line and the Conic Sections*. London: Macmillan & Company.

Wilson, W. A. & Tracey, J. I. (1915). *Analytic Geometry*. Boston: D. C. Heath & Company.

Ziwet, A. & Hopkins, L. A. (1913). *Analytic Geometry and Principles of Algebra*. New York: The Macmillan Company.

22　双曲线的几何性质

刘梦哲[*]

22.1　引　言

　　早在公元前 4 世纪,古希腊数学家梅奈克缪斯已经在钝角圆锥上发现了双曲线的简单几何性质。之后,阿波罗尼奥斯在《圆锥曲线论》中研究了双曲线更多的几何性质。阿波罗尼奥斯不仅是第一个使用同一圆锥得到三种不同圆锥曲线的人,还首次发现双曲线有两支,并首次研究了双曲线的渐近线问题,给出了双曲线渐近线的作法和证明(阿波罗尼奥斯,2007)。17 世纪,随着解析几何的创立,数学家对双曲线展开深入研究,得到了双曲线的不同定义及其标准方程,这也为双曲线几何性质的探究奠定了基础。

　　在现行沪教版和人教版(A 版)教科书中,只需要学生掌握双曲线的对称性、顶点、范围、渐近线等简单几何性质,而双曲线的几何性质绝不局限于此。上下数千年,数学的历史积淀了先哲们的思想精华;数学的历史是一座宝藏,其中蕴含了取之不尽、用之不竭的教学资源(汪晓勤,2017,p. 167)。通过美英早期解析几何教科书的研究可以发现,双曲线的切线、法线、直径和渐近线蕴含着相关角度、定值、轨迹及恒等性质,但今人对此知之甚少。鉴于此,本章聚焦双曲线的几何性质,对 19—20 世纪美英解析几何教科书进行考察,试图回答以下问题:教科书呈现了双曲线的哪些几何性质(切线、法线、渐近线等)? 这些性质是如何证明的? 如何将这些素材用于今日的课堂之中,为教师提供教学设计的思路?

---

[*]　华东师范大学数学科学学院博士研究生。

22.2　教科书的选取

　　本章选取 1826—1965 年间出版的 74 种美英解析几何教科书作为研究对象，以 20 年为一个时间段进行统计，这些教科书的出版时间分布情况如图 22－1 所示。

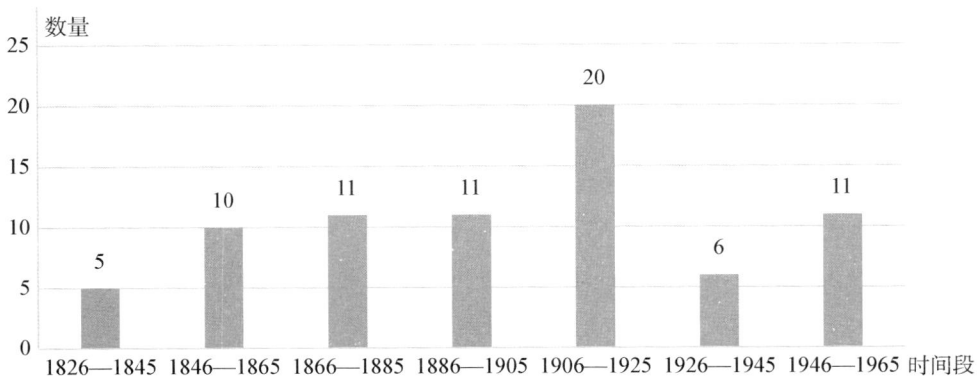

图 22－1　74 种美英早期解析几何教科书的出版时间分布

　　为回答问题 1 和问题 2，本章按年份依次检索上述 74 种教科书，从"双曲线""圆锥曲线""圆锥曲线的性质"等章中，分别摘录出与双曲线的切线、法线、直径、渐近线相关性质的内容，再经分析，将其归于不同类别，如角度、定值、轨迹、恒等性质。最后，结合所搜集的双曲线的几何性质及不同的证明方法，回答问题 3。

22.3　相关的角度

　　命题 1　双曲线上任一点焦半径的夹角被该点的切线平分。

　　在物理中，双曲线具有光学性质，即从双曲线的一个焦点发出的光线经双曲线反射后，反射光线的反向延长线都汇聚到双曲线的另一焦点，人们利用这一性质可以制作双曲面反射镜（Lambert，1897，p. 117）。在实际应用中，Purcell（1958）指出，双曲线的反射性质可以用来定位敌人的炮兵连。证明命题 1 的方法可以分为比例法、夹角法、反证法三类。

（一）　比例法

如图 22 - 2 所示，对于双曲线 $\dfrac{x^2}{a^2} - \dfrac{y^2}{b^2} = 1$，Dowling & Turneaure（1914）过其上任意一点 $P(x_1, y_1)$ 的切线方程为 $\dfrac{xx_1}{a^2} - \dfrac{yy_1}{b^2} = 1$。令 $y = 0$，于是这条切线在 x 轴的截距 $OT = \dfrac{a^2}{x_1}$。由两点间的距离公式，可以计算两条焦半径的长为

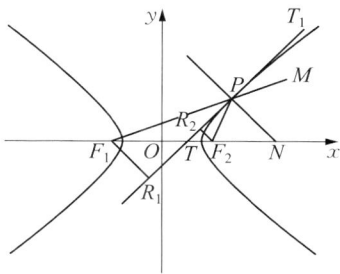

图 22 - 2　命题 1

$$
\begin{aligned}
|F_1 P|^2 &= (x_1 + c)^2 + y_1^2 \\
&= (x_1 + c)^2 + \frac{b^2}{a^2}(x_1^2 - a^2) \\
&= \frac{1}{a^2}(a^4 + 2a^2 c x_1 + c^2 x_1^2)。
\end{aligned}
$$

故得

$$|F_1 P| = ex_1 + a。$$

同理得

$$|F_2 P| = ex_1 - a。$$

因 $|F_1 T| = ae + \dfrac{a^2}{x_1}$，$|F_2 T| = ae - \dfrac{a^2}{x_1}$，故有

$$
\frac{|F_1 T|}{|F_2 T|} = \frac{ae + \dfrac{a^2}{x_1}}{ae - \dfrac{a^2}{x_1}} = \frac{ex_1 + a}{ex_1 - a} = \frac{|F_1 P|}{|F_2 P|}。
$$

故 $\angle F_1 PT = \angle F_2 PT$，即直线 PT 是 $\angle F_1 PF_2$ 的平分线。

如图 22 - 2，Runkle(1888)分别过双曲线的两个焦点 F_1、F_2 作切线的垂线，垂足为 R_1、R_2。在 Rt$\triangle PF_1 R_1$ 和 Rt$\triangle PF_2 R_2$ 中，$\sin\angle F_1 PR_1 = \dfrac{|F_1 R_1|}{|F_1 P|}$，$\sin\angle F_2 PR_2 = \dfrac{|F_2 R_2|}{|F_2 P|}$。由双曲线的切线方程

$$b^2 x_1 x - a^2 y_1 y = a^2 b^2，$$

得

$$|F_1R_1| = \frac{|aeb^2x_1 + a^2b^2|}{\sqrt{b^4x_1^2 + a^4y_1^2}}。$$

故有

$$\begin{aligned}
\frac{|F_1R_1|^2}{|F_1P|^2} &= \frac{a^2b^4(ex_1+a)^2}{(b^4x_1^2+a^4y_1^2)(ex_1+a)^2}\\
&= \frac{a^2b^4}{a^2b^2(e^2x_1^2-a^2)}\\
&= \frac{b^2}{(ex_1-a)(ex_1+a)}\\
&= \frac{b^2}{rr'},
\end{aligned}$$

其中 $r = ex_1 + a$，$r' = ex_1 - a$。

同理可得

$$\frac{|F_2R_2|^2}{|F_2P|^2} = \frac{b^2}{rr'}。$$

故有

$$\frac{|F_1R_1|^2}{|F_1P|^2} = \frac{|F_2R_2|^2}{|F_2P|^2} = \frac{b^2}{rr'}。$$

于是 $\angle F_1PR_1 = \angle F_2PR_2$。

Loomis(1851)利用外角平分线，并由比例线段得到相应的线段长，从而证明命题1。在图22-2中，延长 F_1P 至点 M，作 $\angle F_2PM$ 的平分线 PN，交 x 轴于点 N，于是得到比例线段 $\frac{|F_1P|}{|F_2P|} = \frac{|F_1N|}{|F_2N|}$。 由比例性质可知

$$\frac{|F_1F_2|}{|F_1P| - |F_2P|} = \frac{|F_1N| - |F_2N|}{|F_1P| - |F_2P|} = \frac{|F_1N|}{|F_1P|}。$$

因为 $|F_1P| - |F_2P| = 2a$，$|F_1F_2| = 2c = 2ae$，$|F_1P| = ex_1 + a$，所以

$$\frac{2c}{2a} = \frac{|F_1N|}{ex_1 + a}。$$

故得

$$|F_1 N| = e(ex_1 + a)。$$

又因从焦点 F_1 到点 P 处的法线与 x 轴的交点的距离为 $e(a + ex_1)$，故直线 PN 就是双曲线在点 P 处的法线。于是，过双曲线上一点 P 的法线平分由一条焦半径的延长线与另一条焦半径的夹角。由 $PN \perp PT$，$\angle F_2 PN = \angle NPM$，得 $\angle F_2 PT = \angle MPT_1$。又由 $\angle MPT_1 = \angle F_1 PT$，于是 $\angle F_1 PT = \angle F_2 PT$。

Robinson(1860) 则利用内角平分线证明命题 1。如图 22－3 所示，作 $\angle F_1 PF_2$ 的平分线 PT，并在线段 $F_1 P$ 上取 $PG = PF_2$，连结 GF_2。在 $\triangle PGF_2$ 中，直线 PT 是线段 GF_2 的垂直平分线，即直线 PT 上任意一点到点 G 和 F_2 的距离相等。由双曲线第一定义可知，$|PF_1 - PF_2| = |PF_1 - PG| = |F_1 G|$，于是 $|F_1 G| = 2a$。在直线 PT 上任取异于点 P 的一点 E，连结 EF_1、EF_2、EG。因为 $|EF_2| = |EG|$，所以 $|EF_1 - EF_2| =$

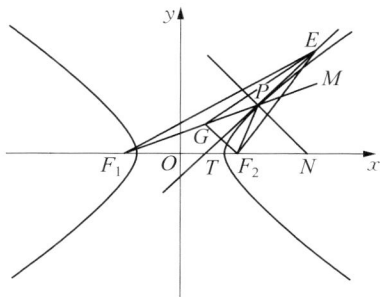

图 22－3　Robinson(1860) 的证明

$|EF_1 - EG| < |F_1 G| = 2a$，从而知点 E 不在双曲线上。由点 E 的任意性可知，直线 PT 上有且只有一点 P 在双曲线上，则 $\angle F_1 PF_2$ 的平分线 PT 是双曲线在点 P 处的切线。

Robinson(1860) 不仅从几何角度证明直线 PT 是切线及角平分线，还利用双曲线的切线方程，从代数角度证明此直线是角平分线。如图 22－2，双曲线的两条焦半径为 $|F_1 P| = ex_1 + a$，$|F_2 P| = ex_1 - a$，及 $|F_1 T| = c + \dfrac{a^2}{x_1}$，若直线 PT 是 $\angle F_1 PF_2$ 的平分线，则 $\dfrac{|F_1 P|}{|F_2 P|} = \dfrac{|F_1 T|}{|F_2 T|}$。由

$$\frac{ex_1 + a}{ex_1 - a} = \frac{c + \dfrac{a^2}{x_1}}{z},$$

计算可得

$$z = c - \frac{a^2}{x_1} = |F_2 T|。$$

于是 $\angle F_1 PT = \angle F_2 PT$。

Loomis(1851)从角平分线出发证明直线 PN 是法线,而 Puckle(1870)从法线出发证明直线 PN 是角平分线,通过求出双曲线的法线在 x 轴上的截距,进而由比例线段完成证明。如图 22-2,过双曲线上一点 $P(x_1,y_1)$ 的法线方程为

$$y - y_1 = -\frac{a^2 y_1}{b^2 x_1}(x - x_1)。$$

令 $y=0$,则

$$x = \frac{b^2 x_1}{a^2} + x_1 = e^2 x_1。$$

因 $|F_1P|=ex_1+a$,$|F_2P|=ex_1-a$,$|F_1N|=e^2x_1+c$,$|F_2N|=e^2x_1-c$,故得

$$\frac{|F_1P|}{|F_2P|} = \frac{|F_1N|}{|F_2N|},$$

于是知 PN 是 $\angle F_2PM$ 的角平分线。由此可以推出 $\angle F_1PT = \angle F_2PT$。

（二）　夹角法

Smyth(1855)利用两条直线的夹角公式证明过双曲线上任意一点的切线与过该点的两条焦半径的夹角相等。仍如图 22-2 所示,由点 $P(x_1,y_1)$、$F_1(-c,0)$ 和 $F_2(c,0)$,得直线 F_1P 和 F_2P 的斜率分别为 $k_{F_1P}=\dfrac{y_1}{x_1+c}$,$k_{F_2P}=\dfrac{y_1}{x_1-c}$,过双曲线上一点的切线的斜率为 $k_{PT}=\dfrac{b^2 x_1}{a^2 y_1}$。于是得

$$\tan\angle F_1PT = \frac{\dfrac{b^2 x_1}{a^2 y_1} - \dfrac{y_1}{x_1+c}}{1 + \dfrac{b^2 x_1}{a^2 y_1} \cdot \dfrac{y_1}{x_1+c}}$$

$$= \frac{b^2 x_1^2 + b^2 c x_1 - a^2 y_1^2}{a^2 x_1 y_1 + a^2 c y_1 + b^2 x_1 y_1}$$

$$= \frac{a^2 b^2 + b^2 c x_1}{c^2 x_1 y_1 + a^2 c y_1}$$

$$= \frac{b^2}{c y_1},$$

$$\tan\angle F_2PT=\frac{\dfrac{b^2x_1}{a^2y_1}-\dfrac{y_1}{x_1-c}}{1+\dfrac{b^2x_1}{a^2y_1}\cdot\dfrac{y_1}{x_1-c}}$$

$$=\frac{b^2x_1^2-b^2cx_1-a^2y_1^2}{a^2x_1y_1-a^2cy_1+b^2x_1y_1}$$

$$=\frac{a^2b^2-b^2cx_1}{c^2x_1y_1-a^2cy_1}$$

$$=\frac{b^2}{cy_1}。$$

所以 $\tan\angle F_1PT=\tan\angle F_2PT$，即 $\angle F_1PT=\angle F_2PT$。 Agnew(1962)利用向量证明切线与两条焦半径的夹角相等。

（三） 反证法

Coffin(1848)利用反证法，而没有利用双曲线的切线或法线方程来证明这一命题。如图 22‑4 所示，假设切线 PT 不是 $\angle F_1PF_2$ 的平分线，不妨设 RS 是 $\angle F_1PF_2$ 的平分线，有 $\angle F_1PR=\angle F_2PR$。 因为过双曲线上同一点有且只有一条切线，所以直线 RS 与双曲线相交。在双曲线内的直线 RS 上取一点 E，以点 F_2 为圆心、F_2E 为半径作 $\overset{\frown}{EK}$，交双曲线于点 K。 在 PF_2 上取 $PG=PF_1$，连结 GF_1、GE、EF_1、

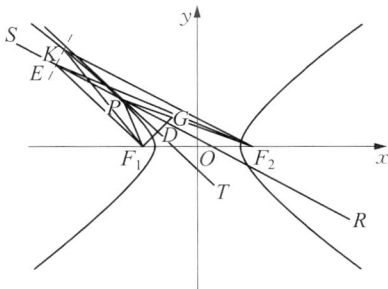

图 22‑4 Coffin(1848)的反证法

EF_2、KF_1、KF_2。易知 $DF_1=DG,\angle F_1DP=\angle GDP$。在 $\triangle EF_1D$ 和 $\triangle EGD$ 中，因为 $DF_1=DG$，$\angle F_1DP=\angle GDP$，ED 是公共边，所以 $\triangle EF_1D\cong\triangle EGD$，于是 $EF_1=EG$。又因为 $\angle EF_2F_1<\angle KF_2F_1$，且 $EF_2=KF_2$，所以 $EF_1<KF_1$，则 $EG<KF_1$，$EF_2-EG>KF_2-KF_1$。由 $KF_2-KF_1=PF_2-PF_1=PF_2-PG=GF_2$，得 $EF_2-EG>GF_2$，与事实矛盾，故假设不成立，即切线 PT 是 $\angle F_1PF_2$ 的平分线。

22.4 相关的定值

命题 2 双曲线的两个焦点到其任何切线的距离的乘积等于短半轴长的平方。

Smith，Salkover & Justice（1954）由过双曲线上一点 P 的切线方程 $b^2 x x_1 - a^2 y y_1 = a^2 b^2$ 出发，利用点到直线的距离公式，计算两焦点 $F_1(-c, 0)$、$F_2(c, 0)$ 到双曲线的距离为（图 22-2）

$$|F_1 R_1| = \frac{|-b^2 c x_1 - a^2 b^2|}{\sqrt{b^4 x_1^2 + a^4 y_1^2}},$$

$$|F_2 R_2| = \frac{|b^2 c x_1 - a^2 b^2|}{\sqrt{b^4 x_1^2 + a^4 y_1^2}}.$$

于是计算可得

$$
\begin{aligned}
|F_1 R_1| \cdot |F_2 R_2| &= \frac{b^4 c^2 x_1^2 - a^4 b^4}{b^4 x_1^2 + a^4 y_1^2} \\
&= \frac{b^4 c^2 x_1^2 - a^4 b^4}{a^2 b^2 (e^2 x_1^2 - a^2)} \\
&= \frac{b^2 c^2 x_1^2 - a^4 b^2}{c^2 x_1^2 - a^4} \\
&= b^2.
\end{aligned}
$$

在双曲线中，与定值相关的性质还有很多。如图 22-5 所示，F_1、F_2 是双曲线的焦点，直线 PT 是双曲线在其上一点 $P(x_1, y_1)$ 处的切线，直线 PN_2 是过点 P 的法线。作切线 PT 的垂线 $F_1 E_1$、OQ、$F_2 E_2$，垂足分别为 E_1、Q、E_2，又过点 P 作 x 轴的垂线，垂足为点 S。于是，Siceloff，Wentworth & Smith（1922）给出如下性质：

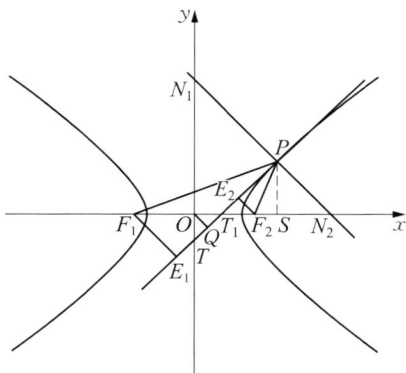

图 22-5　Siceloff, Wentworth & Smith（1922）的插图

（1）次切线长 $ST_1 = \dfrac{x_1^2 - a^2}{x_1}$；

（2）次法线长 $N_2 S = \dfrac{b^2 x_1}{a^2}$；

（3）$|ON_2| \cdot |OT_1| = |OF_2|^2$；

（4）$|OS| \cdot |OT_1| = a^2$；

（5）$|OQ| \cdot |N_2 P| = b^2$；

(6) $|OQ| \cdot |N_1 P| = a^2$；

(7) $|N_1 P| \cdot |N_2 P| = |F_1 P| \cdot |F_2 P| = |T_1 P| \cdot |PT|$；

(8) $|T_1 F_2| \cdot |OS| = a \cdot |F_2 P|$。

命题 3　双曲线的焦点到其渐近线的距离等于短半轴长。

Hardy(1889)给出如下证明：

对于双曲线 $\dfrac{x^2}{a^2} - \dfrac{y^2}{b^2} = 1$，其渐近线方程为 $y = \pm \dfrac{b}{a} x$，于是双曲线任意焦点到双曲线两条渐近线的距离为

$$d = \frac{|bc|}{\sqrt{a^2 + b^2}} = \frac{b\sqrt{a^2 + b^2}}{\sqrt{a^2 + b^2}} = b。$$

命题 4　双曲线上一点到其渐近线距离的乘积为定值。

Young，Fort & Morgan(1936)记双曲线上任意一点 $Q(x_1, y_1)$ 到双曲线 $\dfrac{x^2}{a^2} - \dfrac{y^2}{b^2} = 1$ 的一条渐近线 $bx + ay = 0$ 的距离为 d_1，到另一条渐近线 $bx - ay = 0$ 的距离为 d_2。于是，计算可得

$$d_1 = \frac{|bx_1 + ay_1|}{\sqrt{a^2 + b^2}},$$

$$d_2 = \frac{|bx_1 - ay_1|}{\sqrt{a^2 + b^2}}。$$

于是有

$$d_1 d_2 = \frac{|b^2 x_1^2 - a^2 y_1^2|}{a^2 + b^2} = \frac{a^2 b^2}{a^2 + b^2}。$$

O'Brien(1844)采用了不同的表示方法。对于双曲线的两条渐近线 $\dfrac{x}{a} + \dfrac{y}{b} = 0$ 和 $\dfrac{x}{a} - \dfrac{y}{b} = 0$，点 $Q(x_1, y_1)$ 到它们之间的距离分别记为

$$d_1 = \frac{1}{c}\left(\frac{x_1}{a} + \frac{y_1}{b}\right),$$

$$d_2 = \frac{1}{c}\left(\frac{x_1}{a} - \frac{y_1}{b}\right),$$

其中 $c^2 = \dfrac{1}{a^2} + \dfrac{1}{b^2}$。于是有

$$d_1 d_2 = \frac{1}{c^2}\left(\frac{x_1^2}{a^2} - \frac{y_1^2}{b^2}\right) = \frac{1}{c^2} = \frac{a^2 b^2}{a^2 + b^2}。$$

命题 5　双曲线的一条直径及其共轭直径长的平方差是定值。

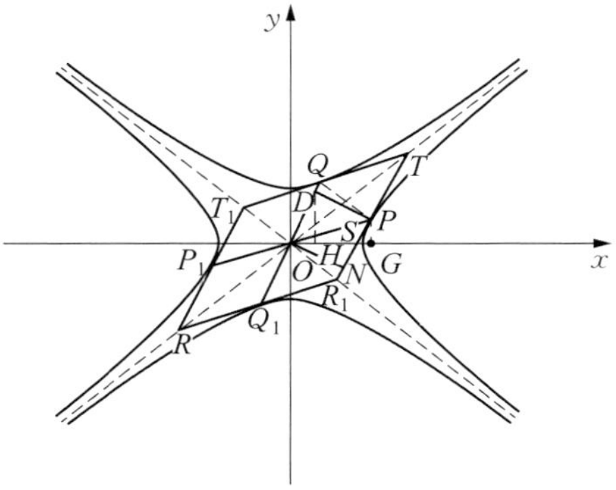

图 22-6　命题 5 和命题 6

如图 22-6 所示,设双曲线 $\dfrac{x^2}{a^2} - \dfrac{y^2}{b^2} = 1$ 一条直径的一个端点为 $P(x', y')$,则其共轭直径的端点为 $Q\left(\pm \dfrac{a}{b}y', \pm \dfrac{b}{a}x'\right)$。Fine & Thompson(1909)运用两点间的距离公式,计算得

$$|OP|^2 = x'^2 + y'^2。$$

$$|OQ|^2 = \frac{a^2}{b^2}y'^2 + \frac{b^2}{a^2}x'^2。$$

于是

$$
\begin{aligned}
|OP|^2 - |OQ|^2 &= x'^2 - \frac{b^2}{a^2}x'^2 + y'^2 - \frac{a^2}{b^2}y'^2 \\
&= \left(\frac{x'^2}{a^2} - \frac{y'^2}{b^2}\right)(a^2 - b^2) \\
&= a^2 - b^2,
\end{aligned}
$$

即

$$|PP_1|^2 - |QQ_1|^2 = 4a^2 - 4b^2。$$

如图 22-6 所示,Hardy(1889)依然利用点 P、Q 的直角坐标,但在化简方式上有所不同。因为

$$
\begin{aligned}
|OP|^2 &= x'^2 + y'^2 \\
&= x'^2 + \frac{b^2}{a^2}(x'^2 - a^2) \\
&= \frac{a^2 + b^2}{a^2}x'^2 - b^2
\end{aligned}
$$

$$= e^2 x'^2 - b^2,$$

$$|OQ|^2 = x''^2 + y''^2$$

$$= \frac{b^2}{a^2} x'^2 + \frac{a^2}{b^2} y'^2$$

$$= \frac{b^2}{a^2} x'^2 + \frac{a^2}{b^2} \left[\frac{b^2}{a^2} (x'^2 - a^2) \right]$$

$$= \frac{a^2 + b^2}{a^2} x'^2 - a^2$$

$$= e^2 x'^2 - a^2,$$

所以

$$|OP|^2 - |OQ|^2 = a^2 - b^2 \, 。$$

故得

$$|PP_1|^2 - |QQ_1|^2 = 4a^2 - 4b^2 \, 。$$

Schmall(1921)利用双曲线的参数方程证明命题 5。如图 22-6 所示，记双曲线一条直径的端点为 $P(a \sec \varphi, \ b \tan \varphi)$，则其共轭直径的一个端点为 $Q(a \tan \varphi, \ b \sec \varphi)$。于是，计算可得

$$|OP|^2 - |OQ|^2 = a^2 \sec^2 \varphi + b^2 \tan^2 \varphi - a^2 \tan^2 \varphi - b^2 \sec^2 \varphi = a^2 - b^2 \, 。$$

故得

$$|PP_1|^2 - |QQ_1|^2 = 4a^2 - 4b^2 \, 。$$

由此可知，双曲线的一条直径 PP_1 及其共轭直径 QQ_1 的端点 P、Q 的偏心角 φ_1、φ_2 满足 $\varphi_1 + \varphi_2 = \dfrac{\pi}{2}$。

命题 6　过双曲线的直径及其共轭直径的四个端点所作切线围成的平行四边形的面积是定值。

Fine & Thompson(1909)利用行列式计算平行四边形的面积。如图 22-6 所示，由 $P(x', \ y')$，$Q(x'', \ y'')$，计算可得

$$S_{\square OPTQ} = \left\| \begin{matrix} 0 & 0 & 1 \\ x' & y' & 1 \\ x'' & y'' & 1 \end{matrix} \right\| = |x'y'' - x''y'| = \left| \frac{b}{a} x'^2 - \frac{a}{b} y'^2 \right| = ab \left(\frac{x'^2}{a^2} - \frac{y'^2}{b^2} \right) = ab \, 。$$

于是得

$$S_{\square TT_1RR_1} = 4S_{\square OPTQ} = 4ab_{\circ}$$

Schmall(1921)则将坐标表示为参数方程的形式,可以得到同样的结论。

Boyd,Davis & Rees(1922)则计算平行四边形的底边和高,从而得到其面积。如图22-6,过点 P 的一条直径所在直线方程为 $y'x - x'y = 0$,所以点 Q 到这条直径的距离为

$$d = \frac{|y'x'' - x'y''|}{\sqrt{x'^2 + y'^2}} = \frac{ab}{\sqrt{x'^2 + y'^2}}_{\circ}$$

又因 $|OP| = \sqrt{x'^2 + y'^2}$,故得

$$S_{\square TT_1RR_1} = 4S_{\square OPTQ} = 4 \cdot |OP| \cdot d = 4ab_{\circ}$$

Puckle(1856)通过计算 OQ 的长及原点到切线 R_1T 的距离,从而计算得出平行四边形的面积。

Newcomb(1884)由命题"平行四边形的面积等于两组邻边的积乘以夹角的正弦值"来证明这一命题。如图22-6所示,过点 P、Q 作 x 轴的垂线,垂足分别为 G、H,设 $PP_1 = 2a'$,$QQ_1 = 2b'$,$\angle POG = \theta$,$\angle QOH = \varphi$。 因

$$\sin\varphi = \frac{bx'}{ab'}, \ \cos\varphi = \frac{ay'}{bb'},$$

$$\sin\theta = \frac{y'}{a'}, \ \cos\theta = \frac{x'}{a'},$$

故

$$\sin(\varphi - \theta) = \sin\varphi\cos\theta - \cos\varphi\sin\theta = \frac{ab}{a'b'}_{\circ}$$

从而得

$$S_{\square TT_1RR_1} = 4S_{\square OPTQ} = 4 \cdot |OP| \cdot |OQ| \cdot \sin(\varphi - \theta) = 4ab_{\circ}$$

Docharty(1865)利用割补法,计算平行四边形的面积。如图22-6所示,因

$$S_{\triangle OPQ} = S_{\square HGPG} + S_{\triangle OHQ} - S_{\triangle OGP} = \frac{1}{2}(x' - x'')(y' + y'') + \frac{1}{2}x''y'' - \frac{1}{2}x'y',$$

故

$$S_{\square OPTQ} = 2S_{\triangle OPQ} = x'y'' - x''y' = ab,$$

即

$$S_{\square TT_1RR_1} = 4S_{\square OPTQ} = 4ab。$$

Loomis(1877)在计算中渗透化归思想,将一些难以计算的边长转化为容易计算的边长。过点 P、O 作 OQ、TR_1 的垂线,垂足为 D、N(图 22-6)。由

$$S_{\square TT_1RR_1} = 4S_{\square OPTQ} = 4|OQ| \cdot |DP| = 4|OQ| \cdot |OS|\sin\angle OSN = 4|OS| \cdot |QH|,$$

$$|OS| = \frac{a^2}{x'}, \quad |QH| = \frac{bx'}{a},$$

得

$$S_{\square TT_1RR_1} = 4 \cdot \frac{a^2}{x'} \cdot \frac{bx'}{a} = 4ab。$$

22.5 相关的轨迹

命题 7 从双曲线的焦点作双曲线任意切线的垂线,两个垂足均在圆 $x^2 + y^2 = a^2$ 上。

在图 22-7 中,因为切线 PT 的方程为

$$y - mx = \sqrt{a^2m^2 - b^2},$$

Puckle(1856)过焦点 F_2 作切线 PT 的垂线,垂足为 G,直线 F_2G 的方程为

$$my + x = ae,$$

上述两个方程两边平方并相加,可得

$$(m^2 + 1)(x^2 + y^2) = a^2m^2 - b^2 + a^2e^2 = a^2m^2 + a^2,$$

所以

$$x^2 + y^2 = a^2,$$

即两个垂足的轨迹是以原点为圆心、a 为半径的圆。

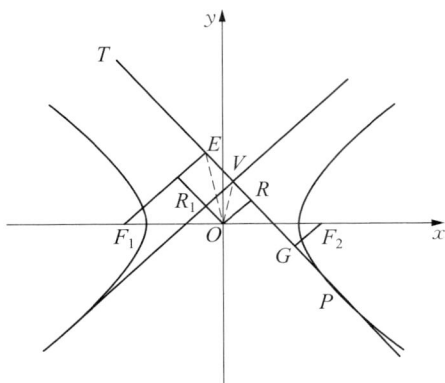

图 22 - 7 命题 7 & 命题 8

Johnson(1869)过点 F_1、O 作切线 PT 的垂线,垂足分别为 E、R(图 22 - 7)。设 $\angle EF_1O = \alpha$, 则 $|ER| = c\sin\alpha$, $|OR|^2 = a^2\cos^2\alpha - b^2\sin^2\alpha$, 于是计算可得

$$|OE|^2 = |ER|^2 + |OR|^2$$
$$= a^2\cos^2\alpha + (c^2 - b^2)\sin^2\alpha$$
$$= a^2\cos^2\alpha + a^2\sin^2\alpha$$
$$= a^2,$$

即点 E 的轨迹是以原点为圆心、a 为半径的圆。

命题 8 双曲线的两条相互垂直的切线交点的轨迹为 $x^2 + y^2 = a^2 - b^2$。

Hann(1850)设双曲线 $\dfrac{x^2}{a^2} - \dfrac{y^2}{b^2} = 1$ 的一条切线的斜率为 m,则切线方程为

$$y - mx = \sqrt{a^2m^2 - b^2}。$$

因为两条垂直切线的斜率满足 $m'm + 1 = 0$,所以另一条切线的方程为

$$y + \frac{1}{m}x = \sqrt{\frac{a^2}{m^2} - b^2},$$

即

$$my + x = \sqrt{a^2 - b^2m^2}。$$

两式平方并相加,化简可得

$$x^2 + y^2 = a^2 - b^2。$$

Salmon(1850)利用双曲线的切线方程

$$x\cos\alpha + y\sin\alpha = p,$$

其中

$$p^2 = a^2\cos^2\alpha - b^2\sin^2\alpha。$$

与之垂直的切线方程为

$$-x\sin\alpha + y\cos\alpha = p',$$

其中

$$p'^2 = a^2\sin^2\alpha - b^2\cos^2\alpha。$$

将两个切线方程平方并相加,可得

$$x^2 + y^2 = p^2 + p'^2 = a^2 - b^2。$$

O'Brien(1844)将切线 $y - mx = \sqrt{a^2 m^2 - b^2}$ 的两边平方,得

$$(a^2 - x^2)m^2 + 2xym - b^2 - y^2 = 0。$$

设两条切线的斜率分别为 m_1、m_2,由韦达定理知

$$m_1 m_2 = \frac{-b^2 - y^2}{a^2 - x^2}。$$

又因为两条切线相互垂直,所以

$$m_1 m_2 = -1。$$

于是得

$$x^2 + y^2 = a^2 - b^2。$$

Johnson(1869)依然利用勾股定理来证明命题 8。如图 22 – 7,过原点 O 作切线 $R_1 V$ 的垂线,垂足为 R_1。设 $\angle EF_1 O = \alpha$,则 $|OR_1|^2 = a^2\sin^2\alpha - b^2\cos^2\alpha$,于是

$$|OR|^2 + |OR_1|^2 = a^2\cos^2\alpha - b^2\sin^2\alpha + a^2\sin^2\alpha - b^2\cos^2\alpha = a^2 - b^2,$$

即

$$|OV|^2 = a^2 - b^2,$$

所以两垂直切线的交点在以原点为圆心、$\sqrt{a^2 - b^2}$ 为半径的圆上。

22.6 相关的恒等性质

命题 9 直线在双曲线及其渐近线之间截线的各部分相等。

Riggs(1911)给出如下证明:

如图 22-8 所示,直线 $y = mx + c$ 与双曲线交于点 $P_1(x_1, y_1)$、$P_2(x_2, y_2)$,交双曲线的渐近线于点 $Q_1(x_1', y_1')$、$Q_2(x_2', y_2')$。联立直线与双曲线方程,得

$$\begin{cases} y = mx + c, \\ \dfrac{x^2}{a^2} - \dfrac{y^2}{b^2} = 1。 \end{cases}$$

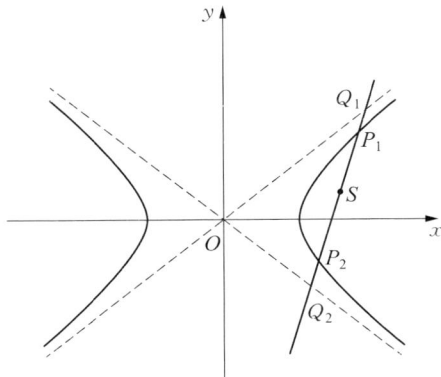

图 22-8　命题 9

于是得

$$\frac{x^2}{a^2} - \frac{(mx + c)^2}{b^2} = 1,$$

即

$$\left(\frac{1}{a^2} - \frac{m^2}{b^2} \right) x^2 - \frac{2mc}{b^2} x - \frac{c^2}{b^2} - 1 = 0。$$

由韦达定理可知

$$x_1 + x_2 = \frac{2ma^2 c}{b^2 - a^2 m^2}。$$

同理,可以将直线方程与渐近线方程联立,并运用韦达定理得到

$$x_1' + x_2' = \frac{2ma^2 c}{b^2 - a^2 m^2}。$$

于是得

$$\frac{x_1 + x_2}{2} = \frac{x'_1 + x'_2}{2},$$

即 $P_1 P_2$ 的中点 S 也是 $Q_1 Q_2$ 的中点。因为 $P_1 S = P_2 S$, $Q_1 S = Q_2 S$, 所以 $P_1 Q_1 = P_2 Q_2$。

22.7　结论与启示

综上所述, 美英早期解析几何教科书中所呈现的与双曲线相关的角度、定值、轨迹和恒等性质, 为今日双曲线几何性质的教学提供了诸多启示。

第一, 注重理性思维, 发展推理能力。教师在抛出双曲线的一些几何性质后, 可以让学生在纸上进行演算, 尝试给出定理的证明思路。与此同时, 教师还应挖掘定理证明中的数学思想, 例如, 将直角坐标转化为参数方程简化计算, 体现化归思想; 代数运算与几何证明相融合, 体现数形结合思想等。掌握这些数学思想方法, 有助于培养学生的数学抽象、逻辑推理、数学运算等素养, 提高整体学习能力。

第二, 加强数学探索, 提升创新能力。建构主义学习观强调学生学习的主动建构性、社会互动性和情境性三方面。在数学定理的教学中, 课堂留白必不可少。教师可以让学生以小组为单位, 尝试探究双曲线的几何性质, 然后进行小组汇报。这一过程可以增强每一位学生的数学语言表达能力, 并获得成就感和满足感。

第三, 强化数学应用, 促进学生理解。数学来源于生活, 又服务于生活, 当教师成为实际生活的细心观察者、深入思考者、耐心记录者后, 自然会发现生活中处处有数学、处处可以用数学。双曲面反光镜作为一个贴近学生生活的例子, 教师不仅可以和学生一起探究背后蕴含的光学性质, 还可以和学生一起制作双曲面反光镜。在一看、一思、一做的过程中, 学生对于双曲线的一些几何性质将会有更深入的理解, 这对于未来的学习迁移也会有所帮助。

第四, 关注数学文化, 落实立德树人。在有限的教学时间内, 教师可能无法一一列举如此之多的性质, 因此教师可以借助微视频或纸质阅读材料, 向学生展示不同数学家对双曲线的几何性质的研究成果, 追溯知识源流, 呈现多元文化。与此同时, 数学家对数学真理的不懈追求与热爱, 有助于激发学生学习数学的兴趣, 体会数学背后的理性精神, 最终达成德育之效。

参考文献

阿波罗尼奥斯(2007). 圆锥曲线论. 朱恩宽等译, 陕西: 陕西科学技术出版社.

汪晓勤(2017). HPM: 数学史与数学教育. 北京: 科学出版社.

中华人民共和国教育部(2020). 普通高中数学课程标准(2017 年版 2020 年修订). 北京: 人民教育出版社.

Agnew, R. P. (1962). *Calculus: Analytic Geometry and Calculus with Vectors*. New York: McGraw-Hill Book Company.

Boyd, P. P., Davis, J. M. & Rees, E. L. (1922). *A Course in Analytic Geometry*. New York: D. van Nostrand Company.

Coffin, J. H. (1848). *Elements of Conic Sections and Analytical Geometry*. New York: Collins & Brother.

Docharty, G. B. (1865). *Elements of Analytical Geometry and of the Differential and Integral Calculus*. New York: Harper & Brothers.

Dowling, L. W. & Turneaure, F. E. (1914). *Analytic Geometry*. New York: Henry Holt & Company.

Fine, H. B. & Thompson, H. D. (1909). *Coordinate Geometry*. New York: The Macmillan Company.

Hann, J. (1850). *A Rudimentary Treatise on Analytical Geometry and Conic Sections*. London: John Weale.

Hardy, A. S. (1889). *Elements of Analytic Geometry*. Boston: Ginn & Company.

Johnson, W. W. (1869). *An Elementary Treatise on Analytical Geometry*. Philadelphia: J. B. Lippincott & Company.

Lambert, P. A. (1897). *Analytic Geometry*. New York: The Macmillan Company.

Loomis, E. (1877). *The Elements of Analytical Geometry*. New York: Harper & Brothers.

Newcomb, S. (1884). *The Elements of Analytic Geometry*. New York: Henry Holt & Company.

O'Brien, M. (1844). *A Treatise on Plane Co-ordinate Geometry*. Cambridge: Deightons.

Puckle, G. H. (1856). *An Elementary Treatise on Conic Sections and Algebraic Geometry*. London: Macmillan & Company.

Purcell, E. J. (1958). *Analytic Geometry*. New York: Appleton-Century-Crofts.

Riggs, N. C. (1911). *Analytic Geometry*. New York: The Macmillan Company.

Robinson, H. N. (1860). *Conic Sections and Analytical Geometry*. New York: Ivison,

Blakeman & Company.

Runkle, J. D. (1888). *Elements of Plane Analytic Geometry*. Boston: Ginn & Company.

Salmon, G. (1850). *A Treatise on Conic Sections: Containing an Account of Some of the Most Important Modern Algebraic and Geometric Methods*. Dublin: Hodges & Smith.

Schmall, C. N. (1921). *A First Course in Analytic Geometry, Plane and Solid*. New York: D. van Nostrand Company.

Siceloff, L. P., Wentworth, G. & Smith, D. E. (1922). *Analytic Geometry: Brief Course*. Boston: Ginn & Company.

Smith, E. S., Salkover, M. & Justice, H. K. (1954). *Analytic Geometry*. New York: John Wiley & Sons.

Smyth, W. (1855). *Elements of Analytical Geometry*. Boston: Sanborn, Carter & Bazin.

Young, J. W., Fort, T. & Morgan, F. M. (1936). *Analytic Geometry*. Boston: Houghton Mifflin Company.

23 抛物线的几何性质

杨舒捷[*]

23.1 引　言

　　圆锥曲线与科研、生产以及人类生活关系密切,抛物线作为圆锥曲线中相对简单却又非常重要的一种类型,有着广泛的应用。例如,探照灯反射镜面、卫星接收天线都是抛物线绕其对称轴旋转所成的抛物面。为什么抛物线有如此广泛的应用呢? 我们可以从它丰富的几何特征及其性质中找到答案。

　　数学史是一座宝藏,积淀了无数先哲的思想和方法(汪晓勤,2014)。追溯历史,可以发现抛物线的几何性质及其应用是非常丰富的,古今中外的数学家提出了多种多样的性质、推导及应用。而对抛物线几何性质的探究与证明,对于培养学生的直观想象与逻辑推理素养有着重要意义,一直受到高中一线教师的关注。在提倡将数学文化融入数学教学的今天,对这些史料进行归纳提炼,可以为解析几何的教学以及习题、试题的编制提供素材。

　　鉴于此,本章对 19 世纪初到 20 世纪下半叶之间出版的美英解析几何教科书进行考察,梳理抛物线的几何性质及其证明,为今日教学提供参考。

23.2　教科书的选取

　　本章从有关数据库中选取 1825—1964 年间出版的 80 种美英解析几何教科书作为研究对象,其中 64 种出版于美国,16 种出版于英国。以 20 年为一个时间段进行统计,这些教科书的时间分布情况如图 23 - 1 所示。

---

　　* 上海市徐汇区教育学院附属实验中学教师。

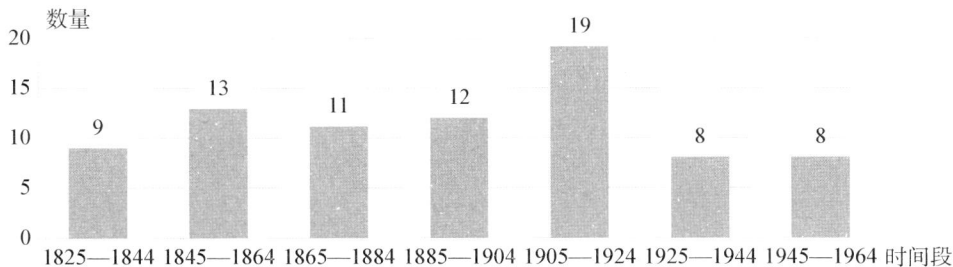

图 23‑1 80 种美英早期解析几何教科书的出版时间分布

抛物线的几何性质主要位于"抛物线"和"切线与法线"两章,其中,有 57 种教科书在"抛物线"章中先介绍抛物线的定义与方程,再给出其几何性质;有 23 种教科书在"切线与法线"章先给出一般曲线的几何性质,再由此得出抛物线的几何性质。

图 23‑2 为抛物线几何性质所在章的时间分布情况。由图可见,19 世纪下半叶以前,抛物线的几何性质位于"抛物线"章,而 19 世纪末至 20 世纪初期,抛物线的几何性质开始出现在教科书的"切线与法线"章,且所占比例呈现出不断增长的趋势。

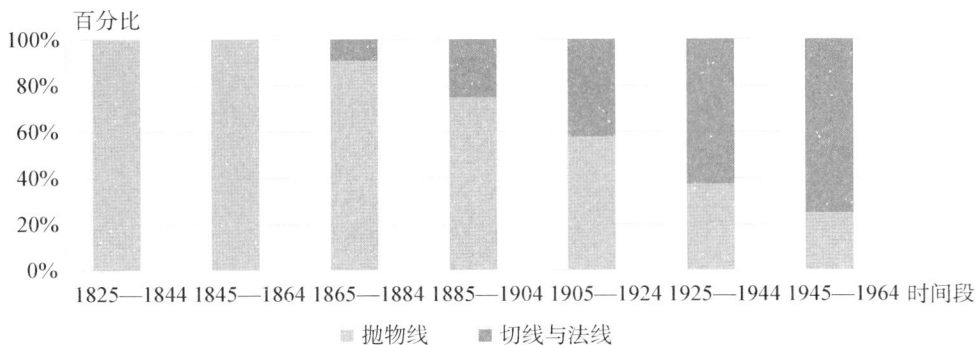

图 23‑2 抛物线的几何性质所在章的时间分布

本章采用的统计方法如下:首先,按照年份查找并摘录出研究对象中有关抛物线几何性质的部分;然后,参考相关知识确定初步分类框架,并结合早期教科书中的具体情况进行适当调整,形成最终的分类框架;最后,依据此框架对研究对象进行分类与统计。

23.3 切线方程

对于抛物线在其上任一点(x', y')处的切线方程,西方早期教科书给出了如下三种形式：

$$y - y' = \frac{p}{y'}(x - x')\,;$$

$$yy' = p(x + x')\,;$$

$$y = mx + \frac{p}{2m}\,,$$

其推导方法主要有"割线法""求导法""斜率法"和"距离法"四种。

23.3.1　割线法

本方法是依据"切线是两交点重合的割线"来进行推导的，有 4 种教科书采用此方法。

Davies(1836)给出如下推导：

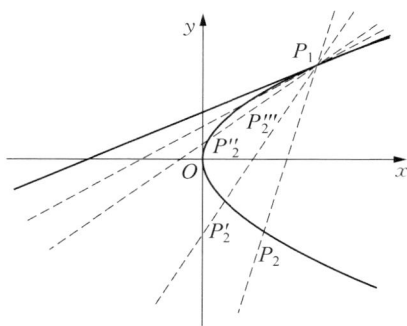

图 23 - 3　Davies(1836)的割线法

如图 23 - 3 所示，通过抛物线 $y^2 = 2px$ 上 $P_1(x',\ y')$ 和 $P_2(x'',\ y'')$ 两点的割线方程是

$$y - y' = \frac{y' - y''}{x' - x''}(x - x')\,.$$

将 $y'^2 = 2px'$ 和 $y''^2 = 2px''$ 相减，得

$$y'^2 - y''^2 = 2p(x' - x'')\,.$$

因此，割线方程为

$$y - y' = \frac{2p}{y' + y''}(x - x')\,.$$

将直线绕点 P_1 旋转，直到点 P_2 与 P_1 重合，此时 $y' = y''$，割线变成切线，上述方程变成

$$y - y' = \frac{p}{y'}(x - x')\,,$$

或

$$yy' - y'^2 = p(x - x')\,.$$

此外，

$$yy' = y'^2 + p(x - x') = 2px' + p(x - x'),$$

故得

$$yy' = p(x + x')。$$

Biot & Smith(1840)则给出如下推导：

如图 23 - 3 所示，设抛物线

$$y^2 = 2px \qquad (1)$$

上任意一点 P_1 的坐标为 (x', y')，P_2 的坐标为 (x, y)，则有

$$y'^2 = 2px'。 \qquad (2)$$

设点 P_1 处的割线方程为

$$y - y' = m(x - x')。 \qquad (3)$$

将切线视为两交点重合的割线，为了确定交点，联立(1)(2)(3)，由(1)-(2)，得

$$(y + y')(y - y') = 2p(x - x'), \qquad (4)$$

由(3)和(4)，得

$$[2my' + m^2(x - x') - 2p](x - x') = 0, \qquad (5)$$

故得 $x - x' = 0$ 或 $2my' + m^2(x - x') - 2p = 0$。当点 P_1 与 P_2 重合时，$x = x'$，方程 $2my' + m^2(x - x') - 2p = 0$ 变成 $2my' = 2p$，因此 $m = \dfrac{p}{y'}$。将这个值代入切线方程(3)，得

$$y - y' = \frac{p}{y'}(x - x')。$$

化简，得

$$yy' = p(x + x')。$$

23.3.2　求导法

此方法相较于割线法更加严谨详细，蕴含极限与导数的思想，部分教科书还给出了 $\dfrac{dy}{dx} = \lim\limits_{\Delta x \to 0} \dfrac{\Delta y}{\Delta x} = \tan\theta$ 这一符号。

有 8 种教科书并未直接推导抛物线的切线方程,而是先通过求导的方法推导出一般曲线的切线方程,然后直接给出抛物线的切线方程。例如,Smith & Gale(1906)给出如下推导:

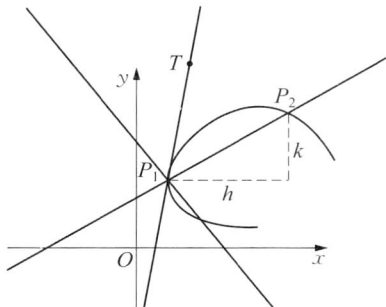

图 23 - 4　一般曲线的推导方法

如图 23 - 4 所示,设 P_1 是曲线 C 上的不动点,P_2 是曲线 C 上位于点 P_1 附近的点,令点 P_2 沿着曲线 C 向点 P_1 移动,则割线 P_1P_2 的极限位置 P_1T 即为曲线 C 在点 P_1 处的切线,切线 P_1T 的斜率是割线 P_1P_2 斜率的极限。设点 $P_1(x_1,y_1)$,$P_2(x_1+h,y_1+k)$,其中 h 和 k 的正负取决于点 P_1 和 P_2 的相对位置,将它们的坐标分别代入曲线 C 的方程中并相减,求出割线 P_1P_2 的斜率 $\frac{k}{h}$ 的值,然后求出当点 P_2 趋近于点 P_1 时 $\frac{k}{h}$ 的值,即切线的斜率,最后代入直线的点斜式方程即可。因此,抛物线 $y^2=2px$ 在点 $P_1(x_1,y_1)$ 处的切线方程为

$$yy_1=p(x+x_1)。$$

有 11 种教科书根据上述思想针对抛物线给出了详细的推导,例如,Fine & Thompson(1909)给出如下推导:

如图 23 - 5 所示,任取抛物线 $y^2=2px$ 上的点 $P_1(x',y')$ 和 $P_2(x'+h,y'+k)$,当点 P_2 趋近于点 P_1 时,割线成为切线,因此切线 P_1T 的斜率 m 为当点 P_2 趋近于点 P_1 时割线 P_1P_2 的斜率 $\frac{k}{h}$ 的极限,即 $m=\lim\limits_{P_2\to P_1}\frac{k}{h}$。又因为点 $P_1(x',y')$、$P_2(x'+h,y'+k)$ 在抛物线上,故由

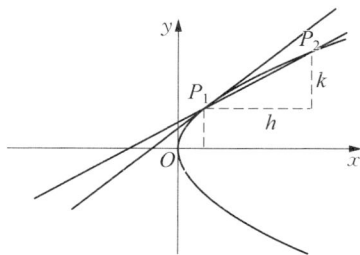

图 23 - 5　Fine & Thompson 的推导方法

$$y^2=2px,$$

$$y'^2=2px',$$

$$(y'+k)^2=2p(x'+h),$$

可得

$$2y'k + k^2 = 2ph \text{。}$$

于是得

$$\frac{k}{h} = \frac{2p}{2y' + k} \text{。}$$

因此有

$$m = \lim_{P_2 \to P_1} \frac{k}{h} = \frac{p}{y'} \text{。}$$

因此切线方程为

$$y - y' = \frac{p}{y'}(x - x') \text{,}$$

即

$$yy' = p(x + x') \text{。}$$

23.3.3 斜率法

抛物线的切线方程还可以用切线与抛物线对称轴夹角的正切值来简洁地表示,部分教科书称其为"神奇的方程"(magic equation)(Eddy,1874,p. 99)。

O'Brien(1844)给出的推导如下:

设 $y = mx + h$ 是抛物线 $y^2 = 2px$ 的切线方程,则方程

$$(mx + h)^2 = 2px \text{,}$$

即

$$m^2 x^2 + 2(mh - p)x + h^2 = 0 \text{。}$$

有两个相等的根,故

$$4m^2 h^2 = 4(mh - p)^2 \text{,}$$

于是得 $h = \dfrac{p}{2m}$。 因此抛物线的切线方程可以表示为

$$y = mx + \frac{p}{2m} \text{。}$$

这里的 m 即为切线与抛物线对称轴夹角的正切值,$m = \dfrac{p}{y'}$。

23.3.4 距离法

O'Brien(1844)先证明了如下命题:如果过任一点 $P(x', y')$ 且与抛物线对称轴的夹角为 θ 的直线与抛物线交于两点 Q 和 Q',那么点 P 到这两点的距离之和为[①]

$$PQ + PQ' = 2 \cdot \frac{p\cos\theta - y'\sin\theta}{\sin^2\theta}。$$

令该直线平行移动,直到点 Q 和 Q' 重合,同时设点 P 与 Q 也重合,则得

$$0 = p\cos\theta - y'\sin\theta。$$

解得

$$\tan\theta = \frac{p}{y'},$$

即抛物线在点 $P(x', y')$ 处的切线与对称轴所成角的正切值。又因为这条直线过点 $P(x', y')$,故它的方程是

$$y'(y - y') - p(x - x') = 0。$$

而 $y'^2 = 2px'$,所以

$$y'y - p(x + x') = 0,$$

即为所求的切线方程。

23.3.5 推导方法的演变

图 23-6 为以上四种切线方程推导方法的时间分布情况。由图可见,20 世纪以前,教科书主要采用的是"割线法",此外还有"斜率法"和"距离法"。进入 20 世纪,出现了"求导法"且所占比例呈现增长趋势,逐渐取代"割线法",成为主流的推导方法。

23.3.6 切线的画法

部分西方早期教科书依据以上性质给出了一些简单的从抛物线上任意一点作抛物线切线的方法,表 23-1 给出了典型的例子。

---

① 将 $x = x' + r\cos\theta$,$y = y' + r\sin\theta$ 代入抛物线方程 $y^2 = 2px$,得到关于 r 的一元二次方程,PQ 和 PQ' 即为该方程的两个根。

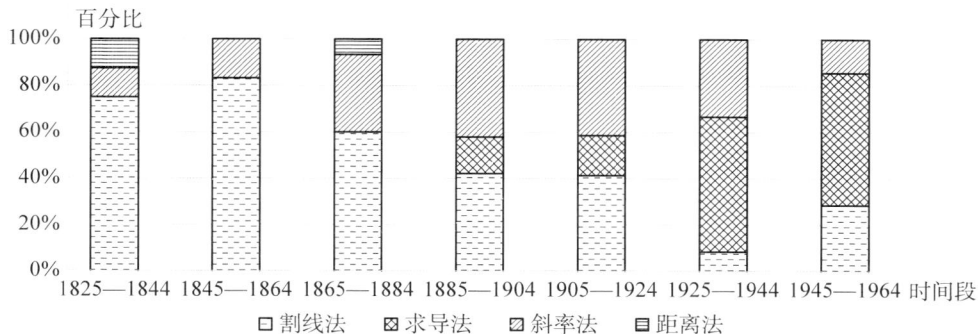

图 23‑6　四种切线方程推导方法的时间分布

表 23‑1　抛物线的切线作法的典型例子

依据	具体描述	图形	教科书
等角定理	连结切点 P 和焦点 F，在 x 轴上取点 T 使得 $FT=FP$，则直线 PT 即为所求的切线。		Davies (1836)
	连结切点 P 和焦点 F，过点 P 作 x 轴的平行线 PG，则两直线 PF 与 PG 所成角 $\angle FPG$ 的平分线即为所求的切线。		Smith & Gale (1906)
次切线	过切点 P 作 x 轴的垂线，垂足为 D，在 x 轴上取点 T 使 $OT=OD$，过 T、P 两点的直线 PT 即为所求的切线。		Davies (1836)
	过切点 P 作 x 轴的垂线，垂足为 D，在 x 轴上取点 N 使 $DN=p$，连结 PN，作直线 PT 垂直于 PN，PT 即为所求的切线。		Davies (1836)

23.4 抛物线的其他性质

23.4.1 法线方程

经考察,早期教科书大多从抛物线 $y^2=2px$ 上任意一点 $P(x',y')$ 处的切线出发得出相应的法线方程,给出点斜式、斜率式和一般式三种形式的方程。

有 37 种教科书从抛物线切线的点斜式方程得出法线的点斜式方程。设抛物线 $y^2=2px$ 在其上一点 $P(x',y')$ 处的法线为(Biot & Smith,1840,p. 122)

$$y-y'=\alpha(x-x')。$$

因为它与点 P 处的切线

$$y-y'=\alpha'(x-x')$$

垂直,所以 $\alpha\alpha'+1=0$。而 $\alpha'=\dfrac{p}{y'}$,故

$$\alpha=-\frac{y'}{p}。$$

因此,法线方程为

$$y-y'=-\frac{y'}{p}(x-x'),$$

此外,还有一些教科书利用斜率(Eddy,1874,p. 99)和直线的一般式方程(Lardner,1831,p. 99)进行推导。

23.4.2 次切线长度

对于平面直角坐标系中的一条曲线,有一条在其上一点 A 处的切线(要求不与 x 轴平行),则这条切线与 x 轴有交点 B。那么,线段 AB 在 x 轴的投影就是次切线。早期教科书分别用代数方法和几何方法来求解次切线的长度,表 23-2 给出了若干典型例子。

表 23 - 2　求次切线长度的典型方法

方法	具体描述	图形	教科书
代数方法	在切线方程 $y-y'=\dfrac{p}{y'}(x-x')$ 中，令 $y=0$，得 $x+x'=0$，即 $x=-x'$，故 $OT=OD$ 或 $TD=2OD$。也就是说，次切线的长度等于横坐标的两倍，换言之，次切线被抛物线的顶点所平分。	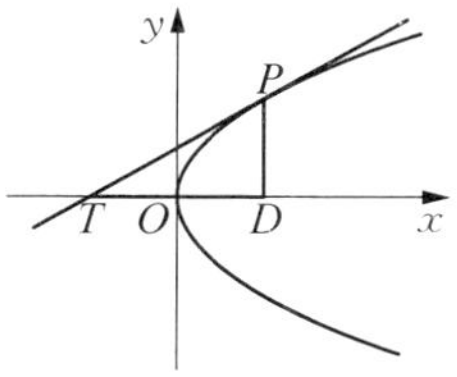	Davies (1836)
几何方法	因 $TD\times\tan\angle PTD=PD$，故 $TD\times\dfrac{p}{y'}=y'$，从而有 $TD=\dfrac{y'^2}{p}=2x'=2OD$。	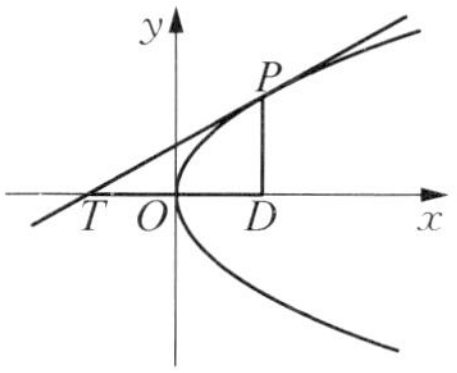	Hymers (1845)
	CM 为抛物线的准线，因 $CD=PM=PF=FT$，且 $CO=OF$，故 $OD=CD-CO=FT-OF=OT$，从而得 $2OD=TD$。	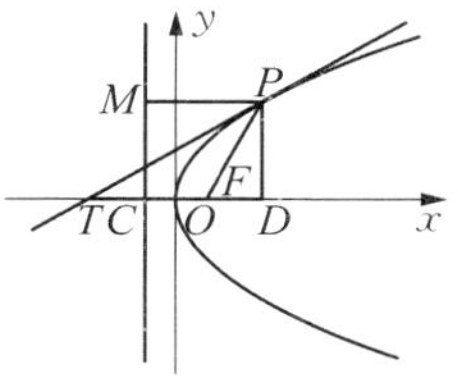	Coffin (1848)

23.4.3　次法线长度

对于平面直角坐标系中的一条曲线和其上一点 P，P 在 x 轴上的投影为点 D。过点 P 作法线（要求不与 y 轴平行），与 x 轴交于点 N，线段 ND 称为次法线。早期教科书分别用代数方法和几何方法来求解次法线的长度，表 23 - 3 给出了若干典型例子（如图 23 - 7）。

表 23 - 3　求解次法线长度的典型方法

方法	具体描述	教科书
代数方法	在法线方程 $y-y'=-\dfrac{y'}{p}(x-x')$ 中，令 $y=0$，得 $x-x'=p$。而 $x=ON$，$x'=OD$，故 $DN=ON-OD=x-x'=p$。因此，次法线的长度是一个常数，等于焦点到原点距离的两倍。	Davies (1836)

方法	具体描述	教科书
	因 $\angle DPN = \angle NTP = \theta$，故在 Rt$\triangle NDP$ 中，$DN = DP\tan\theta = y'\left(\dfrac{p}{y'}\right) = p$。	Crenshaw & Killbrew (1925)
几何方法	在抛物线 $y^2 = 2px$ 上的点 $P(x，y)$ 处作切线 PT 及法线 PN，因 $\triangle TPD \backsim \triangle PND$，故 $TD:PD = PD:DN$，即 $2x:y = y:DN$。于是得 $DN = \dfrac{y^2}{2x}$，但 $y^2 = 2px$，故得 $DN = \dfrac{2px}{2x} = p$。因此，抛物线上任意点处的次法线相同且等于焦点到原点距离的两倍。	Hymers（1845）

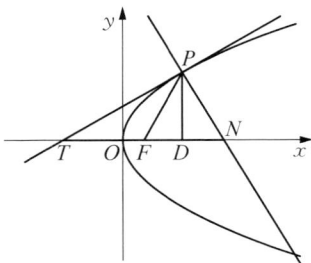

图 23 - 7　次法线的求法

23.4.4　抛物线中的等角定理

抛物线上任意一点处的切线与对称轴和过切点与焦点的直线成相等的角。进一步而言，从抛物线的切点作两条直线，一条与焦点相连，另一条平行于对称轴，它们与切线成相等的角。换言之，抛物线上任意一点处的切线平分两直线所形成的角，其中一条过焦点与切点，另一条平行于对称轴。

不同的教科书所采用的证明方法不同，主要有"等角法"和"等长法"两种。

有 14 种教科书通过直接证明角度相等的"等角法"证明该定理，表 23 - 4 给出了典型例子。

表 23 - 4　等角法证明的典型例子

方法	具体描述	图形	教科书
切线法	切线 PT 的方程为 $y = \dfrac{p}{y'}(x+x')$，过焦点 $F\left(\dfrac{p}{2},0\right)$ 和切点 $P(x',y')$ 的直线方程为 $y = \dfrac{y'}{x'-\dfrac{p}{2}}\left(x-\dfrac{p}{2}\right)$，故 $\tan\angle FPT = \tan(\angle PFD - \angle PTF) = $ $\dfrac{\dfrac{y'}{x'-\dfrac{p}{2}} - \dfrac{p}{y'}}{1+\dfrac{y'}{x'-\dfrac{p}{2}}\cdot\dfrac{p}{y'}} = \dfrac{p}{y'} = \tan\angle FTP$，从而有 $\angle FPT = \angle FTP = \angle MPQ = \angle TPG$。		Davies（1836）
全等法	过点 P 作 PD 垂直于 x 轴。因为 $TO = OD$，所以 $TH = HP$。因此 $\mathrm{Rt}\triangle TFH \cong \mathrm{Rt}\triangle HFP$，故得 $\angle FTP = \angle TPF$。		Davies（1860）
	因为 $FP = GP = CD$，$TO = OD$，$CO = OF$，所以 $TC = FD$。所以 $TF = CD = GP = FP$。因此四边形 $TFPG$ 是菱形，其对角线平分相应的内角，故 $\angle GPT = \angle FPT$。		Young, Fort & Morgan（1936）

有 45 种教科书采用"等长法"，从边长相等入手进行证明，表 23 - 5 给出了典型例子。

表 23 - 5　等长法的典型例子

方法	具体描述	图形	教科书
次切线法	因 $OT = OD$，故 $TF = OF + OT = OF + OD = \dfrac{p}{2}+x$。而 $PF = x + \dfrac{p}{2}$，因此 $TF = FP$，于是知 $\triangle PTF$ 是等腰三角形。因此有 $\angle FPT = \angle FTP = \angle MPQ$。		Davies(1836)

续　表

方法	具体描述	图形	教科书
直角三角形法	因 $OT = OD$，$DN = p$，且 $OF = \dfrac{p}{2}$，故 $TF = FN$，即点 F 为 TN 的中点。因此点 F 是 $\mathrm{Rt}\triangle TPN$ 斜边的中点。所以 $FP = FT$。		Ziwet & Hopkins (1913)
	$FP = \sqrt{\left(x' - \dfrac{p}{2}\right)^2 + (y' - 0)^2}$ $= \sqrt{x'^2 - px' + \dfrac{p^2}{4} + y'^2}$ $= \sqrt{x'^2 + px' + \dfrac{p^2}{4}}$ $= x' + \dfrac{p}{2}$。 而 $TF = TO + OF = x' + \dfrac{p}{2}$，故 $FP = TF$。于是得 $\angle FPT = \angle FTP$。		Ashton (1900)

23.5　抛物线的光学应用

有 31 种教科书以"等角定律"和"反射定律"为理论基础介绍了抛物线的光学性质：所有沿平行于轴的方向照射到曲线上的光线均会通过反射聚集到焦点，反过来，从焦点射出的所有光线将被曲线反射成平行于轴的光线。将抛物线绕其对称轴旋转将形成一个中空的抛物面，所有平行于轴的光线经过抛物面的反射将集中到焦点，而从焦点射出的光线经过抛物面的反射将与轴平行（Waud，1835，p. 120）。

前照灯、探照灯和抛物面反射器正是依据"从焦点射出的光线经过抛物面的反射后将与轴平行"这一原理制造的（Siceloff，Wentworth & Smith，1922，p. 88）。而许多灯塔采用抛物面镜，目的就是将所有的光线投向大海（Robinson，1860，p. 175）。

"所有平行于轴的光线经过抛物面的反射将集中到焦点"这一原理在抛物面反射镜的使用中得到了应用，比如反射式望远镜（Newcomb，1884，p. 120）。如果将抛物面反射镜的轴转向太阳，则太阳的光线会沿平行于轴的方向照射过来，经反射后集中于焦点处,这样,热量将会聚焦此处,焦点处的温度将会很高,若有一些火药放置在焦点处,则它们将很容易被点燃(Osgood & Graustein,1921,p. 96)。而如果在抛物面反射器的焦点处放置一个锅炉,这样就构造出一个高效的太阳能发动机(Poor,1934,p. 98)。

此外,由于声音和光线遵循同样的反射定律,抛物面麦克风被用来汇集传自足球场远处的声音,从而起到很好的聚音效果,雷达和电波望远镜也是基于同样的原理(Purcell,1958,p. 137)。

23.6　结论与启示

早期教科书大多从抛物线上任意点处的法线入手探究抛物线的几何性质,首先采用多种方法推导出切线方程和法线方程,进而求解出次切线和次法线的长度,在此基础上得出等角定理并加以证明,然后以此为依据总结出作抛物线切线的简单方法和抛物线的光学性质,并将光学性质应用到军事、科研与实际生活中。

早期教科书所呈现的抛物线的几何性质、证明、应用及其演变过程对今日解析几何教学有着重要价值。

在实际教学中,教师可以通过布置前置的实践任务让学生寻找社会生活中的抛物线与抛物面,并通过查阅资料探究这些应用的理论依据,让学生初步感受抛物线的光学性质及其应用价值,进而在课堂上自然地利用抛物线的光学性质将焦点、准线与抛物线融为一体。然后引导学生对抛物线的切线、法线、次切线和次法线进行研究,并在此基础上完成对等角定理的推导和证明,培养学生数学抽象、直观想象和逻辑推理素养。最后,运用等角定理及学生已经知道的光的反射定律来总结出抛物线的光学性质,并布置课后实践作业,小组合作进行数学活动,应用抛物线的几何性质设计出一些模型、工具或产品,在做中学,进一步加深学生对抛物线几何性质的理解。

参考文献

汪晓勤(2014). 数学史与数学教育. 教育研究与评论(中学教育教学),(01):8 - 14.

Ashton, C. H. (1900). *Plane and Solid Analytic Geometry*. New York: Charles Scribner's Sons.

Biot, J. B. & Smith, F. H. (1840). *An Elementary Treatise on Analytical Geometry*. New York: Wiley & Putnam.

Coffin, J. H. (1848). *Elements of Conic Sections and Analytical Geometry*. New York: Collins & Brother.

Crenshaw, B. H. & Killbrew, C. D. (1925). *Analytic Geometry and Calculus*. New York: P. Blakiston's Son & Company.

Davies, C. (1836). *Elements of Analytical Geometry*. New York: Wiley & Long, Collins, Keys & Company.

Davies, C. (1860). *Elements of Analytical Geometry and of the Differential and Integral Calculus*. New York: A. S. Barnes & Burr.

Eddy, H. T. (1874). *A Treatise on the Principles and Applications of Analytic Geometry*. Philadelphia: Cowperthwait & Company.

Fine, H. B. & Thompson, H. D. (1909). *Coordinate Geometry*. New York: The Macmillan Company.

Hymers, J. (1845). *A Treatise on Conic Sections*. Cambridge: the University Press.

Lardner, D. (1831). *A Treatise on Algebraic Geometry*. London: Whittaker, Treacher & Arnot.

Newcomb, S. (1884). *The Elements of Analytic Geometry*. New York: Henry Holt & Company.

O'Brien, M. (1844). *A Treatise on Plane Co-ordinate Geometry*. Cambridge: Deightons.

Osgood W. F. & Graustein, W. C. (1921). *Plane and Solid Analytic Geometry*. New York: The Macmillan Company.

Poor, V. C. (1934). *Analytical Geometry*. New York: John Wiley & Sons.

Purcell, E. J. (1958). *Analytic Geometry*. New York: Appleton-Century-Crofts.

Robinson, H. N. (1860). *Conic Sections and Analytical Geometry*. New York: Ivison, Blakeman.

Siceloff, L. P., Wentworth, G. & Smith, D. E. (1922). *Analytic Geometry: Brief Course*. Boston: Ginn & Company.

Smith, P. F. & Gale, A. S. (1906). *Introduction to Analytic Geometry*. Boston: Ginn & Company.

Waud, S. W. (1835). *A Treatise on Algebraical Geometry*. London: Baldwin & Cradock.

Young, J. W., Fort, T. & Morgan, F. M. (1936). *Analytic Geometry*. Boston: Houghton Mifflin Company.

Ziwet, A. & Hopkins, L. A. (1913). *Analytic Geometry and Principles of Algebra*. New York: The Macmillan Company.

文化篇

24 解析几何的应用

刘梦哲[*]

24.1 引　言

　　解析几何是高中数学重要的教学内容之一,在高考中占有举足轻重的地位,也是高考的热点之一。在提倡将数学文化融入数学教学、实施数学学科德育、落实立德树人的今天,传统的机械式套用公式解题学习方式已不能满足时代的要求。数学文化体现了数学的人文价值和科学价值,在培养学生的数学素养、促进学生的理性思维中扮演着重要角色。

　　应用的广泛性是数学学科的重要特点之一。《普通高中数学课程标准(2017 年版2020 年修订)》(以下简称《课标》)指出,数学是自然科学的重要基础,并且在社会科学中发挥越来越大的作用,数学的应用已渗透到现代社会及人们日常生活的各个方面。在解析几何这一板块中,《课标》要求学生能够运用平面解析几何方法解决简单的数学问题和实际问题,感悟平面解析几何中蕴含的数学思想。鉴于此,本章聚焦解析几何的应用,选取 1861—1960 年间出版的 51 种美英解析几何教科书作为研究对象,对其中的相关命题和应用问题进行考察、分析和归类,以期为今日教学提供有用素材和思想养料。

24.2　数学内部的应用

　　在早期教科书中,关于解析几何在数学内部的应用主要在于证明相关的几何命题。

　　例 1　三角形的三条中线交于一点。

＊ 华东师范大学数学科学学院博士研究生。

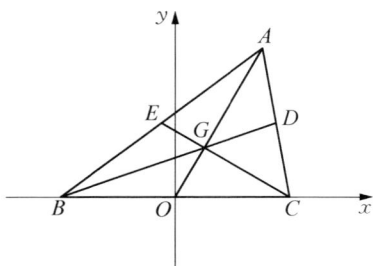

图 24 - 1　例 1

如图 24 - 1 所示，建立平面直角坐标系，将 $\triangle ABC$ 的一边 BC 置于 x 轴，使得 BC 的中点与原点重合。设点 A、B、C 的坐标分别为 $A(h, k)$、$B(-a, 0)$、$C(a, 0)$。

Johnston(1893)首先运用行列式推导三角形三条中线的直线方程，再联立方程，计算出两条中线的交点坐标，最后证明其满足第三条中线的直线方程。因为 AC 的中点为 $D\left(\dfrac{a+h}{2}, \dfrac{k}{2}\right)$，于是过点 B、D 的直线方程为

$$\begin{vmatrix} x & y & 1 \\ \dfrac{a+h}{2} & \dfrac{k}{2} & 1 \\ -a & 0 & 1 \end{vmatrix} = 0 。$$

化简可得

$$kx - (3a + h)y + ak = 0 。 \tag{1}$$

同理，中线 CE 和 AO 的直线方程分别为

$$kx + (3a - h)y - ak = 0 , \tag{2}$$

$$hy - kx = 0 。 \tag{3}$$

联立 (2)(3)，可得中线 CE 与 AO 的交点为 $G\left(\dfrac{h}{3}, \dfrac{k}{3}\right)$。将该点坐标代入 (1)，可知中线 BD 过点 G。当然，把三角形放置在平面直角坐标系上的任何位置均可证明这一命题，于是 Johnston(1893)沿用这一方法来推导三角形的重心坐标公式。

设点 A、B、C 的坐标分别为 $A(x_1, y_1)$、$B(x_2, y_2)$、$C(x_3, y_3)$。运用行列式计算可得，三角形中过点 A、B、C 的中线的直线方程分别为

$$x(2y_1 - y_2 - y_3) - y(2x_1 - x_2 - x_3) + x_1(y_2 + y_3) - y_1(x_2 + x_3) = 0 ,$$

$$x(2y_2 - y_3 - y_1) - y(2x_2 - x_3 - x_1) + x_2(y_3 + y_1) - y_2(x_3 + x_1) = 0 ,$$

$$x(2y_3 - y_1 - y_2) - y(2x_3 - x_1 - x_2) + x_3(y_1 + y_2) - y_3(x_1 + x_2) = 0 。$$

运用同样的方法即可证明三角形的三条中线交于一点,且三角形的重心坐标为

$$\left(\frac{x_1+x_2+x_3}{3}, \frac{y_1+y_2+y_3}{3}\right)。$$

借助平面直角坐标系,即可建立曲线与方程之间的对应关系,从而用代数方法证明许多几何命题。表 24-1 给出了可以用解析法证明的若干几何命题,其中涉及三角形、四边形、圆和圆锥曲线中的相关命题。

表 24-1　可用解析法证明的几何命题

类别	命　题	教科书
三角形	三角形的三条中线/高线/内角平分线/中垂线交于一点。	Johnston (1893)
	直角三角形斜边上的中线等于斜边的一半。	Bailey ＆ Woods (1899)
	若一个三角形的两条中线相等,则这个三角形是等腰三角形。	
	如果一条直线截三角形的两边所得的对应线段成比例,那么这条直线平行于三角形的第三边。	
	阿波罗尼奥斯定理:三角形一条中线两侧所对边的平方和等于底边一半的平方与该边中线平方和的 2 倍。	
四边形	平行四边形的对角线互相平分;菱形的对角线互相垂直;矩形的对角线相等;正方形的对角线相等且互相垂直平分。	Nichols (1892)
	梯形的中位线平行于两底,并且等于两底和的一半。	Poor (1934)
	顺次连结任意四边形各边中点得到的四边形是平行四边形。	Bailey ＆ Woods (1899)
圆	直径所对的圆周角是直角。	Young, Fort ＆ Morgan(1936)
	从圆上一点 P 作直径 AB 的垂线 PC,垂足为 C,则 $|PC|^2 = |AC| \cdot |CB|$。	
圆锥曲线	椭圆上任一点的焦半径的夹角被该点的法线平分。	Ziwet ＆ Hopkins (1913)
	双曲线上任一点的焦半径的夹角被该点的切线平分。	
	过抛物线上任一点作两条直线,一条过焦点,另一条垂直于准线,则它们与抛物线在该点处的切线成相等的角。	

24.3　数学外部的应用

解析几何在实际生产、生活中有诸多的应用,其不仅能与日常生活中许多常见的

事物建立起联系,还在测量、定位、建筑及工程、天文、物理等方面有着极为广泛的应用。

24.3.1 测量中的应用

在平面直角坐标系中,点到直线的距离公式和三角形的面积公式是学生经常使用的两个公式,以此可以测量两地之间的距离以及所围多边形的面积。

例2 在华盛顿市,字母街道(A 大街、B 大街等)向东、西方向延伸,编号街道(第一大街、第二大街等)向南、北方向延伸,国会大厦位于坐标原点,坐标轴被称为大道。例如,第一大街在国会大厦以东一个街区。如果一个街区的长度是 $\frac{1}{10}$ 英里,从南 C 大街和东五大街的拐角处到北 Q 大街和西十四大街的拐角处的距离是多少?(Ziwet & Hopkins,1916,p.9)

如图 24-2 所示,若以国会大厦为坐标原点、大道为坐标轴建立平面直角坐标系,则南 C 大街和东五大街的拐角处的坐标为 $(5,-3)$,北 Q 大街和西十四大街的拐角处的坐标为 $(-14,17)$。由两点间的距离公式,计算可得

$$\sqrt{(5+14)^2+(-3-17)^2} = \sqrt{761}。$$

因为一个街区的长度是 $\frac{1}{10}$ 英里,所以这两地相距约为 2.76 英里。

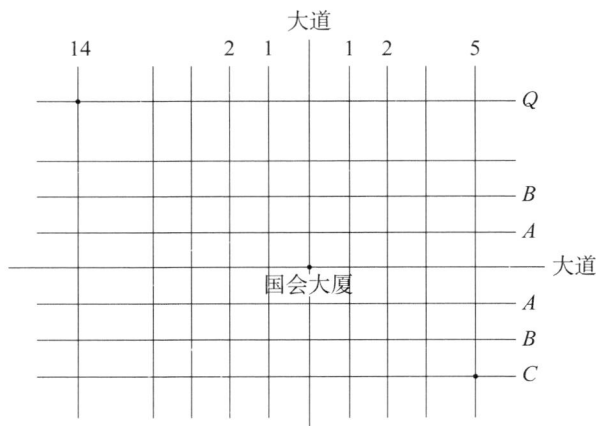

图 24-2 例2

例3 从四边形区域中的一点 O 到各顶点的距离和方向如下:

顶点	距离	方向
A	120 英尺	北偏东 65°
B	216 英尺	北偏西 32°
C	320 英尺	南偏西 74°
D	65 英尺	南偏东 23°

制作该区域的地图并计算其面积。(Dowling &
Turneaure，1914，p. 31)

如图 24-3 所示，以 O 为原点建立平面直角坐标
系 xOy，则点 A、B、C、D 的坐标分别为 A(108.76，
50.71)、B(−114.46，183.18)、C(−307.60，
−88.20)、D(35.40，−54.51)(保留 2 位小数)。由
三角形的面积公式，计算可得四边形 $ABCD$ 的面积为

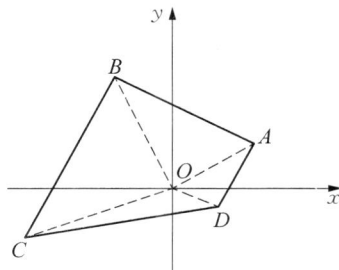

图 24-3 例3

$$S = S_{\triangle ABC} + S_{\triangle ACD} = \frac{1}{2} \begin{Vmatrix} 108.76 & 50.71 & 1 \\ -114.46 & 183.18 & 1 \\ -307.60 & -88.20 & 1 \end{Vmatrix} + \frac{1}{2} \begin{Vmatrix} 108.76 & 50.71 & 1 \\ -307.60 & -88.20 & 1 \\ 35.40 & -54.51 & 1 \end{Vmatrix}$$

$= 59\,890.83,$

即该区域的面积约为 59 890.83 平方英尺。

24.3.2 定位中的应用

我们把平面内与两个定点 F_1、F_2(叫做焦点)的距离之差的绝对值等于常数 $2a$($0 < 2a < |F_1F_2|$)的点的轨迹叫做双曲线。基于双曲线的定义，在战争中可用于确定
敌军大炮的位置。通过设置两个监听站，然后计算在这两个监听站听到炮声的时间
差，则大炮就位于以监听站为焦点的双曲线上。如果设置三个监听站，那么大炮位于
三条双曲线的交点处(Kells & Stotz，1949，pp. 149-150)。

例 4 两个监听站位于点 A(0，0)、B(4，1)处，单位为英里。在这两处的麦克风
显示，枪距离点 B 比距离点 A 近 3.60 英里。在平面直角坐标系中画出一条穿过枪所
在位置的曲线。(Cell，1951，p. 98)

设曲线上一点为 P，因为枪距离点 B 比距离点 A 近 3.60 英里，所以 $|PA|$ −

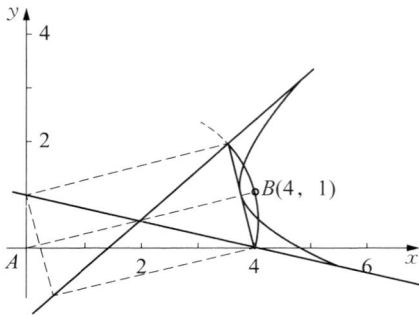

图 24 - 4　例 4

$|PB|=3.60$。于是枪在以 A、B 为焦点,长轴长为 3.60 的双曲线的右支上(图 24 - 4)。

运用上述原理,双曲线在通信定位上也有广泛的应用。如图 24 - 5 所示,Loran(Long Range Navigation)系统就是利用双曲线的定义来测定船的位置。Loran 系统使用来自选定电台的无线电信号,以及预先绘制的双曲线系统地图,以电台为焦点。因为它不受黑暗、日光或天气的影响,并且只需要很少的计算量,所以这个系统快速且有效。(Kells & Stotz,1949,pp. 149 - 150)例如,在二战时,监听站并根据枪响的时间差确定敌人所在的位置。同时,双曲线也被应用于雷达和导航中。

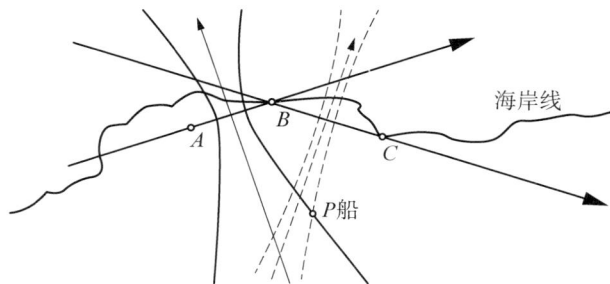

图 24 - 5　Loran 系统

24.3.3　建筑及工程中的应用

在桥梁设计中经常可以看到抛物线的使用。如果一个拱要支持一个均匀的水平荷载,拱会有抛物线的形状,此时拱所受应力将与拱的曲线相切(图 24 - 6)。(Kells & Stotz,1949,pp. 128 - 129)

类似地,悬索桥的主缆索被设计用来承载均匀的水平荷载,悬挂的曲线大致呈抛物线形状(图 24 - 7)。(Kells & Stotz,1949,pp. 128 - 129)

例 5　在一个横截面为开口向上的抛物线的槽中充满液体,其顶点上方 1 英尺的槽的宽度是 4 英尺,若水面的宽度是 8 英尺,求液面的高度。(Roberts & Colpitts,

图 24 - 6   Kells & Stotz(1949)的拱桥插图

1918，p.116）

以抛物线的顶点为圆心、对称轴为 y 轴，建立平面直角坐标系。曲线关于 y 轴对称，设抛物线方程为 $x^2 = ky$。曲线经过点(2，1)，则 $k = 4$，即 $x^2 = 4y$。因为水面的宽度是 8 英尺，令 $x = 4$，于是液面的高度为 4 英尺。

抛物线的几何性质是声、光反射器设计的基础。如图 24 - 8 所示，点 P 是抛物线上任意一点，F 是焦点，PQ 平行于抛物线的对称轴 VN，则过点 P 的法线 PN 平分 $\angle FPQ$。可知，从点 F 到点 P 的光线会沿射线 PQ 反射。如果反射器的形状是绕抛物线的对称轴旋转而得到的，那么来自焦点处的光线将平行于对称轴反射，

图 24 - 7   Kells & Stotz(1949)的悬索桥插图

从而产生集中的光束而不是漫射光（图 24 - 9）。（Kells & Stotz，1949，pp.128 - 129）抛物线的这一特性被用于设计汽车的前照灯和探照灯，光源放置在焦点处。反之，平

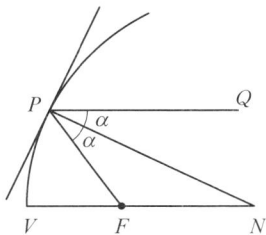

图 24 - 8   抛物线的几何性质

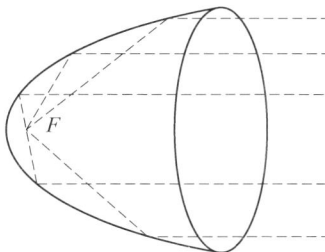

图 24 - 9   Purcell(1958)的抛物面插图

行于对称轴的入射光线经反射后会经过抛物线的焦点。在实际应用中,由于来自遥远恒星的光线是平行的,因此抛物面镜有时被用在望远镜中;在足球比赛中,一个抛物面形状的麦克风会指向体育场的远处,用来接收欢呼声和音乐(Purcell,1958,pp. 112 - 113)。

例 6 前照灯的横截面通常设计成一条抛物线,灯泡的灯丝放置在抛物线的焦点处,于是所有从灯丝发出的光线都能被抛物面反射器反射成平行于抛物线对称轴的光线。一个前照灯的直径为 8 英寸,深度为 3 英寸,灯泡的球体直径为 0.800 英寸。确定安装灯泡柄所需的管件长度,即从反射器到灯泡所需的长度。(Cell,1951,p. 114)

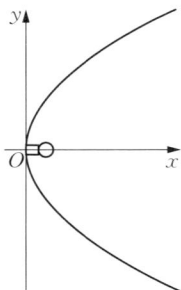

图 24 - 10　例 6

如图 24 - 10 所示,建立平面直角坐标系,设抛物线方程为 $y^2 = kx$,因为曲线经过点 $(3,4)$,则 $y^2 = \frac{16}{3}x$。此时,抛物线的焦距为 $\frac{4}{3}$,因此安装灯泡柄所需的管件长度为 $\frac{4}{3} - 0.400 = 0.933$(英寸)。

椭圆在科学、工程和建筑设计中也有许多应用。例如,它们被用于不同角速度的齿轮(图 24 - 11)和半椭圆弹簧。(Kells & Stotz,1949,pp. 139 - 140)

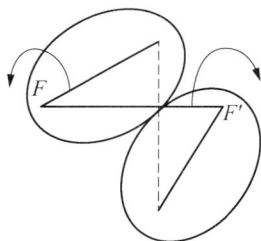

图 24 - 11　Kells & Stotz(1949) 的椭圆齿轮插图

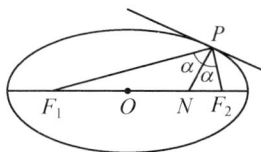

图 24 - 12　椭圆的几何性质

椭圆有一条几何性质,即椭圆上任意一点的法线平分过该点的焦半径之间的夹角(图 24 - 12)。因此,由椭圆绕其长轴旋转而形成的表面具有这样的特性:来自一个焦点的光波或声波被表面反射,从而到达另一个焦点。例如,华盛顿国会大厦有一间圆形大厅,由于国会大厦的屋顶是椭圆形穹顶,因此在这个房间里跟人讲话很不保险。如果你在窃窃私语的时候刚好站在地板上的某个金属星标点的话,你的话就能被房间里站在对面的人听到。在伦敦圣保罗大教堂(St. Paul's Cathedral)中,若有人站在一堵墙附近低声细语,那么在 108 英尺远的墙边可以清晰地听到对话的内容。(Kells & Stotz,1949,pp.139-140)

24.3.4 天文中的应用

在天文学中,行星在太阳引力下的运动轨迹是椭圆(图 24-13)。因此,地球相对于太阳的运动轨迹大致呈椭圆形,太阳在椭圆的一个焦点上,并且地球绕太阳的椭圆轨道的离心率约为 $\frac{1}{60}$。月球绕地球运动的轨道也是一个椭圆,地球在椭圆的一个焦点上,且这个椭圆轨道的离心率约为 $\frac{1}{18}$。(Kells & Stotz,1949,p.139)几乎所有彗星运动的轨道都是抛物线,太阳是这个抛物线的焦点(Lambert,1897,p.27)。

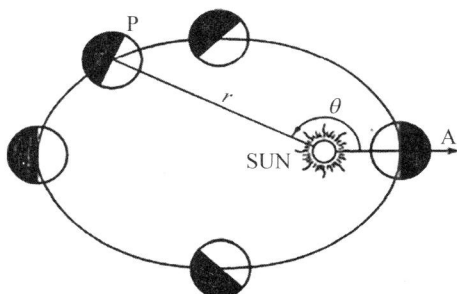

图 24-13 Kells & Stotz(1949)的地球公转轨道插图

例 7 彗星以太阳为焦点,沿抛物线轨道运行。当彗星距离太阳 40 000 英里时,太阳到彗星所在直线与抛物线轨道的对称轴成 60°角。彗星离太阳的最近距离是多少?(Osgood & Graustein,1921,p.211)

如图 24-14 所示,以太阳为焦点,建立平面直角坐标系。设抛物线的方程为 $y^2=2px(p>0)$,于是 $|OF|=|OR|=|TQ|=\frac{p}{2}$。因为 $\angle PFS=60°$,$|FP|=40\,000$,所以 $|OS|=20\,000+\frac{p}{2}$。而 $|TP|=40\,000-\frac{p}{2}$,所以

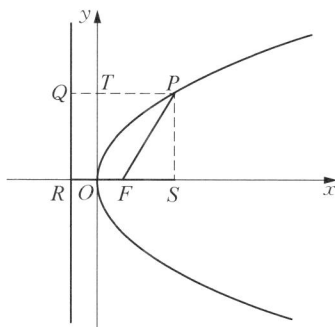

图 24-14 例 7

$$20\,000 + \frac{p}{2} = 40\,000 - \frac{p}{2}.$$

解得 $p = 20\,000$。 于是彗星运动的轨迹方程为

$$y^2 = 40\,000x.$$

由此可知，彗星离太阳的最近距离是 $|OF| = 10\,000$（英里）。

24.3.5 物理中的应用

在物理中，若一个物体在真空中从地面抛起，其轨迹是一条非常接近抛物线的曲线。设该物体的初始速度为 v_0，且与水平方向成 ε 角，在 t 时刻处于的位置为

$$x = v_0 \cos\varepsilon \cdot t,$$

$$y = v_0 \sin\varepsilon \cdot t.$$

若物体在水平运动和垂直运动时处在平衡状态，由于重力加速度 g 保持不变，在 t 时刻纵坐标 y 减小了 $\frac{1}{2}gt^2$，则物体在 t 时刻的坐标为

$$\begin{cases} x = v_0 \cos\varepsilon \cdot t, \\ y = v_0 \sin\varepsilon \cdot t - \frac{1}{2}gt^2. \end{cases}$$

消去参数，即可得到直角坐标方程（Ziwet & Hopkins，1913，pp. 209 - 211）

$$y = v_0 \tan\varepsilon \cdot x - \frac{g}{2v_0^2 \cos^2\varepsilon}x^2.$$

由此可见，抛射体运动的轨迹是一条抛物线。

光的折射定律是物理中的重要课题之一，它由荷兰数学家斯涅尔（W. Snell，1580—1626）发现。光线从一种介质中的点 A 折射后到达另一种介质中的点 B，这两种介质被一个平面隔开（图 24 - 15）。如果光线在第一种介质中的传播速度为 v_1，在第二种介质中的传播速度为 v_2，运用微积分这一工具可以确定光线的传播路径，使得光线从点 A 到点 B 的耗时最短（Woods & Bailey，

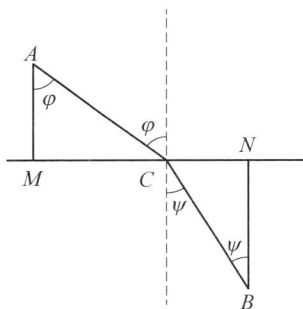

图 24 - 15　光的折射定律

1917，p.171）。

设点 A 到平面的垂直距离为 $|MA|=a$，点 B 到平面的垂直距离为 $|NB|=b$ 及 $|MN|=c$，$|MC|=x$，则 $|AC|=\sqrt{a^2+x^2}$，$|CB|=\sqrt{(c-x)^2+b^2}$。于是，光线从点 A 到点 B 所需要的传播时间为

$$t=\frac{\sqrt{a^2+x^2}}{v_1}+\frac{\sqrt{(c-x)^2+b^2}}{v_2}。$$

由于

$$\frac{\mathrm{d}t}{\mathrm{d}x}=\frac{x}{v_1\sqrt{a^2+x^2}}-\frac{c-x}{v_2\sqrt{(c-x)^2+b^2}},$$

$$\frac{\mathrm{d}^2t}{\mathrm{d}x^2}=\frac{a^2}{v_1(a^2+x^2)^{\frac{3}{2}}}+\frac{b^2}{v_2[(c-x)^2+b^2]^{\frac{3}{2}}},$$

又 $\frac{\mathrm{d}^2t}{\mathrm{d}x^2}>0$，所以当光线从点 A 到点 B 的耗时最短时，有 $\frac{\mathrm{d}t}{\mathrm{d}x}=0$，即

$$\frac{x}{v_1\sqrt{a^2+x^2}}=\frac{c-x}{v_2\sqrt{(c-x)^2+b^2}}。$$

记

$$\frac{x}{\sqrt{a^2+x^2}}=\sin\varphi,$$

$$\frac{c-x}{\sqrt{(c-x)^2+b^2}}=\sin\psi,$$

即得

$$\frac{\sin\varphi}{v_1}=\frac{\sin\psi}{v_2}。$$

上述推导方法最早由微积分发明者、德国数学家莱布尼茨（G. W. Leibniz，1646—1716）在其发表于 1684 年的微积分论文中给出的。

24.4　结论与启示

综上所述，解析几何方法既可以用于证明与三角形、四边形、圆和圆锥曲线等几何

图形有关的命题和性质,又可以用于测量、定位、建筑及工程、天文、物理等领域的实际问题之中,这些素材为今日解析几何应用的教学提供了诸多启示。

其一,构建情境,提高数学兴趣。数学来源于生活,许多数学问题是从实际生活中抽象而来的。由于高中数学中存在一些较为抽象、理解起来十分困难的内容,所以教师在教学过程中应当返璞归真,或将一些数学问题放到原有的情境中,或为学生构建生活化的问题情境,从而增强学生对知识的理解和记忆,实现和现实生活的紧密关联,达到良好的数学学习效果。例如,世界最大的射电望远镜,它之所以探测能力超群,是与抛物线的几何性质密切相关的,因此,在学习抛物线的几何性质时,教师可以为学生构建这一生活化的教学情境,以激发学生进一步探究的兴趣。

其二,关注教材,增强应用意识。数学教科书是教师教学的重要资源和主要依据,是学生获取知识、掌握技能技巧的主要源泉之一,更是落实课程改革的重要载体。虽然教师在教学内容的编排上各有特色,但教学所需的例题、习题等素材主要取自教科书。因此,教师应充分利用课堂,积极挖掘教科书中知识应用的素材,加强和培养学生的应用意识。以沪教版高中数学教科书选择性必修一为例,在"圆锥曲线"一章的旁白中就已介绍椭圆和抛物线的光学性质,教师可以这些阅读材料为依托,结合上述圆锥曲线在光学和声学中的应用,帮助学生丰富和积累数学应用意识、培养核心素养、拓宽数学视野。

其三,加强实践,培养创新能力。实践出真知,实践在学生理解、掌握和熟练应用知识的过程中起着至关重要的作用。这里的实践应包含两层含义。第一,教师和学生一起应用知识。教师可以设计数学知识的简单应用和数学知识的实际应用问题,帮助学生巩固所学知识,建立知识之间的联系。第二,教师给予学生探究知识的机会。例如,在圆锥曲线几何性质的学习中,教师可以安排学生在课前探究圆锥曲线的实际应用,并以小组形式进行分享,同时介绍其背后的数学原理。通过学生的主动探究,不仅有助于唤起学生的主体意识,让他们积极主动参与到知识的探究过程中去,充分感受、理解知识的产生和发展过程,还能培养学生的创新意识和能力。

参考文献

中华人民共和国教育部(2020).普通高中数学课程标准(2017 年版 2020 年修订).北京:人民教育出版社.

Bailey, F. H. & Woods, F. S. (1899). *Plane and Solid Analytic Geometry*. Boston: Ginn & Company.

Cell, J. W. (1951). *Analytic Geometry*. New York: John Wiley & Sons.

Dowling, L. W. & Turneaure, F. E. (1914). *Analytic Geometry*. New York: Henry Holt & Company.

Johnston, W. J. (1893). *An Elementary Treatise on Analytical Geometry*. Oxford: The Clarendon Press.

Kells, L. M. & Stotz, H. C. (1949). *Analytic Geometry*. New York: Prentice-Hall.

Lambert, P. A. (1897). *Analytic Geometry*. New York: The Macmillan Company.

Nichols, E. W. (1892). *Analytic Geometry for Colleges, Universities and Technical Schools*. Boston: Leach, Shewell & Sanborn.

Osgood W. F. & Graustein, W. C. (1921). *Plane and Solid Analytic Geometry*. New York: The Macmillan Company.

Poor, V. C. (1934). *Analytical Geometry*. New York: John Wiley & Sons.

Purcell, E. J. (1958). *Analytic Geometry*. New York: Appleton-Century-Crofts.

Roberts, M. M. & Colpitts, J. T. (1918). *Analytic Geometry*. New York: John Wiley & Sons.

Woods, F. S. & Bailey, F. H. (1917). *Analytic Geometry and Calculus*. Boston: Ginn & Company.

Young, J. W., Fort, T. & Morgan, F. M. (1936). *Analytic Geometry*. Boston: Houghton Mifflin Company.

Ziwet, A. & Hopkins, L. A. (1913). *Analytic Geometry and Principles of Algebra*. New York: The Macmillan Company.

Ziwet, A. & Hopkins, L. A. (1916). *Elements of Analytic Geometry*. New York: The Macmillan Company.

25 17 世纪的圆锥曲线规

汪晓勤[*]

25.1 引　言

　　HPM 视角下的数学教学以其多元的教育价值而日益受到一线教师的关注,但影响一线教师运用数学史的主要因素是素材的缺乏。可用于数学课堂的数学史素材包括人物与事件、概念与术语、公式与定理、问题与求解、思想与方法、符号与工具等,其中,工具指的就是历史上的几何作图工具。

　　2015 年湖北省高考数学题将 17 世纪荷兰数学家舒腾(F. van Shooten,1615—1660)设计的一种椭圆规呈现于学生面前,引起了人们对于圆锥曲线规的浓厚兴趣。荷兰学者冯马南曾撰文介绍舒腾在其《几何练习题》中所设计的部分圆锥曲线规(van Maanen,1992),据此,徐章韬等(2016)利用超级画板,将其设计成"电子圆锥曲线规"。该文成了数学教师了解历史上圆锥曲线规的主要参考文献。然而,冯马南在文中并未系统介绍舒腾的所有圆锥曲线规。为此,有必要对舒腾的原著进行深入考察,了解其中更多的圆锥曲线规。

　　另一方面,从 17 世纪的圆锥曲线规出发编制数学问题,仅仅是历史材料的一种顺应式运用(吴骏 & 汪晓勤,2014)。在已有的 HPM 视角下的圆锥曲线教学案例中,教师尚未用到圆锥曲线规(汪晓勤等,2011;陈锋 & 王芳,2012)。圆锥曲线规在概念教学中的应用与价值还有待于深入研究。圆锥曲线规也为技术与 HPM,甚至 STEM 与 HPM 关系的研究提供了理想的素材。

　　鉴于此,本章对舒腾的圆锥曲线规进行系统的介绍,并借助几何画板,对其工作原理加以分析,为 HPM 视角下的圆锥曲线教学提供参考。

---

[*] 华东师范大学数学科学学院教授、博士生导师。

25.2 椭圆规

25.2.1 基于第一定义的椭圆规

舒腾首先给出我们今天十分熟悉的"园艺师"作图法:将一根长度固定的绳子的两端固定,用笔紧绷绳子,则笔尖所画出的曲线即为椭圆,如图 25 − 1 所示(van Schooten,1657)。这种作图法可以上溯到 6 世纪拜占庭数学家安提缪斯(Anthemius)。文艺复兴时期,欧洲数学家对圆锥曲线作图法产生了浓厚的兴趣。16 世纪意大利数学家、物理学家蒙蒂(G. del Monte,1545—1607)在其《球体投影理论》(1579)中给出同样的作法。荷兰数学家斯蒂文(S. Stevin,1548—1620)也提到这一作图法。17 世纪法国数学家拉希尔在《圆锥曲线新基础》(1679)中据此给出椭圆的定义:已知线段 LK,在其上取点 H 和 I,使得 $LH=KI$,在 LK 上任取一点 C,以 H 为圆心、LC 为半径作圆,又以 I 为圆心、CK 为半径作圆,两圆交点 E 的轨迹称为椭圆。这个定义实际上与今天人们熟知的第一定义是一致的。利用几何画板容易作出椭圆,如图 25 − 2 所示。

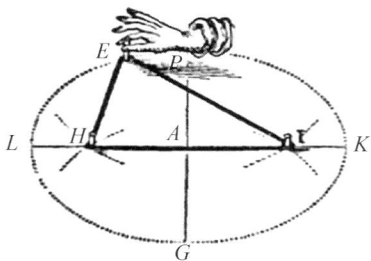

图 25 − 1　园艺师作图法

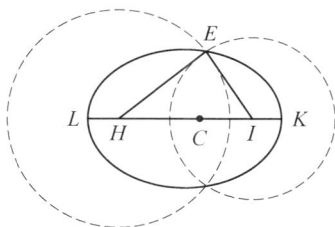

图 25 − 2　用几何画板实现园艺师作图法

为了实现园艺师作图法,舒腾设计了两种椭圆规。其中第一种如图 25 − 3 所示,两根等长的带槽的直杆 HG 和 IF 的一端各用钉子固定在点 H 和 I 处(分别可以绕钉子转动),另一端用铰链与杆 GF 的两端分别连结,$FG=HI$。HG 和 IF 的交点为 E。转动整个工具,由于始终有 $HE=FE$,故 $HE+IE=IF$ 为定长,点 E 所形成的轨迹即为椭圆。

这种椭圆规的作图过程可用几何画板来实现。如图 25 − 4 所示,已知线段 LK,在其上取点 H 和 I,使得 $LH=IK$,以 I 为圆心、线段 LK 为半径作圆,在圆上任取一点

F,连结 HF,作 HF 的垂直平分线,交 IF 于点 E,则当点 F 在圆上运动时,点 E 的轨迹即为椭圆。

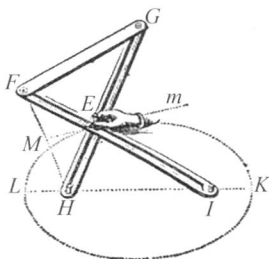

图 25 - 3　舒腾的第一种
椭圆规

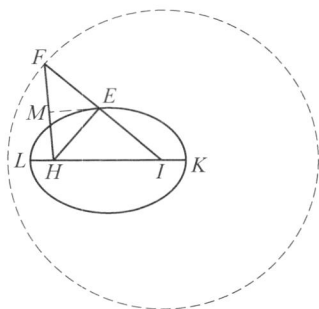

图 25 - 4　用几何画板实现第一种
椭圆规的作图

舒腾的第二种椭圆规如图 25 - 5 所示。四根等长的杆用铰链首尾连结,构成菱形 $OIPG$。带槽的杆 OQ 的一端固定在点 O 处,并经过点 P。另一根长度固定且带槽的杆 HG 的一端固定在点 H 处(可绕 H 旋转),另一端固定在点 G 处。HG 与 OP 交于点 E。当转动杆 HG 时,因始终有 $GE=EI$,故 $EH+EI=GH$ 为定长,于是,点 E 的轨迹为椭圆。

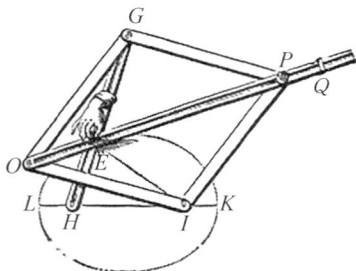

图 25 - 5　舒腾的第二种椭圆规

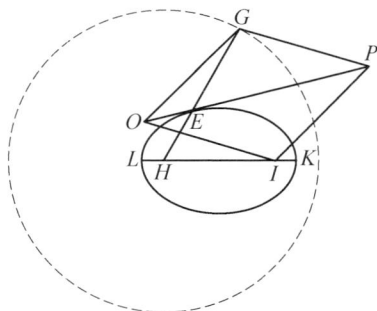

图 25 - 6　用几何画板实现第二种
椭圆规的作图

第二种椭圆规的作图过程可用几何画板来实现。如图 25 - 6 所示,已知线段 LK,在其上取点 H 和 I,使得 $LH=KI$,以 H 为圆心、线段 LK 为半径作圆,在圆上任取一点 G,以 G 和 I 为相对的两个顶点作菱形 $GOIP$(边长大于 LI),对角线 OP 与 HG 的交点为 E,则当点 G 在圆上运动时,点 E 的轨迹即为椭圆。

25.2.2 基于压缩变换定义的椭圆规

舒腾的第三种椭圆规如图 25-7 所示。第一根直杆的一端固定在横杆 LK 上的点 A 处(可绕 A 转动),另一端 B 与第二根等长直杆的一端用铰链连结。在第二根直杆上固定一个钉子 E。当第二根直杆的另一端 D 沿横杆滑动时,钉子 E 的轨迹为一个椭圆。

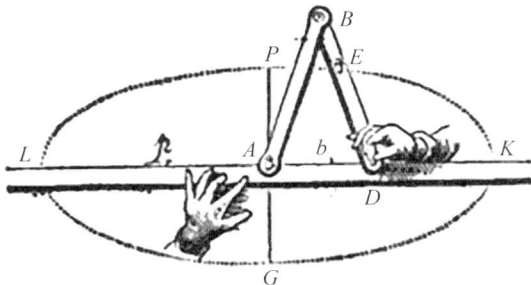

图 25-7 舒腾的第三种椭圆规

如图 25-8 所示,在直线 LK 上取一固定点 A 和一动点 D,分别以 A、D 为圆心,以等长线段为半径作圆,交于点 B,在 DB 上取一点 E(DE 为定长),拖动点 D,点 E 的轨迹即为椭圆。如图 25-9 所示,设 $AB = DB = m$,$BE = n(m > n > 0)$,以 A 为原点、LK 为横轴建立坐标系,延长 AB 至点 Q,使得 $BQ = BE = n$,则点 $Q(x_0,y_0)$ 的坐标满足方程 $x_0^2 + y_0^2 = (m+n)^2$。连结 QE 并延长,交 LK 于点 R,易证 $QR \perp LK$。过点 E 作 LK 的平行线,交 AQ 于点 S,过点 S 作 LK 的垂线,垂足为 T。设点 E 的坐标为 (x,y),则 $x = x_0$,$y = \dfrac{m-n}{m+n}y_0$,故得点 E 的轨迹方程为

$$\frac{x^2}{(m+n)^2} + \frac{y^2}{(m-n)^2} = 1 。$$

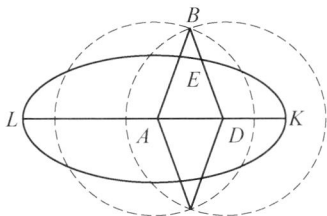

图 25-8 用几何画板实现第三
种椭圆规的作图

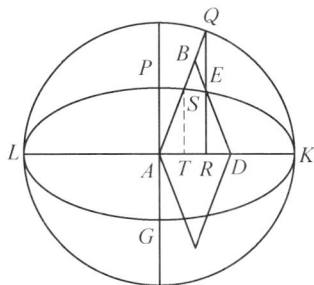

图 25-9 第三种椭圆规的工作
原理

可见,第三种椭圆规的工作原理是通过对圆施以压缩变换来得到椭圆的。

舒腾的第四种椭圆规与第三种类似,所不同的是钉子 E 不在 BD 上,而在其延长线上,如图 25-10 所示。如图 25-11 所示,分别以点 A、D 为圆心作圆交于点 B,固定点 A,点 D 在 LK 上运动,则 BD 延长线上的点 E(DE 为定长)的轨迹为椭圆。因 $ER:QR=DE:AQ=(BE-AB):(BE+AB)$,故上述椭圆是由以 A 为圆心、$(AB+BE)$ 的长为半径的圆经过压缩变换后得到的。

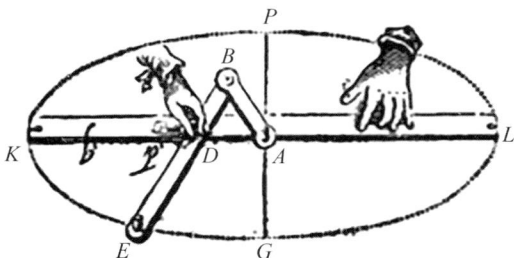

图 25-10　舒腾的第四种椭圆规

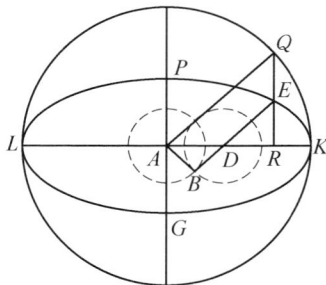

图 25-11　第四种椭圆规的工作原理

舒腾的第五种椭圆规如图 25-12 所示。直杆 CD 的一端 D 可以在曲尺的一边上滑动,另一端 C 可以在曲尺的另一边上滑动。E 为直杆上的固定钉子。当 E 不是 CD 的中点时,滑动点 D,则 E 的轨迹为椭圆。

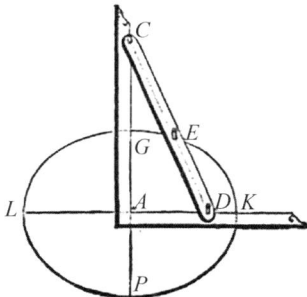

图 25-12　舒腾的第五种椭圆规

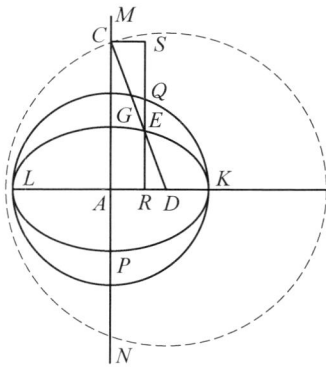

图 25-13　第五种椭圆规的工作原理

如图 25-13 所示,已知互相垂直的两条直线 LK、MN,在 LK 上任取一点 D,以 D 为圆心、定长线段为半径作圆,交 MN 于点 C,连结 CD。在 CD 上取点 E($CE=a$,

$ED=b$,为定长),当点 D 在 LK 上运动时,点 E 的轨迹即为椭圆。若以 A 为圆心、$CE=a$ 为半径作圆,过点 E 作 LK 的垂线,垂足为 R,交圆 A 于点 Q,则点 $Q(x_0,y_0)$ 的坐标满足方程 $x_0^2+y_0^2=a^2$。设点 E 的坐标为 (x,y),因 $ER:QR=ER:ES=ED:CE=b:a$,故 $x=x_0$,$y=\dfrac{b}{a}y_0$,于是得点 E 的轨迹方程为 $\dfrac{x^2}{a^2}+\dfrac{y^2}{b^2}=1$。因此,第五种椭圆规的工作原理也是圆的压缩变换。若 E 为 CD 的中点,则其轨迹为圆。这种椭圆规已为意大利著名艺术家达·芬奇(L. da Vinci,1452—1519)所知。蒙蒂也曾给出过相应的作图法。(汪晓勤,2017)

舒腾的第六种椭圆规与第五种类似,所不同的是钉子 E 在 CD 的延长线上,如图 25-14 所示。如图 25-15 所示,以 A 为圆心、CE 为半径作圆,过点 E 作 LK 的垂线,垂足为 R,交圆于点 Q,因 $ER:QR=DE:AQ=DE:CE$,故点 E 的轨迹是由圆 A 经过压缩变换得到的。

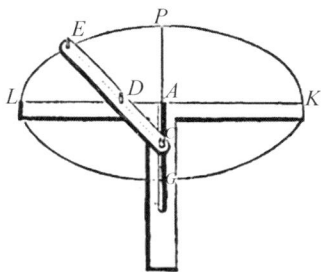

图 25-14 舒腾的第六种椭圆规　　图 25-15 第六种椭圆规的工作原理

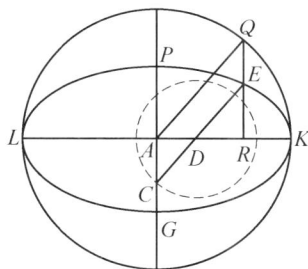

25.3 双曲线规

根据双曲线的第一定义,舒腾设计了两种双曲线规。第一种如图 25-16 所示,直杆 FG 的一端固定于点 F 处(可绕点 F 转动),直杆 DC 固定于点 C 处(可绕点 C 转动),直杆 DG 的两端分别用铰链固定于点 D 和点 G,$DG=CF$,$FG=DC$,FG 和 DC 的延长线上带有滑槽。于是,在 FG 和 DC 相交处用笔带动两杆,笔尖所画出的轨迹即为双曲线的左支。类似地,可画出双曲线的右支。

我们可用几何画板来实现第一种双曲线规的作图法。如图 25-17 所示,已知线段 CF,以 F 为圆心、定长为半径作圆。在圆上任取一点 G,连结 CG,作 CG 的垂直平分线,交 FG 的延长线于点 P,当点 G 在圆上运动时,点 P 的轨迹即为双曲线。

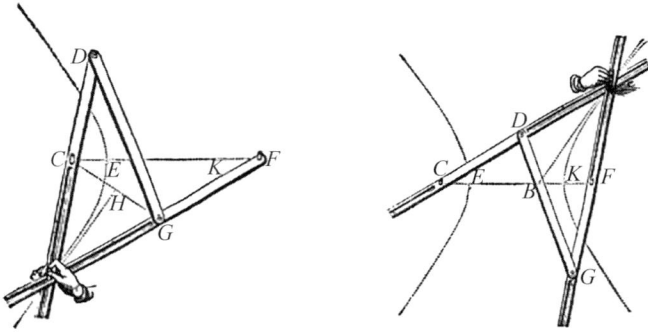

图 25-16 舒腾的第一种双曲线规

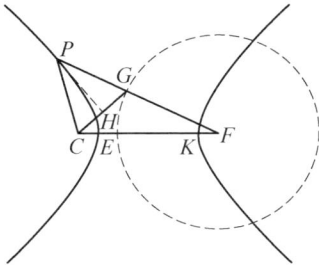

图 25-17 用几何画板实现第一种
双曲线规的作图

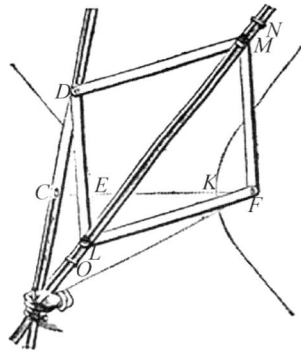

图 25-18 舒腾的第二种双曲线规

舒腾的第二种双曲线规如图 25-18 所示:四根等长的直杆用铰链首尾相连,构成菱形 $MDLF$,固定点 F(可绕点 F 转动),直杆 CD 固定于点 C(可绕点 C 转动),并与菱形连结于点 D。DC 的延长线部分带有滑槽。另一根带有滑槽的直杆 NO 过菱形的顶点 M、L。在直杆 DC 与 NO 相交处用笔带动两杆,则笔尖画出的曲线即为双曲线。

几何画板作图如图 25-19 所示,已知线段 CF,以 C 为圆心、定长(小于 CF)为半径作圆,在圆上任取一点 D,以 F 和 D 为相对顶点作菱形 $DLFM$,对角线 ML、DC 的延长线交于点 P。则当点 D 在圆上运动时,点 P 的轨迹即为双曲线。

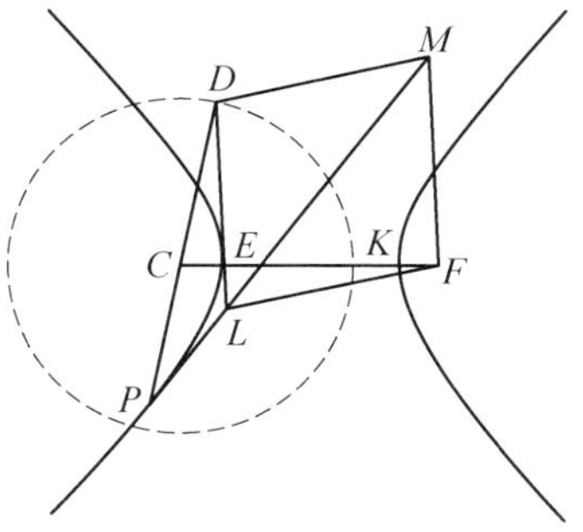

图 25-19　用几何画板实现第二种双曲线规的作图

25.4　抛物线规

　　舒腾首先演示了抛物线的一种作法。如图 25-20 所示，直杆 GI 垂直于横杆 EG，且可沿 EG 滑动。细绳的一端固定于点 B 处。当竖杆 GI 沿横杆滑动时，拉紧细绳，保持 $DG=DB$，于是，点 D 的轨迹即为抛物线。用几何画板作图时，连结 BG，作 BG 的垂直平分线，交 GI 于点 D。当点 G 在横线上运动时，点 D 的轨迹即为抛物线，如图 25-21 所示。

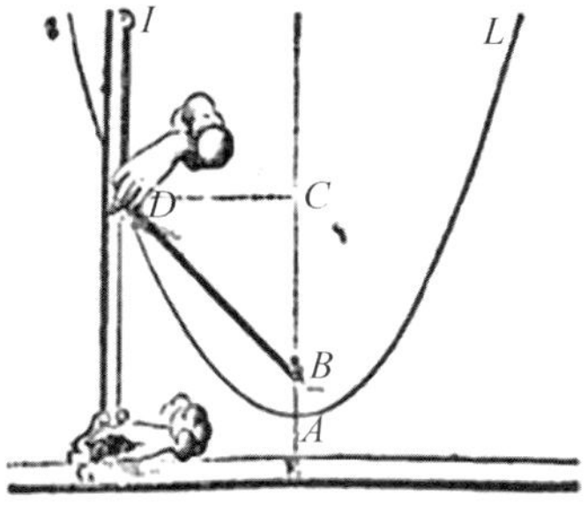

图 25-20　抛物线的画法

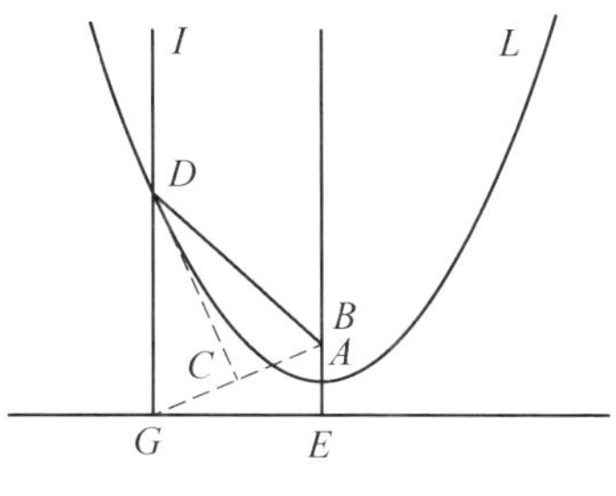

图 25-21　用几何画板作抛物线

　　为了实现上述作法，舒腾设计了一种抛物线规，如图 25-22 所示。带有滑槽的纵杆 GI 与横杆 EG 垂直，且端点 G 可沿横杆 EG 滑动。四根等长的杆用铰链首尾相连，构成菱形 $FBHG$，其中点 B 为固定点（可绕点 B 转动）。带有滑槽的直杆 FK 的一端固定于点 F 处（可绕点 F 转动），一端经过点 H。FK 与 GI 交于点 D，则 GI 沿横杆 EG 运动时，点 D 的轨迹即为抛物线。利用几何画板作图，如图 25-23 所示，以定点 B

和动点 G 为相对顶点作菱形 $FBHG$，作对角线 FH 并延长交 EG 的垂线 GI 于点 D，拖动点 G，则直线 FH 与 GI 的交点 D 的轨迹为抛物线。

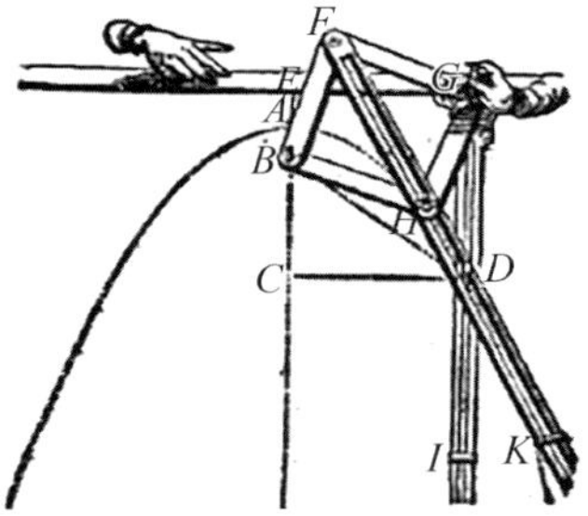

图 25‑22　舒腾的抛物线规

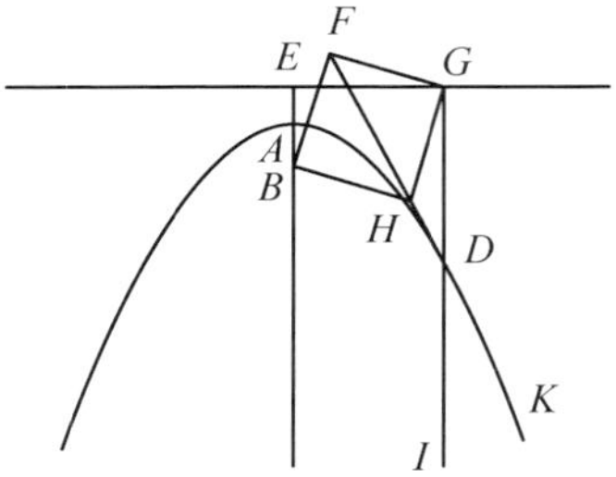

图 25‑23　用几何画板实现抛物线规的作法

25.5　若干启示

在数学文化的教育价值日益受到重视的今天，我们可以将舒腾的圆锥曲线规用于圆锥曲线概念与方程的教学。

首先，可以让学生复制舒腾的圆锥曲线规，加深对圆锥曲线定义的理解。

其次，可以以舒腾的圆锥曲线规为素材，编制一些数学问题。冯马南已做过尝试，为我们带来了很多启示。例如，给出舒腾的第三、四、五、六种椭圆规，让学生解决以下问题：(1)建立椭圆的参数方程；(2)用解析几何的方法建立椭圆的标准方程；(3)求出椭圆的焦距，并用几何作图法找出焦点；(4)可以让学生给椭圆下一个新的定义。

再次，教师在课堂上利用几何画板去展示舒腾圆锥曲线规的作图法，培养学生直观想象素养。

最后，教师可以制作微视频，介绍舒腾的各种椭圆规及历史背景，在课堂上播放微视频，并让学生讨论：为什么古代数学教学会不遗余力地制作圆锥曲线规？让学生了解圆锥曲线知识在解析几何中的地位，并走进古代数学家的心灵之中，感受他们的聪明才智，体会数学背后的人文精神，感悟数学的文化价值。

参考文献

陈锋,王芳(2012).基于旦德林双球模型的椭圆定义教学.数学教学,(04),5‑8＋40.

汪晓勤(2017).椭圆第一定义是如何诞生的? 中学数学月刊,(06):28-31.

汪晓勤,王苗,邹佳晨(2011). HPM 视角下的数学教学设计:以椭圆为例.数学教育学报,20 (05):20-23.

吴骏,汪晓勤(2014).数学史融入数学教学的实践:他山之石.数学通报,53(02):13-16+20.

徐章韬,汪晓勤(2016).从机械圆锥曲线规到电子圆锥曲线规.数学通报,55(03):54-57+59.

Lahire P de. (1679). *Nouvaux Elemens des Sectiones Coniques*. Paris: Andre Pralard.

van Maanen, J. (1992). Seventeenth instruments for drawing conic sections. *The Mathematical Gazette*, 76(476):222-230.

van Schooten, F. (1657). *Exercitationum Mathematicarum*. Lvgd Batav: Johannis Elsevirii.

26 解析几何价值观

秦语真*

26.1 引言

从古希腊时代到今天,知识界一直在讨论数学的价值,人们所熟知的价值有思维训练、学科基础、现实应用、美化心灵等。(Cajori,1928)《普通高中数学课程标准(2017 年版 2020 年修订)》(以下简称《课标》)要求学生通过高中数学课程的学习,"认识数学的科学价值、应用价值、文化价值和审美价值"。为在数学教学中有效地落实立德树人,教师需要深刻理解数学的价值,持有积极的数学价值观。

解析几何在中学数学教育中占有重要地位。作为代数与几何联姻的一门学科,解析几何兼具代数和几何的一些价值,但也应有自身独特的价值。为此,我们希望建立解析几何价值的分类框架,为今日课堂教学和教科书的编写提供参考,并助力教师的专业发展。

鉴于此,本章对 1830—1970 年间出版的美英解析几何教科书进行考察,以期回答以下问题:早期解析几何教科书持有怎样的学科价值观? 这些价值观在教科书中是怎样体现的?

26.2 研究方法

26.2.1 教科书的选取

从有关数据库中选取 93 种出版于 1830—1969 年间的美国和英国解析几何教科书,其中 83 种出版于美国,10 种出版于英国。以 20 年为一个时间段进行统计,各种教

---

* 华东师范大学数学科学学院博士研究生。

科书的出版时间分布情况如图 26-1 所示。

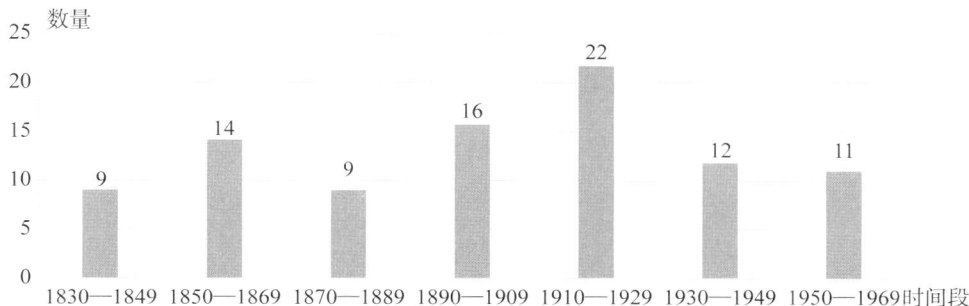

图 26-1 93 种早期解析几何教科书的出版时间分布

　　详细阅读各种教科书的序言和正文引言部分,从中筛选出论及解析几何价值的教科书作为研究对象。关于解析几何价值的表述可分为以下四类:

　　第 1 类:直接在前言或正文中描述解析几何价值;

　　第 2 类:描述数学的价值,因其出现在解析几何教科书的前言部分,将其归为解析几何价值;

　　第 3 类:描述该教科书或教科书中某一部分(如习题)要实现的价值,因其出现在解析几何教科书的前言部分,将其归为解析几何价值;

　　第 4 类:在前言和正文中描述解析几何某一知识点的价值。

　　最终发现,共有 81 种教科书论及解析几何价值,其中 61 种教科书只在前言中论及,2 种只在正文引言部分论及,18 种在前言和正文引言部分同时论及。

26.2.2　解析几何价值的分类框架

　　结合《课标》提出的四类价值,形成初步的分类框架。运用该框架对早期解析几何教科书的价值观进行统计,并根据统计情况,反过来对框架进行修正,最终形成正式的分类框架,见表 26-1。

表 26-1　解析几何价值观的分类框架

类别	具体内涵
科学价值	数学和自然科学的基础
思维训练	直观、分析、抽象、推理等能力的培养

类别	具体内涵
现实应用	日常生活、职业发展中的应用
数学交流	语言、表达、陈述
审美价值	学科之美、思想之美、方法之美、公式之美、性质之美
德育价值	理性、信念、情感、品质

26.2.3　分类统计

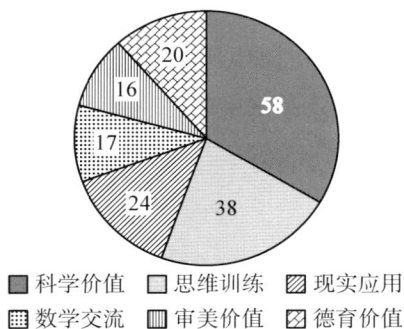

图 26-2　解析几何价值观的分布

确定分析框架后，运用文本分析法，对 81 种教科书的前言和正文引言部分进行研究，提炼出教科书中所涉及的解析几何价值观的统计单位，根据分类框架对统计单位进行分类。

统计结果显示，共有 29 种教科书论及 1 类价值，26 种教科书论及 2 类价值，13 种教科书论及 3 类价值，10 种教科书论及 4 类价值，2 种教科书论及 5 类价值，1 种教科书论及 6 类价值。六类价值一共出现 173 次，具体分布情况如图 26-2 所示。

26.3　早期教科书的解析几何价值观

26.3.1　科学价值

17 世纪解析几何的诞生在数学上具有划时代的意义，它为数学的发展开辟了新天地，是数学学科的重要基础。同时，它也是物理学、天文学和其他学科的重要研究工具。共有 58 种教科书（占比 73.4%）论及解析几何的科学价值，即解析几何在数学学科内部的价值以及对其他学科（如天文、物理学）的价值。表 26-2 给出了代表性的具体观点。

表 26 - 2 关于解析几何科学价值的代表性观点

类别	具体观点	教科书
数学基础	解析几何是现代数学的基础。	Johnson（1869）
	解析几何,以代数分析为研究工具,向学生展示了一种新的思维方式和新的思维方法——解析方法。正因如此,解析几何是微积分的重要预备课程。	Borger（1928）
	解析几何的学习对于理科生、工程系学生和数学专业学生来说都是同等重要的。它的重要性在于它给予代数运算、三角学和其他数学分支"图形洞察力"。与代数学和三角学一样,它是微积分和许多科学和工程课程所依赖的基础。	Cell（1951）
科学工具	解析几何是数学和自然科学的基本分析工具,对科学、天文和工程学具有重要影响。	Haaser（1891）
	通过解析几何的学习,学生对物理和工程课程的理解会更加透彻。这有利于学生在之后的学习中更好地将数学方法应用到工程和物理问题中。	Murnaghan（1946）
	椭圆是最受大自然青睐的曲线。行星在太阳引力作用下运动的自然轨道是椭圆,地球绕太阳运动的轨迹是以太阳为一个焦点的椭圆,月球绕地球运动的轨迹是以地球为一个焦点的椭圆。椭圆在科学、工程和建筑设计中有着广泛的应用。	Kells & Stotz（1949）
	解析几何在物理中有广泛应用,在教学中应明确圆锥曲线的焦点的光学和声学意义。	Osgood & Graustein（1921）
	解析几何将被工程学家和数学家应用于自己的事业中。	Holmes（1950）

26.3.2 思维训练

Young & Morgan（1917）指出:"数学的学科价值应该从思维、推理、反思和分析领域中去寻求,而不是从记忆领域或从高度专门化活动的技巧领域中去寻求。"有 38 种教科书(占比 48.1%)提到解析几何在思维训练方面的价值,包括该学科在培养学生推理、抽象、直观、运算等能力的作用。表 26 - 3 给出了代表性的具体观点。

表 26 - 3 关于解析几何思维训练价值的代表性观点

类别	具体观点	教科书
推理能力	培养学生的推理能力,是解析几何追求的目标之一。	Hardy（1889）
抽象思维	在这门课程的学习中,抽象思维是不可或缺的。	Haaser（1891）

类别	具体观点	教科书
直观能力	解析几何具有很强的内在价值,可以为培养学生的直观能力和严谨思维能力提供一套完整的思想体系。	Nathan（1947）
运算能力	代数运算对于数学理解必不可少,是学生必须具备的能力。	Young & Morgan（1917）

26.3.3　现实应用

有 24 种教科书（占比 30.3%）强调了解析几何的现实应用价值,认为解析几何不仅应用在物理、天文等学科中,并且渗透现实生活的方方面面,为日后的工作和生活打下基础。表 26-4 给出了代表性的具体观点。

表 26-4　关于解析几何现实应用价值的代表性观点

类别	具体观点	教科书
日常生活	将学生的注意力放在日常应用上,发现有趣的现象,可以弥合理论与实践之间的鸿沟。	Candy（1904）
	将日常经验作为练习和应用的原材料,利用解析几何加以分析和解决。	Haaser（1891）
职业需求	解析几何具有强大的应用价值,可以成为学生日后工作中解决问题的重要工具。	Young & Morgan（1917）

26.3.4　数学交流

数学是一种语言,人们利用它能够简洁地表达和交流思想。有 17 种教科书（占比 21.5%）论及解析几何在数学交流方面的价值。表 26-5 给出了代表性的具体观点。

表 26-5　关于解析几何数学交流价值的代表性观点

类别	具体观点	教科书
语言	通过解析几何,培养学生几何语言和代数语言之间转化的能力。	Smith, Salkover & Justice（1954）
	几何语言和代数语言密不可分,解析几何离不开解析方法,将问题呈现具体化,同时得出的代数结论又需要用几何加以解释。	Robinson（1860）

类别	具体观点	教科书
	当学生开始学习本书时,教师最好让学生用自己的语言在黑板上写出证明,同时注意语言要尽可能简单。这将为数学语言的学习提供宝贵的练习机会,并培养学生合理有序地安排每一步工作的习惯。	Wentworth (1886)
表达	数学是培养准确且简洁的语言表达习惯和思维能力的重要媒介。	Ford (1924)
	熟悉几何语言,进行熟练准确的表达,从而能更好地掌握几何推理。	Wentworth (1886)
陈述	通过学习法则的推导,总结其中的结论,培养学生准确陈述的能力,让学生建立对解析几何的清晰认知。	Smith & Gale (1912)

26.3.5　审美价值

Young & Morgan(1917)指出:"数学在促进人类进步方面起到了很大的作用,数学本身具有力量和美。"有 16 种教科书(占比 20.2%)论及解析几何的学科之美,其中的代表性观点见表 26-6。

表 26-6　关于解析几何审美价值的代表性观点

类别	具体观点	教科书
学科之美	向学生介绍解析几何方法,可以激发其兴趣。对其性质进行深入探究,那些优雅又有力量的证明方法,构成了学科之美。	Howison (1869)
思想之美	解析几何在数学中占据重要地位,它不仅是微积分的基础,其本身也是一个严谨的思想体系,学生在这里第一次将代数和几何思想结合,感受解析几何蕴含的思想之美——它的简洁性、概括性和逻辑的完美性。	Purcell (1958)
方法之美	解析几何的证明方法丰富且优雅,让学生在学习中多多接触,可以提升学生的数学品位。	Newcomb (1884)
	圆锥曲线具有相同起源,性质环环相扣,通过相似性质的类比,可以揭开解析几何的面纱,这为圆锥曲线的学习增添了色彩。	Howison (1869)

26.3.6　德育价值

有 20 种教科书(占比 25.3%)提到解析几何在培养理性思维、树立积极情感方面的价值。表 26-7 给出了代表性的具体观点。

表 26 - 7　关于解析几何德育价值的代表性观点

类别	具体观点	教科书
理性	解析几何可以培养数学思维,训练数学表达能力,让学生形成清晰的数学概念、完美的推理逻辑和严谨的精神。	Hardy (1897)
	学习解析几何就是学习推理的艺术,让学生在学习中不仅认识到推理的严谨性,更能认识到其中的意义和价值。	Loomis (1851)
情感	纯数学中没有任何一个分支比解析几何更能激发学生的兴趣,提升思维能力。解析几何中包含了几何推理的清晰性和代数的简洁性、一般性,不仅满足了推理者的需求,并且通过优雅的推导和严谨的解释,给学习者带来持续的乐趣。	Church (1851)
品质	学习解析几何可以培养学生面对困难勇于探索的品质。	Loomis (1851)
信念	希望本书可以为学生树立投身纯数学或其他科学事业的精神信念。	Agnew (1962)

26.4　解析几何价值观的分布

以 20 年为一个时间段,把 140 年分为七段,进行统计。由于每一时间段的教科书数量有差异,我们对每一时间段中各类价值观的分布情况(占比)进行统计,结果见图 26 - 3。从图中可见,科学价值、思维训练、审美价值出现于所有 7 个时间段,数学交流和德育价值出现在 6 个时间段,现实应用只出现在 4 个时间段。可见,早期解析几何教

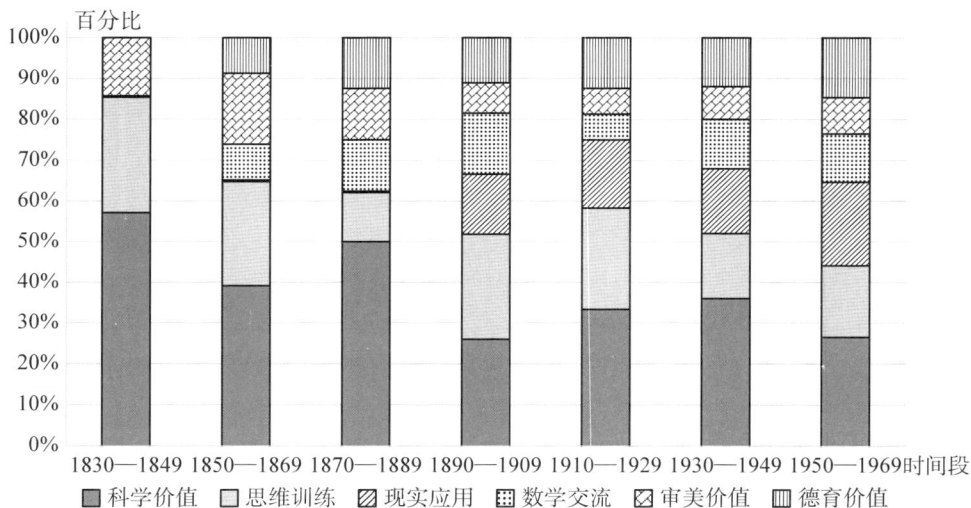

图 26 - 3　各类价值观分布的变化情况

科书的解析几何价值观呈现出多元化的特点。科学价值最受重视,思维训练次之。

解析几何价值观的叙述也并非一成不变的,表 26-8 呈现了 19 和 20 世纪教科书中解析几何价值观的变化情况,从中可以发现,各类价值观的维度不断增加,内涵更加丰富,教科书编者更加关注数学学科内部和外部的价值,越来越注重解析几何的现实应用价值。

表 26-8　解析几何价值观的变化

类别	19 世纪	20 世纪
科学价值	数学基础	数学基础、科学工具
思维训练	分析、推理能力	分析、推理、直观、想象、抽象、运算能力
现实应用	无	日常生活、职业发展中的应用
数学交流	语言、表达、陈述	语言、表达、陈述
审美价值	公式之美、性质之美、方法之美	学科之美、方法之美、思想之美、公式之美、性质之美
德育价值	情感、品质	理性、信念、情感、品质

自文艺复兴以来,数学因其"纯粹知识"与博雅学科一样,有助于心灵和谐发展而受到人文主义教育学家的关注,因此,早期教科书更注重传统的思维能力价值和科学价值。随后,19 世纪末,科学技术飞速发展,数学课程的内容和方法已不能适应当时的科学和生活需要,也不能适应数学自身发展的需要。1901 年,英国数学家培利(J. Perry,1850—1920)在英国科学促进会格拉斯哥会议上发表演讲,倡导数学教育摆脱欧几里得的束缚,重视实际测量,更多地强调几何的实际应用,由此引发了著名的"培利运动"。1904 年,德国数学家 F·克莱因(F. Klein,1849—1925)起草《米兰大纲》,提出数学教学应重视数学应用。(汪晓勤,2017,pp. 345-346)。解析几何现实应用价值出现于 19 世纪晚期,到了 20 世纪则受到教科书的关注,这与"培利运动"是息息相关的。

26.5　解析几何价值观在教科书中的落实

早期解析几何教科书的正文内容往往是由曲线的定义、方程、性质、问题解决和实际应用这五个方面构成,下面从这五个方面简要分析解析几何价值观的落实情况。

26.5.1 曲线定义

早期教科书中,对于同一种曲线,往往采用不同的定义方式,以椭圆为例,93 种解析几何教科书中,共出现椭圆的 4 种定义,分别是原始定义、第一定义、第二定义和压缩变换定义。有 53 种教科书采用了第一定义,28 种教科书采用了第二定义,6 种教科书采用了原始定义。4 种定义共出现 201 次,其中有 25 种教科书只给出 1 种定义,36 种教科书给出 2 种定义,24 种教科书给出 3 种定义,8 种教科书给出 4 种定义。通过圆锥曲线不同定义之间的等价性,让学生感受解析几何的统一美,并培养学生分析、类比、推理、直观等方面的能力。

26.5.2 方程推导

早期教科书中方程的推导方法可谓丰富多彩。以双曲线为例,在双曲线方程的推导中,采用第一定义的教科书分别用"两次平方法""洛必达法""平方差法"和"利用余弦定理"来推导标准方程。采用原始定义的教科书分别用旦德林双球模型、阿波罗尼奥斯的方法、借助三角函数和空间解析几何知识来推导双曲线方程。方程的形式也经历了从 $a^2y^2 - b^2x^2 = -a^2b^2$ 到 $\dfrac{x^2}{a^2} - \dfrac{y^2}{b^2} = 1$ 的变化,还统一了极坐标方程 $\rho = \dfrac{ep}{1 - e\cos\theta}$,呈现了圆锥曲线方程形式的对称美和统一美。

可见,早期教科书通过方程的推导,不仅训练学生的思维,培养学生多角度思考和不断探索的精神,欣赏不同证明方法的巧妙之处,同时也呈现了方法的多样性,体现了解析几何的审美价值、思维训练价值和德育价值。

26.5.3 性质证明

早期教科书中十分重视曲线性质的证明,多数教科书单独设节讨论曲线的法线、切线、次法线、次切线、极坐标方程、参数方程和面积的相关性质。以面积为例:早期教科书通过压缩变换定义来揭示圆和椭圆面积之间的关系;借助微积分来推导抛物弓形的面积,并且让学生尝试探索更多的办法。另外,早期教科书在证明曲线性质时也注重揭示解析几何的统一美,如通过将椭圆和双曲线进行对比来说明其性质的相似性。

可见,早期教科书通过圆锥曲线性质的证明来训练学生的思维,培养严谨的理性精神,揭示数学之美,体现了解析几何的思维训练价值、审美价值和德育价值。

26.5.4　数学应用

Smith & Gale(1904)提到:"只有运用数学原理才能真正理解数学,学习解析几何时,需要通过练习去熟悉性质。"Whitlock(1848)设计了超过 400 道例题,以便于让学生在实践中加深对理论的掌握,且问题的选择以"有用"为标准。早期教科书中的习题类型多样,主要分为以下几类:

- 定义应用。如:给定条件求标准方程。
- 方程推导。如:用第二定义推导椭圆、双曲线的标准方程。
- 性质证明。如:证明抛物线弓形的面积为以其顶点为顶点、弦为底边的内接三角形面积的 $\frac{4}{3}$;已知 AB 是抛物线 $y^2 = 2px$ 的过焦点 F 的弦,求证:以 AB 为直径的圆与抛物线的准线相切;等等。

通过问题的呈现,教科书揭示了解析几何的科学价值、思维训练价值、实际应用价值和德育价值。

26.5.5　现实应用

20 世纪的部分教科书设置专门的章节来呈现解析几何的应用,如 Kells & Stotz(1949)详细描述了解析几何在天文中的应用——行星在太阳引力作用下的运动轨道是椭圆,当速度变大时逐渐变成双曲线和抛物线,并指出,解析几何可以帮助我们解决天文观测问题。Osgood & Graustein(1921)以生活中的太阳灶、卫星接收天线、探照灯、助听器和扩音器等为例,说明椭圆、双曲线和抛物线的光学和声学性质在现实生活中的广泛应用。Agnew(1962)和 Taylor(1959)则给出了解析几何在军事中的应用,例如,二战中,人们设计监听站,根据枪响的时间差确定敌人所在的位置。同时,双曲线也被应用于雷达和导航中。Kaltenborn(1951)则给出了解析几何在建筑中的应用,如:热电站、核电站的冷却塔都利用了双曲线轻巧、利于流体流动的性质,以使得冷却器中排出的热水在其中冷却后可重复使用。抛物线的身影也越来越多地出现在大跨距桥梁中,比如悬索桥的主缆就利用了抛物线。此外,在古代教堂的玻璃及顶部经常采用圆锥曲线的元素来进行装饰,构造出千变万化的图案。

因此,早期教科书通过实际应用训练学生的思维能力,凸显解析几何的科学价值、审美价值和应用价值。图 26-4 呈现了早期解析几何教科书在定义、方程、性质和应用四个方面落实解析几何价值观的路径。

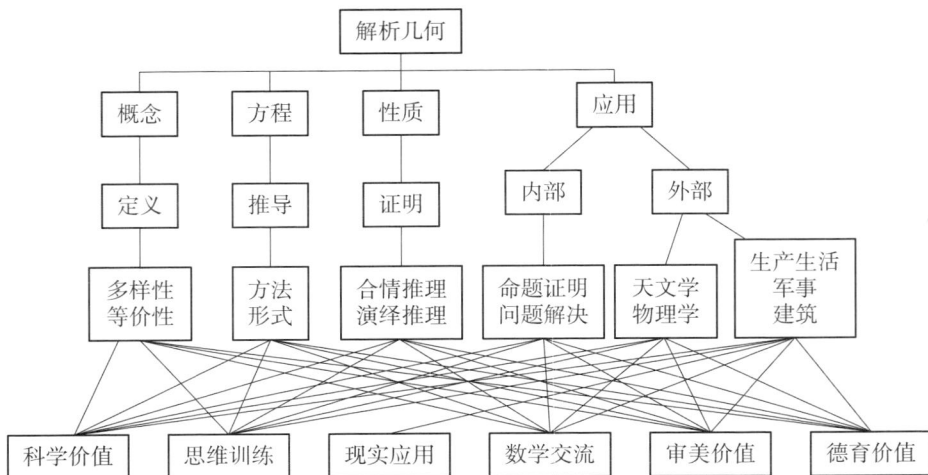

图 26 - 4　早期教科书落实解析几何价值观的路径

26.6　结论与启示

1830—1969 年间出版的 81 种解析几何教科书呈现了解析几何的 6 类价值观,即科学价值、思维训练价值、现实应用价值、数学交流价值、审美价值和德育价值。140年间,解析几何的价值观不断丰富,教科书编者越来越重视解析几何的实用性。早期教科书中的解析几何价值观对我们今日教学有一定的启示。

其一,《课标》提出:在解析几何部分要"重点提升直观想象、数学运算、数学建模、逻辑推理和数学抽象素养"。早期教科书的解析几何价值观中,思维训练价值维度占比很高,且已涉及所有上述 5 类核心素养。因此,教师在教学设计时可以借鉴早期教科书的相应策略,如呈现圆锥曲线的不同定义、采用不同方法来推导方程等,在解析几何教学中实现解析几何的思维训练价值,培养学生的数学运算、数学抽象、逻辑推理和直观想象素养。

其二,解析几何与天文学、物理学、通信学等学科都有密切的联系,在现实生活中有广泛应用。教师在教授解析几何时,可以设计跨学科问题,让学生感受解析几何的科学价值;也可以设计军事或生活中的问题,培养学生的数学建模素养,并让学生体会解析几何的应用价值。

其三,斯托利亚尔(A. A. Stolyar,1927—1997)曾说过:"数学教学就是数学语言的教学。"而解析几何的核心是几何语言与代数语言的转化。在解析几何教学中,要重视语言的规范、严谨表达,加强几何语言与代数语言转化的训练,实现解析几何在数学交流上的价值。

其四,重视解析几何的德育价值,培养学生积极的学习信念。解析几何计算量大,学生在初遇解析几何时总有退缩情绪,教师要善于引导学生,让学生在不断解决困难的过程中树立学习的信心,并从中获得科学的态度和严谨的数学思维,在日后的学习中也能不断创新、勇于探索,体会学习解析几何带来的乐趣。

参考文献

汪晓勤(2017). HPM:数学史与数学教育. 北京:科学出版社.

中华人民共和国教育部(2020). 普通高中数学课程标准(2017 年版 2020 修订). 北京:人民教育出版社.

Agnew, R. P. (1962). *Calculus: Analytic Geometry and Calculus with Vectors*. New York: McGraw-Hill Book Company.

Ashton, C. H. (1900). *Plane and Solid Analytic Geometry*. New York: Charles Scribner's Sons.

Borger, R. L. (1928). *Analytic Geometry*. New York: McGraw-Hill Book Company.

Cajori F. (1928). *Mathematics in Liberal Education*. Boston: The Christopher Publishing House.

Candy, A. L. (1904). *The Elements of Plane and Solid Analytic Geometry*. Boston: D. C. Heath & Company.

Cell, J. W. (1951). *Analytic Geometry*. New York: John Wiley & Sons.

Church, A. E. (1851). *Elements of Analytical Geometry*. New York: G. P. Putnam.

Coffin, J. H. (1848). *Elements of Conic Sections and Analytical Geometry*. New York: Collins & Brother.

Davies, C. (1836). *Elements of Analytical Geometry*. New York: Wiley & Long, Collins, Keys & Company.

Ford, W. B. (1924). *A Brief Course in Analytic Geometry and the Elements of Curve Fitting*. New York: Henry Holt & Company.

Haaser, N. B. (1891). *A Course in Mathematical Analysis*. Boston: Ginn & Company.

Hardy, A. S. (1889). *Elements of Analytic Geometry*. Boston: Ginn & Company.

Hardy, J. J. (1897). *Elements of Analytic Geometry*. Easton: Chemical Publishing Company.

Holmes, C. T. (1950). *Calculus and Analytic Geometry*. New York: McGraw-Hill Book Company.

Howison, G. H. (1869). *A Treatise on Analytic Geometry*. Cincinnati: Wilson, Hinkle & Company.

Johnson, W. W. (1869). *An Elementary Treatise on Analytical Geometry*. Philadelphia: J. B. Lippincott & Company.

Kaltenborn, H. S. (1951). *Meaningful Mathematics*. New York: Prentice-Hall.

Kells, L. M. & Stotz, H. C. (1949). *Analytic Geometry*. New York: Prentice-Hall.

Loomis, E. (1851). *Elements of Analytical Geometry and of the Differential and Integral Calculus*. New York: Harper & Brothers.

Murnaghan, F. D. (1946). *Analytic Geometry*. New York: Prentice-Hall.

Nathan, D. S. (1947). *Analytic Geometry*. New York: Prentice-Hall.

Newcomb, S. (1884). *Elements of Analytic Geometry*. New York: Henry Holt & Company.

Nowlan, F. S. (1946). *Analytic Geometry*. New York: The McGraw-Hill Book Company.

Osgood, W. F. & Graustein, W. C. (1921). *Plane and Solid Analytic Geometry*. New York: The Macmillan Company.

Purcell, E. J. (1958). *Analytic Geometry*. New York: Appleton Century Crofts.

Robinson, H. N. (1860). *Conic Sections and Analytical Geometry*. New York: Ivison, Blakeman & Company.

Smith, E. S., Salkover, M. & Justice, H. K. (1954). *Analytic Geometry*. New York: John Wiley & Sons.

Smith, P. F. & Gale, A. S. (1904). *The Elements of Analytic Geometry*. Boston: Ginn & Company.

Smith, P. F. & Gale, A. S. (1912). *New Analytic Geometry*. Boston: Ginn & Company.

Smyth, W. (1855). *Elements of Analytical Geometry*. Boston: Sanborn, Carter & Bazin.

Taylor, A. E. (1959). *Calculus, with Analytic Geometry*. New York: Prentice-Hall.

Wentworth, G. A. (1886). *Elements of Analytic Geometry*. Boston: Ginn & Company.

Whitlock, G. C. (1848). *Elements of Geometry, Theoretical and Practical*. New York: Pratt, Woodford & Company.

Young, J. W. & Morgan, F. M. (1917). *Elementary Mathematical Analysis*. New York: The Macmillan Company.

27 解析几何的历史

汪晓勤[*]

在本书所考察的早期解析几何教科书中,只有极少数涉及数学史,如 Lardner (1831)、Tanner & Allen(1898)、Siceloff, Wentworth & Smith (1922)、Murnaghan (1946)、Kells & Stotz(1949)等。这几种教科书或在开篇、或在附录、或在注解中介绍了解析几何的一般历史或特定专题的历史,其中英国数学家拉德涅(D. Lardner, 1793—1859)《代数几何》(Lardner,1831)中的历史叙述和注解最为详尽。本章对其中的内容加以概述和解释。

27.1 适定几何与不定几何

在平面几何学发展早期,人们只研究可用尺规作出的直线和圆。到了公元前 4 世纪,柏拉图学派的数学家开始研究圆锥曲线。梅奈克缪斯用垂直于圆锥母线的平面去截不同顶角的圆锥,得到锐角圆锥曲线、直角圆锥曲线和钝角圆锥曲线,合称"梅氏三线",如图 27-1 所示。梅奈克缪斯发现了三种曲线的若干基本性质。之后,阿里斯泰乌斯(Aristaeus)著《圆锥曲线》(五卷)和《立体轨迹》(五卷),可惜都已失传。

被誉为"大几何学家"的阿波罗尼奥斯对圆锥曲线的性质作了更深入、系统的研究。他的《圆锥曲线论》包含 8 卷,其中希腊文前 4 卷、阿拉伯译文第五~七卷保存至今,最后的第八卷失传,17 世纪英国数学家哈雷(E. Halley, 1656—1742)试图复原出这一卷。

柏拉图学派的数学家已将曲线视为动点的轨迹,而轨迹是由不定几何问题产生的。一开始,轨迹是用来解决适定几何问题的。例如,《几何原本》命题 I.1 要求"在

---

[*] 华东师范大学数学科学学院教授、博士生导师。

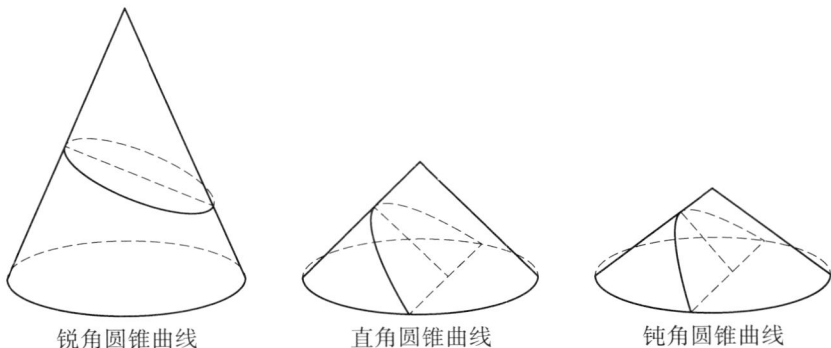

| 锐角圆锥曲线 | 直角圆锥曲线 | 钝角圆锥曲线 |

图 27-1 梅氏三线

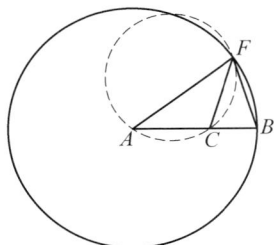

图 27-2 《几何原本》命题 Ⅳ.10

一条已知线段 AB 上作一个等边三角形",欧几里得的作法是,分别以线段端点 A 和 B 为圆心、AB 长为半径作圆,两圆交点确定了等边三角形的第三个顶点。这里,两个圆都是"到定点的距离等于定长的动点轨迹"。又以该书命题 Ⅳ.10"作一个等腰三角形,使其底角为顶角的二倍"为例,如图 27-2 所示,给定线段 AB,作黄金分割点 C,以点 A 为圆心、AB 长为半径作圆;以点 B 为圆心、AC 长为半径作圆弧,交圆 A 于点 F,连结 AF,则 $\triangle ABF$ 为所求的三角形。这里,点 C 和点 F 均由交轨法得到。

拉德涅举了《几何原本》以外的一个例子:已知一个三角形的底边、面积和两腰之比(不等于 1),求该三角形顶点的轨迹。已知三角形的底边和面积,顶点轨迹为一条直线;已知三角形的底边与两腰之比(不等于 1),顶点轨迹为圆。因此,所求轨迹为一条直线与圆的交点。

三大几何作图难题是适定几何问题,梅奈克缪斯利用交轨法解决了其中的倍立方问题。先是希波克拉底(Hippocrates,公元前 5 世纪)将倍立方问题转化为在两条线段之间求两个比例中项的问题。用今天的代数符号表达,即已知 $a>0$,要求 $x>0$,使得 $x^3=2a^3$。该方程等价于:求 x 和 y,使得 $a:x=x:y=y:2a$,而该比例式又等价于方程组

$$\begin{cases} x^2=ay, \\ y^2=2ax, \end{cases}$$

或

$$\begin{cases} x^2 = ay, \\ xy = 2a^2 。 \end{cases}$$

上述第一个方程组对应于梅奈克缪斯的第一种解法。如图 27-3 所示,设 $OA = 2OB = 2a$, OM、ON 满足 $OA : OM = OM : ON = ON : OB$,则有 $ON^2 = PM^2 = OB \cdot OM$。 故知点 P 位于以 O 为顶点、OM 所在直线为对称轴、OB 为通径的抛物线上。又因 $OM^2 = PN^2 = OA \cdot ON$,故知点 P 同时又位于以 O 为顶点、ON 所在直线为对称轴、OA 为通径的抛物线上。因此,点 P 为两条抛物线的交点,$PM = ON$ 即为所求的比例中项。

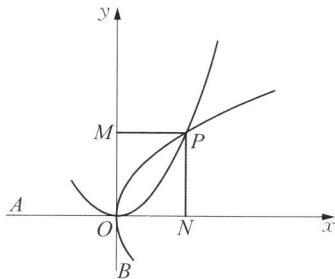

图 27-3 解倍立方问题的第一种交轨法　**图 27-4** 解倍立方问题的第二种交轨法

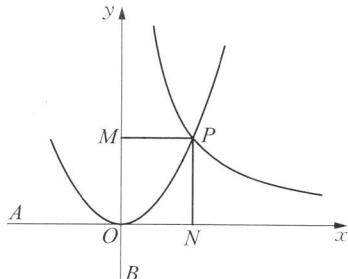

第二个方程组对应于梅奈克缪斯的第二种解法。如图 27-4 所示,因 $OM \cdot ON = PM \cdot PN = OA \cdot OB$,故知点 P 位于以 O 为中心、OM 和 ON 所在直线为渐近线的双曲线上。因此,点 P 为抛物线和双曲线的交点,$PM = ON$ 即为所求的比例中项。

伴随着适定几何问题的研究,古希腊数学家逐渐开始专门研究轨迹问题。阿波罗尼奥斯在《论平面轨迹》中对平面轨迹作了系统的研究。虽然该书已失传,但根据后世希腊数学家帕普斯(Pappus,公元前 4 世纪)的记载,书中含有以下命题(Heath,1921,pp. 185-189)。

命题 1 到两定点距离的平方差等于已知数的点的轨迹为直线。

命题 2 到两定点距离之比等于常数的动点轨迹为直线或圆。

命题 3 已知直线 AQ,A 是其上一固定点,P 为直线外一动点,过点 P 向 AQ 引垂线,垂足为点 Q,$AP^2 = aAQ$(a 为正常数),则点 P 的轨迹为圆(图 27-5)。

命题 4　若动点 P 到定点 A、B 的距离满足 $PA^2 = mBP^2 + k^2$（m、k 均为正常数），则点 P 的轨迹为圆。

命题 5　动点 P 到 n 个定点 A_1，A_2，$\cdots$，A_n 的距离满足 $k_1A_1P^2 + k_2A_2P^2 + \cdots + k_nA_nP^2 = k$（$k_1$，$k_2$，$\cdots$，$k_n$，$k$ 均为正常数），则点 P 的轨迹为圆。

命题 6　已知直线 AX，A、B 是其上固定两点，P 为直线外一动点，过点 P 向 AX 引垂线，垂足为点 Q，若 $\alpha \cdot AP^2 + \beta \cdot BP^2 = a \cdot AQ$（$\alpha$、$\beta$ 和 a 均为正常数），则点 P 的轨迹为圆（图 27-6）。

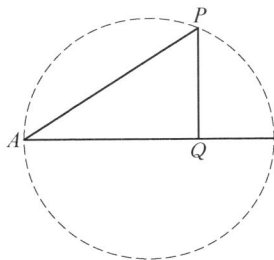

图 27-5　阿波罗尼奥斯平面
轨迹命题 3

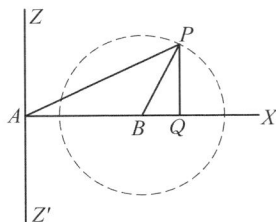

图 27-6　阿波罗尼奥斯平面
轨迹命题 6

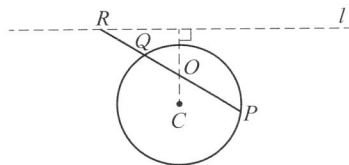

图 27-7　阿波罗尼奥斯平面轨迹
命题 7 和命题 8

命题 7　PQ 为过圆 C 内一固定点 O 的弦，R 是 PQ 延长线上一点，若 $OR^2 = PR \cdot RQ$，则点 R 的轨迹为直线（图 27-7）。

命题 8　给定点 O 和直线 l，在 l 上任取一点 R，动点 P、Q 位于直线 OR 上，若 $OR^2 = PR \cdot RQ$，则点 P、Q 的轨迹为圆（图 27-7）。

后世数学家费马、舒腾、辛普森（R. Simpson，1687—1768）等都试图复原阿波罗尼奥斯的这部专著。

27.2　圆锥曲线的词源

如图 27-8 所示，过圆锥 SXY 上一点 A 作平行于母线 SY 的平面，截圆锥得到曲线 GAF。在曲线上任取异于顶点 A 的一点 P，过点 P 作对称轴 AE 的垂线，垂足为 Q，过点 Q 作 XY 的平行线，交母线于点 C、D。因 $PQ \parallel FG$，故得三点 P、C、D 所

确定的平面与圆锥的底面平行,因而它们位于平面截圆锥所得的圆上。利用射影定理和相似三角形的性质知

$$PQ^2 = CQ \times QD = \left(XY \times \frac{AQ}{SY}\right) \times \left(XY \times \frac{SA}{SX}\right)$$

$$= AQ \times \left(\frac{XY^2}{SX^2} \times SA\right)。$$

在平面 AFG 上过点 A 作 $AR \perp AE$,使得 $AR = \frac{XY^2}{SX^2} \times SA$,于是有

$$PQ^2 = AQ \times AR。 \tag{1}$$

也就是说,在 AR 上可以贴合一个长为 AQ、宽为 AR 的长方形,其面积恰好等于 PQ^2。故称曲线 GAF 为齐曲线(parabola,汉译为"抛物线"),其中 AR 称为齐曲线的通径。

如图 27-9 所示,过圆锥 SXY 上一点 A 作一平面与母线 SY 相交于点 B,截圆锥得到曲线 PAB。在曲线上任取异于顶点 A 的一点 P,过点 P 作对称轴 AB 的垂线,垂足为 Q,过点 Q 作 XY 的平行线,交母线于点 C、D。易知三点 P、C、D 所确定的平面与圆锥的底面平行,因而它们位于平面截圆锥所得的圆上。利用射影定理和相似三角形的性质知

$$PQ^2 = CQ \times QD = \left(XZ \times \frac{AQ}{SZ}\right) \times \left(YZ \times \frac{QB}{SZ}\right) = AQ \times \left(\frac{XZ \times YZ}{SZ^2} \times QB\right)。$$

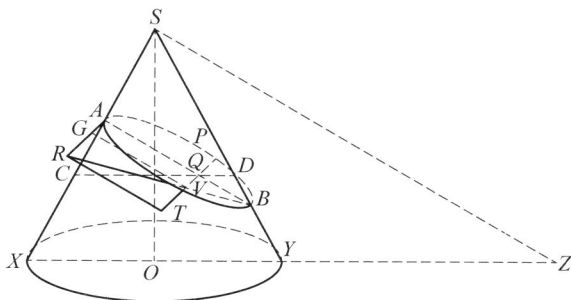

图 27-8 抛物线的基本性质

图 27-9 椭圆的基本性质

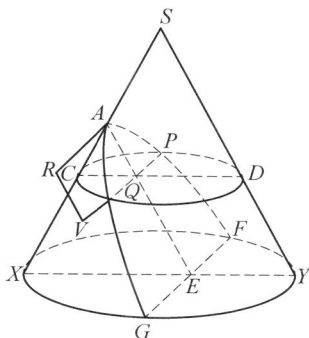

在平面 PAB 上过点 A 作 $AR \perp AB$，使得 $AR = \dfrac{XZ \times YZ}{SZ^2} \times AB$，于是有

$$PQ^2 = AQ \times \left(\dfrac{AR}{AB} \times QB \right) = AQ \times QV。 \tag{2}$$

也就是说，在 AR 上可以贴合一个长为 AQ、宽为 $QV(QV < AR)$ 的长方形 $AGVQ$，其面积恰好等于 PQ^2，不足于 AR 的部分 $GRTV$ 与长为 AB（设为 $2a$）、宽为 AR 的长方形相似，故称曲线 PAB 为亏曲线（ellipse，汉译为"椭圆"），其中 AR 称为亏曲线的通径。

当 $AQ = QB = a$ 时，$PQ = b$，由(2)，得 $AR = \dfrac{2b^2}{a}$，(2)也可写成

$$PQ^2 = \dfrac{b^2}{a^2}(AQ \times QB)。 \tag{3}$$

如果以椭圆的中心为原点、长轴所在直线为 x 轴建立坐标系，由(3)可得椭圆的标准方程。

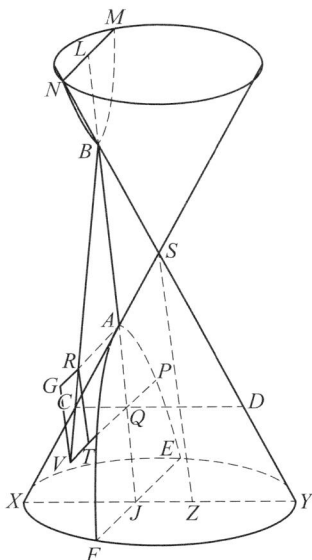

图 27 - 10 双曲线的基本性质

如图 27 - 10 所示，过圆锥 SXY 上一点 A 作一平面与母线 SY 的反向延长线相交于点 B，截对顶圆锥得到曲线 EAF 和 MBN。在曲线一支 EAF 上任取异于顶点 A 的点 P，过点 P 作对称轴 AB 的垂线，垂足为 Q，过点 Q 作 XY 的平行线，交母线于点 C、D。易知三点 P、C、D 所确定的平面与圆锥的底面平行，因而它们在平面截圆锥所得的圆上。利用射影定理和相似三角形的性质知

$$PQ^2 = CQ \times QD = \left(XZ \times \dfrac{AQ}{SZ} \right) \times \left(YZ \times \dfrac{QB}{SZ} \right)$$
$$= AQ \times \left(\dfrac{XZ \times YZ}{SZ^2} \times QB \right)。$$

在平面 EAF 上过点 A 作 $AR \perp AB$，使得 $AR = \dfrac{XZ \times YZ}{SZ^2} \times AB$，于是有

$$PQ^2 = AQ \times \left(\frac{AR}{AB} \times QB \right) = AQ \times QV。 \tag{4}$$

也就是说,在 AR 上可以贴合一个长为 AQ、宽为 $QV(QV > AR)$ 的长方形 $AGVQ$,其面积恰好等于 PQ^2,且超出 AR 的部分 $RGVT$ 与长为 AB(设为 $2a$)、宽为 AR 的长方形相似,故称曲线 $EAF\text{-}MBN$ 为超曲线(hyperbola,汉译为"双曲线"),其中 AR 称为超曲线的通径。类似可得 $AR = \dfrac{2b^2}{a}$,其中 b 为虚半轴长。

分别以抛物线的顶点、椭圆的左顶点和双曲线的右顶点为原点建立坐标系,设通径为 p,则由(1)(2)(4)依次可得三种圆锥曲线的方程为

$$y^2 = px,$$

$$y^2 = px - \frac{p}{2a}x^2,$$

$$y^2 = px + \frac{p}{2a}x^2。$$

27.3 解析几何的诞生

在笛卡儿之前,代数在几何学上的应用已见于雷吉奥蒙塔努斯(J. M. Regiomentanus,1436—1476)、塔尔塔利亚(N. Tartaglia,1500—1557)、邦贝利(R. Bombelli,1527—1572)、韦达等数学家的著作中,但用二元方程来表示曲线并利用代数方法导出其性质,则完全是笛卡儿的发明[1]。

导致笛卡儿发明解析几何的动因是对古希腊"n 线轨迹"($n \geqslant 2$)问题的研究。所谓"n 线轨迹"问题指的是:平面上给定 n 条直线,当 n 为偶数时,动点到其中 $\dfrac{n}{2}$ 条直线距离[2]的乘积与到另 $\dfrac{n}{2}$ 条直线距离的乘积之比等于一个常数;当 n 为奇数时,动点到其中 $\dfrac{n-1}{2}$ 条直线距离的乘积与到另 $\dfrac{n+1}{2}$ 条直线距离的乘积之比等于一个常数,求

---

[1] 同时期的法国数学家费马也独立发明了解析几何,但费马的著作在当时并没有产生影响。

[2] 实际上,古希腊数学家研究的是更一般的情形:从动点分别向已知直线引直线,使所引直线与已知直线构成已知的角,于是,考虑动点和所引直线与已知直线交点之间的线段长度。为了便于读者理解,本章仅考虑所引直线与已知直线垂直的情形。

动点的轨迹。阿波罗尼奥斯已经知道 $n=2$，$n=3$ 和 $n=4$ 三种情形。

考虑具有特殊位置关系的直线。如图 27 - 11 所示，已知两条直线 l_1 和 l_2，$l_1 \perp l_2$，动点 P 到 l_1 的距离与到 l_2 的距离之比等于 $2：1$，则点 P 的轨迹为直线（不含点 O）。

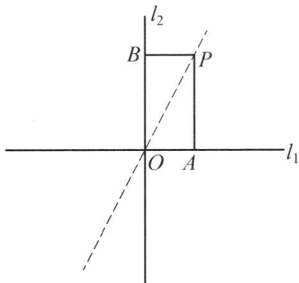

图 27 - 11 "二线轨迹"问题

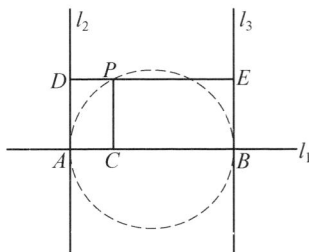

图 27 - 12 "三线轨迹"问题之一

如图 27 - 12 所示，已知三条直线 l_1、l_2 和 l_3，$l_1 \perp l_2$，$l_1 \perp l_3$，垂足分别为 A、B，动点 P 到 l_1 的距离的平方与到 l_2、l_3 的距离乘积之比等于 $1：1$，则由圆的几何性质可知，点 P 的轨迹为圆（不含点 A、B）。

如图 27 - 13 所示，已知三条直线 l_1、l_2 和 l_3，$l_1 \perp l_2$，$l_1 \perp l_3$，垂足分别为 A、B，动点 P 到 l_1 的距离的平方与到 l_2、l_3 的距离乘积之比等于 $9：16$，则由椭圆的几何性质可知，点 P 的轨迹为椭圆（不含点 A、B）。

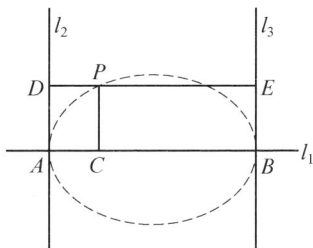

图 27 - 13 "三线轨迹"问题之二

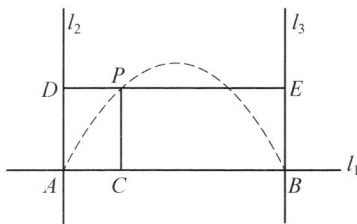

图 27 - 14 "三线轨迹"问题之三

如图 27 - 14 所示，已知三条直线 l_1、l_2 和 l_3，$l_1 \perp l_2$，$l_1 \perp l_3$，垂足分别为 A、B，动点 P 到 l_1 的距离与到 l_2、l_3 的距离乘积之比等于 $1：2$，则点 P 的轨迹为抛物线的一部分（不含点 A、B）。

如图 27 - 15 所示，已知三条直线 l_1、l_2 和 l_3，$l_1 \perp l_2$，$l_1 \perp l_3$，垂足分别为 A 和

B,动点 P 到 l_3 的距离与到 l_1、l_2 的距离乘积之比等于 $2:1$,则点 P 的轨迹为双曲线一支的一部分(不含点 B)。

如图 27-16 所示,已知四条直线 l_1、l_2、l_3 和 l_4,$l_1 \parallel l_2$,$l_1 \perp l_3$,$l_1 \perp l_4$,垂足分别为 A、B、C、D,动点 P 到 l_3、l_4 的距离乘积与到 l_1、l_2 的距离乘积之比等于 $1:2$,则点 P 的轨迹为双曲线(不含点 A、B、C、D)。

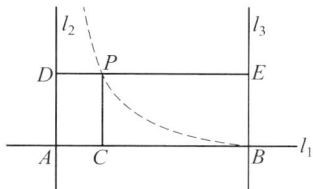

图 27-15 "三线轨迹"问题之四

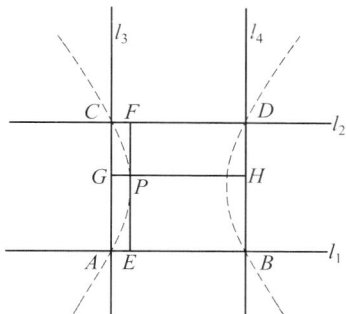

图 27-16 "四线轨迹"问题

一般的三线轨迹和四线轨迹都是圆锥曲线或圆,有关问题都已为阿波罗尼奥斯利用几何方法所解决。但是,对于 $n \geqslant 5$ 的情形,几何方法不再奏效,古希腊数学家无奈止步于此。

为了解决一般的"n 线轨迹"问题,笛卡儿创造性地使用了代数方法:选择某一条已知直线为坐标轴,其上一点为原点,设动点的坐标[①]为 x、y,根据已知条件,建立关于 x、y 的二元方程,这个方程表示的就是所求的动点轨迹。

利用代数方法,笛卡儿轻易解决了"五线轨迹"问题(图 27-17)。为了便于理解,我们用今天习惯的坐标设法来呈现笛卡儿的解法。如图 27-18 所示,已知五条直线 l_1、l_2、l_3、l_4、l_5,其中 l_2、l_3、l_4、l_5 均与 l_1 垂直,垂足分别为 A、B、C、D,$AB = BC = CD = a(a > 0)$,动点 P 到 l_2、l_4、l_5 的距离乘积与到 l_1 和 l_3 的距离乘积之比等于 $a:1$。设 $BE = GP = x$,$BG = EP = y$,则由已知条件,可得

---

① 笛卡儿并未使用"坐标"一词。1692 年,莱布尼茨使用了"横坐标"(拉丁文 abscissa)和"纵坐标"(拉丁文 ordinata)二词。但根据德国数学史家康托(M. Cantor,1829—1920)的考证,意大利数学家安格利(S. Angeli,1623—1697)于 1659 年最早使用了"abscissa"一词;根据美国数学史家卡约黎(F. Cajori,1859—1930)的考证,16 世纪意大利数学家康曼迪诺(F. Commandino,1506—1575)已使用过"ordinata"一词。17 世纪意大利天文学家拉希尔(P. de Lahire,1640—1718)可能最早使用了"原点"(origin)一词。

$$(a+x)(a-x)(2a-x)＝axy,$$

即

$$x^3-2ax^2-a^2x+2a^3＝axy。$$

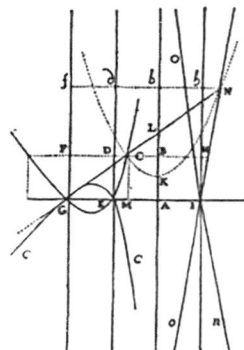

图 27‑17　笛卡儿《几何学》书影(来自 D·E·史密斯的英译本)

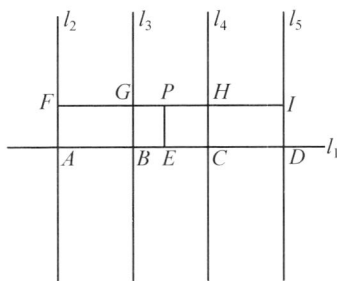

图 27‑18　"五线轨迹"问题

对于 x 的一个值,由上述方程可解得 y 的值,从而确定轨迹中的一点;当 x 连续不断变化时($x\neq0$), y 也随之连续不断地变化,因而相应的点通过运动形成了一条轨迹。这种新的轨迹是古希腊数学家无法驾驭的。

拉德涅总结了笛卡儿解析几何方法的重要意义(Lardner,1831,pp. xxiii‑xxiv):

通过二元方程的恰当应用,几何学得到了彻底的变革。任一给定法则所描绘的曲线可以用由该法则导出的二元方程来表示,因而该曲线成了代数的囊中之物。该方程蕴含了曲线的本质,由方程可以导出它的各种不同性质、不同分支、范围、渐近线、直径和中心、拐点和尖点。一言以蔽之,它的一切性态都可根据方程以代数方式导出来。因此,可将方程视为体现曲线所有性质的短小精悍的公式,通过固定的一般法则,分析学家总能从方程中推导出这些性质。这些固定的一般法则,并非仅仅适用于特定曲线的方程,而是适用于一切曲线的方程。

这一值得纪念的发现直接导致的结果是,几何学立即跳出长期以来一直束缚它的狭小范围,而进入无限广阔的新天地。以往几何学的对象仅仅是一些简单的特殊曲线,但现在几何学家可以根据方程的次数讨论一类曲线的性质。于是,曲线的种类和方程一样变得无穷无尽。古代的几何学并无通法,它由一些随意拼凑在一起的零散命题组成,这些命题并非通过必要的纽带或一般的法则加以联系。因此,每一个特殊性质的发现,都让几何学家殚精竭虑,即便取得了成功,也是一半靠聪明、一半靠运气。以切线为例:一条曲线的切线作图,并不能为另一条曲线的切线作图提供思路,当几何学家遇到新曲线时,他依然会面临同样的困难。代数的应用立即消除了这些缺陷。不论什么曲线,代数为其性质的探究提供了一致的、通用的规则。不,它不仅有助于推理能力的发挥,实际上还为层出不穷的曲线的发现提供了用武之地。任何一个二元方程的提出都会导致相应曲线的发现,其本质和性质成了几何探索的课题。

27.4 曲线的切线

尽管笛卡儿发明了解析几何,但这一新学科并未臻于完善。笛卡儿并未给出求曲线长度和曲线所围面积的方法。一些数学家认为曲线长度问题根本无法解决,而在曲线所围面积问题上,古希腊数学家仅仅解决了极少数特殊曲线(圆、椭圆和抛物线)的情形。17 世纪数学家十分关注的曲线切线问题,也并未得到彻底的解决。

笛卡儿给出了两种求切线的方法。第一种方法见于他的书信。已知点 $P(x_0, y_0)$ 和曲线 $F(x, y)=0$,要求过点 P 且与曲线相切的直线方程。过点 P 的直线方程为

$$a(x-x_0)+b(y-y_0)=0,$$

与方程 $F(x,y)=0$ 联立,消去 y,得到关于 x 的方程,令方程的其中两个根相等,可得 $\dfrac{a}{b}$ 的值①,从而得到过点 P 的切线方程。拉德涅在书中将上述方法用于一般二次曲线,并认为,在微积分之前,学习这样的方法是有必要的。

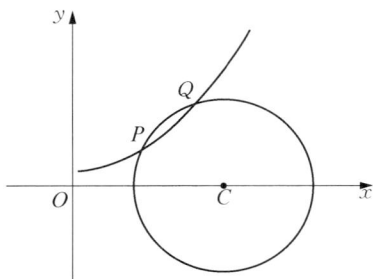

图 27‑19　笛卡儿求切线的方法

笛卡儿的第二种方法见于《几何学》。如图 27‑19 所示,要作曲线 $F(x,y)=0$ 上一点 $P(x_0, y_0)$ 处的切线,在 x 轴上取点 $C(x_1,0)$,以 C 为圆心、CP 为半径作圆,交曲线于另一点 Q。将圆的方程

$$(x-x_1)^2 + y^2 = (x_0-x_1)^2 + y_0^2$$

与曲线方程联立,消去 y,得到关于 x 的方程,令方程的其中两个根相等,即可求得 x_1,此时,圆与曲线只有一个公共点,圆心与该点连线即为曲线在该点处的法线,从而得到曲线在该点处的切线。

费马则从次切线入手来求曲线的切线。如图 27‑20 所示,要求曲线 $F(x,y)=0$ 上一点 $P(x_0, y_0)$ 处的切线。假设切线已作出,次切线 $TM=a$,$MN=e$,过点 N 作 x 轴的垂线,交切线于点 Q,利用相似三角形的性质,可得点 Q 的坐标为 $\left(x_0+e, y_0\left(1+\dfrac{e}{a}\right)\right)$,把点 Q 当作曲线上的点,则有

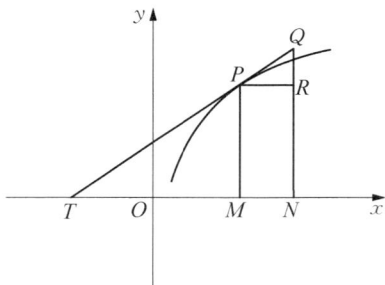

图 27‑20　费马求切线的方法

$$F\left(x_0+e, y_0\left(1+\dfrac{e}{a}\right)\right)=0。$$

令 $e=0$,由 $F(x_0,y_0)=0$,即可求得 a,从而求得切线。

17 世纪法国数学家罗伯瓦尔(G. P. de Roberval,1602—1675)从运动视角来求曲线的切线。将曲线视为同时作两种运动的质点的轨迹,在曲线上某一点处,两种运动

---

① 笛卡儿的方法是构造一个与所得方程的次数相同且有两个等根的方程,将该方程与所得方程的系数进行比较。

的速度的合速度方向即为曲线在该点处的切线方向。

如图 27-21 所示,设 P 是椭圆上一点,因 $PF_1+PF_2=2a$ 是定值,故知 F_1P 增加的速度与 F_2P 减小的速度大小相等,故在 F_1P 的延长线上取点 R,在 F_2P 上取点 Q,使得 $PR=PQ$,以 PR、PQ 为邻边作平行四边形,则对角线 PT 所在的直线即为椭圆在点 P 处的切线。也就是说,$\triangle F_1PF_2$ 在顶点 P 处的外角平分线就是所求的切线。类似可求得双曲线上一点 P 处的切线,如图 27-22 所示。

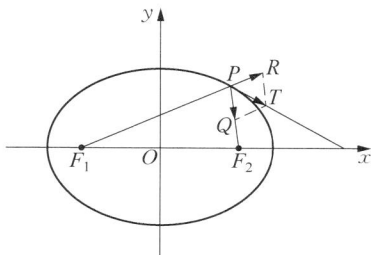

图 27-21 罗伯瓦尔求椭圆切线的方法　　图 27-22 罗伯瓦尔求双曲线切线的方法

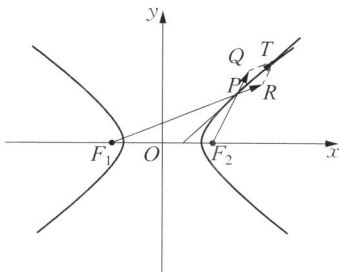

如图 27-23 所示,设 P 是抛物线 $y^2=2px$ 上一点,AG 是其准线,因 $PG=PF$,故在 FP 和 GP 方向上的速度大小相等,于是,在 FP 的延长线上取点 R,GP 的延长线上取点 Q,使得 $PR=PQ$,以 PR、PQ 为邻边作平行四边形,则对角线 PT 所在的直线即为抛物线在点 P 处的切线,故 $\angle RPQ$ 的平分线 PT 即为抛物线在点 P 处的切线。

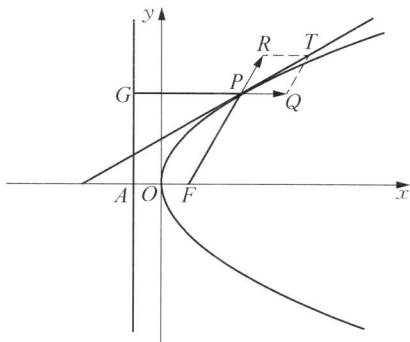

图 27-23 罗伯瓦尔求抛物线切线的方法

牛顿的老师、英国数学家巴罗(I. Barrow,1630—1677)利用后人所称的"微分三角形"来求曲线的切线,这种方法实际上与费马的方法十分相近。

虽然笛卡儿、费马、罗伯瓦尔、巴罗等数学家求切线的方法对于某些曲线是有效的,但难度很大,且无法适用于超越曲线。只有牛顿和莱布尼茨发明的微积分才真正成为求切线的通法。有了微积分中的导数概念,曲线 $F(x,y)=0$ 上一点 $P(x_0,y_0)$ 处的切线方程为

$$y - y_0 = \frac{dy}{dx}\bigg|_{x=x_0} (x - x_0)。$$

自此,曲线的次数和曲线的类别不再成为求切线的障碍,微积分诞生以前的各种不同方法完全为简单、普适、有效的导数法所取代。

拉德涅盛赞微积分,称该学科的发明"无疑是人类头脑所能产生的最壮丽的构想"。

27.5 一些著名的曲线

拉德涅对于许多著名曲线的历史都作了注解,这些曲线包括狄奥克勒斯蔓叶线、尼可米德蚌线、希皮亚斯割圆曲线、阿基米德螺线、笛卡儿卵形线、卡西尼卵形线、伯努利双扭线、阿涅西箕舌线、对数螺线、摆线、外摆线、对数曲线、三角曲线、悬链线等。第16章对其中一些曲线的历史都有介绍,这里不再赘述。

27.5.1 三角曲线

英国数学家赫顿(C. Hutton,1737—1823)在《哲学与数学词典》中推测,正弦曲线、余弦曲线、正切曲线等的产生源于英国数学家赖特(E. Wright,1560? —1615)对墨卡托(G. Mercator,1512—1594)的地图绘制原理的研究。(Hutton,1815,p. 512)

荷兰地图学家墨卡托在绘制地图时采用了"等角圆柱投影":设想将地球仪的经纬线投影(点光源在球心)到一个与球外切于赤道的圆柱面上,再展开圆柱面,即得地图上正交的经纬线,每个相同的角度,经线等距离分布,而纬线离赤道越远,间隔越大。1569 年,墨卡托出版了著名的世界地图,但他并没有交代自己是如何具体确定纬线间隔的。赖特于 1599 年出版《航海中的某些误差的矫正》一书,书中利用正割函数复原了墨卡托的方法。如图 27 - 24 所示。设地球上一点 A 的经、纬度分别为 λ 和 φ,点 C 的经、纬度分别为 $\lambda + \Delta\lambda$ 和 $\varphi + \Delta\varphi$,点 A、C 在地图上的对应点是 $A'(x, y)$、$B'(x + \Delta x, y + \Delta y)$,其中 $\Delta x = R\Delta\lambda$,$R$ 为地球半径。由投影的保角性知,球面矩形 $ABCD$ 的两邻边之比与地图上对应矩形 $A'B'C'D'$ 两邻边之比相等,故得

$$\frac{\Delta y}{R\Delta\lambda} = \frac{R\Delta\varphi}{R\cos\varphi\Delta\lambda}。$$

从而得

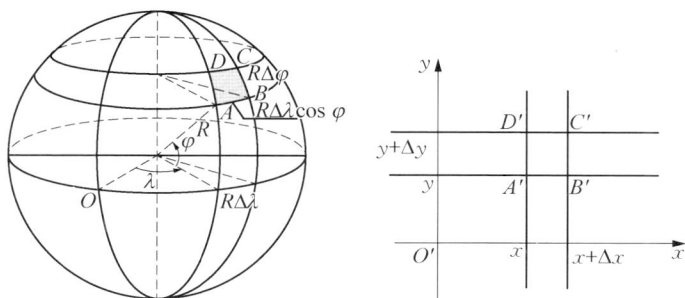

图 27 - 24　墨卡托投影

$$\Delta y = R \sec \varphi \Delta \varphi。 \tag{5}$$

利用公式(5),赖特从赤道(纬度为 $\varphi = 0°$,$\sec\varphi = 1$,纬线为 $y = 0$)开始,纬度每增加 $\Delta\varphi = 1'$,依次算出相应的 Δy,最终得到纬度在 $0°\sim75°$ 之间的各条纬线,Δy 确定了相邻两条纬线的间距。

赖特生活在没有微积分的时代,他的计算耗费时间,十分不易。有了微积分知识,他的方法就变得十分简易了。事实上,由公式(5),得

$$\frac{dy}{d\varphi} = R\sec\varphi。$$

故得

$$y = R\int_{0}^{\frac{5\pi}{12}} \sec\varphi d\varphi。 \tag{6}$$

(6)相当于求正割函数 $y = \sec x$ 在区间 $\left[0, \frac{5\pi}{12}\right]$ 上的定积分,或正割曲线某一段下的面积(图 27 - 25)。因此,在 16 世纪,正是地图的绘制促使人们开始研究三角曲线。

拉德涅还给出了正弦曲线 $y = \sin x$ 或正弦型曲线 $y = a\sin x(a > 0)$ 的一个性质。如图 27 - 26 所示,已知圆柱的底面半径为 1,用与底面构成 $45°$ 角的平面截圆柱,得到一个椭圆,如果沿过点 A 的母线剪开圆柱面并将其平展,即得正弦曲线。事实上,用过点 A 且平行于底面的平面截圆柱,得到圆 ATS,过椭圆上点 P 处的母线与圆 ATS 交于点 Q,过点 Q 作 OA 的垂线,垂足为 R,则 $\triangle PQR$ 为等腰直角三角形,若 $\angle AOQ = x$,则 $\overset{\frown}{AQ} = x$,$PQ = QR = \sin x$。

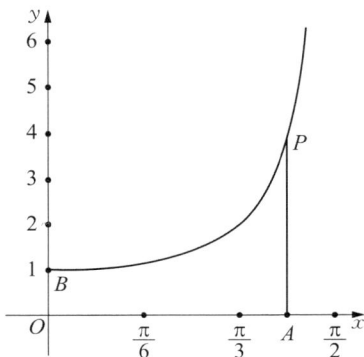

图 27 - 25   正割曲线某一段下的面积

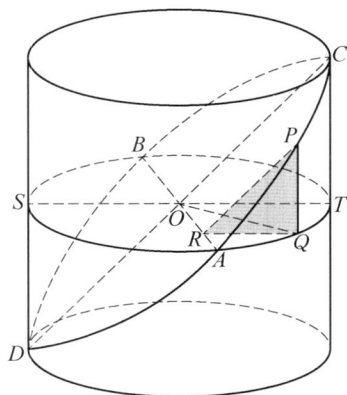

图 27 - 26   正弦曲线与椭圆

当平面与底面构成的角不等于 $45°$ 时,平展圆柱面后,椭圆变成了正弦型曲线。反过来,在纸上作出正弦曲线在一个周期上的一段,那么,将纸卷成圆柱面,使曲线两端重合,则得到一个椭圆。由此可知,正弦曲线在一个周期上的一段的长度等于一个椭圆的周长。

27.5.2   笛卡儿卵形线

笛卡儿将椭圆的焦半径性质加以推广,发现了一类新的曲线。平面上有两个定点 F_1、F_2,$|F_1F_2| = 2c(c > 0)$,动点 P 到 F_1、F_2 的距离满足

$$|PF_1| + k|PF_2| = 2a(a > 0)。$$

以 F_1F_2 的中点为原点、F_1F_2 所在直线为 x 轴建立坐标系,因

$$\begin{aligned}
|PF_1| - k|PF_2| &= \frac{|PF_1|^2 - k^2|PF_2|^2}{2a} \\
&= \frac{[(x+c)^2 + y^2] - k^2[(x-c)^2 + y^2]}{2a} \\
&= \frac{(1-k^2)(x^2+y^2+c^2) + 2c(1+k^2)x}{2a},
\end{aligned}$$

故得

$$|PF_1| = a + \frac{(1-k^2)(x^2+y^2+c^2) + 2c(1+k^2)x}{4a}。$$

于是得

$$[(1-k^2)(x^2+y^2+c^2)+2c(1+k^2)x+4a^2]^2$$
$$=16a^2[(x+c)^2+y^2]。$$

当 $k \neq \pm 1$ 时,方程表示一条四次曲线(图 27-27 为当 $k=2$,$a=3$,$c=1$ 时的情形);当 $k=1$ 时,方程表示椭圆;当 $k=-1$ 时,方程表示双曲线。

卵形线的发现源于对折射光的研究。笛卡儿发现,若光从一种媒质中的已知点出发经过某个界面发生折射,折射光经过另一媒质中的已知点,则该界面必为由卵形线绕焦点所在直线旋转而成的旋转曲面。

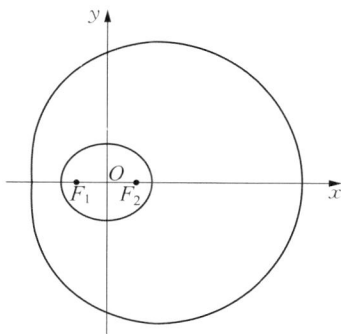

图 27-27　笛卡儿卵形线

27.5.3　半立方抛物线

半立方抛物线是抛物线的渐曲线[①](即曲率圆圆心的轨迹),最早由英国数学家内尔和荷兰数学家侯莱特(H. van Heuraet,1634—1660)各自独立发现。

设抛物线方程为 $y^2=2px$,$P(x_0,y_0)$ 是其上一点,则该点处的曲率圆圆心坐标满足

$$\begin{cases} (x-x_0)^2+(y-y_0)^2=\dfrac{(1+y'^2)^3}{y''^2}, \\ y-y_0=-\dfrac{1}{y'}(x-x_0)。 \end{cases}$$

将 $y'\big|_{x=x_0}=\sqrt{\dfrac{p}{2x_0}}$,$y''\big|_{x=x_0}=-\dfrac{\sqrt{2p}}{4x_0\sqrt{x_0}}$ 代入,解得

$$\begin{cases} x-x_0=2x_0+p, \\ y-y_0=-\dfrac{(2x_0+p)y_0}{p}。 \end{cases}$$

故得

---

① 曲线的渐曲线理论最早是由荷兰数学家惠更斯(C. Huygens,1629—1695)创立的。

$$\begin{cases} x_0 = \dfrac{1}{3}(x-p), \\ y_0 = -p^{\frac{2}{3}} y^{\frac{1}{3}}。 \end{cases}$$

代入抛物线方程,整理得

$$py^2 = \frac{8}{27}(x-p)^3。$$

这是一条尖点为 $(p,0)$ 的半立方抛物线,如图 27-28 所示。

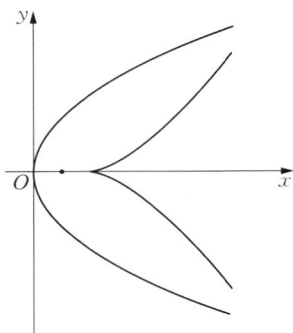

图 27-28 抛物线的渐曲线

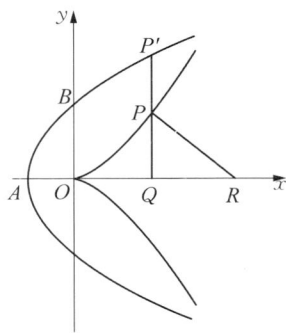

图 27-29 半立方抛物线的求长

内尔和侯莱特成功地将半立方抛物线的弧长问题转化为相应的抛物线弓形的面积问题。如图 27-29 所示,设半立方抛物线方程为 $py^2 = x^3$,其上任一点 P 的坐标为 (x,y),过点 P 作 x 轴的垂线,垂足为 Q,又作曲线的法线,交 x 轴于点 R,延长 QP 至点 $P'(x,y')$,使得 $\dfrac{PQ}{PR} = \dfrac{m}{P'Q}$,其中 $m > 0$ 为常数,于是有

$$\frac{y}{\sqrt{\dfrac{9x^4}{4p^2} + \dfrac{1}{p}x^3}} = \frac{m}{y'}。$$

从而得

$$y'^2 = \frac{9m^2}{4p}\left(x + \frac{4p}{9}\right)。$$

可见,点 P' 位于以 $\left(-\dfrac{4p}{9}, 0\right)$ 为顶点、x 轴为对称轴的抛物线上,故得半立方抛物线的

一段弧 OP 的长度为

$$s(x) = \int_0^x \sqrt{1 + \left(\frac{3x^2}{2py}\right)^2} \, dx$$

$$= \int_0^x \sqrt{1 + \frac{9x}{4p}} \, dx$$

$$= \frac{3}{2\sqrt{p}} \int_0^x \sqrt{x + \frac{4p}{9}} \, dx \, .$$

而曲边形 $OBP'Q$ 的面积为

$$A(x) = \frac{3m}{2\sqrt{p}} \int_0^x \sqrt{x + \frac{4p}{9}} \, dx \, ,$$

故有

$$s(x) = \frac{1}{m} A(x) \, .$$

于是,半立方抛物线的求长问题就被转化成了抛物线弓形的求积问题,而抛物线弓形的求积问题已经为古希腊数学教学阿基米德所解决。以上用定积分知识对内尔和侯莱特的方法加以解释,但事实上他们当时并没有微积分,因此,这一转化确实是十分精彩的发现。

27.5.4 对数螺线

对数螺线最早是由笛卡儿发现的。关于斜面上的物体运动,笛卡儿认为,严格地说,斜面上物体所受的重力并非恒定不变,其方向是连续变化的,由此产生了以下问题:物体在一条曲线上作加速运动,加速度大小保持不变,所受的力大小不变,方向始终指向某个固定点,求这条曲线。笛卡儿推断,这条曲线是螺线。后来,梅森(M. Merssene,1588—1648)向他求教,希望他能对这条曲线作出更详细的介绍。笛卡儿的回复是:这条曲线具有这样的性质,即其上任意点处的切线与该点的矢径所成的夹角始终保持不变[1]。设 $P(x, y)$ 是曲线上任意一点,则上述性质就是

---

[1] 因为这一性质,对数螺线又被称为"等角螺线"。

$$\frac{y' - \dfrac{y}{x}}{1 + \dfrac{yy'}{x}} = k\,(k \text{ 为常数}, k \neq 0)。$$

整理,得

$$k(x + yy') = xy' - y。$$

于是有

$$k\,\frac{1}{\sqrt{x^2 + y^2}} \cdot \frac{x + yy'}{\sqrt{x^2 + y^2}} = \frac{xy' - y}{x^2 + y^2},$$

即

$$k\,\mathrm{d}(\ln\sqrt{x^2 + y^2}) = \mathrm{d}\left(\arctan\frac{y}{x}\right)。$$

设 $k = \dfrac{1}{\ln a}(a > 0,\ a \neq 1)$,则有

$$\log_a \sqrt{x^2 + y^2} = \arctan\frac{y}{x},$$

即

$$\sqrt{x^2 + y^2} = a^{\arctan\frac{y}{x}}。$$

图 27 - 30　巴塞尔大教堂中雅各·
伯努利的墓碑

对应的极坐标方程为

$$\rho = a^\theta。$$

于是,后来的数学家发现了对数螺线的更多性质。利用微积分方法,瑞士数学家雅各·伯努利对该曲线的性质进行了系统深入的研究,他发现,对数螺线的渐曲线、渐开线、焦散线仍然是对数螺线。伯努利对该曲线可谓情有独钟,生前他要求在自己的墓碑上刻上这条曲线以及墓志铭——"历经沧桑,依然故我"(Eadem Mutata Resurgo,图 27 - 30)。

拉德涅介绍了对数螺线在天文学、力学、航海等

领域的应用。例如,在球的一个大圆所在平面上,以球心为极点作一条对数螺线,将该螺线沿与平面垂直的方向投影到球面上,得到一条恒向线。当船在大海上航行时,罗盘指针的指向保持不变,则船的航线为恒向线,恒向线与所有经线构成的角是相等的。因此,恒向线又可以被视为"在球面上作出的对数螺线",其极点为球极,一点处的矢径为经线上位于该点和极点之间的一段弧。

拉德涅还给出了由指数曲线 $y=a^x$ 得到对数螺线 $\rho=a^\theta$ 的方法。

27.6 基于数学史的问题

Lardner(1831)的许多问题或命题都源于数学史,这里,我们举几个典型的例子。

问题 1 已知三角形的底边和顶角,求顶点的轨迹。

这个问题源于欧几里得《几何原本》中的命题Ⅲ.21:"在圆中,同一弓形内的角相等。"

问题 2 已知三角形的底边和两腰之比(不等于 1),求顶点的轨迹。

这个问题源于阿波罗尼奥斯的《论平面轨迹》,所求轨迹即后人所称的"阿波罗尼奥斯圆"。

改变已知条件,Lardner 还给出了更多类似的轨迹问题,如:

● 已知三角形的底边和两腰的平方和,求顶点的轨迹。
● 已知三角形的底边和两底角之差,求顶点的轨迹。
● 已知三角形的底边和两底角正切之积,求顶点的轨迹。
● 已知三角形的底边和两底角正切之和,求顶点的轨迹。
● 已知三角形的底边和两底角正切之差,求顶点的轨迹。
● 已知三角形的底边和顶角,求三角形重心、内心和垂心的轨迹。

问题 3 求到若干定点距离的平方和等于常数的动点轨迹。

这个问题源于阿波罗尼奥斯的《论平面轨迹》,是 27.1 节问题 5(第 378 页)的特殊情形。设 $P_i(x_i, y_i)(i=1, 2, \cdots, n)$ 是已知点,常数为 k^2,则动点 $P(x, y)$ 满足方程

$$x^2 + y^2 - \frac{2}{n}\left(\sum_{i=1}^{n} x_i\right)x - \frac{2}{n}\left(\sum_{i=1}^{n} y_i\right)y + \left(\frac{1}{n}\sum_{i=1}^{n}(x_i^2 + y_i^2) - k^2\right) = 0。$$

问题 4 若干已知点到直线的距离之和等于常数,求直线的方程。

这个问题源于阿波罗尼奥斯的《论平面轨迹》。如图 27-31 所示,设所求直线 l

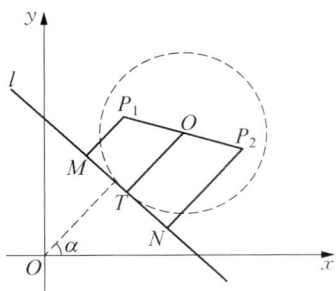

图 27-31 源于《论平面轨迹》的问题

的法线式方程为 $x\cos\alpha + y\sin\alpha = p$，点 $P_1(x_1, y_1)$、$P_2(x_2, y_2)$ 到 l 的距离之和为 $k(k > 0)$，不妨设点 P_1、P_2 位于 l 的同侧，则有

$$(x_1\cos\alpha + y_1\sin\alpha - p) + (x_2\cos\alpha + y_2\sin\alpha - p) = \pm k,$$

即

$$\left(\frac{x_1+x_2}{2}\right)\cos\alpha + \left(\frac{y_1+y_2}{2}\right)\sin\alpha - p = \pm\frac{1}{2}k,$$

于是得

$$\left(x - \frac{x_1+x_2}{2}\right)\cos\alpha + \left(y - \frac{y_1+y_2}{2}\right)\sin\alpha = \mp\frac{1}{2}k。$$

其几何意义是直线 l 与过线段 P_1P_2 的中点 O 且平行于 l 的直线的距离为 $\dfrac{k}{2}$。因此，所求直线 l 为以 O 为圆心、$\dfrac{k}{2}$ 为半径的圆的切线。

类似地，若已知 n 个点 $P_i(x_i, y_i)(n \geqslant 2, n \in \mathbf{N}^*)$，则所求直线为以 $O\left(\dfrac{x_1+x_2+\cdots+x_n}{n}, \dfrac{y_1+y_2+\cdots+y_n}{n}\right)$ 为圆心、$\dfrac{k}{n}$ 为半径的圆的切线。

问题 5 试证明：在椭圆中，一对共轭直径的平方和等于长、短轴长度的平方和；在双曲线中，一对共轭直径的平方差等于实、虚轴长度的平方差。

这个问题源于阿波罗尼奥斯《圆锥曲线论》卷七中的一个命题。如图 27-32 所示，以椭圆中心为原点、长轴所在直线为 x 轴建立直角坐标系，设 PQ、$P'Q'$ 为椭圆的一对共轭直径，点 P 的坐标为 (x_1, y_1)，点 P' 的坐标为 (x_2, y_2)，易知

$$\begin{aligned}
OP^2 &= x_1^2 + y_1^2 \\
&= x_1^2 + \left(b^2 - \frac{b^2}{a^2}x_1^2\right) \qquad (7) \\
&= b^2 + e^2 x_1^2。
\end{aligned}$$

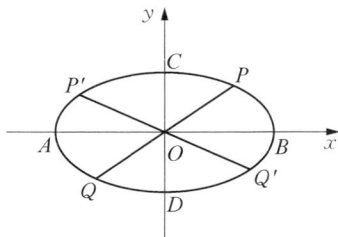

图 27-32 源于《圆锥曲线论》的问题之一

因直线 $P'Q'$ 的方程为 $b^2 x_1 x + a^2 y_1 y = 0$，与椭圆的标准方程联立，解得

$$x_2^2 = \frac{a^2}{b^2} y_1^2,$$

$$y_2^2 = \frac{b^2}{a^2} x_1^2.$$

故得

$$\begin{aligned} OP'^2 = OQ'^2 &= x_2^2 + y_2^2 \\ &= a^2 - e^2 x_1^2. \end{aligned} \tag{8}$$

由(7)和(8),可得

$$OP^2 + OP'^2 = a^2 + b^2,$$

即

$$PQ^2 + P'Q'^2 = 4(a^2 + b^2).$$

同理可得双曲线的相应结论(参阅第21～22章)。

问题 6 在椭圆或双曲线的一对共轭直径的端点处作切线,求切线所构成平行四边形的面积。

这个问题源于阿波罗尼奥斯《圆锥曲线论》卷七中的一个命题。如图 27 - 33 所示,设 PQ、$P'Q'$ 为椭圆的一对共轭直径,点 P 的坐标为(x_1, y_1),点 P' 的坐标为(x_2, y_2),过点 P、P'、Q、Q' 的切线构成了平行四边形 $ABCD$,过点 P 作 $P'Q'$ 的垂线,垂足为 R,则由(7) 和(8),可得

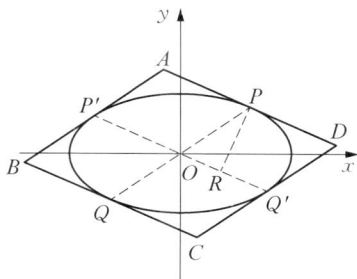

图 27 - 33 源于《圆锥曲线论》的问题之二

$$\begin{aligned} PR &= \frac{b^2 x_1^2 + a^2 y_1^2}{\sqrt{b^4 x_1^2 + a^4 y_1^2}} \\ &= \frac{a^2 b^2}{\sqrt{b^4 x_1^2 + a^2(a^2 b^2 - b^2 x_1^2)}} \\ &= \frac{ab}{\sqrt{a^2 - e^2 x_1^2}} \\ &= \frac{ab}{OP'}. \end{aligned}$$

设 $\angle POQ' = \theta$，则

$$\sin\theta = \frac{ab}{OP \times OP'}。$$

故得

$$S_{\square ABCD} = 4OP \times OP' \sin\theta$$
$$= 4ab。$$

问题 7 求抛物线弓形的面积。

这个问题源于阿基米德《抛物线弓形求积》一书（参阅第 19 章）。拉德涅认为，在阿基米德的各种数学发现中，抛物线弓形面积的解法是最引人注目的，是史上最早的求曲线所围面积的完整的几何方法。

27.7　结　语

作为英国第一部解析几何教科书，Lardner(1831)包含了较为丰富的数学史内容，这与后世同一学科教科书形成了鲜明的对照。由于没有现成的解析几何教科书作参照，拉德涅在许多主题上都需要直接利用或参考数学史，历史上数学家，如阿波罗尼奥斯、笛卡儿、费马、雅各·伯努利等的相关工作成为解析几何问题、命题、思想、方法的源泉。可以说，对于解析几何教科书来说，其原创性的强弱与利用数学史料的多少息息相关。

以 Lardner(1831)为代表的教科书中解析几何的历史知识为今日教学提供了诸多启示。

其一，透过表象，认清本质。今天，人们往往通过几何来源和第二定义来认识三种圆锥曲线的联系，但并未真正理解它们之间的统一性。ellipse、hyperbola 和 parabola 在古希腊的词源告诉我们，三者的统一性在于其共同的几何特征。在教学中，只有从圆锥曲线的标准方程出发去寻找其背后的几何意义，才能透过表象认清本质。

其二，否定属性，编制问题。古希腊数学史为问题编制提供了丰富的素材，如：将阿波罗尼奥斯的"到两个定点的距离之比为常数"这一条件改为到两个定点的距离之和、差、积、平方和、平方差、连线夹角、连线与两顶点连线夹角之差……可以得到一个轨迹问题串；将二线轨迹问题、三线轨迹问题到四线轨迹问题的条件特殊化，也可编制

出一个问题串;等等。

其三,跨越鸿沟,探寻动因。尽管拉德涅所引用的赫顿关于三角函数图像缘起的推测尚有待于进一步考证,但地图绘制引发正割函数图像的诞生这一史实告诉我们,函数图像与函数概念并不一定同时出现,对函数图像的研究往往是滞后的,其背后必然存在特定的动因,这种动因很可能来自其他知识领域。

其四,确定进阶,统整单元。17 世纪,曲线的切线是数学家十分关注的课题,在"导数的应用"单元教学中,可以先让学生用代数方法求圆在其上一点处的切线或求过圆外一点的切线;接着让他们求圆锥曲线在其上一点处的切线或过圆锥曲线外一点的切线,学生可能使用笛卡儿的方法;然后,让学生探究三次曲线或超越曲线(正弦曲线或指数切线)在其上一点处的切线,学生在运用笛卡儿方法时遇到了困难,从而揭示了导数方法的必要性;最后,再让学生探究更复杂曲线(如笛卡儿的叶形线)的切线。由此实施"曲线的切线"单元的教学。

参考文献

Descartes, R. (1954). *The Geometry of Rene Descartes*. Tr. by D. E. Smith & M. L Latham. New York: Dover Publications.

Heath, T. L. (1921). *A History of Greek Mathematics*. London: Clarendon Press.

Hutton, C. (1815). *A Philosophical and Mathematical Dictionary* (Vol. 1). London: S. Hamilton.

Kells, L. M. & Stotz, H. C. (1949). *Analytic Geometry*. New York: Prentice-Hall.

Lardner, D. (1831). *A Treatise on Algebraic Geometry*. London: Whittaker, Treacher & Arnot.

Murnaghan, F. D. (1946). *Analytic Geometry*. New York: Prentice-Hall.

Siceloff, L. P., Wentworth, G. & Smith, D. E. (1922). *Analytic Geometry*. Boston: Ginn & Company.

Tanner, J. H. & Allen, J. (1898). *An Elementary Course in Analytic Geometry*. New York: American Book Company.

美英早期解析几何教科书目录

［1］ Agnew, R. P. (1962). *Calculus: Analytic Geometry and Calculus with Vectors*. New York: McGraw-Hill Book Company.

［2］ Andree, R. V. (1962). *Introduction to Calculus with Analytic Geometry*. New York: McGraw-Hill Book Company.

［3］ Ashton, C. H. (1900). *Plane and Solid Analytic Geometry: an Elementary Textbook*. New York: Charles Scribner's Sons.

［4］ Askwith, E. H. (1908). *The Analytical Geometry of the Conic Sections*. London: A. & C. Black.

［5］ Bailey, F. H. & Woods, F. S. (1899). *Plane and Solid Analytic Geometry*. Boston: Ginn & Company.

［6］ Bauer, G. N. (1903). *The Simpler Elements of Analytical Geometry*. Minneapolis, Minn.: The H. W. Wilson Company.

［7］ Bôcher, M. (1915). *Plane Analytic Geometry*. New York: Henry Holt & Company.

［8］ Biot, J. B. & Smith, F. H. (1840). *An Elementary Treatise on Analytical Geometry*. New York: Wiley & Putnam.

［9］ Borger, R. L. (1928). *Analytic Geometry*. New York: McGraw-Hill Book Company.

［10］ Bowser, E. A. (1880). *An Elementary Treatise on Analytic Geometry*. New York: D. van Nostrand.

［11］ Boyd, P. P., Davis J. M. & Rees, E. L. (1922). *A Course in Analytic Geometry*. New York: D. van Nostrand Company.

［12］ Briggs, G. R. (1881). *The Elements of Plane Analytic Geometry*. New York: John Wiley & Sons.

［13］ Briot, C. & Bouquet, J. C. (1896). *Elements of Analytical Geometry of Two Dimensions*. Chicago: Werner School Book Company.

［14］ Candy, A. L. (1904). *The Elements of Plane and Solid Analytic Geometry*. Boston: D. C. Heath & Company.

［15］ Cell, J. W. (1951). *Analytic Geometry*. New York: John Wiley & Sons.

［16］ Church, A. E. (1851). *Elements of Analytical Geometry*. New York: G. P. Putnam.

［17］ Coffin, J. H. (1848). *Elements of Conic Sections and Analytical Geometry*. New York: Collins & Brother.

[18] Crawley, E. S. & Evans, H. B. (1918). *Analytic Geometry*. Philadelphia: University of Pennsylvania.

[19] Crenshaw, B. H. & Killbrew, C. D. (1925). *Analytic Geometry and Calculus*. New York: P. Blakiston's Son & Company.

[20] Davies, C. (1836). *Elements of Analytical Geometry*. New York: Wiley & Long, Collins, Keys & Company.

[21] Davies, C. (1845). *Elements of Analytical Geometry*. New York: A. S. Barnes & Company.

[22] Davies, C. (1860). *Elements of Analytical Geometry and of the Differential and Integral Calculus*. New York: A. S. Barnes & Burr.

[23] Docharty, G. B. (1865). *Elements of Analytical Geometry and of the Differential and Integral Calculus*. New York: Harper & Brothers.

[24] Dowling, L. W. & Turneaure, F. E. (1914). *Analytic Geometry*. New York: Henry Holt & Company.

[25] Eddy, H. T. (1874). *A Treatise on the Principles and Applications of Analytic Geometry*. Philadelphia: Cowperthwait & Company.

[26] Fine, H. B. & Thompson, H. D. (1909). *Coordinate Geometry*. New York: The Macmillan Company.

[27] Ford, W. B. (1924). *A Brief Course in Analytic Geometry and The Elements of Curve-Fitting*. New York: Henry Holt & Company.

[28] Gibson, G. A. & Pinkerton, P. (1919). *Elements of Analytical Geometry*. London: Macmillan & Company.

[29] Hamilton, H. P. (1826). *The Principles of Analytical Geometry*. Cambridge: J. Deighton & Sons.

[30] Hann, J. (1850). *A Rudimentary Treatise on Analytical Geometry and Conic Sections*. London: John Weale.

[31] Harding, A. M. & Mullins, G. W. (1926). *Analytic Geometry*. New York: The Macmillan Company.

[32] Hardy, A. S. (1889). *Elements of Analytic Geometry*. Boston: Ginn & Company.

[33] Hardy, J. J. (1897). *Elements of Analytic Geometry*. Easton: Chemical Publishing Company.

[34] Hart, W. L. (1957). *Analytic Geometry and Calculus*. Boston: D. C. Heath & Company.

[35] Holmes, C. T. (1950). *Calculus and Analytic Geometry*. New York: McGraw-Hill Book Company.

[36] Howison, G. H. (1869). *A Treatise on Analytic Geometry and Conic Sections*. Cincinnati: Wilson, Hinkle & Company.

[37] Hymers, J. (1845). *A Treatise on Conic Sections and the Application of Algebra to Geometry*. Cambridge: The University press.

[38] Johnson, W. W. (1869). *An Elementary Treatise on Analytical Geometry*. Philadelphia: J. B. Lippincott & Company.

[39] Johnston, W. J. (1893). *An Elementary Treatise on Analytical Geometry*. Oxford: The Clarendon Press.

[40] Kells, L. M. & Stotz, H. C. (1949). *Analytic Geometry*. New York: Prentice-Hall.

[41] Lambert, P. A. (1897). *Analytic Geometry for Technical Schools and Colleges*. New York: The Macmillan Company.

[42] Lardner, D. (1831). *A Treatise on Algebraic Geometry*. London: Whittaker, Treacher & Arnot.

[43] Loney, S. L. (1896). *The Elements of Coordinate Geometry*. London: Macmillan & Company.

[44] Loomis, E. (1851). *Elements of Analytical Geometry and of the Differential and Integral Calculus*. New York: Harper & Brothers.

[45] Loomis, E. (1877). *The Elements of Analytical Geometry*. New York: Harper & Brothers.

[46] Love, C. E. (1929). *Analytic Geometry*. New York: The Macmillan Company.

[47] Maltbie, W. H. (1906). *Analytic Geometry*. Baltimore: The Sun Job Printing Office.

[48] McGiffert, J. (1928). *Plane and Solid Analytic Geometry*. Boston: Ginn & Company.

[49] Murnaghan, F. D. (1946). *Analytic Geometry*. New York: Prentice-Hall.

[50] Nathan, D. S. (1949). *Analytic Geometry*. New York: Ronald Press Company.

[51] Nelson, A. L., Folley, K. W. & Borgman, W. M. (1949). *Analytic Geometry*. New York: The Ronald Press Company.

[52] Newcomb, S. (1884). *Elements of Analytic Geometry*. New York: Henry Holt & Company.

[53] Nichols, E. W. (1892). *Analytic Geometry for Colleges, Universities and Technical Schools*. Boston: Leach, Shewell & Sanborn.

[54] Nichols, E. W. (1906). *Analytic Geometry*. New York: D. C. Heath & Company.

[55] Nowlan, F. S. (1946). *Analytic Geometry*. New York: The McGraw-Hill Book Company.

[56] O'Brien, M. (1844). *A Treatise on Plane Co-ordinate Geometry*. Cambridge: Deightons.

[57] Osgood W. F. & Graustein, W. C. (1921). *Plane and Solid Analytic Geometry*. New York: The Macmillan Company.

[58] Peck, W. G. (1873). *A Treatise on Analytical Geometry*. New York: A. S. Barnes & Company.

[59] Peirce, J. M. (1857). *A Text-book of Analytic Geometry*. Cambridge: John Bartlett.

[60] Phillips, H. B. (1915). *Analytic Geometry*. New York: John Wiley & Sons.

[61] Phillips, H. B. (1942). *Analytic Geometry and Calculus*. Cambridge: Addison-Wesley Press.

[62] Poor, V. C. (1934). *Analytical Geometry*. New York: John Wiley & Sons.

[63] Porter, M. B. & Horton, G. P. (1934). *Plane and Solid Analytic Geometry*. Ann Arbor: Edwards Brothers.

[64] Puckle, G. H. (1856). *An Elementary Treatise on Conic Sections and Algebraic Geometry*. Cambridge: Macmillan & Company.

[65] Purcell, E. J. (1958). *Analytic Geometry*. New York: Appleton-Century-Crofts.

[66] Randolph, J. F. & Kac, M. (1947). *Analytic Geometry and Calculus*. New York: The Macmillan Company.

[67] Reynolds, J. B. & Weida, F. (1930). *Analytic Geometry and the Elements of Calculus*. New York: Prentice-Hall.

[68] Riggs, N. C. (1911). *Analytic Geometry*. New York: The Macmillan Company.

[69] Roberts, M. M. & Colpitts, J. T. (1918). *Analytic Geometry*. New York: John Wiley & Sons.

[70] Robinson, H. N. (1860). *Conic Sections and Analytical Geometry*. New York: Ivison, Blakeman.

[71] Robinson, R. (1949). *Analytic Geometry*. New York: The McGraw-Hill Book Company.

[72] Runkle, J. D. (1888). *Elements of Plane Analytic Geometry*. Boston: Ginn & Company.

[73] Schmall, C. N. (1921). *A First Course in Analytic Geometry, Plane and Solid*. New York: D. van Nostrand Company.

[74] Siceloff, L. P., Wentworth, G. & Smith, D. E. (1922). *Analytic Geometry: Brief Course*. Boston: Ginn & Company.

[75] Smith, E. S., Salkover, M. & Justice, H. K. (1954). *Analytic Geometry*. New York: John Wiley & Sons.

[76] Smith, P. F. & Gale, A. S. (1904). *The Elements of Analytic Geometry*. Boston: Ginn & Company.

[77] Smith, P. F. & Gale, A. S. (1906). *Introduction to Analytic Geometry*. Boston: Ginn & Company.

[78] Smith, P. F. & Gale, A. S. (1912). *New Analytic Geometry*. Boston: Ginn & Company.

[79] Smith, W. B. (1886). *Elementary Co-ordinate Geometry*. Boston: Ginn & Company.

[80] Smyth, W. (1855). *Elements of Analytical Geometry*. Boston: Sanborn, Carter & Bazin.

[81] Tanner, J. H. & Allen, J. (1898). *An Elementary Course in Analytic Geometry*. New York: American Book Company.

[82] Tanner, J. H. & Allen, J. (1911). *Brief Course in Analytic Geometry*. New York: American Book Company.

[83] Taylor, A. E. (1959). *Calculus with Analytic Geometry*. Englewood Cliffs, N. J.: Prentice-Hall.

[84] Taylor, H. E. & Wade, T. L. (1962). *Plane Analytic Geometry*. New York: John Wiley & Sons.

[85] Todhunter, I. (1862). *A Treatise on Plane Co-ordinate Geometry as Applied to the Straight Line and the Conic Sections*. London: Macmillan & Company.

[86] Waud. S. W. (1835). *A Treatise on Algebraic Geometry*. London: Baldwin & Cradock.

[87] Wentworth, G. A. (1886). *Elements of Analytic Geometry*. Boston: Ginn & Company.

[88] Wilson, W. A. & Tracey, J. I. (1915). *Analytic Geometry*. Boston: D. C. Heath & Company.

[89] Wood, D. V. (1879). *The Elements of Coördinate Geometry*. New York: John Wiley & Sons.

[90] Woods, F. S. & Bailey, F. H. (1917). *Analytic Geometry and Calculus*. Boston: Ginn & Company.

[91] Young, J. R. (1830). *The Elements of Analytical Geometry*. London: John Souter.

[92] Young, J. W., Fort, T. & Morgan, F. M. (1936). *Analytic Geometry*. Boston: Houghton Mifflin Company.

[93] Ziwet, A. & Hopkins, L. A. (1913). *Analytic Geometry and Principles of Algebra*. New York: The Macmillan Company.

[94] Ziwet, A. & Hopkins, L. A. (1916). *Elements of Analytic Geometry*. New York: The Macmillan Company.